电气信息工程丛书

物联网技术

第2版

刘 军 阎 芳 杨 玺 编著

机械工业出版社

物联网作为当今世界新一轮经济和科技发展的前沿，涉及了计算机技术、传感器技术、自动控制技术、通信技术等多门学科，已成为国内外大力研究和发展的科技领域。大数据、云计算、物联网被列入国家“十三五”发展规划。本书围绕物联网发展前沿的热点问题，依据物联网相关技术的最新应用，注重物联网技术的应用性，全面、系统地介绍物联网的理论和技术。

本书首先介绍了物联网的背景、特点、架构、标准及产业链等；其次阐述了物联网传输层技术；然后介绍了感知层技术，包括传感器技术、WSN技术、RFID与EPC技术等；接着介绍了物联网应用层技术，包括云计算、中间件技术、物联网业务平台等，以及M2M、CPS技术架构；最后介绍了基于物联网的物流信息管理和工程应用方法和案例等。

本书可作为物联网与物流领域的高等院校师生的参考教材以及相关科研院所、企事业单位的培训教材，适合物联网与物流领域的研究人员和工程技术人员阅读，也适合政府与企事业单位的物联网与物流领域管理和技术人员阅读。

图书在版编目（CIP）数据

物联网技术 / 刘军，阎芳，杨玺编著. —2版. —北京：机械工业出版社，2017.6（2019.7重印）

（电气信息工程丛书）

ISBN 978-7-111-56862-9

Ⅰ. ①物…　Ⅱ. ①刘…　②阎…　③杨…　Ⅲ. ①互联网络—应用②智能技术—应用　Ⅳ. ①TP393.4②TP18

中国版本图书馆CIP数据核字（2017）第110090号

机械工业出版社（北京市百万庄大街22号　邮政编码100037）

策划编辑：时　静　　责任编辑：时　静　王　荣

责任校对：张艳霞　　责任印制：郜　敏

北京中兴印刷有限公司印刷

2019年7月第2版·第3次印刷

184mm×260mm·17.25印张·412千字

4201—5400册

标准书号：ISBN 978-7-111-56862-9

定价：49.80元

前　言

物联网将无处不在的末端设备和设施，通过各种无线/有线的长距离/短距离通信网络实现互联互通、应用大集成以及基于云计算的运营模式，提供安全可控乃至个性化的实时在线监测、定位追溯、报警联动、调度指挥、预案管理、远程控制、安全防范、远程维保、在线升级、统计报表、决策支持、领导桌面等管理和服务功能，实现对“万物”的“高效、节能、安全、环保”的“管、控、营”一体化。物联网将会对人类未来的生活方式产生巨大影响。

本书全面、系统地描述了物联网概念和技术，重点介绍了RFID、传感器、云计算等关键技术以及应用架构和业务模式等内容。与第1版相比，更新了部分技术内容，增加了物联网中间件技术、大数据、CPS和基于物联网的物流信息管理的介绍，阐述了物联网在物流领域的应用，结合专利技术及其应用实践，详细地介绍了物联网技术在物流管理和工程领域应用的方案和过程。

本书主要章节安排如下：

第1章简要介绍了物联网的背景、特点、架构、标准及产业链等。

第2章介绍了传统网络技术、现场总线、卫星通信，对泛在网络进行简单的介绍，重点描述了现今主流的无线网络技术和现代移动通信技术。

第3章对WSN进行介绍，描述了无线传感器网络的基本概念、主要特点、性能指标、体系结构、关键技术及网络安全。

第4章重点介绍了RFID的结构组成、工作原理和工作流程，EPC体系与应用系统架构，并且对物联网环境下的RFID和EPC技术做了简要介绍。

第5章对M2M进行介绍，描述M2M的基本概念、标准、系统架构、技术特征及应用。

第6章介绍了物联网中间件的基本概念、分类、体系结构、软件平台与关键技术进行介绍。

第7章介绍了云计算的基本概念、分类、实现技术、云安全和云存储，以及大数据的基本概念，并分析了物联网和云计算的关系。

第8章主要介绍了CPS的基本概念和技术特征，并分析了CPS的应用发展趋势。

第9章主要对物联网在智能电网、智能交通、智能医疗、智能环保、智能家居、智能农业六个重点领域的应用进行简要介绍。

第10章主要对供应链管理、物流信息系统等基本概念进行阐述，介绍基于物联网的现代物流业的相关信息技术和典型系统，结合专利技术及其应用实践，详细地介绍物联网技术在物流管理和工程领域应用的方案和过程，并对物联网在物流领域的应用前景进行展望。

物联网技术发展迅速，新思想、新观点、新方法与新技术不断涌现。本书力求全面系统介绍物联网的核心关键技术与最新研究与应用成果，书中特别给出了物联网技术在物流行业的应用案例，希望读者通过案例分析能够对物联网技术的认识更为深入。

本书由刘军统稿，阎芳、杨玺组织编写。在编写的过程中参考和引用了大量国内外学者的研究成果，资料来源列于书末参考文献。在此对这些作者表示敬意和感谢！

本书在编写和出版过程中得到北京高校物流技术工程研究中心项目（项目编号：BJLE2010）资助。

由于作者水平和经验有限，书中难免有错漏之处，恳请读者批评指正。

作　者

目　录

第 1 章　物联网概述

本章重点

★ 掌握物联网的定义及特点。

★ 熟悉物联网与互联网的区别。

★ 了解物联网的起源和发展状况。

★ 掌握物联网的三层体系结构。

★ 了解物联网的关键技术。

★ 了解物联网的应用和产业发展。

物联网是计算机、互联网与移动通信网之后的又一次信息产业浪潮。发展物联网对于促进经济发展和社会进步具有重要的现实意义，对加快转变经济发展方式具有重要推动作用。物联网延伸现有信息通信网络的通信范畴、通信领域，通过在各种可能的物体中嵌入智能和通信能力，获取来自物理世界的信息，并基于这些信息的分析和处理来增强和提升现有信息通信网络的智能性、交互性和自动化程度。本章主要对物联网的基本概念、发展、体系结构、关键技术及产业发展进行介绍。

1.1　物联网的基本概念

早在 2010 年两会期间，物联网（Internet of Things，IoT）就被确立为我国五大战略性新兴产业之一，随后工业和信息化部（以下简称工信部）又专门制定了《物联网“十二五”发展规划》，物联网已成为国内外广泛关注的科技制高点。2016 年，工信部制订了《信息通信行业发展规划物联网分册（2016—2020 年）》，国家十三五规划纲要也明确提出发展物联网开环应用。物联网被视为继计算机、互联网之后的信息化的第三次浪潮，将极大地促进人类社会的进步与发展。研究物联网，首先必须明确的就是物联网的内涵与外延。

1.1.1　物联网的定义

物联网的定义有很多种，最早是 1999 年由麻省理工学院的 Auto-ID 研究中心提出的：把所有物品通过射频识别（Radio Frequency Identification，RFID）和条形码等信息传感设备与互联网连接起来，实现智能化的识别和管理。

但是上述定义具有一定的局限性，目前比较广为接受的一种定义是 2005 年国际电信联盟（International Telecommunications Union，ITU）给出的描述：物联网是通过射频识别、红外感应器、全球定位系统、激光扫描器等信息传感设备，按约定的协议，把任何物品与互联网相连接，进行信息交换和通信，以实现对物品的智能化识别、定位、跟踪、监控和管理的一种网络。物联网有狭义和广义之分，狭义的物联网指的是物与物之间的连接和信息交换，广义的物联网不仅包含物与物的信息交换，还包括人与物、人与人之间的广泛的连接和信息交换。

物联网将无处不在（Ubiquitous）的末端设备（Devices）和设施（Facilities）通过各种无线/有线的长距离/短距离通信网络实现互联互通、应用大集成以及基于云计算的软件运营等模式，提供安全可控乃至个性化的实时在线监测、定位追溯、报警联动、调度指挥、预案管理、远程控制、安全防范、远程维保等管理和服务功能，实现对"万物"的"高效、节能、安全、环保"的"管、控、营"一体化。其中，末端设备和设施包括具备"内在智能"的传感器、移动终端、工业系统、楼宇自动化系统、家庭智能设施、视频监控系统等，也包括"外在使能"（Enabled）的贴有 RFID 标签的各种资产、具有无线终端的个人与车辆等"智能化物件或动物"或"智能尘埃"（Mote）。

物联网不是一门技术或者一项发明，而是过去、现在和未来许多技术的高度集成和融合。物联网是现代信息技术发展到一定阶段后才出现的聚合和提升，它将各种感知技术、现代网络技术、人工智能、通信技术和自动控制技术集合在一起，促成了人与物的智慧对话，创造了一个智慧的世界。

物联网被视为互联网的应用扩展，应用创新是物联网的发展的核心，以用户体验为核心的创新是物联网发展的灵魂。这里物联网的"物"，不是普通意义的万事万物，而是需要满足一定条件的物，这些条件包括：要有数据传输通路（包括数据转发器和信息接收器）；要有一定的存储功能；要有运算处理单元（即 CPU）；要有操作系统或者监控运行软件；要有专门的应用程序；遵循物联网的通信协议；在指定的范围内有可被识别的唯一编号。

物联网的本质主要体现在三个方面：第一，互联网特性，即对需要联网的物一定要能够实现互联互通的互联网络；第二，识别和通信特性，即物联网中的"物"一定要具备自动识别和物物通信的功能；第三，智能化特性，即网络应具有自动化、自我反馈和智能控制的特点。

从美国的"智慧地球"到我国的"感知中国"，物联网已经成为全世界关注的焦点。物联网被视为美国振兴经济的重要手段，被欧盟定位成使欧洲领先全球的基础战略，也被我国作为战略性新兴产业规划重点。欧洲智能系统集成技术平台（European Platform on Smart Systems，EPoSS）在《物联网 2020》（《Internet of Things in 2020》）报告中分析预测，未来物联网的发展将经历 4 个阶段：2010 年之前 RFID 被广泛应用于物流、零售和制药领域；2010～2015 年物体互联；2015～2020 年物体进入半智能化；2020 年之后物体进入全智能化。

根据物联网的应用规模，可将物联网分为以下四类：

1）私有物联网（Private IoT）：一般面向单一机构内部提供服务，可能由机构或其委托的第三方实施并维护，主要存在于机构内部（On Premise）内网（Intranet）中，也可存在于机构外部（Off Premise）。

2）公有物联网（Public IoT）：基于互联网向公众或大型用户群体提供服务，一般由机构（或其委托的第三方，少数情况）管理。

3）社区物联网（Community IoT）：向一个关联的"社区"或机构群体（如一个城市政府下属的各委办局：如公安局、交通局、环保局、城管局等）提供服务，可能由两个或以上的机构协同运维，主要存在于内网和专网（Extranet/VPN）中。

4）混合物联网（Hybrid IoT）：上述两种或以上的物联网的组合，但后台有统一管理实体。

物联网建立了人与人、人与物、物与物之间的信息交流，每个物体都是一个终端，构建了更为广泛的信息网络系统。在这个系统中，可以自动实时地对物体进行识别、定位、追踪、监控和管理。物联网的发展进步，可以大大地促进全球信息化，更有利于提升物联网在各行业的广泛应用，包括物流、交通、医疗、智能电网等领域。

1.1.2　物联网与互联网及互联网+

1．物联网与互联网

物联网是物物相连的互联网，是可以实现人与人、物与物、人与物之间信息沟通的庞大网络。互联网是由多个计算机网络相互连接而成的网络。物联网与互联网既有区别又有联系。物联网不同于互联网，它是互联网的高级发展。从本质上来讲，物联网是互联网在形式上的一种延伸，但绝不是互联网的翻版。互联网本质上是通过人机交互实现人与人之间的交流，构建了一个特别的电子社会。而物联网则是多学科高度融合的前沿研究领域，综合了传感器、嵌入式计算机、网络及通信和分布式信息处理等技术，其目的是实现包括人在内的广泛的物与物之间的信息交流。物联网与互联网之间的关系如图 1.1 所示。

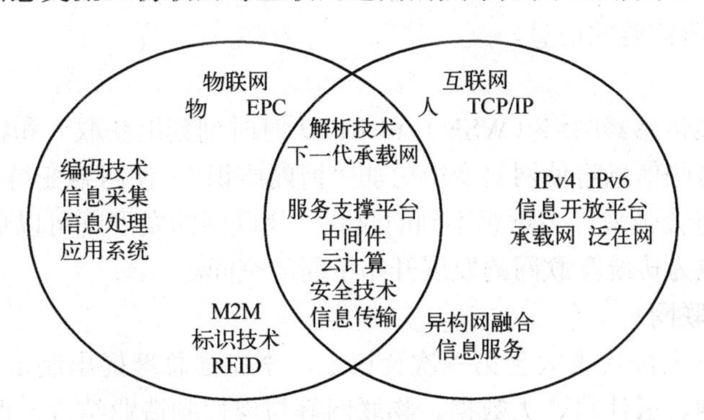

图 1.1　物联网与互联网之间的关系

物联网是在互联网的基础上，利用 RFID、无线数据通信等技术，构造一个覆盖世界上万事万物的网络。在这个网络中，每个物体都具有一定的“身份”，便于人们和物体之间的智能交互，也便于实现物与物之间的信息交互。物联网可用的基础网络有很多种，根据应用的需要，可以采用公众通信网络或者采用行业专网，甚至新建专用于物联网的通信网。通常互联网最适合作为物联网的基础网络，特别是当物物互联的范围超出局域网时，以及当需要利用公众网传送待处理和利用的信息时。

互联网是人与人之间的联系，而物联网是人与物、物与物之间的联系。物联网与互联网的主要区别有以下三点：

1）范围和开放性不同。互联网是全球性的开放网络，人们可以从任何地点上网到达任何一个网站，而物联网是区域性的网络。物联网有两类，一类是用来传输信号的互联网平台，另一类是应用部门的专业网，即封闭的区域性网络，如智能电网等。

2）信息采集的方式不同。互联网借助于网关、路由器、服务器和交换机连接，由人来采集和处理各种信息。而物联网是把各种传感、标签、嵌入设备等联系起来，把世界万物的信息连接到互联网上，融合为一个整体网络。

3）网络功能不同。互联网是传输信息的网络，物联网是实物信息收集和转化的网络。人们形象地认为：物联网=互联网+传感网+云计算。

物联网是互联网的自然延伸，因为物联网的信息传输基础仍然是互联网。但是相比互联网，物联网具有以下三个优势，这些优势促使人们发展物联网，为人们的生活带来更多便利。

（1）终端的多样化

以前的互联网主要是计算机互联的网络，当然现在能上网的设备越来越多，除计算机之外，还有手机、掌上电脑（PDA）及诸如机顶盒之类的东西。但是其根本，互联网的终端还是人。然而环顾四周，就会发现身边还有很多东西是游离于互联网之外的，如电冰箱、热水器、洗衣机、空调器等。人们开发物联网技术，就是希望借助它将人们身边的所有东西都连接起来，小到手表、钥匙及上面所说的各种家用电器，大到汽车、房屋、桥梁、道路，甚至将那些有生命的东西（包括人和动植物）都连接进网络。这种网络的规模和终端的多样性，显然要远大于现在的互联网。

（2）感知的自动化

物联网通过在各种物体上植入微型传感芯片，使得任何物品都可以变得“有感受、有知觉”，可以自动感知所需要的信息。

（3）智能化

物联网通过无线传感器网络（WSN）和 RFID 时时刻刻地获取人和物体的最新特征、位置、状态等信息，这些信息将使网络变得更加“博闻广识”，使网络变得更加“睿智”。

物联网的应用将会带来许多意想不到的收获。物联网的发展既可以形成物联网相关的各种高新产业，同时也为传统互联网的发展开拓了新的空间。

2．物联网与互联网+

在第十二届全国人民代表大会第三次会议上，李克强总理提出制定“互联网+”行动计划，推动移动互联网、云计算、大数据、物联网等与现代制造业结合，促进电子商务、工业互联网和互联网金融健康发展，引导互联网企业拓展国际市场。

“互联网+”战略利用互联网的平台，利用信息通信技术，把互联网和包括传统行业在内的各行各业结合起来，在新的领域创造一种新的生态。

“互联网+”的核心是互联网进化和扩张，反映互联网从广度、深度融合和介入现实世界的动态过程。互联网从 1969 年在大学实验室里诞生，不断扩张，应用领域从科研到生活，从娱乐到工作，从传媒到工业制造业。互联网像黑洞一样，不断把这个世界吞噬进来。“+”这个符号可以看作是一个黑洞的入口。这也是为什么叫“互联网+”，而不叫“+互联网”的原因。

如图 1.2 所示，物联网是互联网大脑的感觉神经系统，云计算是互联网大脑的中枢神经系统，大数据是互联网智慧和意识产生的基础，工业 4.0 或工业互联网本质上是互联网运动神经系统的萌芽。互联网+的核心是互联网进化和扩张，反映互联网从广度、深度融合和介入现实世界的动态过程。

物联网重点突出了传感器感知的概念，同时它也具备网络线路传输、信息存储和处理，行业应用接口等功能，而且也往往与互联网共用服务器、网络线路和应用接口，从而使人与人、人与物、物与物之间的交流变成可能，最终将使人类社会、信息空间和物理世界（人机物）融为一体。

“互联网+”携手物联网技术，将带来传统产业的换代升级，同时，随着移动互联网的发展，云计算、大数据等新技术更快融入传统产业，包括金融理财、打车等民生领域，以及家电等传统制造业等，这些结合进一步推动新型产业的地位升级。

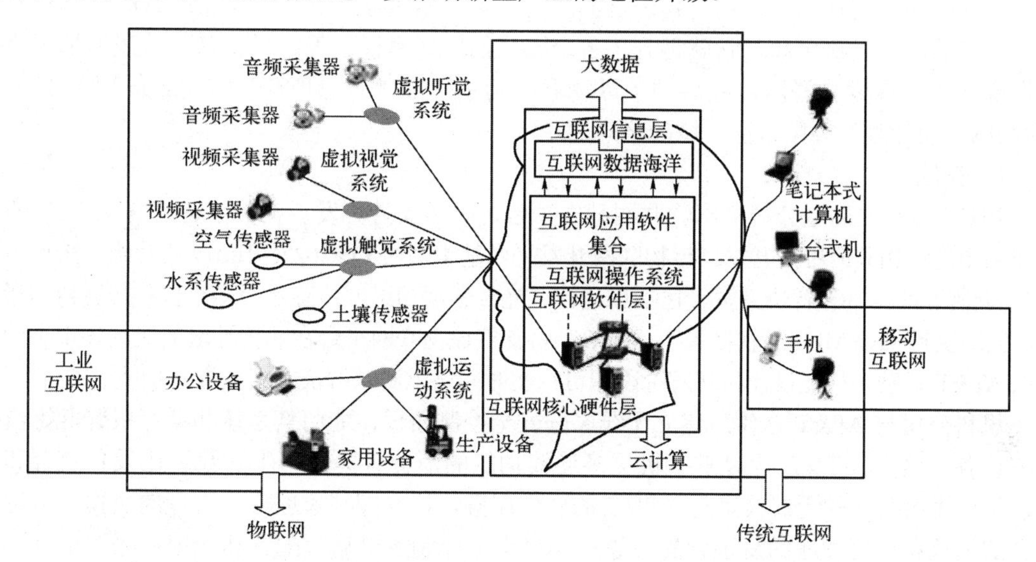

图 1.2　互联网虚拟大脑架构（本图摘自《互联网进化论》）

1.2　物联网的起源与发展

1.2.1　物联网的起源

物联网的起源最早可以追溯到 1995 年，比尔·盖茨在《未来之路》中首次提出物联网，但由于受限于无线网络、硬件及传感器的发展，并没有引起太多关注。1999 年在美国召开的移动计算和网络国际会议上，传感网得到了学术界的充分肯定，认为它将是 21 世纪人类面临的又一个发展机遇。2003 年，美国《技术评论》指出：传感网络技术将是未来改变人们生活的十大技术中最重要的技术。直到 2005 年，国际电信联盟（ITU）在信息社会世界峰会（WSIS）上发布了《ITU 互联网报告 2005：物联网》，“物联网”概念才被正式提出。ITU 指出，无所不在的物联网通信时代即将来临，从任何时间、任何地点的人与人之间的沟通连接扩展到人与物、物与物之间的沟通连接。

2009 年奥巴马就任美国总统后，在与美国工商业领袖举行的圆桌会议上，IBM 首席执行官彭明盛首次提出“智慧地球”的概念，从此物联网便被广泛地重视起来。在美国，物联网被作为振兴经济的两大重点之一（另外一个是新能源），得到了政府的广泛支持。

物联网的产生主要有两大因素：首先，计算机通信技术已经发生了巨大改变，其次，物质生产技术也发生了巨大变化，使得物质之间产生联系的条件趋于成熟。物联网的诞生势必在全世界范围内掀起一股科技浪潮，物联网的成熟发展将彻底改变人类的生产生活。

1.2.2 物联网的发展

物联网是通信网和互联网的应用延伸，它利用感知技术与智能装置对物理世界进行感知识别，通过网络传输互联，进行计算、处理和知识挖掘，实现人与人、人与物、物与物之间的信息交换和无缝连接，达到对物理世界实时监测、精确管理和科学决策的目的。从物联网获得全世界的广泛认可起，它就得到了各个国家的广泛重视。美、日、韩、欧盟等都正投入巨资深入研究探索物联网，并启动了以物联网为基础的“智慧地球”“U-Japan”“U-Korea”“物联网行动计划”等国家性区域战略规划。

1．美国

2013 年 1 月高通公司推出物联网开发平台，全面支持开发者在美国运营商 AT&T 的无线网络上进行相关应用的开发。该物联网开发平台基于高通 QSC6270-Turbo 芯片组，采用高通 Gobi 调制解调器 3G 解决方案，包括加速计、光传感器和温度传感器等多个机载传感器和指示器，同时支持 Java ME 3.2 软件版本。AT&T 将支持该物联网平台在北美地区的发展。现有的或新的 AT&T 开发人员在设计和开发阶段即可在实时网络上测试解决方案并展示功能。

思科公司与 AT&T 合作，建立无线家庭安全控制面板，如门禁系统和烟雾报警器等监控检测设备，这是 AT&T 为寻求手机更多连接功能的消费者提供的生活数字化设备组合和服务，结合思科公司的无线技术与 AT&T 的软件服务，旨在减轻家庭安全管理的负担、能源上多余的消耗和应用程序的复杂管理。思科还提供了控制主机后台配置和应用程序的工具。该平台支持五种无线连接标准：单向/双向通信、Z-Wave、Wi-Fi、3G 以及开放服务网关协议（OSGi）软件结构。其中 Z-Wave 是一种新兴的基于射频的、低成本、低功耗、高可靠、适于网络的短距离无线通信技术。AT&T 在 2013 年把基于物联网应用的数字生活服务扩展到奥兰多等 6 个城市。

2．德国

德国电信公司的 M2M 应用已经覆盖了能源、医疗、交通物流、汽车、消费电子、零售、工业自动化、公共事业和安全 9 大行业。

2013 年，联邦教研部与联邦内政部将投入科研经费约 800 万欧元，共同支持一批物联网信息安全领域的研发项目。此次实施的研发项目已物联网中的嵌入式信息系统安全、数据传输及编码过程安全为重点，采用产学研合作的形式进行。如卡尔斯鲁尔的 Wibu-System AG 公司牵头的“嵌入式操作系统的集成化保护”项目，将研发能保障开放的互联网环境下嵌入式操作系统安全可靠运行的新型信息系统硬件结构。福特旺根应用科技大学协调的项目“虚拟现实系统通用多形态安全解决方案”，致力于研发物联网中恶意攻击和远程操控行为的识别和应对技术方案。弗朗霍夫学会海因利希-赫茨研究所牵头的项目“物联网高效安全编码技术”，研究重点为物联网数据无线传递过程的高效安全编码及加密技术方案。

3．韩国

韩国制定的 IT839 战略将物联网作为三大基础建设重点之一。韩国最大的移动运营商 SK 电讯与三星公司、起亚汽车和车内通信企业 UDtech 建立了合作关系，四家企业联手推动车载通信服务的发展，首批将推出一款可在智能手机和平板电脑上使用的车载通信应用，可帮助记录行车速度、距离、油耗等信息。

在 2012 年底韩国移动射频 ID 技术已被总部位于日内瓦的国际标准化组织（ISO）作为

国际标准采纳。韩国政府管理的电子电信研究院开发的移动 RFID 技术可实现手机读取各种 RFID 标签，使用配备 OID（Object ID）的手机，用户就可以读取 RFID 标签上详细的产品数据。通过 ISO 标准化的 RFID 技术，韩国将能保护其国内的移动 RFID 市场，目前包括 SK Telecom 和 KIF 在内的韩国移动电信服务运营商正在对各种不同行业的相关服务进行测试。

4．我国物联网发展现状

目前，我国物联网发展与全球同处于起步阶段，初步具备了一定的技术、产业和应用基础，呈现出良好的发展态势。

2009 年以来，我国中央和地方政府对物联网行业在资金和政策上均给予了大力支持。2011 年工信部制定了《物联网“十二五”发展规划》，重点培养物联网产业 10 个聚集区和 100 个骨干企业，实现产业链上下游企业的汇集和产业资源整合。2013 年 1 月，国务院发布《国家重大科技基础设施建设中长期规划（2012—2030 年）》，涵盖云计算服务、物联网应用等。2013 年 2 月，《国务院关于推进物联网有序健康发展的指导意见》等政策密集出台，一方面重视政策支持、规范、指导，另一方面逐步放开市场，推动资本市场对接物联网产业发展。

2013 年，国家发改委设立物联网关键技术研发及产业化、信息安全两大专项支持物联网发展，重点包括海铁联运的货物物流运输，与司法部推进监狱管控的物联网应用，与水利部进行重点水库监测的物联网应用等，并在 2013 年 9 月发布十大“物联网发展专项行动计划”，包括顶层设计、标准研发、商业模式、政府扶持等方面。工信部则通过组织产业目录编制以及制定专项规划等工作，重点支持智能工业、智能农业、智能物流、智能交通、智能电网、智能环保、智能安防、智能医疗和智能家居九个重点领域发展。智慧城市成为物联网推进的重要载体。2013 年，由全国智能建筑及居住区数字化标准化技术委员会组织专家起草的《中国智慧城市标准体系》正式发布，对“智慧城市”的定义、体系、功能特征、建设关键部署等进行了详细阐述。

2013 年至 2014 年 6 月，我国政府先后出台了共 33 项相关政策、设立专项和给予资助，为我国物联网产业与应用发展营造了良好发展环境。与此同时，物联网标准化工作取得了实质性进展。至 2013 年末，RFID 国标立项 31 项，已发布 4 项；国标委下达了 47 项物联网国家标准计划；移动支付国标发布实施。

在政策的培育下，物联网产业在近几年处于高速发展期，2010 年我国物联网总产值为 1933 亿元，2011 年的产业规模超过 2600 亿元，2012 年已经超过 3600 亿元，年增速接近 40%，2013 年我国物联网整体市场规模为 4896 亿元，达到 2010 年 1933 亿元的 2.53 倍；2017 年将超过万亿元级。而未来 3～5 年，物联网核心细分产业（如传感器等）的增速将会维持 35%以上的年复合增速。

据“中华工控网”网站报道，传感器产业已直接从中受益。2012 年，我国传感器制造行业规模以上企业数量有 259 家，销售收入达到 509.63 亿元。据市场研究机构预测，2017 年我国传感器市场规模将达到 2070 亿元，未来五年（2017—2021 年）行业年均复合增长率约为 30.14%，2021 年我国传感器市场规模将达到 5937 亿元。

我国各省市积极推出了物联网产业发展规划，各地发展物联网产业思路不尽相同，如北京市以应用示范为主，强调产业联盟推进，掌握标准话语权；上海市主要集中在建设产业基地，通过示范工程，创新商业模式；无锡市侧重在创新、示范、成果转化；成都重点也在示范应用上；嘉兴主要是借势发展，重点在示范工程上。总体而言，全国各地物联网产业规划都是基于目前产业基础，按照总体发展规划的要求，大力推进和强调示范应用，以应用带产业，以产业带技术，最终占据区域的高地。各省市都相继出台相关政策，其中 2016 年深圳市出台《深圳市促进大数据发展行动计划（2016—2018 年）》，浙江省出台《浙江省物联网产业“十三五”发展规划》，江苏省出台《江苏省“十三五”信息基础设施建设发展规划》，上海市出台《上海市推进智慧城市建设“十三五”规划》，现选取国内具有典型意义的省市发展物联网产业的现状进行介绍。

2012 年 8 月，国务院正式批复《无锡国家传感网创新示范区发展规划纲要》，提出无锡要作为我国物联网“先行军”，打造具有全球影响力的传感网创新示范区。到 2015 年底，全市列入统计的物联网企业有 1171 家，营业收入达到 1688 亿元，增幅连续三年超过 30%，基本形成了涵盖感知、网络通信、处理应用、关键共性、基础支撑的产业链。

上海张江高科技园区作为国家级 RFID 产业化基地，在 2012 年已形成了较完整的 RFID 产业链，聚集了一批芯片设计、标签和读写器研发生产以及系统集成等重点企业。2012 年，物联网被列为上海市战略性新兴产业发展专项资金扶持的 11 个产业之一。上海企业拥有的传感器芯片、实时数据库、海量实时图像处理等一批关键技术，自主研发设计的 CMOS 图像传感芯片年销量达 6.4 亿颗，占全球市场份额的 1/4。在 RFID 芯片及智能卡领域，集聚了华虹集成电路、复旦微电子等一批国内领军企业，初步形成了从芯片设计和生产到应用系统的产业链。

2013 年 11 月，由山西太原罗克佳华工业有限公司提请建设的“物联网应用技术国家地方联合工程研究中心”正式获得国家发改委批准建设，将打造物联网技术和数据应用方面的开发与科研成果转化平台，为我国在物联网技术、数据应用领域的管理、监督与决策提供技术支持和服务。山西环保物联网建设在 2013 年获世行 1.5 亿美元贷款，该项目是通过感知层对环境质量、污染源、风险源等三类重点环保监测对象进行感知，通过高性能计算、海量数据挖掘、智能分析等技术，在全省范围内建成“精准覆盖，全程掌控，重点突出，运行有效”为一体的环保物联网体系。

在物联网发展进程中，技术趋势呈现出融合化、嵌入化、可信化和智能化的特征，而管理应用趋势呈现出标准化、服务化、开放化和工程化的特征。

1.3 物联网的体系结构

目前，物联网的体系结构还没有统一的标准，人们普遍接受的体系结构就是物联网的三层体系结构，即认为物联网的体系结构通常可以分为三个层次：感知层、网络层和应用层，如图 1.3 所示。

1.3.1 感知层

感知层主要用于采集物理世界中发生的物理事件和信息，包括各类物理量、标识、音频、视频等。感知层在物联网中如同人的感觉器官对人体系统的作用，主要是用来感知外界环境的温度、湿度、压强、光照度、气压、受力情况等信息，通过采集这些信息来识别物体和感知物理相关信息。作为物联网应用和发展的基础，感知层涉及的主要技术包括 RFID 技术、传感器和控制技术、短距离无线通信技术等。

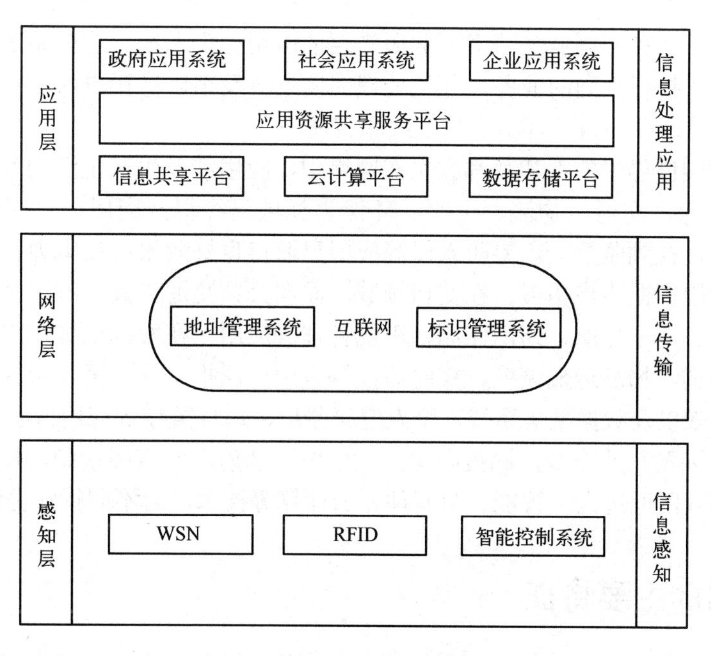

图 1.3　物联网体系结构图

一维条码和二维条码作为比较廉价而又实用的技术，在今后一段时间还会在各个行业中得到应用。然而，由于其所能包含的信息有限，而且在使用过程中需要用扫描器以一定的方向近距离地进行扫描，这对于未来在物联网中动态、快读、大数据量以及有一定距离要求的数据采集、自动身份识别等有很大的限制，因此基于无线技术的射频标签发挥了越来越重要的作用。

WSN 作为一种有效的数据采集设备，在物联网感知层中扮演了重要角色。现在传感器的种类不断增多，出现了智能化传感器、小型化传感器、多功能传感器等新技术传感器。

1.3.2　网络层

网络层是在现有的通信网和因特网（Internet）的基础上建立起来的，其关键技术既包括现有的通信技术又包括终端技术，为各类行业终端提供通信能力的通信模块等。网络层不仅能使用户随时随地获得服务，更重要的是通过有线与无线的结合、移动通信技术和各种网络技术的协同，为用户提供智能选择接入网络的模式。

有线通信网络可分为中、长距离的广域网络（Wide Area Network，WAN，包括 PSTN、ADSL 和 HFC 数字电视 Cable 等），短距离的现场总线（Field Bus，也包括电力线载波等技术）。无线通信网络也可分为长距离的无线广域网（Wireless Wide Area Network，WWAN），中、短距离的无线局域网（Wireless Local Area Networks，WLAN），超短距离的无线个人局域网（Wireless Personal Area Network，WPAN）。移动通信技术包括 2G、3G 及 4G 技术。

网络层用于实现更加广泛的互联功能，相当于人的神经系统，能够无障碍、高可靠性、高安全性地传送感知到的信息，需要传感器网络与移动通信技术、互联网技术相互融合。经过十余年的快速发展，移动通信、互联网等技术已比较成熟，基本能够满足物联网数据传输的需要。

1.3.3 应用层

应用层包括了各种不同业务或者服务所需要的应用处理系统。这些系统利用感知的信息进行处理、分析、执行不同的业务，并把处理的信息再反馈以进行更新，对终端使用者提供服务，使得整个物联网的每个环节更加连续和智能。

物联网把周围世界中的人和物都联系在网络中，应用涉及生产生活的方方面面。我国物联网在安防、电力、交通、物流、医疗、环保等领域已经得到应用，且应用模式正日趋成熟。在安防领域，视频监控、周界防入侵等应用已取得良好效果；在电力行业，远程抄表、输变电监测等应用正在逐步拓展；在交通领域，面向公共交通工具、基于个人标识自动缴费的移动购票系统、电子导航、路网监测、车辆管理等应用正在发挥积极作用；在物流领域，物品轨迹实时查询、物品运输调度、实时监控等应用广泛推广；在医疗领域，身份标识和验证、身体症状感知以及数据采集系统、个人健康监护、远程医疗等应用日趋成熟。

物联网应用涉及行业众多，涵盖面宽泛，总体可分为政府应用系统、社会应用系统和企业应用系统。物联网通过人工智能、中间件、云计算等技术，为不同行业提供应用方案。

1.4 物联网的主要特征

物联网集合以往其他技术所不可具有的显著优势，引起了全世界的广泛关注。物联网主要是从应用角度出发，在传感器网络的基础上，利用互联网、无线通信网络资源进行业务信息的传送，是互联网、移动通信网应用的延伸，是综合了自动化控制、遥控遥测及信息应用技术的新一代信息系统。

1. 物联网三个主要特征

物联网是通过各种感知设备和互联网，将物体与物体相互连接，实现物体间全自动、智能化地信息采集、传输与处理，并可随时随地进行智能管理的一种网络。作为崭新的综合性信息系统，物联网并不是单一的，它包括信息的感知、传输、处理决策、服务等多个方面，呈现出显著的自身特点。物联网有以下三个主要特征。

（1）全面感知

全面感知即利用 RFID、WSN 等随时随地获取物体的信息。物联网接入对象涉及的范围很广，不但包括了现在的 PC、手机、智能卡等，就如轮胎、牙刷、手表、工业原材料、工业中间产品等物体也因嵌入微型感知设备而被纳入。物联网所获取的信息不仅包括人类社会的信息，也包括更为丰富的物理世界信息，包括压力、温度、湿度等。其感知信息能力强大，数据采集多点化、多维化、网络化，使得人类与周围世界的相处更为智慧。

（2）可靠传递

物联网不仅基础设施较为完善，网络随时随地的可获得性也大大增强，其通过电信网络与互联网的融合，将物体的信息实时、准确地传递出去，并且人与物、物与物的信息系统也实现了广泛的互联互通，信息共享和互操作性达到了很高的水平。

（3）智能处理

智能是指个体对客观事物进行合理分析、判断及有目的地行动和有效地处理周围环境事宜的综合能力。物联网的产生是微处理器技术、传感器技术、计算机网络技术、无线通信技术不断发展融合的结果，从其自动化、感知化要求来看，它已能代表人、代替人对客观事物进行合理分析、判断及有目的地行动和有效地处理周围环境事宜，智能化是其综合能力的表现。

物联网不但可以通过数字传感设备自动采集数据，也可以利用云计算、模式识别等各种智能计算技术，对采集到的海量数据和信息进行自动分析和处理，一般不需人为的干预，还能按照设定的逻辑条件，如时间、地点、压力、温度、湿度、光照度等，在系统的各个设备之间，自动地进行数据交换或通信，对物体实行智能监控和管理，使人们可以随时随地、透明地获得信息服务。

除了上述三大主要特征外，物联网还具有显著的网络化、物物相连、多种技术相融合等特点。网络化是物联网的基础，无论是 M2M、专网，还是无线、有线传输信息，都必须依赖于网络；不管是什么形态的网络，最终都必须与互联网相联，这样才能形成真正意义上的物联网。物物相连是物联网的基本要求之一。计算机和计算机连接而成的互联网，可以完成人与人之间的交流。而物联网就是在物体上安装传感器、植入微型感应芯片，然后借助无线或有线网络，让人们和物体“对话”，让物体和物体之间进行“交流”。可以说，互联网完成了人与人的远程交流，而物联网则完成人与物、物与物的即时交流，进而实现由虚拟网络世界向现实世界的转变。物联网集成了多种网络、接入技术、应用技术，是实现人与自然界、人与物、物与物进行交流的平台，因此，在一定的协议关系下，实行多种技术相融合，分布式与协同式并存，是物联网的显著特点，从而使得物联网具有很强的开放性、自组织和自适应能力，可以随时接纳新器件、提供新服务。

2．物联网提供服务的特点

在物联网环境中，一个合法的用户可以在任何时间、任何地点对任何资源和服务进行低成本的访问。有的学者将物联网能够提供服务的特点总结为 7A 服务（Anytime Anywhere Affordable Access to Anything by Anyone Authorized），即一个合法用户（Anyone Authorized）可以在任何时候（Anytime）、任何地点（Anywhere），通过任何途径（Affordable Access）访问任何事物（Anything），如图 1.4 所示。

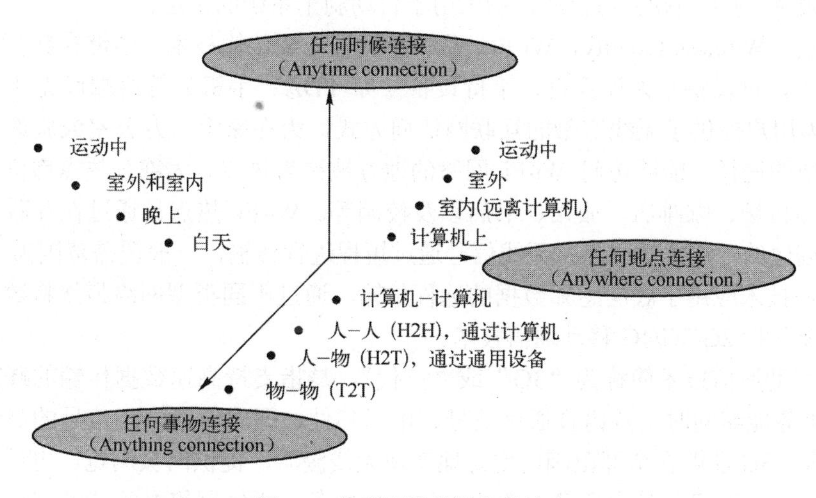

图 1.4　物联网提供服务的特点

1.5 物联网的关键技术

1.5.1 网络与通信技术

网络是物联网信息传递和服务支撑的基础设施，通过泛在的互联功能，实现感知信息的高可靠性、高安全性传送，物联网中感知数据的传递主要依托网络和通信技术，其中涉及更多的是无线网络技术和移动通信技术。

无线网络技术主要包括蓝牙、红外、ZigBee、超宽带、Wi-Fi 等，它们的最高传输速率大于 100Mbit/s，支持视频、音频等多媒体信息的传输，可以广泛应用于物联网底层数据的感知。但是由于绝大多数的短距离无线网络技术都应用在公共的 ISM 频段，频段间的干扰问题日益严重。如何避免冲突，实现频率间的复用需要进一步地解决。

蓝牙是一种小型化、低成本和微功率的无线通信技术，提供点对点和点对多点的无线连接，在任意一个有效通信范围内，所有设备的地位都是平等的，是一种典型的移动自组织网络（Ad hoc）。目前，蓝牙技术已经广泛应用于手机、耳机、PDA、数码相机和数码摄像机等设备中。

红外使用红外线作为载波，是一种点对点的传输方式，只能视距传输，覆盖范围约为 1m，带宽通常为 100kbit/s。红外适合低成本、跨平台的数据连接，主要应用于移动设备之间的数据交换。目前红外技术在红外线鼠标、红外线打印机等设备中均有应用。

ZigBee 技术是一种面向工业自动化和家庭自动化的低速、低功耗、低成本的无线网络技术。ZigBee 适用于多个数据采集与控制点、数据传输量不大、覆盖面广、造价低的应用领域，在家庭网络、安全监控、医疗保健、工业控制、无线定位等方面有较好的应用前景。

超宽带（Ultra Wide Band，UWB）技术具有低成本、低功耗、高性能等优点，因此成为近距离无线通信研究的热点技术。与常规无线通信技术相比，其电路简单、成本低廉，具有很高的分辨率和很低的发射功率，可以实现全数字化结构，主要应用于小范围，高分辨率，能够穿透墙壁、地面、身体的雷达和图像系统中。UWB 的一个非常有前途的应用是汽车防撞系统。戴姆勒-克莱斯勒公司已经试制出用于自动刹车系统的雷达。

无线保真（Wireless Fidelity，Wi-Fi）是一种短程无线传输技术，能够在数百米范围内支持互联网接入，可以将个人计算机、手持设备（如 PDA、手机）等终端以无线方式互相连接。Wi-Fi 为用户提供了无线宽带的互联网访问方式，为在家中、办公室或旅途中上网提供了快速、便捷的途径。能够访问 Wi-Fi 网络的地方被称为热点。大部分热点都位于人群集中的地方，例如机场、咖啡店、旅馆、书店以及校园等。Wi-Fi 热点是通过在互联网连接上安装访问点来创建的，这个访问点将无线信号通过短程进行传输，一般覆盖范围为 100m。

移动通信技术应用于底层感知数据的远程传输，通过不同类型网络最终将数据交付给用户使用，主要包括 2G/3G/4G 移动通信技术。

第三代移动通信技术简称为“3G”或“三代”，是指支持高速数据传输的蜂窝移动通信技术。3G 服务能够同时支持语音通话信号、电子邮件、即时通信数字信号的高速传输。相对于 2G 而言，3G 能够在全球范围内更好地实现无线漫游，提供网页浏览、电话会议、电子商务、音乐、视频等多种信息服务。为了提供这种服务，无线网络必须能够支持不同的数据传输速度。3G 可以根据室内、室外和移动环境中不同应用的需求，分别支持不同的传输速率。同时，3G 也要考虑与已有 2G 系统的兼容性。

4G 是第 4 代移动通信及其技术的简称，是集 3G 与 WLAN 于一体、能够传输高质量视频图像、图像传输质量与高清晰度电视不相上下的技术产品。4G 系统能够以 100Mbit/s 的速度下载，比拨号上网快 2000 倍，上传的速度也能达到 20Mbit/s，能够满足几乎所有用户对于无线服务的需求。

适应物联网低移动性、低数据率的业务需求，实现信息安全、可靠的传送，是当前物联网研究的一个重点，对网络与通信技术提出了更高要求，而以 IPv6 为核心的下一代网络的发展，更为物联网提供了高效的传送通道。物联网中的网络层面将不再局限于传统的、单一的网络结构，并最终实现互联网、2G/3G/4G 移动通信网、广电网等不同类型网络的无缝、透明的协同与融合。

1.5.2 无线传感器网络（WSN）技术

无线传感器网络（WSN）是由部署在监测区域内大量微型而又廉价的传感器节点组成的。通过无线通信方式组成的一个多跳的具有自组织特性的网络系统，其目的是将覆盖区域中的感知对象的信息进行感知、采集和处理，并最终发送给观测者。无线传感器网络结构如图 1.5 所示。

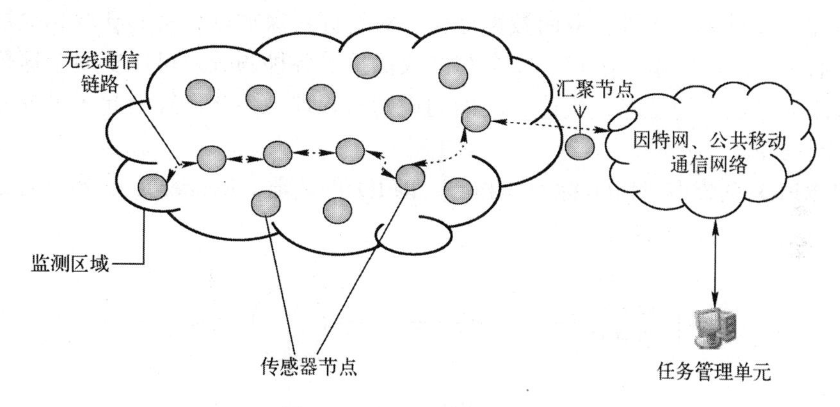

图 1.5 无线传感器网络结构

无线传感器网络的构想最初是由美国军方提出的，美国国防部高级研究所计划署（DARPA）于 1978 年开始资助卡耐基梅隆大学进行分布式传感器网络的研究，这被看成是无线传感器网络的雏形。无线传感器网络是由大量传感器节点通过无线通信方式形成的一个多跳的自组织网络系统，它能够实现数据采集的量化处理、融合和传输。其综合了微电子技术、嵌入式计算技术、现代网络及无线通信技术、分布式信息处理技术等先进技术，能够协同地实时感知和采集网络覆盖区域中各种环境或监测对象的信息，并对其进行处理，再将处理后的信息通过无线方式发送，并以自组织多跳的网络方式传送给观察者。

无线传感器网络是一种无中心节点的全分布系统，通过随机投放的方式，将众多传感器节点密集部署在监控区域。这些传感器节点集成有传感器、数据处理单元和通信模块，它们通过无线通道相连，自组织地构成网络系统。传感器节点借助于其内置的形式多样的传感器，测量所在周边环境中的热、红外、声呐、雷达和地震波信号，也包括温度、湿度、噪声、发光强度、压力、土壤成分、移动物体的大小、速度和方向等众多人们感兴趣的物理现象。传感器节点间具有良好的协作能力，通过局部的数据交换来完成全局任务。由于传感器网络的节点特点的要求，多跳、对等的通信方式较之传统的单跳、主从通信方式更适合无线传感器网络，同时还可有效避免在长距离无线信号传播过程中遇到的信号衰落和干扰等问题。通过网关，传感器网络还可以连接到现有的网络基础设施上，从而将采集到的信息回传给远程的终端用户使用。

无线传感器网络将逻辑上的信息世界与客观上的物理世界融合在一起，改变人与自然界的交互方式。未来的人们将通过遍布在四周的传感器网络直接感知客观世界，从而极大地扩展网络的功能和人类认识世界的能力。无线传感器网络具有十分广泛的应用前景，范围涵盖医疗、军事和家庭等很多领域。例如，无线传感器网络快速部署、自组织和容错特性使其可以在军事指挥、控制、通信、计算、智能、监测、勘测方面起到不可替代的作用；在医疗领域，无线传感器网络可以部署用来监测病人并辅助残障病人。其他商业应用还包括跟踪产品质量、监测危险地域等。

1.5.3 RFID 技术

射频识别技术（RFID）是物联网感知层的关键技术之一，是一种非接触式的自动识别技术，它通过无线射频方式进行双向数据通信，对目标对象加以识别并获取相关数据。它广泛应用于交通、物流、军事、医疗、安全与产权保护等各种领域，可以实现全球范围的各种产品、物资流动过程中的动态、快速、准确的识别与管理，因此已经引起了世界各国政府与产业界的广泛关注。

典型的 RFID 系统由 RFID 标签（Tag）、RFID 阅读器（Reader）、天线（Antenna）、计算机四部分组成，如图 1.6 所示。

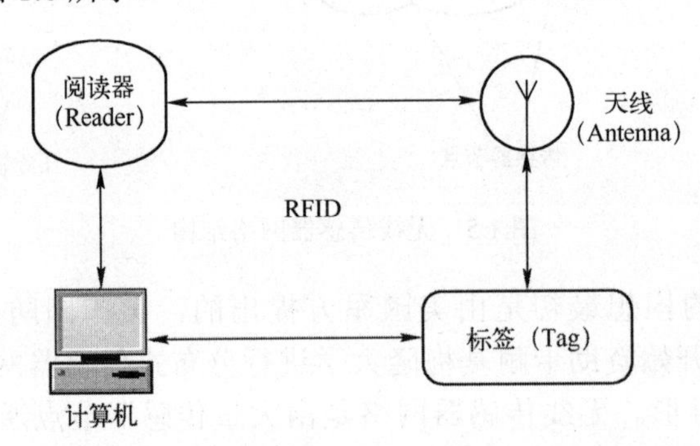

图 1.6　RFID 系统图

RFID 标签又称电子标签、射频卡或应答器，类似货物包装上的条形码功能，记载货物的信息，是 RFID 系统真正的数据载体，用以标识目标对象。RFID 标签是一种集成电路产品，是由耦合器件和专用芯片组成。RFID 标签芯片的内部结构包括谐振回路、射频接口电路、数字控制和数据存储体四部分。

当给移动或非移动物体附上 RFID 标签，就意味着把“物”成了“智能物”，就可以实现对不同物体的跟踪与管理。

RFID 阅读器又称读/写器或读卡器，是读取（或写入）标签信息的设备。RFID 阅读器可以无接触地读取并识别 RFID 标签中所保存的电子数据，从而达到自动识别物体的目的。

天线是将 RFID 标签的数据信息传递给阅读器的设备。RFID 天线可分为标签天线和阅读器天线两种类型。这两种天线因工作特性不同，在设计上关注重点也有所不同。对于标签天线，着重考虑天线的全向性、阻抗匹配、尺寸、极化、造价，以及能否提供足够能量驱动 RFID 芯片等方面。对于阅读器天线，考虑更多的是天线的方向性、天线频带等因素。

计算机用作后台控制系统，通过有线或无线方式与阅读器相连，获取电子标签的内部信息，对读取的数据进行筛选和处理并进行后台处理。通常将电子标签、阅读器和天线三者称为前端数据采集系统。

按照 RFID 标签有源和无源来划分，RFID 系统可分为主动式、半主动式和被动式三种。主动式和半主动式标签内部都携带电源，因此均为有源标签。无源被动式 RFID 标签内部没有电源设备，其内部集成电路通过接收由阅读器发出的电磁波进行驱动，向阅读器发送数据。

RFID 系统按工作频率可以分为低频（LF）、高频（HF）、超高频（UHF）和微波（MF）四种，见表 1.1。

表 1.1　RFID 工作频率分类表

频　段	频率范围	工作原理	应用特点
低频（LF）	30～300kHz	电磁感应	识读距离短（<10cm），低成本，被动标签
高频（HF）	3～30MHz	电磁感应	识读距离短（<10cm），数据量大，被动标签
超高频（UHF）	300MHz～3GHz	反向散射	识读距离远（可达 10m），速度快，被动标签
微波（MF）	2.4GHz，5.8GHz	反向散射	识读距离远、速度快，主动、半主动和被动标签

1.5.4　M2M 技术

M2M 指的是各类物体（机器）通过有线和无线的方式，在没有人为的干预下实现数据通信。这些物体可能是工业设备、水电气表、医疗设备、运输车队、移动电话、汽车、贩卖机、家电、健身设备、楼宇、大桥、公路和铁路设施等。这些物体将配备嵌入式通信技术产品，通过各类通信协议和其他的设备及 IT 系统进行信息交换，提供连续、实时和具体细节的信息，自动获取人类无法得到的大量信息。

在 M2M 技术中，信息的来源纷繁复杂，流向却是相同的。现有的 M2M 标准，都涉及五个重要的技术部分：机器、M2M 终端、通信网络、中间件、应用，如图 1.7 所示。

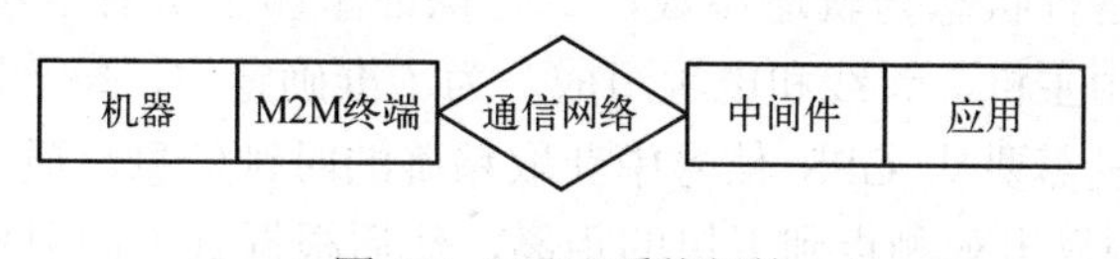

图 1.7　M2M 系统架构

从广义上来说，M2M 可代表机器对机器、人对机器、机器对人、移动网络对机器之间的连接与通信，它涵盖了所有实现在人、机器、系统之间建立通信连接的技术和手段。M2M 技术综合了数据采集、全球定位系统（GPS）、远程监控、通信等技术，能够实现业务流程的自动化。M2M 技术使所有机器设备都具备联网和通信能力，它让机器、人与系统之间实现超时空的无缝连接。

M2M 作为物联网的核心技术之一，是物联网现阶段最普遍的应用形式。欧洲发达国家、美国、日本、韩国等已经实现了 M2M 的商业应用，主要应用在车队管理、机械服务和维修业务、安全监测、公共交通系统、工业、城市信息化等领域。提供 M2M 业务的主流运营商包括德国的 T-Mobile 公司、英国的 BT 公司和 Vodafone 公司、日本的 NTT - DoCoMo 公司、韩国的 SK 公司等。

M2M 应用在我国起步同样较早，目前在我国，中国移动、中国联通、中国电信等移动运营商是 M2M 的主要推动者，中国电信的 M2M 平台从 2007 年就开始搭建；中国移动搭建了 M2M 运营平台，要求所有与设备相关的 GPRS 数据流量都通过 M2M 平台；中国联通 M2M 相关业务已经推出。目前国内 M2M 业务主要有以下四个方面，见表 1.2。

表 1.2　国内 M2M 业务应用

行　业	典 型 应 用
电力部门	无线远程抄表
交通物流	移动定位、条码扫描
金融商业	无线 ATM、无线 POS
公共管理	水文、森林火警、空气质量等环境监测
生产部门	生产过程的监测与控制

1.5.5 GPS 技术

全球定位系统（Global Positioning System，GPS）是一种全新的定位方法，它是将卫星定位和导航技术与现代通信技术相结合，具有全时空、全天候、高精度、连续实时地提供导航、定位和授时的特点。GPS 在空间定位技术方面引起了革命性的变化，已经在越来越多的领域替代了常规的光学与电子定位设备。用 GPS 同时测定三维坐标的方法将测绘定位技术从陆地和近海扩展到整个地球空间和外层空间，从静态扩展到动态，从单点定位扩展到局部和广域范围，从事后处理扩展到定位、实时与导航。同时，GPS 将定位精度从米级提高到厘米级，可以广泛用于陆地、海洋、航空航天等领域。

GPS 由空间部分、地面控制部分与用户接收机三部分组成。地面监控系统承担着两项任务，一是控制卫星的运行状态与轨道参数，二是保证星座上所有卫星时间基准的一致性。GPS 接收机硬件一般由主机、天线和电源组成。为了准确定位，每一颗 GPS 卫星上都有两台原子钟，GPS 接收机需要从 GPS 信号中获取精确的时钟信息，通过判断卫星信号从发送到接收的传播时间来测算出观测点到卫星的距离，然后根据到不同卫星的距离通过计算得出自己在地球上的位置。GPS 接收机能够接收的卫星越多，定位的精度就越高。

目前全球主要的 GPS 有四个：美国的“全星球导航定位系统（GNSS）”、欧盟的“伽利略（Galileo）”卫星定位系统、俄罗斯的“格洛纳斯（GLONASS）”卫星定位系统与我国的“北斗”卫星定位系统。这四个系统并称为全球四大卫星导航系统。目前，联合国已将这四个系统确认为全球卫星导航系统核心供应商。

（1）美国的“全星球导航定位系统（GNSS）”

该系统是目前应用较为普遍的定位系统，它使用的是由波音公司与洛克西德·马丁公司制造的一种轨道航天器卫星。全星球导航定位系统由 28 颗轨道卫星组成，24 颗正常工作，4 颗备份，轨道高度为 20200km。1978 年 2 月该系统首次发射，1995 年底形成初步的定位能力。第一代系统能够为军队的飞机、舰船与车辆提供高精度的三维速度与时间服务，同时也为民间用户提供精度较低的服务。该系统建设历经 20 年，耗资超过 500 亿美元，是继“阿波罗登月计划”和“航天飞机计划”之后的第三项庞大的空间计划。

（2）欧盟的“伽利略（Galileo）”卫星定位系统

Galileo 是由欧盟研制和建立的全球卫星导航定位系统。截至 2016 年 12 月，已经发射了 18 颗工作卫星，具备了早期操作能力（EOC），并计划在 2019 年具备完全操作能力（FOC）。全部 30 颗卫星（调整为 24 颗工作卫星、6 颗备份卫星）计划于 2020 年发射完毕。该系统将提供开放服务、商业服务、公共规范服务和生命安全服务。

（3）俄罗斯的“格洛纳斯（GLONASS）”卫星定位系统

GLONASS 是苏联在 1976 年启动的项目，可提供高精度的三维空间和速度信息，也提供授时服务。按照设计，格洛纳斯星座卫星由中轨道的 24 颗卫星组成，包括 21 颗工作星和 3 颗备份星，分布于 3 个圆形轨道面上，轨道高度为 19100km，倾角为 64.8°。到 2009 年年底，其服务范围拓展到全球。该系统主要服务内容包括确定陆地、海上及空中目标的坐标及运动速度信息等。

（4）我国的“北斗”卫星定位系统

“北斗”卫星定位系统是中国自行研制开发的区域性有源三维卫星定位与通信系统，可在全球范围内全天候、全天时为各类用户提供高精度、高可靠的定位、导航、授时服务，并兼具短报文通信能力。第八颗和第九颗北斗卫星于 2011 年被长征三号甲运载火箭送入太空预定转移轨道。从 2011 年 12 月 27 日起，已开始向中国及周边地区提供连续的导航定位和授时服务，该系统将在 2020 年形成全球覆盖能力。

1.5.6 云计算技术

云计算是一种基于因特网的计算方式，通过这种方式，共享的软硬件资源和信息可以按需提供给计算机和其他设备。云计算是继 20 世纪 80 年代大型计算机到客户端/服务器的大转变之后的又一巨变。

目前云计算尚没有统一认可的定义。维基百科给出的定义是：云计算是开发用于在因特网（或“云”）上运行的功能丰富的因特网应用的简称。中国云计算网将云定义为：云计算是分布式计算（Distributed Computing）、并行计算（Parallel Computing）和网格计算（Grid Computing）的发展，或者说是这些科学概念的商业实现。现阶段广为接受的是美国国家标准与技术研究院（NIST）的定义。它提出：云计算是一种按使用量付费的模式，这种模式提供可用的、便捷的、按需的网络访问，进入可配置的计算资源共享池（资源包括网络、服务器、存储、应用软件，服务），这些资源能够被快速提供，只需投入很少的管理工作，或与服务供应商进行很少的交互。

云计算是实现物联网的核心。运用云计算模式，使物联网中数以兆计的各类物品的实时动态管理、智能分析变得可能。通过云计算的应用，可以解决物联网中服务器节点的不可靠性问题，最大限度地降低服务器的出错率；可以解决物联网中访问服务器资源受限的问题；让物联网在更广泛的范围内进行信息资源共享；可以增强物联网中数据的处理能力，并提高智能化处理程度。物联网的行业应用，如智能电网、环境检测网等，都需要借助云计算来解决海量信息和数据的管理问题。

云计算可以按照部署模式和服务模式进行分类，具体见表 1.3。

表 1.3 云计算分类

分类方式	类别
部署模式	公共云、私有云、混合云
服务模式	基础设施即服务、平台即服务、软件即服务

在互联网虚拟大脑架构（见图 1.2）中，互联网虚拟大脑的中枢神经系统是将互联网的核心硬件层、核心软件层和互联网信息层统一起来为互联网各虚拟神经系统提供支持和服务，从定义上看，云计算与互联网虚拟大脑中枢神经系统的特征非常吻合。在理想状态下，物联网的传感器和互联网的使用者通过网络线路和计算机终端与云计算进行交互，向云计算提供数据，接受云计算提供的服务。

1.5.7 大数据系统

大数据是互联网智慧和意识产生的基础。随着博客/微博、社交网络以及云计算、物联网等技术的兴起，互联网上的数据信息正以前所未有的速度增长和累积。互联网用户的互动、企业和政府的信息发布、物联网传感器感应的实时信息每时每刻都在产生大量的结构化和非结构化数据，这些数据分散在整个互联网网络体系内，数量极其巨大。这些数据中蕴含了经济、科技、教育等领域非常宝贵的信息。这就是互联网大数据兴起的根源和背景。

与此同时，深度学习为代表的机器学习算法在互联网领域的广泛使用，使得互联网大数据开始与人工智能进行更为深入的结合，这其中就包括在大数据和人工智能领域领先的世界级公司，如百度、谷歌、微软等。2011 年，谷歌公司开始将“深度学习”运用在自己的大数据处理上，互联网大数据与人工智能的结合为互联网大脑的智慧和意识产生奠定了基础。

在大数据时代，学术研究、生产时间、公司战略、国家治理等都发生着本质变化，采集到的原始数据往往是“零金碎玉”，需要通过不同的逻辑进行集成融合，从不同角度解释挖掘，才能得出前人未知的大价值。大数据的技术体系分为三个层次：大数据的采集与预处理、大数据的存储与管理、大数据的计算与分析。大数据平台向下需要管理和使用好各种设备/介质，向上需要支持各种大数据处理与计算的需求。数据量大是大数据平台的一个难关，但不是最大的挑战，比数据量大更难应对的是数据的多样性、实时性、不确定性、关联性、异质性等各种特性。

大数据系统主要包括以下几种类型：

1）分布式文件系统，如 HDFS、GFS、MooseFS、Ceph 和 TFS。

2）半结构化存储系统，如 HBase、Spanner、Dynamo、Cassandra 和 OceanBase。

3）计算框架和编程模型：如 Hadoop、Spark、Dryad、Naiad 和 Storm。

4）图计算和机器学习系统：如 Hama、Giraph、Graphlab、MLbase 和 Mahout。

5）类 SQL 查询系统：如 Hive、Shark、DryadLINQ 和 Dremel。

1.6 物联网产业发展

物联网产业是新一代信息技术产业的重点与引领力量，由于它广泛应用于其他各个新兴产业，使其成为整个战略性新兴产业的一大亮点。物联网产业的出现，是工业化与信息化深度融合的结果。

1.6.1 物联网产业发展现状

1．国外的物联网产业发展现状

据统计，物联网现阶段的主要形式 M2M 在 2009 年全球运营商的业务收入约为 15 亿美元。从全球市场的数据分析，到 2017 年 M2M 市场规模将达到 2900 亿美元以上。目前国际物联网产业的发展现状主要体现在以下几个方面：

（1）各国齐头并进，相继推出区域战略规划

当前，世界各国的物联网基本都处于技术研究与试验阶段：美、日、韩、欧盟等国都正投入巨资深入研究探索物联网，并启动了以物联网为基础的“智慧地球”“U-Japan”“U-Korea”“物联网行动计划”等国家性区域战略规划。

（2）基础性关键技术 RFID，成为市场最为关注技术

目前 RFID 已经在身份识别、交通管理、军事与安全、资产管理、防盗与防伪、金融、物流、工业控制等领域的应用中取得了突破性的进展，并在部分领域开始进入规模应用阶段。据国外最新发布的一项研究数据表明，预计到 2019 年，全球 RFID 零售业市场规模将达到 39.1 亿美元，与 2014 年相比，增加 30 亿美元。而在预测期内此类应用的全球 RFID 市场复合年增长率达 40%。

（3）各组织纷纷研究制定相关技术标准，竞争日益激烈

国际标准化组织及国际电工委员会（ISO/IEC）在传感器网络、国际电信联盟远程通信标准化组（ITU-T）在泛在网络、欧洲电信标准化协会（ETSI）在物联网、美国电气和电子工程师协会（IEEE）在近距离无线、互联网工程任务组（IETF）在 IPv6 的应用、第三代合作伙伴计划（3GPP）在 M2M 等方面纷纷启动了相关标准研究工作，竞争日益激烈。

在物联网发展进程中，技术趋势呈现出融合化、嵌入化、可信化和智能化的特征，而管理应用趋势呈现出标准化、服务化、开放化和工程化的特征。

2．我国物联网产业发展现状

我国的物联网研究早在 2006 年就开始了。现阶段我国自主研制的物联网技术主要应用于水产养殖基地环境监控系统、仓库环境监测系统、道路交通监测系统、农田环境监测和远程专家指导系统、高校科研开发平台等。

我国已具备物联网产业发展的条件。截至 2016 年 6 月，我国 IPv4 地址数量为 3.38 亿个，拥有 IPv6 地址 20781 块/32；网民规模达到 7.10 亿，半年共计新增网民 2132 万人，半年增长率为 3.1%，较 2015 年下半年增长率有所提升；互联网普及率为 51.7%，较 2015 年底提升 1.3%。移动互联网应用服务不断丰富、与用户的工作、生活、消费、娱乐需求紧密贴合，推动了 PC 网民持续快速向移动端渗透。截至 2016 年 6 月，我国手机网民规模达 6.56 亿，较 2015 年底增加 3656 万人。网民中使用手机上网的比例由 2015 年底的 90.1%提升至 92.5%，手机在上网设备中占据主导地位。同时，仅通过手机上网的网民达到 1.73 亿，占整体网民规模的 24.5%。近几年，传感器、RFID 产业发展迅猛。未来几年，在可穿戴设备、物联网、汽车和医疗等领域的传感器的增速将高于全球平均水平，并有望在 2020 年超过 3000 亿元。

M2M 全球市场在持续迅猛增长，点燃了中国电信运营商对其与日俱增的热情：中国移动从 2007 年就开始开展 M2M 业务的部署，并将其全网的 M2M 运营中心建在了重庆，目前已将 M2M 服务纳入到了其 TD-SCDMA（Time Division Synchronous Code Division Multiple Access）发展规划中，并成立了 M2M 测试中心，推出了终端认证标准及神州车管家、电梯监控、基站监控、危险源监控等系列产品；中国电信从 2007 年开始建设 M2M 平台，2010 年在无锡测试上线，未来，各行业各种应用的物联网终端，可通过固定网络或无线宽带两种方式接入中国电信 M2M 平台；中国联通也推出了诸如银行新时空、海洋新时空、物流新时空等 M2M 的行业性应用。中国各家电信运营商对 M2M 的大力推动，正使得物联网朝着规模化实际应用方向迈进。

目前中国在 WSN、微型传感器、传感器终端机、移动基站等方面取得了重大进展，已拥有从材料、技术、期间、系统到网络的完整产业链。

3．我国物联网产业链

在物联网概念热炒之前，我国的物联网产业链已经存在，但主要以集成商为主角，以运营商为管道。但是，集成商又分布在各个行业、地域中，因此目前的物联网产业链基本可以理解同样的模式在不同的地域、行业被不同的集成商控制，见表 1.4。

表 1.4　产业链上的价值分布（2011 年数据）

	传感器/芯片厂商+通信模块提供商	电信运营商提供的管道	系统集成商/服务提供商/中间件及应用商
产业价值	15%	15%	70%

占产业价值大头的公司通常都集多种角色为一体，以系统集成商的角色出现。从目前的表现来看，运营商竭力在向两端延伸价值，但产业链的演变不是以运营商的意志为转移的。运营商可以通过构建 M2M 平台和模块/终端标准化来逐步实现产业链自身价值的扩大化。在实际的商业模式中，要让广大的集成商使用运营商标准的模块和平台，必须价值让利，通过模块的补贴、定制、集采逐步让集成商接纳运营商的标准，进而将行业应用数据流逐步迁移到运营商的平台上。

1.6.2　基于技术路线图的物联网产业布局

技术路线图本质是一种多维分析工具。为了突出物联网对新兴战略产业的作用，并从战略的观点布局物联网产业发展，可以利用技术路线图从市场需求、产业目标、关键技术三个方面对物联网产业布局进行分析。

1．市场需求

清华大学技术创新研究中心在综合考查了 21 项最具有代表性的物联网行业应用形式的基础上，依照战略的观点，提炼出在 2011—2030 年，符合长远性、全局性、关键性和明道性原则的六项应用，见表 1.5。由于它们对国计民生影响深远，对国民经济增长方式的转型、自主创新能力的提高和其他新兴战略性产业发展具有决定性的带动作用，故称之为战略性应用。其中，又有三项由于网络效应特征明显，易于在国家主导下形成主导设计标准，从而全面带动我国的物联网产业取得发展优势，称之为主导性应用，它们分别是智能交通、智能电网和智能医疗。

表 1.5　2011—2030 年必须大力发展的六项战略性应用

序号	行业应用	2015 年前	2020 年前	2030 年前
1	智能交通	ETC、GPS、实时交通信息系统	智能汽车	自动化公路系统 AHS、车联网
2	智能电力	充电站、特高压输电、智能电表	坚强智能电网	泛能网
3	智能医疗	电子病历、医疗感知终端设备、医疗协作平台	智能医疗建筑、虚拟活检、智能药丸	纳米机器人
4	智能家居	智能家居安防与监控、智能家电	智能装修、智能建筑	家居智能网
5	智能物流	物流实时跟踪、优化调度智能超市、网络化分布式仓储管理	智能配货	货运车联网
6	智能工业	生产过程工艺优化、工业安全生产管理、设备监控	真三维显示与人机自然交互生产	泛在制造网络

2．产业目标

根据业内共识，产业技术经济目标可分为泛在感知、可靠传送和智能处理三个方面。我国 2011—2030 年的物联网产业目标见表 1.6。

表 1.6　2011—2030 年可以实现的物联网产业目标

产业技术经济目标	2015 年前	2020 年前	2030 年前
泛在感知	RFID 全面普及、M2M 终端标准化、传感器在部分行业标准化	M2M 终端全面普及、传感器标准化、多种能量捕获与循环利用	传感器全面普及、可生物降解的新物理效应感知的纳米器件
可靠传送	基于传感器网关的可靠传感器网络、电力专用网开放互联的应用示范、M2M 平台(3G)规模化应用	超高速状态的可靠信号传送、网络交互标准化、安全传送	人与物与服务间的统一网络、异质系统与产业间整合
智能处理	分布式控制与数据管理、超低功耗的电源优化、存储与感知能力的提升	智能协同标签、自适应系统、分布式储存与处理、智能器件间系统	智能器件无处不在、智能响应行为标准化、物联网搜索

3．关键技术

IBM 公司将物联网关键技术分为分析与优化层、应用层、服务平台层、应用网关层、广域网络层、传感网关层、传感网层与传感器执行层八层。由于 IBM 分析框架的包容性，在分析 2011—2030 年我国必须利用和发展的关键技术时也采用了此框架，见表 1.7。

表 1.7 2011—2030 年必须利用和发展的关键技术

	2015 年	2020 年	2030 年
分析与优化层	海量数据处理、数据挖掘、知识管理	海量数据处理、数据挖掘、知识管理	海量数据处理、数据挖掘、知识管理
应用层	数据服务、数据中心	数据服务、数据中心	数据服务、物联网搜索引擎、数据中心
服务平台层	分布式云计算、集中式超级计算	分布式云计算、集中式超级计算	分布式云计算、集中式超级计算
应用网关层	Wi-Fi、WiMAX	Wi-Fi、WiMAX	Wi-Fi、WiMAX
广域网络层	IPv6、3G/LTE、电力线通信	IPv6、4G/LTE、电力线通信	IPv6、4G、电力线通信
传感网关层	边缘计算、底层采集器与公网的接入标准	边缘计算、底层采集器与公网的接入标准	边缘计算
传感网层	传感器与底层采集器的接入标准、短距离无线自组网、中间件、传感器接口标准化	传感器与底层采集器的接入标准、短距离无线自组网、中间件、传感器接口标准化	高速态无线自组网中间件 、
传感器执行层	超高频 RFID、超低功耗芯片组、多路无线射频识别硬件技术、光伏印刷电池、片上集成射频技术	生物、化学与电磁能量捕获、能量循环利用技术、微机电控制技术	纳米技术、生物降解技术、无线传电技术、微机电控制技术

1.6.3 物联网产业发展存在的问题

我国物联网产业发展存在的问题可以归纳为以下三点：

（1）技术应用缺乏成熟商业运作模式

目前的物联网应用主要是在传统技术的基础上进行二次开发，技术本身比较成熟，难点在于打破各行业、部门之间的壁垒。物联网示范工程主要由政府投入，引导民间投资发展产业，典型的行业应用都具有民生工程的特点，应用的瓶颈在于行业协作和商业模式。由于物联网技术涉及范围广，很难建立公共标准，但在行业应用方面，可以在形成固定模式之后建立统一的技术标准。因此，成熟的商业运作模式对于特定行业应用形成规模非常关键，而当前的应用水平处于初级阶段，缺乏市场化的跨行业、跨部门的物联网技术应用模式。

（2）核心技术主要掌握在国外厂商手中

我国信息技术发展起步较晚，在设计理念和发展环境上的不足，造成领域技术研发能力薄弱，尤其是在操作系统、数据库等基础软件，以及关键芯片、高端传感器、高端服务器等硬件技术领域，国内只有少数企业有能力进行研发投入，造成技术水平长期落后于人。而跨国软件、集成电路企业对核心技术形成垄断，造成国内企业从事物联网的核心技术优势不突出，创新能力不足，以至于产业化和市场化程度不高，难以在短期内形成与国外厂商抗衡的技术竞争力。因此，对于我国物联网核心技术发展的支持、对知识产权的保护、对技术创新的激励以及政府的大力投入，都是我国物联网技术成长急需的环境和土壤。

（3）核心技术产业化和市场化机制落后

核心技术产业化和市场化机制是企业自主技术创新、产业发展的关键，需要政府提供政策、创造环境。我国物联网核心技术产业化和市场化机制明显滞后，首先是由于我国物联网产业处于持续增长的状态，企业核心技术研发周期与产业和市场的节奏不相适应，需要快速将技术产业化。因此，要提升创新企业的市场运作和管理水平，提高企业产品规划和产业滚动的安排能力，以实现自主品牌与核心技术创新的有效结合。其次，缺乏有利于核心技术产业化和市场化的政策措施。政府是核心技术创新以及产业化和市场化的推动者，要为新技术产业化创造良好的政策环境，应加大对重大技术创新项目的支持力度，引导和扶植风险投资以利于技术产业化吸引资金，完善和加快发展技术产权交易等，以利于为核心技术产业化和市场化提供良好的发展环境。

1.6.4 物联网产业发展预测

近几年，随着高速宽带网络的普及，大数据、云计算的发展，以及物联网平台型企业的成长和行业标准的推进，对物联网行业的需求也随之升级，从基础的物品识别、网络信息传输，开始向平台管理、数据分析等更高层次的需求升级。图 1.8 给出了物联网产业发展的三个阶段，图 1.9 给出了物联网行业需求层次。

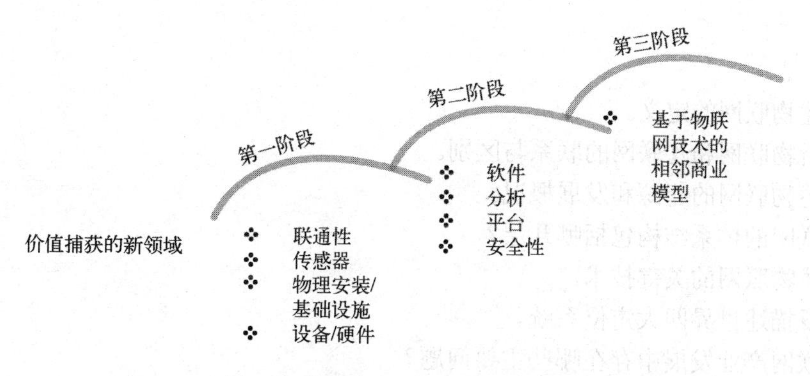

图 1.8　物联网产业发展的三个阶段

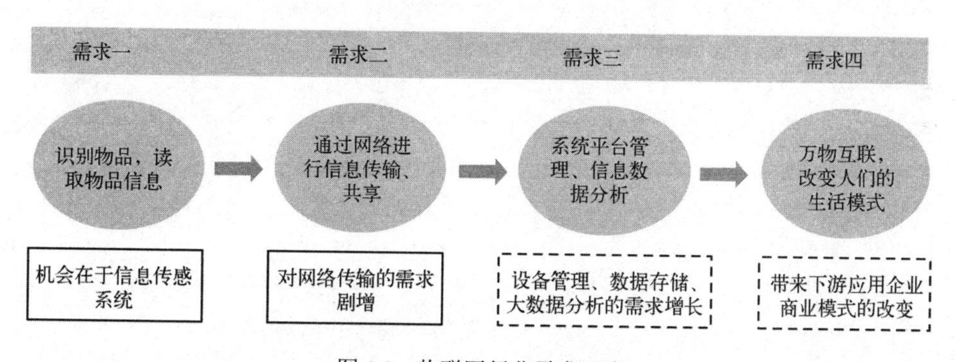

图 1.9　物联网行业需求层次

2015 年全球物联网市场规模达到 624 亿美元，同比增长 29%。预计到 2020 年，全球会有 240 亿台物联网设备联网，而思科、华为、爱立信等公司则估计 2020 年物联网连接数量在 500 亿～1000 亿，远超现在 70 多亿部手机的数量。其中，用于运动健身、休闲娱乐、医疗健康等的可穿戴设备会成为主要应用。根据测算，2020 年人均连接设备数将从当前的 1.7 个，上升到 4.5 个。

2016 年是我国“十三五”的开局之年，物联网迈向 2.0 时代，全球生态系统将加速构建。十三五规划中明确提出“要积极推进云计算和物联网发展，推进物联网感知设施规划布局，发展物联网开环应用”。随着物联网应用示范项目的大力开展，“中国制造 2025”“互联网+”等国家战略的推进，以及云计算、大数据等技术和市场的驱动，将激发我国物联网市场的需求。中国物联网研究发展中心预计，到 2020 年我国物联网产业规模将达到 2 万亿，2016—2020 年复合增速 22%。

本章小结

本章重点介绍了物联网的基本概念、关键支撑技术、主要应用领域和产业发展。首先概述了物联网的基本概念、起源和发展、体系结构及其主要特征，其次简要介绍了网络与通信技术、WSN 技术、RFID 技术、M2M 技术、GPS 技术、云计算技术以及大数据系统等物联网的关键支撑技术，最后分析了物联网的产业发展状况。

思考题

1．简述物联网的定义。
2．分析物联网和互联网的联系与区别。
3．描述物联网的起源和发展概况。
4．物联网的体系结构包括哪几层？
5．叙述物联网的关键技术。
6．简要描述世界四大定位系统。
7．物联网产业发展中存在哪些主要问题？

第2章　网络与通信

本章重点

★ 了解局域网、因特网的相关知识和应用，熟悉 IPv6。

★ 了解现场总线的基本概念。

★ 掌握无线网络技术。

★ 熟悉卫星通信原理和现代移动通信技术。

★ 了解泛在网络相关知识。

在信息化的世界里，计算机、通信网络等新技术正在推动着数字革命。数字革命正在构建一个信息社会，已经使得生成、发布和使用信息成为重要的经济和文化行为，每天都在改变着人们的生活。而物联网时代的到来，更是对网络与通信技术提出了更高的要求，带来了更大的挑战。物联网中所采用的通信技术以承载数据为主。作为数据通信的承载网络，物联网的网络与通信技术具有非常丰富的技术内涵，包含传统网络技术以及各种通信技术（如有线、无线、移动等）的多个方面。

本章主要对传统网络技术、现场总线、卫星通信、移动通信和泛在网络进行简单的介绍，重点描述了现今主流的无线网络技术和无线移动通信技术。

2.1　传统网络技术

在计算机发展早期，网络是很稀有的，大多数计算机都是作为独立终端完成计算任务。随着网络技术的发展，现在网络已经渗透到人们生活、工作、学习的方方面面。计算机网络系统可以简单理解为多台计算机互连以实现资源共享和信息传递的系统，但是随着技术的进步和发展，计算机网络的内涵也在不断地发生着变化。

2.1.1　计算机网络概述

1．计算机网络分类

计算机网络可以被用来提供大量的服务，既可以针对公司，也可以针对个人。计算机网络根据分类依据的不同，可以划分为不同的类别。依据覆盖范围，计算机网络分为个域网（Personal Area Network，PAN）、局域网（Local Area Network，LAN）、城域网（Metropolitan Area Network，MAN）、广域网（Wide Area Network，WAN），其传输距离、应用范围、相关技术见表 2.1。

（1）个域网

个域网使得设备可以在个人之间进行通信，用来连接距离相当近的个人数字设备，这种连接不需要使用电线和电缆。例如用蓝牙技术在两台具有蓝牙模块的电子设备之间传输信息或者从笔记本式计算机向便携式打印机无线传输数据。

表 2.1 典型网络分类

	传输距离（数量级）	应用范围	相关技术
PAN	1m	平方米以内	蓝牙、红外
LAN	10m～1km	房间、建筑物、校园	以太网、蓝牙、Wi-Fi、ZigBee
MAN	10km	城市	WiMAX
WAN	100～1000km	国家、洲	ATM、帧中继、SDH

（2）局域网

局域网是连接有限的计算机的通信网络，它传输距离比较近，规模较小，一般不超过10km，但传输速率高，误码率低，传输延时短，而且同时使用多种有线和无线技术。

（3）城域网

城域网是介于局域网和广域网之间的一种进行声音和数据传输的高速网络，通常覆盖一个城市或者地区，覆盖范围从几十千米到上百千米。

（4）广域网

广域网能覆盖大面积的地理区域，通常由许多小型网络联合组成，覆盖几个城市、国家，乃至全球的区域，如因特网就是一种广域网。

另外，依据网络的内部操作是基于公共设计还是基于特定实体（如个人或公司）可以分为开放式网络和封闭式网络（专用网络）。例如基于传输控制/网际协议（Transmission Control Protocol/Internet Protocol，TCP/IP）协议簇开放标准的因特网就属于开放式网络，而专用网络的应用受到权限和合约条件（如费用）的限制。

网络还可以依据网络拓扑学分为总线型网络、环形网络、星形网络和网状网络等，如图 2.1 所示。

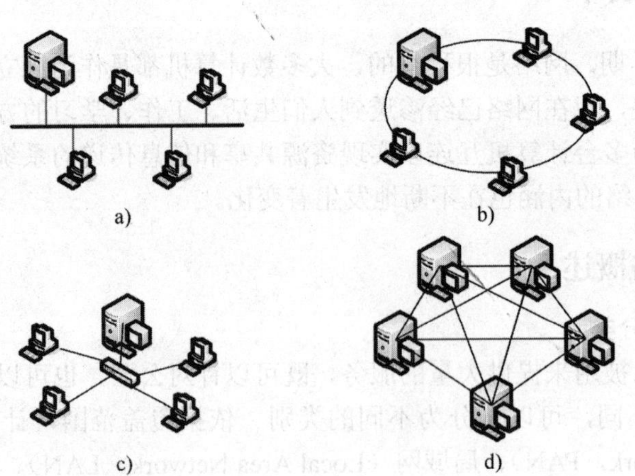

图 2.1 计算机网络拓扑结构

a) 总线型网络 b) 环形网络 c) 星形网络 d) 网状网络

2．参考模型

前面介绍了网络的分类，现在讨论一下两种重要的网络体系架构：OSI 参考模型（OSI-

RM）和 TCP/IP 参考模型。尽管与 OSI 参考模型联系在一起的协议很少使用了，但是 OSI 参考模型本身还是很有借鉴意义的，而与之相反，TCP/IP 模型很少使用，但其协议却被广泛应用。

（1）OSI 七层参考模型

OSI 参考模型已经被许多厂商所接受，并成为指导网络发展方向的标准，OSI 参考模型是开放式系统互连参考模型（Open System Interconnection Reference Model）的简称。OSI 参考模型共有七层，如图 2.2 所示。

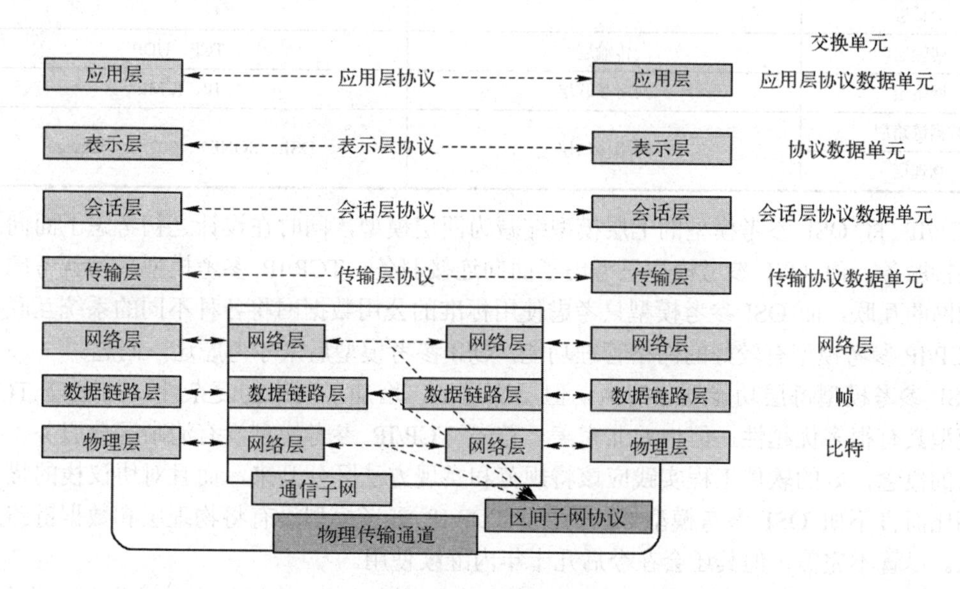

图 2.2　OSI 参考模型

OSI 参考模型从下到上分别为物理层（Physical Layer）、数据链路层（Data Link Layer）、网络层（Network Layer）、传输层（Transport Layer）、会话层（Session Layer）、表示层（Presentation Layer）和应用层（Application Layer）。层与层之间通过接口联系，上层通过接口向下层提出服务请求，下层通过接口向上层提供服务。两台计算机通过网络进行通信时，只有物理层可以通过介质直接进行数据传输，其他层必须通过通信协议。

在七层模型中，低三层属于通信子网的范畴，主要通过硬件来实现，高三层属于资源子网的范畴，主要通过软件来实现，而传输层的作用是屏蔽具体通信细节，使得高层不需要了解通信过程只需要进行信息的处理。建立七层模型主要是为了解决不同的网络互联互通时所遇到的兼容性问题，帮助不同类型的主机实现数据传输，将服务、接口、协议明确的区分开来，简化网络的复杂度，同时也便于故障发生时对故障的定位和纠错。

（2）TCP/IP 参考模型

TCP/IP 是由一组通信协议组成的协议簇，这些协议最早发源于美国国防部的 ARPA 网项目，其中 TCP 和 IP 是其中的两个主要协议，它是管理因特网和局域网数据传输的协议，现在已经发展为国际标准。TCP/IP 参考模型也被称为美国国防部模型（Department of Defense Model，DoD）模型，分为四层，从上而下依次为网络接口层（The Link Layer）、网络互联层（Internet Layer）、传输层（Transport Layer）和应用层（Application Layer）。

OSI 和 TCP/IP 参考模型有很多相同点，它们都基于一系列独立的协议，传输层以上都以应用为主导，OSI 和 TCP/IP 参考模型之间的关系见表 2.2。

表 2.2　OSI 和 TCP/IP 参考模型之间的关系

OSI 参考模型	TCP/IP 参考模型	TCP/IP 协议簇
应用层	应用层	HTTP、SMTP、RTP DNS、FTP、SNMP
表示层		
会话层		
传输层	传输层	TCP、UDP
网络层	网络互联层	IP、ICMP
数据链路层	网络接口层	DSL、SONET、802.11、Ethernet
物理层		

TCP/IP 将 OSI 参考模型的七层模型缩减为四层模型，同时在设计之初考虑了面向连接和无连接服务，而 OSI 参考模型只考虑了面向连接服务；TCP/IP 参考模型最初就考虑了多种异构网的互联，而 OSI 参考模型只考虑使用标准的公用数据网将各种不同的系统互联在一起；TCP/IP 参考模型有较好的网络管理功能，OSI 参考模型后来才考虑这一问题。

OSI 参考模型每层功能划分清晰，但层次过多，增加了网络的复杂性，相比较 TCP/IP 参考模型具有很多优越性，但也并非完美。首先 TCP/IP 参考模型没有清晰区分服务、接口和协议的概念，好的软件工程实践应该将规范和实现方法区分开来，而且对协议栈的描述不够，相比而言不如 OSI 参考模型好。另外，TCP/IP 参考模型没有将物理层和数据链路层区分开来。尽管不完美，但其还会在今后几十年内继续使用。

从上述内容可以看出，计算机网络是一个十分复杂的系统，在逻辑上可以分为进行数据处理的资源子网和完成数据通信的通信子网两部分。通信子网为计算机提供网络通信功能，完成网络终端之间的数据传输、交换、通信控制和信号变换等通信处理工作，如中国电信就是通信子网供应商。资源子网负责网络的数据处理业务，向网络用户提供各种网络资源和网络服务。

2.1.2　以太网

计算机网络主体包含许多网络类型，以太网便是其中重要的一员。同时，以太网（Ethernet）也是一种计算机局域网组网技术，电气与电子工程师协会（IEEE）制定的 IEEE 802.3 给出了以太网的技术标准，以太网是目前应用最广泛的局域网技术。

以太网基于网络上无线电系统多个节点发送信息的想法实现，每个节点必须取得电缆或者信道才能传送信息，有时也叫以太（源于电磁辐射可以通过光以太来传播，后来证明光以太不存在），每一个节点有全球唯一的 48 位地址（制造商分配给网卡的 MAC 地址），来保证以太网上所有系统能互相鉴别。

1．以太网标准和分类

IEEE 802.3 定义了两个类别的标准，一个是基带，一个是宽带。以太网标准分为 10Mbit/s 以太网、百兆以太网（快速以太网）、千兆以太网（Gigabit Ethernet）、万兆以太网、十万兆以太网，具体见表 2.3。

表 2.3　以太网标准和分类

以太网标准	传 输 介 质	最大传输距离	标　准	特　点
10Base5 10Base2 10Base-T 10Base-F	同轴电缆 同轴电缆 3、4、5 类双绞线 光纤（多模）	500m 185m 100m 2000m	802.3 802.3a 802.3i 802.3i	连接计算机多达 100 台 方便布线，成本便宜 集线器和交换机连接节点 传输速度快
100Base-T4 100Base-TX 100Base-FX	双绞线 双绞线 光纤	100m 100m 2000m	802.3u 802.3u 802.3u	使用 3 类非屏蔽双绞线 全双工速度达到 100Mbit/s 全双工，长距离传输
1000Base-SX 1000Base-LX 1000Base-CX 1000Base-T	光纤 光纤 两对屏蔽双绞线 四对非屏蔽双绞线	550m 5000m 25m 100m	802.3z 802.3z 802.3z 802.3ab	多模光纤 单模或多模光纤 STP 5 类 UTP
10GBase-SR 10GBase-LR 10GBase-ER 10GBase-T	光纤 光纤 光纤 四对非屏蔽双绞线	300m 10km 40km 100m	802.3ae	短距离多模光纤 单模光纤 单模光纤 6 类双绞线
40GBase-SR4/10 40GBase-LR4/10 100GBase-ER4	光纤 光纤 光纤	100m 10km 10/40km	802.3ba	多模光纤 单模光纤 单模光纤

2．传输介质和协议

以太网可以采用多种连接介质，包括同轴电缆、双绞线、光纤等。其中同轴电缆作为早期的布线介质已经逐渐被淘汰，双绞线多用在主机到集线器或交换机之间的连接，光纤则主要用于交换机间的级联和交换机到路由之间的连接。

通过传输介质，以太网采用带冲突检测的载波侦听多路访问（Carrier Sense Multiple Access with Collision Detection，CSMA/CD）技术进行数据传输。

CS：载波监听，指在发送数据之前进行线路监听，以确保线路空闲，减少冲突机会。

MA：多址访问，指每个站点发送的数据可以同时被多个站点接收。

CD：冲突检测，指边发送边检测，发现冲突就停止发送，然后延迟一个随机时间后继续发送。检测原理是由于两个站点同时发送信号，经过叠加后，会使线路上的电压波动值超过正常值一倍，据此判断冲突的发生。

CSMA/CD 规定了多台计算机共享一个信道的方法，当某台计算机需要发送信息时，必须遵守以下规则：

1）开始：如果线路空闲，则启动传输，否则转到第 4）步。

2）发送：如果检测到冲突，继续发送数据直到达到最小报文时间（保证所有其他转发器和终端检测到冲突），再转到第 4）步。

3）成功传输：向更高层的网络协议报告发送成功，退出传输模式。

4）线路忙：等待，直到线路空闲。

5）线路进入空闲状态：等待一个随机的时间，转到第 1）步，除非超过最大尝试次数。

6）超过最大尝试传输次数：向更高层的网络协议报告发送失败，退出传输模式。

以太网中所有的通信信号都在共用线路上传输，即使信息只是发给其中的一个终端，发送的消息都能被所有其他计算机接收，因此安全性成为以太网最大的弱点，而且 CSMA/CD 与无线星形网络不兼容，在无线局域网（采用带冲突避免的载波监听多路访问）中实现比较困难。

3．共享式以太网和交换式以太网

共享式以太网的典型代表是使用 10Base2/10Base5 的总线型网络和以集线器（Hub）为核心的星形网络。在使用集线器的以太网中，集线器将很多以太网设备集中到一台中心设备上，这些设备都连接到集线器中的同一物理总线结构中。从本质上讲，以集线器为核心的以太网同原先的总线型以太网无根本区别。

而交换式以太网是在 10Base-T 和 100Base-TX 双绞线基础上发展起来的一种高速网络，它的关键设备就是交换机（Switch），交换机连接的计算机在理论上可以同时发送数据而不存在冲突。交换机能够识别出帧的目的地址，并把帧只发送到目标站点连接的相应端口，相比于共享式以太网将帧发送到全网中的所有站点有本质区别。

共享式以太网因为共享传输介质，因此都是以半双工的方式工作的，而采用双绞线和交换机的交换式以太网能够实现全双工工作，双绞线可以为一个站点发送和接收数据提供单独的线路。如图 2.3 所示，A、B、C、D 直接和交换机相连，构成交换式网段，同一时刻允许多站点间发送数据；而 E、F、G 通过集线器与交换机相连，构成共享式网段，在同一时刻只允许一个站点通信。

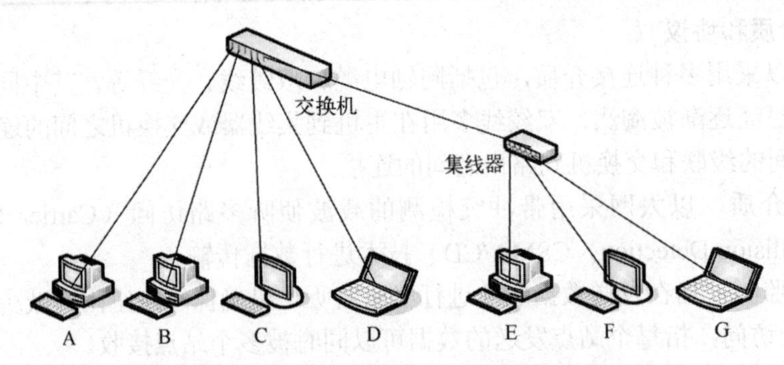

图 2.3　共享式和交换式以太网区别

2.1.3　因特网

因特网起源于美国的“五角大楼”，前身是美国国防部高级研究计划局支持研制的 ARPANET，并在此后成为互联网发展的中心。1983 年1 月 1 日，ARPA 网将其网络核心协议由NCP改变为TCP/IP。1986 年，美国国家科学基金会（National Science Foundation，NSF）建立了大学之间互联的骨干网络 NSFNET。在今后的几十年里，互联网迅速发展，并演变成为今天的因特网。

因特网并不是单个网络，而是大量不同网络的集合，这些不同的网络使用一组公共的协议，并提供一组公共的服务。因特网不是一个普通的系统，也不是由任何一个人规划出来的，不受任何人控制。为了更好地了解因特网，首先要了解因特网的架构、技术和协议。

1．因特网架构

因特网的架构也随其爆炸式的发展发生了一系列的变化。图 2.4 给出了因特网架构略图。为了加入因特网，计算机需要和因特网服务供应商（Internet Service Provider，ISP）进行连接，在这里有许多因特网接入方式，它们通常以带宽、费用和连接性区分开来。因特网体系从上到下依次为第一层 ISP、第二层 ISP、因特网接入服务提供商（本质上是独立的互联化或内联网）、终端系统/主机。

因特网是当今世界上最大的信息网络，它为人们提供了电子邮件、WWW 访问、文件传送（FTP）、网络传真、IP 电话、远程登录、信息查询、电子商务和政务、远程教学等各种各样的服务，给人们的生活、工作、学习带来了巨大的便捷。ISP 可以为用户提供网络接入和其他的相关服务，价格不同，提供的服务也会有相应的差异。

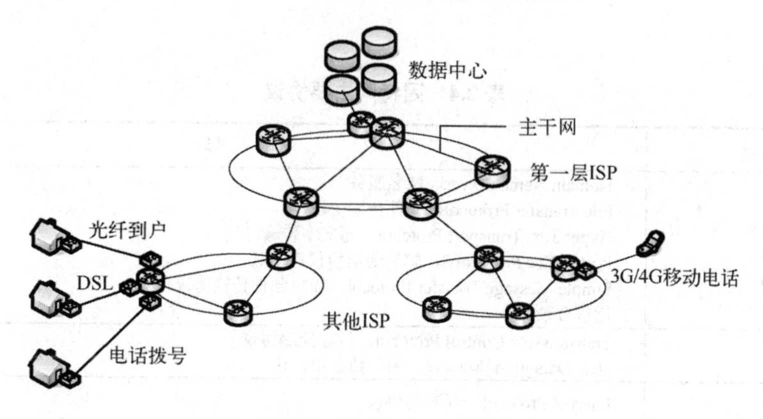

图 2.4　因特网架构略图

2．因特网技术和协议

因特网技术包括接入技术和应用技术。因特网接入技术是用户与互联网间连接方式和结构的总称。任何需要使用互联网的计算机必须通过某种方式与互联网进行连接。互联网接入技术的发展非常迅速：带宽由最初的 14.4kbit/s 发展到目前的 10Mbit/s 甚至 100Mbit/s 带宽；接入方式也由过去单一的电话拨号方式，发展成现在多样的有线和无线接入方式；接入终端也开始朝向移动设备发展，并且更新、更快的接入方式仍在继续地被研究和开发。

一种最普通连接 ISP 的方式是使用电话线，这必须保证电话公司是你的 ISP。现在的接入方式仍然在不断地发展，根据接入后数据的传输速度可以分为宽带接入和窄频接入。常用的宽带接入方式有非对称数字专线（ADSL）、有线电视上网、光纤接入、无线宽带（使用 IEEE 802.11 协议或者 3G 技术）接入、人造卫星宽带接入。常见窄频接入方式有电话拨号接入、窄频 ISDN 接入、GPRS/CDMA 手机上网。

网络应用技术是指与网络应用相关的技术，主要包括 Web 技术、网络安全技术、搜索技术、数据库技术、传输技术、流媒体技术、商务应用相关的技术等。

网络进行了互联，如果没有协议的支持也无法实现互相通信。因特网协议（IP）就是为了使因特网上的计算机实现互联互通而设计的一套规则。因特网的协议分为三层，主要的协议见表 2.4。

TCP 和 UDP 用于控制数据流的传输，UDP 是一种不可靠的数据流传输协议，仅为网络层和应用层之间提供简单的接口。而 TCP 是面向连接的网络协议，具有高的可靠性，通过为数据报加入额外信息，并提供重发机制，它能够保证数据不丢包，没有冗余包以及保证数据报的顺序，用于弥补无限接 IP 网络服务存在的缺陷，为应用进程提供可靠的传输服务。对于一些需要高可靠性的应用，可以选择 TCP；而相反，对于性能优先考虑的应用如流媒体等，则可以选择 UDP，它们各有优劣，视具体情况而定。IP 位于最底层，用于报文交换网络的一种面向数据的协议，这一协议定义了数据报在网际传送时的格式。目前使用最多的是IPv4（Internet Protocol version 4）版本，这一版本中用32位定义IP地址，尽管地址总数达到43亿，但是仍然不能满足现今全球网络飞速发展的需求，因此IPv6（Internet Protocol version 6）版本应运而生。在IPv6版本中，IP地址共有128位，“几乎可以为地球上每一粒沙子分配一个IPv6地址”，虽然IPv6的普及还有很长的路要走，但它却代表了未来网络协议的发展方向。

表2.4 因特网主要协议

协议名	解释
DNS FTP HTTP POP3 SMTP Telnet	Domain Name Server，域名服务 File Transfer Protocol，文件传输协议 Hyper Text Transport Protocol，超文本传输协议 Post Office Protocol 3，邮局通信协议第三版 Simple Message Transfer Protocol，简单邮件传输协议 远程登录
TCP UDP	Transmission Control Protocol，传输控制协议 User Datagram Protocol，用户数据报协议
IP	Internet Protocol，互联网协议

2.1.4 IPv6

1998年12月，互联网任务工程小组（IETF）发布了IPv6协议标准RFC2460，是为了解决IPv4网络面临的多种问题。经过十多年的发展，下一代网络（Next Generation Network，NGN）采用IPv6已经成为学术界和电信界的共识，IPv4正在逐渐被IPv6所取代。

IP对当今世界的通信基础设施极其重要，从笔记本式计算机到功能强大的超级计算机，目前使用的所有计算机几乎都支持IP。另一方面，IP也越来越多地用于连接其他设备，从计算机硬件软件到家庭娱乐产品、移动电话，甚至汽车。

正是由于IP的广泛使用，TCP/IP的工程师和设计人员意识到了升级的需要，他们发现IP地址空间随着因特网的发展只能支持很短的时间，不得不对IP进行改进和升级，主要有以下原因：

1）IP地址空间的局限性：IP地址空间的危机由来已久，这是升级的主要动力。

2）性能：尽管IP表现得不错，但还存在改进的空间。

3）安全性：长期以来人们认为网络的安全问题在网络协议的低层并不重要，都是把网络安全问题交给高层处理，但这并不能从根本上解决网络安全问题。

4）自动配置：IPv4节点的配置一直比较复杂，而网络管理员与用户则更喜欢“即插即用”，即将计算机插在网络上然后就可以开始使用，IP主机移动性的增强也要求当主机在不同网络间移动和使用不同的网络接入点时能提供更好的配置支持。

以上原因促使着IPv4向着IPv6逐渐过渡，并满足人们对网络的需求，主要包括支持几乎无限大的地址空间，减少路由表的规模，简化协议，使得路由器能更快地处理数据报，支持多种服务类型和多点传送，支持可移动的主机和网络等。

在物联网动态环境下，要求节点在移动过程中能够时刻保持同网络的连接，同权限地访问因特网资源，能够作为服务被其他节点访问，这一需求推动了移动IPv6技术的发展。在新一代网络中，采用开放的体系结构、统一的标准协议，任何接入网络只要是采用IPv6协议都可以互联互通，实现有线网和移动网的融合。

移动 IPv6 的组成与移动 IPv4 相似，同样存在家乡链路和外地链路。家乡链路就是具有本地子网前缀的链路，移动节点使用本地子网前缀创建家乡地址（Home Address）。外地链路具有外地子网前缀，移动节点使用外地子网前缀创建转交地址。移动节点可以同时具有多个转交地址，但只有一个转交地址可以在移动节点的家乡代理（Home Agent）中注册成为主转交地址。

移动IPv6中只有家乡代理的概念，而取消了外地代理。移动节点的家乡代理是家乡链路上的一台路由器，主要负责维护离开本地链路的移动节点以及这些移动节点所使用的地址信息。如果移动节点位于家乡链路，则家乡代理的作用与一般的路由器一样，它将目的地为移动节点的数据报正常转发给移动节点；当移动节点离开家乡链路时，则家乡代理将截取发往移动节点家乡地址的数据报，并将这些数据报通过隧道发往移动节点的转交地址。对端节点就是与离开家乡的移动节点进行通信的IPv6节点，对端节点可以是一个固定节点，也可以是一个移动节点。移动 IPv6 的组成如图 2.5 所示。

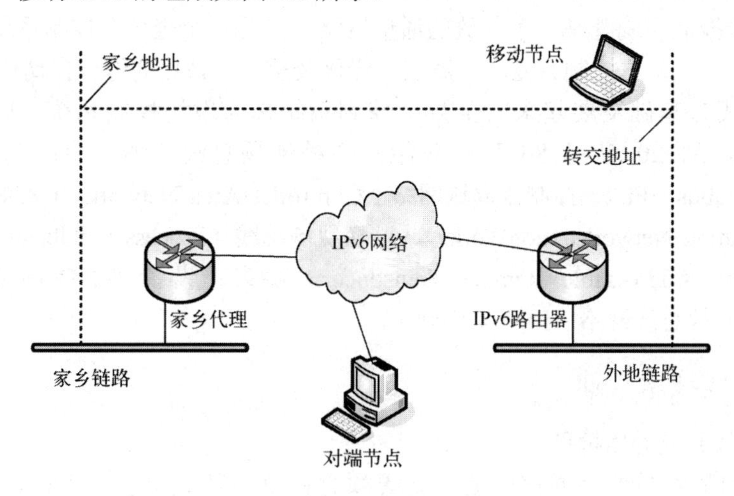

图 2.5　移动 IPv6 的组成

2.2　现场总线技术

随着控制技术、计算机技术和通信技术的飞速发展，数字化正在从工业生产过程的决策层、管理层、监控层渗透到现场设备。从宏观来看，现场总线（Fieldbus）的出现是数字化网络延伸到现场的结果。

现场总线是用于现场仪表与控制系统和控制室之间的一种全分散、全数字化、智能、双向、互联、多变量、多点、多站的通信网络。国际电工委员会（IEC）对现场总线一词的定义为：现场总线是一种应用于生产现场，在现场设备之间、现场设备与控制装置之间实行双向、串行、多节点数字通信的技术，主要应用于制造业、流程工业、交通、楼宇、电力等方面的自动化系统中。

2.2.1　现场总线概述

在过程控制领域，从 20 世纪 50 年代至今一直都在使用着一种信号标准，那就是 4～

20mA 或 0～10mA 的模拟信号标准。20 世纪 70 年代，数字式计算机引入测控系统中，而此时的计算机提供的是集中式控制处理。20 世纪 80 年代，微处理器在控制领域得到应用，微处理器被嵌入各种仪器设备中，形成了分布式控制系统，现场设备逐步实现了智能化，计算机的可靠性也得到了提高。以微机为核心加上扩展 I/O 接口电路以及数字调节器，可编程序控制器（Programmable Logic Controller，PLC）构成分散在现场的基本调节器，担负着系统的基本控制任务，避免了集中式控制系统风险高度集中的缺点，形成了分散控制、集中管理的集散控制系统。

当现场设备智能化以后，由于智能仪表具有自治能力和数字通信功能，整个自动控制系统的结构发生了彻底的变化，导致了现场总线的诞生，并展示了强大的生命力和发展潜能。现场总线解决了传统控制系统存在的许多根本性难题，奠定了未来计算机控制系统的发展方向。

现场总线是连接智能现场设备和各类自动化系统的数字式、双向传输、多分支结构的一种通信网络。现场总线技术是计算机、微处理器、计算机通信、检测技术和控制技术的综合体现。现场总线控制系统既是一个开放的通信网络，又是一个全分布控制系统，并进一步构成自动化系统，实现基本控制、显示、监控、优化及控管一体化的综合自动化功能。

以现场总线为基础发展起来的全数字控制系统称为现场控制系统（Fieldbus Control System，FCS），从 20 世纪 80 年代开始，各种现场总线相继产生：基金会现场总线（Foundation Fieldbus，FF）、控制器局域网络（Controller Area Network，CAN）、局部操作系统（Local Operating Network，LonWorks）、过程现场总线（Process Fieldbus，PROFIBUS）、HART（Highway Addressable Remote Transducer）协议、设备网（DeviceNet）、控制网（ControlNet）、开放总线网络（P-NET）等。

2.2.2 现场总线技术基础

1．现场总线互连通信模型

现场总线的基础是数字通信，通信就必须有协议，从这个意义上讲，现场总线就是一个定义了硬件接口和通信协议的标准。对于现场总线应用来说，由于总线上大量节点均为工业现场的设备，如传感器、控制器、执行器等，相对而言各节点的通信信息量不大，对某些性能如传输速度和成本有一定的要求，因此根据现场总线的特点，结合 OSI 参考模型，一般定义现场总线有四层：物理层、数据链路层、现场总线访问子层和应用层，具体参见图 2.6。

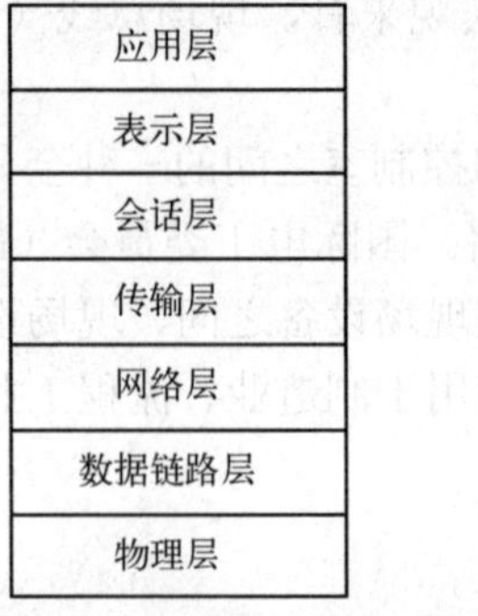

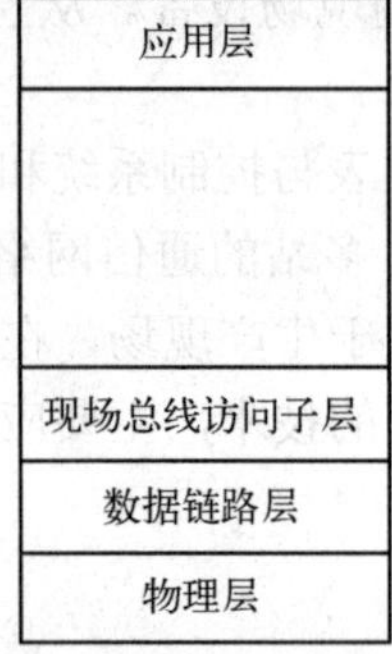

图 2.6 现场总线参考模型

2．现场总线的网络拓扑结构

现场总线的网络拓扑结构有环形、总线型、星形以及几种类型的混合。环形拓扑结构中以令牌环形网最为典型，其特点是时延确定性好，缺点是成本较高。

总线型网的优点是站点接入方便，可扩展性较好，成本较低，在轻负载的网络中基本没有时延，但在站点多、通信任务重时，时延明显加大，缺点是时延的不稳定性，对某些实时应用不利。

星形网是总线型网的一种变形，其优点是可扩展性好，有较宽的频带；缺点是站点间通信不方便，总线型网的各站间争用使它不适合实时处理某些突发事件。令牌总线网则综合了令牌环网和总线型网的优点，即在物理上是一个总线型网，在逻辑上是一个令牌网。

3．现场总线的数据操作模式

从现场总线的数据存取、传送和操作方法来分有四种工作模式：对等（Peer to Peer，P2P）、主/从（Master/Slave）、客户机/服务器（Client/Server，C/S）及网格计算结构（Network Computing Architecture，NCA）。对等和主/从模式发展较早，已获得了广泛应用，20 世纪 80 年代开发了 C/S 模式，20 世纪 90 年代出现了 NCA 模式。

在 C/S 模式中，由客户发出一个请求，服务器按请求进程的要求做出响应，完成任务。C/S 模式将处理功能分为两部分：一部分由客户处理，另一部分由服务器处理，客户承担专门的应用任务，服务器主要用于数据处理。C/S 模式提供一个较理想的分布环境，消除了不必要的网络传输负担，这样有利于全面发挥各自的计算能力，提高工作效率。

网格计算结构（NCA）结合了 C/S 结构的健壮性、因特网面向全球的简易通用的数据访问方式和分布式对象的灵活性，提供了统一的跨平台开发环境，基于开放的和事实上的标准，把应用和数据的复杂性从桌面转移到智能化的网络和基于网络的服务器，给用户提供了对应用和信息的通用、快速的访问方式。

2.2.3 现场总线的技术特点与体系结构特点

从传统控制系统到现场总线控制系统，控制系统发生了很大变化。第一，从每个仪表专用几条信号线变为所有仪表共享一条通信线。第二，从位于计算机和仪表之间的控制器来看，传统的控制系统控制器负担繁重，结构复杂，需要模数信号转换、输入输出、通信协议执行、对现场信号进行变换和补偿、控制算法运算等功能。而在现场总线控制系统中，这些功能都被集成进了仪表中，因此现场总线控制系统控制器需要完成的功能得到了简化。第三，智能仪表的使用导致了信息处理的现场化，从而使整个控制系统的结构从集中处理变成分散计算，控制精度和反应速度大大提高，控制领域和控制地域大大扩展，而控制系统的组成和重构则更加灵活快捷。现场总线把通信线一直延伸到生产现场或生产设备，用于自动化的现场设备或仪表互连的现场通信网络，其连接原理如图 2.7 所示。

1．现场总线的技术特点

现场总线的特点主要体现在两方面：一是在体系结构上成功实现了串行连接，克服了并行连接的许多不足；二是在技术层面上成功解决了开放竞争和设备兼容两大难题，实现了现场设备智能化和控制分散化两大目标，具体有以下几个方面。

1）开放性。现场总线的开放性有几层含义。一是指相关标准的一致性和公开性，开放的标准有利于不同厂商设备之间的互连与替换。二是系统集成的透明性和开放性，用户进行系统设计、集成和重构的能力大大提高。三是产品竞争的公平性和公开性，用户可按自己的需要和评价，选用不同供应商的产品组成大小随意的系统。

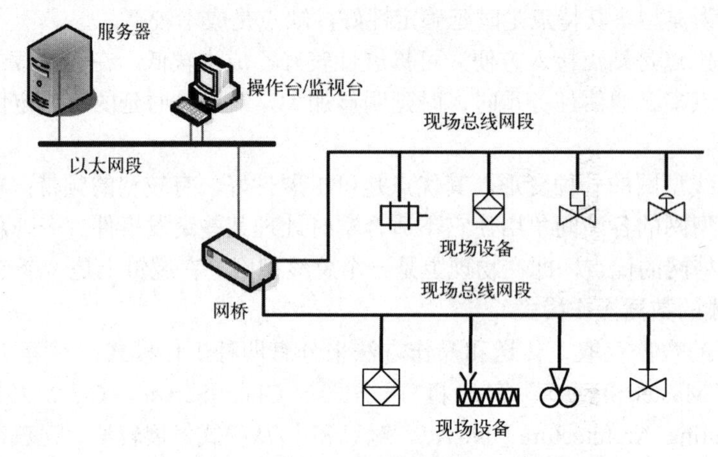

图 2.7 现场总线控制系统原理图

2）交互性。现场总线设备的交互性有几层含义：一是指上层网络与现场设备之间具有相互沟通的能力；二是指现场设备之间具有相互沟通的能力，也就是具有互操作性；三是指不同厂商的同类设备可以相互替换，也就是具有互换性。

3）自治性。由于智能仪表将传感测量、补偿计算、工程量处理与控制等功能下载到现场设备中完成，因此一台单独的现场设备即具有自动控制的基本功能，可以随时诊断自己的运行状况，实现功能的自治。

4）适应性。安装在工业生产第一线的现场总线是专为恶劣环境而设计的，对现场环境具有很强的适应性。具有防电、防磁、防潮和较强的抗干扰能力，可满足本质安全防爆要求，可支持多种通信介质如双绞线、同轴电缆、光缆、射频、红外线、电力线等。

2．现场总线的体系结构特点

1）基础性。在企业实施信息集成、实现综合自动化的进程中，作为工厂底层网络，现场总线是一种能在现场环境运行的可靠、实时、廉价、灵活的通信系统，能够有效地集成到TCP/IP 信息网络中，现场总线是企业强有力的控制和通信的基础设施。

2）灵活性。现场总线打破了传统控制系统的结构形式，使控制系统的设计、建设、维护、重组和扩容更加灵活简便。传统模拟控制系统采用一对一的并行连线，按控制回路分别进行连接。位于现场的测量变送器与位于控制室的控制器之间，控制器与位于现场的执行器、开关、电动机之间均为一对一的物理连接，每个装置需单独使用几条线，因此形成了庞大的电缆。由于现场布线的复杂性，因此传统控制系统在设计之初就需一次性规划好布线的数量和走向，一旦实施具有刚性，不便于调整和维护，增大了投入的门槛，不利于滚动发展。现场总线系统由于采用智能现场设备，能够把传统控制系统中处于控制室的控制模块、I/O 模块和通信模块移植到现场设备中，使现场设备能够在一条总线上串行连接起来直接传送信号，完成控制功能。这样一来，系统布线就由几十条、上百条甚至于上千条简化为一条，不仅简化了设计施工，方便了日常维护，也降低了系统投入的门槛，大大提高了可靠性和灵活性。因为增减现场设备只需直接将设备挂上总线或将设备从总线卸载即可，不必另行布线。

3）分散性。由于现场总线中智能现场设备具有高度的自治性，因而控制系统功能可以不依赖控制室的计算机或控制仪表而直接在现场完成，实现了彻底的分散控制。另外，由于现场设备具有网络通信功能，这使得把不同网络中的现场设备和不同地理范围中的现场设备组成一个控制系统成为可能。因此，现场总线已构成一种新的全分散性控制系统的体系结构，具有高度的分散性。

4）经济性。由于现场总线通信用数字信号替代了模拟信号，因而可通过复用技术在一条总线上传输多个信号，同时还可在这条总线上为现场设备供电，原来的大量集中式 I/O 部件全部省去。这样就为简化体系结构、节约硬件设备、节约连接电缆与各种安装和维护费用创造了条件。另外，由于投入门槛的降低和重构灵活性的提高，使得现场总线的资产投入不会产生沉淀而浪费，大大提高了经济性。最后，由于现场设备的开放性，设备价格不会被厂商垄断；由于现场设备的互换性，备品库存也可大大降低。

2.3 无线网络技术

随着通信技术和微计算机技术的快速发展，无线网络技术得到了爆炸式的发展与应用。无线网络指可以不通过电缆或电线，而是利用无线电技术、红外等传输技术将数据从一个设备传输到另一个设备的网络。无线网络的规模各异，从个域网到局域网和广域网，无线技术也多种多样，包括无线电信号、微波、红外线等。无线网络最显著的优点是可移动性，无线设备不受网络电缆的束缚。与有线网络相比，无线网络也有一定的缺陷，例如同等性能的设备无线设备要比有线设备价格贵不少，但随着无线技术的流行，它们的价格逐年降低，其速度、覆盖范围、授权以及安全性等方面还有待提高。

2.3.1 无线网络概述

无线网络是指以无线电波作为载体，连接不同节点而构成的网络，它包括一系列的无线通信协议，按照采用的技术和协议，以及无线连接的传输范围，可以将无线网络分为四类，如图 2.8 所示。

1. 无线个域网（WPAN）

WPAN 是为了在较小的范围内以自组织模式在用户之间建立用于互相通信的无线连接而提出的新兴无线通信网络技术。WPAN 位于整个网络链的末端，通信范围半径通常为 10m 左右，但 WPAN 设备具有价格便宜、体积小、易操作和功耗低等优点，现在已经发展成为比较流行的通信技术。随着短距离通信技术的发展，WPAN 中可采用的通信技术越来越多，主要包括蓝牙（Bluetooth）传输技术、红外传输技术、ZigBee 技术、Thread 技术、6LoWPAN 技术和超宽带（Ultra Wideband，UWB）技术。

目前，IEEE、ITU 和 HomeRF 等组织都致力于 WPAN 标准的研究，其中 IEEE 对 WPAN 的规范标准主要集中在 802.15 系列。802.15.1（TG1）本质上只是蓝牙底层协议的一个正式标准化版本，大多数标准制定工作仍由蓝牙特别兴趣组完成，其成果由 IEEE 批准。新的版本 802.15.1a 对应于蓝牙 1.2，它包括某些服务质量（Quality of Service，QoS）增强功能，并完全后向兼容。802.15.2（TG2）负责建模和解决 WPAN 与 WLAN 间的共存问题。802.15.3（TG3）也称 WiMedia，旨在实现高速率，其中 802.15.3a 使用 UWB 的多频段 OFDM 联盟的物理层，速率高达 480Mbit/s。并且生产 802.15.3a 产品的厂商成立了 WiMedia

联盟，其任务是对设备进行测试和贴牌，以保证标准的一致性。802.15.4（TG4）的主要任务是低功耗、低复杂度、低速率的 WPAN 标准制定，该标准定位于低数据传输速率的应用。Zigbee 技术、Thread 技术和 6LoWPAN 就是基于 802.15.4 标准的技术。

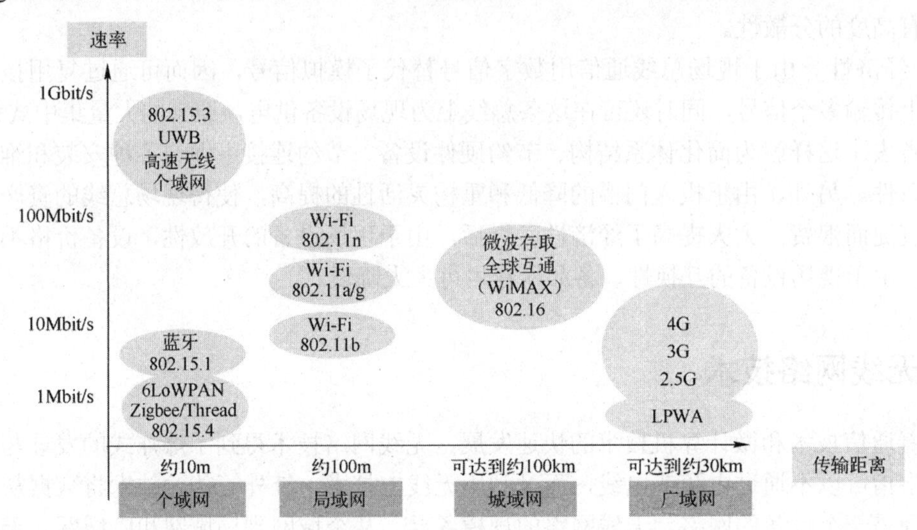

图 2.8　无线网络分类与通信技术

2．无线局域网（WLAN）

WLAN 不使用任何导线或传输电缆连接的局域网，而使用无线电波作为数据传送的媒介，传送距离一般只有几十米。无线局域网的主干网路通常使用有线电缆，无线局域网用户通过一个或多个无线接入点（Wireless Access Points，WAP）接入无线局域网。无线局域网现在已经广泛地应用在商务区，大学，机场，及其他公共区域。无线局域网的主要技术当属无线 Wi-Fi，遵循 IEEE 802.11 协议的一系列标准。

无线局域网通常由站点（Station）、基本服务单元（Basic Service Set，BSS）、分配系统（Distribution System，DS）、接入点（Access Point，AP）、扩展服务单元（Extended Service Set，ESS）、关口（Portal）等组成。

与有线网络相比，无线局域网安装便捷、使用灵活、经济节约、易于扩展，但是无线局域网安全问题如果没有慎重考虑，入侵者可能通过监听无线网络数据，来获得未授权的访问。

3．无线城域网（WMAN）

WMAN 能够覆盖一个城市或覆盖到郊区的无线通信网络，在服务区域内的用户通过基站访问互联网等上层网络。无线城域网的推出是为了满足日益增长的宽带无线接入（Broadband Wireless Access，BWA）市场需求。

无线城域网的主要技术是微波存取全球互通（Worldwide Interoperability for Microwave Access，WiMAX），遵循 IEEE 802.16 的一系列协议标准，传输距离可达上百千米，基站传输带宽可达 75Mbit/s。WiMAX 不仅能解决传统的“最后一千米”的接入问题，而且还支持移动节点的传输，可以在固定和移动的环境中提供高速的数据、语音和视频等业务，兼具了移动、宽带和 IP 化的特点，逐渐成为宽带无线接入领域的发展热点之一。

4．无线广域网（WWAN）

WWAN 连接地理范围较大，覆盖范围可达几十、几百千米，乃至一个国家或是一个洲。其目的是为了让分布较远的各局域网互联，它的结构分为末端系统（两端的用户集合）和通信系统（中间链路）两部分，其信号传播方式主要有两种：一种是信号通过多个相邻的地面基站接力传播，另一种是信号通过通信卫星传播。

当前主要的广域网包括 2G、2.5G、3G 和 4G 系统。2G 系统的核心技术包括 GSM、CDMA，2G 系统的宽带约为 10kbit/s。2.5G 系统基于 2G 的基本架构，新增对文字、文件及图片等多媒体数据传输的支持，它的核心技术包括 GPRS 增强型数据速率 GSM 演进技术（Enhanced Data Rates for GSM Evolution，EDGE），2.5G 系统的带宽一般为 100～400kbit/s。3G 系统使用独立于 2G 系统的基本架构，其核心技术包括 2000 型 CDMA（CDMA2000）、TD-SCDMA 和通用移动通信系统（Universal Mobile Telecommunications Service，UMTS）（WCDMA 为其首选空中接口，UMTS 才是完整协议栈），相比 2G 系统在数据传输速率上有重大提升，理论最大带宽可达 14.4Mbit/s。4G 技术集3G与WLAN于一体，并能够快速传输数据、高质量、音频、视频和图像等，包括TD-LTE和FDD-LTE两种制式。

虽然移动通信技术已经得到了广泛的应用，但物联网中物与物的通信并不像人与人的通信一样总是要追求高速率带宽的方式，大量设备接入网络后仅需少量的数据传输或数据传输频率很低；也不像人与人的通信要频繁进行充电，很多设备因其所处环境的特殊性和数量巨大，对支撑其通信的功耗需求较低，例如大量的水表监测、烟雾报警、农田喷灌、水文监测等，对于这些传感装置的联网要求选择一个低带宽、低功耗且大范围覆盖的网络是其最有效的解决方案。从这个意义上来说，是“万物互联”的物联网产业发展催生了低功耗广域技术（Low Power Wide Area，LPWA）的兴起，使得在低功耗、低成本、广覆盖、大容量问题上有了较好的解决方案，LPWA 技术势必会在物联网市场中获得更大的发展空间。

2.3.2 蓝牙技术

蓝牙（Bluetooth）技术，是一种短距离无线电技术，利用“蓝牙”技术，能够有效地简化掌上电脑、笔记本式计算机和移动电话手机等移动通信终端设备之间的通信，也能够成功地简化以上这些设备与因特网之间的通信。蓝牙采用分散式网络结构以及快跳频和短包技术，支持点对点及点对多点通信，工作在全球通用的 2.4GHz ISM（即工业、科学、医学）频段，现在最新的版本为 4.2。

蓝牙主设备最多可与一个微微网（一个采用蓝牙技术的临时计算机网络）中的七个设备通信，当然并不是所有设备都能够达到这一最大量。设备之间可通过协议转换角色，从设备也可转换为主设备（比如，一个头戴式耳机如果向手机发起连接请求，它作为连接的发起者，自然就是主设备，但是随后也许会作为从设备运行）。

蓝牙核心规格提供两个或以上的微微网连接以形成分布式网络，让特定的设备在这些微微网中自动同时地分别扮演主设备和从设备的角色。

数据传输可随时在主设备和其他设备之间进行（应用极少的广播模式除外）。主设备可选择要访问的从设备；典型的情况是，它可以在设备之间以轮替的方式快速转换。因为是主设备来选择要访问的从设备，理论上从设备就要在接收槽内待命，主设备的负担要比从设备少一些。主设备可以与七个从设备相连接，但是从设备却很难与一个以上的主设备相连。规格对于散射网中的行为要求是模糊的。

针对物联网的应用特点，2014 年 12 月 2 日发布的蓝牙 4.2 改善了数据传输速度（可达

60Mbit/s）和隐私保护程度，并接入了该设备将可直接通过 IPv6 和 6LoWPAN 接入互联网。

2.3.3 ZigBee

ZigBee 是一种近距离、低复杂度、低功耗、低数据传输速率、低成本的双向无线通信技术，是为了满足小型廉价设备的无线联网和控制而制定的。作为目前近距离无线通信的主要技术之一，ZigBee 技术在 3C 领域、家庭智能控制、医疗电子、智能交通和工业控制等领域发挥了巨大的作用。

1．ZigBee 概述

ZigBee 是一种低功耗的近距离无线组网技术，其有效传输距离从几米到几十米，是 IEEE 802 委员会制定的适合无线控制和自动化应用的较低速率的 WPAN 技术之一，遵循 IEEE 802.11.4 标准。ZigBee 的核心协议由 IEEE 802.15.4 工作组制定，高层应用、互联互通测试和市场推广由 ZigBee 联盟负责。ZigBee 联盟是由多个半导体生产商、技术提供者、技术集成商以及最终使用者组成，主要成员包括英国 Invensys 公司、日本三菱电气公司、美国摩托罗拉公司和荷兰飞利浦半导体公司等。ZigBee 联盟是一个非盈利性业界组织，旨在通过为电子产品加入无线网络功能，为消费者提供更好的服务。

ZigBee 相较于其他无线传输技术，主要性能见表 2.5，最大特点就是低功耗和低成本，被业界认为是最有可能应用在工业控制场合的无线方式，另外它可以与 254 个节点联网，在物流环境监测、工业监控、家庭应用和智能交通领域有很大的应用空间。

表 2.5　无线传输技术性能比较

	蓝牙(802.15.1)	Wi-Fi(802.11)	红外线通信协议(IrDA)	ZigBee(802.15.4)
功　　耗	较大	大	小	小
电池寿命	较短	短	长	最长
网络节点	7	30	2	256 或者更多
传输距离	10m	100m	定向 1m	1～100m
传输速率	1Mbit/s	11Mbit/s	16Mbit/s	20/250kbit/s
传输介质	2.4GHz 射频	2.4GHz 射频	980nm 红外	2.4GHz 射频

具体地，ZigBee 具备以下的技术特点：

1）低功耗。ZigBee 传输速率低，发射功率仅为 1mW，而且采用了休眠模式来降低功耗。据估算，ZigBee 仅靠 2 节 5 号电池就可以维持长达 6 个月到 2 年的使用时间，对于某些占空比[工作时间/（工作时间+休眠时间）]小于 1%的应用，电池寿命甚至可达 10 年，这是其他无线设备所不能比拟的。

2）低成本。ZigBee 不仅免专利费而且 ZigBee 模块的初始成本也比较低。

3）短时延。通信时延和从休眠激活的时延都非常短，设备搜索时延一般为 30ms，休眠激活时延为 15ms，活动设备信道接入时延为 15ms，相对于蓝牙需要 3～10s、Wi-Fi 需要 3s 的接入时延更具有优势。

4）网络容量大。一个 ZigBee 的网络最多可以容纳 254 个从属设备和一个主控设备，而且组网方式灵活。

5）数据传输可靠。ZigBee 的介质访问控制层采用“talk-when-ready”的碰撞避免机制，每个发送的数据报都必须等待接收方的确认消息，出现问题采取重发机制。

6）高安全性。ZigBee 提供了基于循环冗余检验（CRC）的数据报完整性检查功能和鉴权功能，在传输中采用高级加密标准（Advanced Encryption Standard，AES）算法，确保数据的安全性。

2．ZigBee 协议栈

ZigBee 技术核心是运行于微控制器内部的一套软件，也称之为 ZigBee 协议栈。ZigBee 协议栈按照 OSI 参考模型来建立，采用分层结构，每一层为上层提供一系列服务。数据实体提供数据传输服务，管理实体则提供所有其他的服务。所有的服务实体都通过服务接入点（Service Access Point，SAP）为上层提供一个接口，每个 SAP 都支持一定数量的服务原语来实现所需的功能，具体如图 2.9 所示。

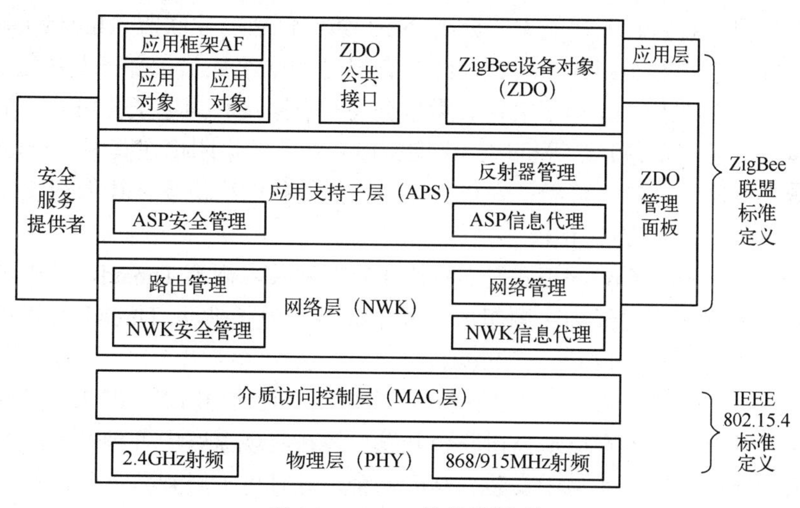

图 2.9　ZigBee 协议栈模型

（1）物理层

物理层（PHY）利用物理介质为数据链路层提供物理连接，并处理数据传输率以便透明的传送比特流。IEEE 802.15.4 定义了两个物理层标准，分别是 2.4GHz 物理层和 868/915MHz 物理层，都基于直接序列扩频技术（DSSS），使用相同的物理数据报格式，区别在于工作频率、调制技术、扩频码片长度和传输速率。

（2）介质访问控制层

介质访问控制（MAC）层的核心是信道接入技术，包括时分复用 GTS 技术和随机接入信道技术 CSMA/CA。ZigBee/IEEE 802.15.4 网络所有节点工作在同一个信道上，因此如果邻近的节点同时发送数据就有可能发生冲突。为此 MAC 层采用了 CSMA/CA 的技术，在 MAC 层当中还规定了两种信道接入模式，一种是信标（Beacon）模式，另一种是非信标模式。在信标模式当中由于有了周期性的信标，整个网络的所有节点都能进行同步，但这种同步网络的规模不会很大。而非信标模式则比较灵活，节点均以竞争方式接入信道，不需要周期性的发送信标帧。在 ZigBee 当中用得更多的可能是非信标模式。MAC 子层提供两种服务：MAC 层数据服务和 MAC 层管理服务（MAC Layer Management Entity，MLME）。前者保证 MAC 协议数据单元在物理层数据服务中正确收发，后者维护一个存储 MAC 子层协议相关信息的数据库。

（3）网络层

网络层（NWK）主要实现节点加入、离开、路由查找和传送数据等功能。目前 ZigBee 网络层主要支持两种路由算法即树路由和网状网路由。支持星形、树形、网格等多种拓扑结构。在这些拓扑结构中一般包括三种设备：协调器、路由器和末端节点。

（4）应用层

Zigbee 应用层包括应用支持子层（APS）、应用框架（AF）和 Zigbee 设备对象（ZDO）。它们共同为各应用开发者提供统一的接口，规定了与应用相关的功能，如端点（Endpoint）的规定，绑定、服务发现和设备发现等。

2.3.4 Thread

2014 年 7 月，谷歌旗下智能家居公司 Nest 组织创建产业联盟 Thread Group。Thread Group 从最开始有 7 个会员组织，现在已经拥有超过 200 名成员，并开发超过 30 款产品。Thread Group 的会员包括 LG 电子公司、微软公司和皇家飞利浦电子公司、三星公司、泰科国际有限公司、高通、飞思卡尔等机构，中国家电企业美的集团也在其中。Thread Group 旨在为了替家用物联网设备建立可靠、安全、低功耗的网状网络协议，让像智能住宅和其他连接设备等接入固定位置的第二网络。

2016 年 9 月，Thread Group 正式发布推出了物联网技术规范 Thread，并表示将揭开九月认证计划序幕，网络规格已经由主题组成员开始提供。为了推动 Thread 标准的应用，Nest Labs 公司发布了开源网络协议 Open Thread。

Thread 是一种基于简化版 IPv6 的网状网络协议，通过 IEEE 802.15.4 网络传输 IPv6 包。该协议由行业领先的多家技术公司联合开发，旨在实现家庭中各种产品间的互联，以及与互联网和云的连接。Thread 易于安装、高度安全，并且可扩展到数百台设备。Thread 基于低成本、低功耗的 802.15.4 芯片组开发。目前正在使用的大量产品，只需一次简单的软件升级，便可支持 Thread。

图 2.10 是 Thread 网络协议栈结构图。由图可以看出，Thread 标准是基于 IEEE 802.15.4 的物理层与 MAC 层工作在 2.4GHz 频带上，传输速率为 250kbit/s。Thread 协议栈使用的是 IEEE 802.15.4-2006 版本的物理层与 MAC 层。802.15.4 MAC 层是用基本的消息处理和拥塞

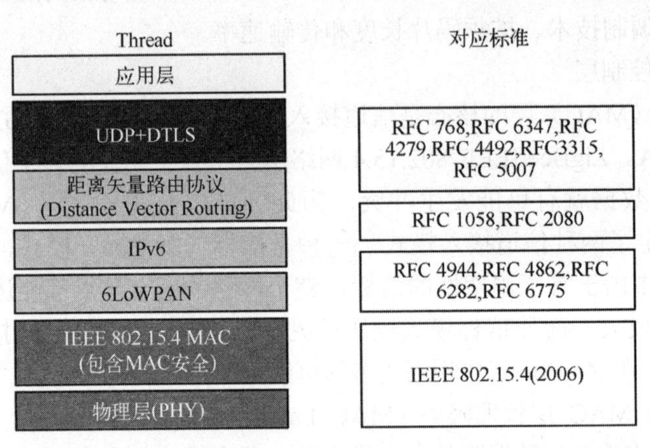

图 2.10　Thread 协议栈

控制，MAC 层包括设备用于来监听信道的 CSMA 机制，以及链路层处理重传和对相邻设备之间可靠通信和 ACK 帧的发送。MAC 层中用于消息上的加密和完整性保护是基于密钥的建立和协议栈软件上更高层的配置，网络层是建立在这些基本机制的基础上，以保证网络中端到端通信的可靠性。网络层实现 Thread 协议，主要有 6LoWPAN、IPv6、Routing 和 UDP，带加密等安全功能。最上层为应用层。

Thread 协议栈是一种可靠、性价比高、低功耗、无线 D2D（Device-to-Device）通信的开放标准。它是基于 IP 网络并在协议栈上能用多种应用层，是专门为连接家庭应用而设计的标准。

Thread 协议栈的基本特性主要表现在以下六个方面。

1）网络的安装、启动、运行简单。Thread 网络允许在必要的时候进行自我修复并解决路由问题，对于网络的形成、连接以及维护，Thread 协议都是很简单的。

2）安全性高。所有的设备只有在授权以及所有通信都是加密和安全的情况下才会加入网络。

3）网络的规模可以是小型的，也可以是大型的。家庭网络中的设备可以是几个到上百个之间进行变化，并且这些设备之间可以进行无缝通信。Thread 协议的网络层是在预期使用的基础上对网络的操作进行了优化设计。

4）通信范围。典型的设备与网状网络进行连接所提供的足够范围足以覆盖一个正常的家庭，并且 Thread 协议栈的物理层使用扩频技术能够提供较为良好的抗干扰能力。

5）无单点故障。Thread 协议栈能够提供安全与可靠的操作，即使在网络中的个别设备出现了故障或是离开网络，也不会对网络的可靠性与安全性造成影响。

6）低功耗。Thread 网络中的主机设备通过合适的工作周期能保证让两节 AA 类型的电池工作数年。

Thread 具有简单性。如图 2.11 所示，网络中只有两种类型的设备：路由器资格设备（Router Eligible）和终端设备（End Device）。Router Eligible 节点在需要支持网状网络时，可以成为网络中的路由器。路由器为网络设备提供路由服务。路由器在设计的时候不采用休眠策略，但是路由器能够降级处理，可作为具有路由器资格的终端设备（Router Eligible End Device，REED）。

构建网络时，第一个路由器资格设备节点被指定为首领（Leader）节点。Leader 节点需要执行网络管理的任务并做出相应的决策。网络中其他路由器资格设备节点也能够自动地担任首领的角色，但是在任意时间内每一个网络中仅能有一个首领节点。

作为终端设备加入的节点不支持任何路由功能。它们只能把信息发送给指定为“父节点（parent）”的路由器，由“父节点”执行路由操作。终端设备通过父节点进行路由通信并且能够进入“休眠（Sleep）”状态来减少功耗。

图 2.11 所示为带有 REED、一个首领节点和 Thread 路由器的 Thread 节点网络。

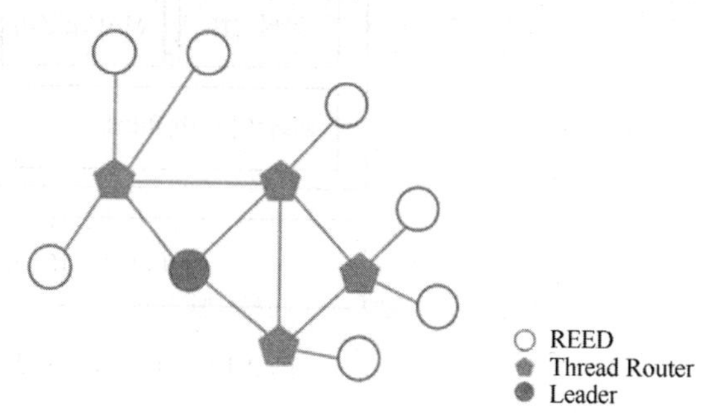

图 2.11　Thread 节点类型

2.3.5 6LoWPAN

因为 IP 对内存和带宽的要求较高，要降低它的运行环境要求以适应微控制器及低功率无线连接很困难。因此，无线网只采用专用协议，而不使用 IP。

随着智能设备的不断应用与推广，集成了网络技术、嵌入式技术和传感器技术的低速率无线个域网（LR-WPAN）技术成为了研究热点。LR-WPAN 是为短距离、低速率、低功耗无线通信而设计的网络，可广泛用于智能家电和工业控制等领域。IETF 组织于 2004 年 11 月正式成立了 IPv6 over LR-WPAN（简称 6LoWPAN）工作组，着手制定基于 IPv6 的低速无线个域网标准，即 IPv6 over IEEE 802.15.4，旨在将 IPv6 引入以 IEEE 802.15.4 为底层标准的无线个域网。IETF 6LoWPAN 工作组的任务是定义在如何利用 IEEE 802.15.4 链路支持基于 IP 的通信的同时，遵守开放标准以及保证与其他 IP 设备的互操作性。

6LoWPAN 可实现在 802.15.4 连接上有效传输 IPv6 数据报，因此资源受限的设备（例如“万物”）能够自然地加入 IoT。

6LoWPAN 工作组的研究重点为适配层、路由、报头压缩、分片、IPv6、网络接入和网络管理等技术。6LoWPAN 技术底层采用 IEEE 802.15.4 规定的物理层和 MAC 层，网络层采用 IPv6 协议。由于 IPv6 中，MAC 层支持的载荷长度远大于 6LoWPAN 底层所能提供的载荷长度，为了实现 MAC 层与网络层的无缝链接，6LoWPAN 工作组建议在网络层和 MAC 层之间增加一个网络适配层，用来完成报头压缩、分片与重组以及网状路由转发等工作。6LoWPAN 适配层是 IPv6 网络和 IEEE 802.15.4 MAC 层之间的一个中间层，其向上提供 IPv6 对 IEEE 802.15.4 媒介访问支持，向下则控制 LoWPAN 网络构建、拓扑及 MAC 层路由。6LoWPAN 的基本功能支持包括如链路层的分片和重组、报头压缩、组播支持、网络拓扑构建和地址分配等的实现，如图 2.12 所示。

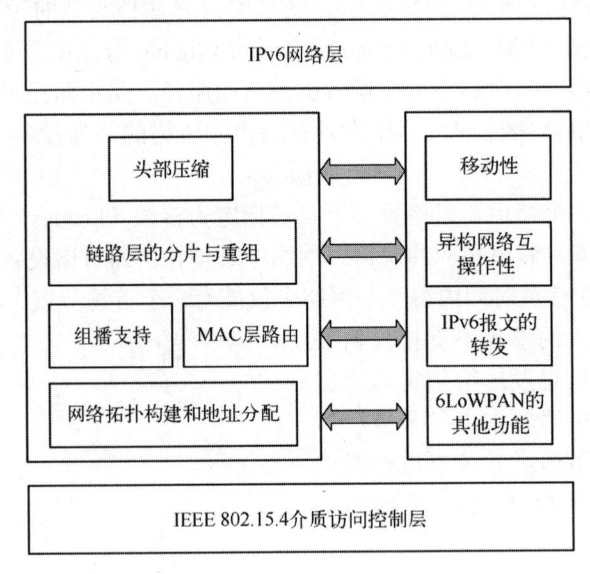

图 2.12　6LoWPAN 适配层功能模块示意图

6LoWPAN 具有以下一些特点。

1）普及性：IP 网络应用广泛，作为下一代互联网核心技术的 IPv6，也在加速其普及的步伐，在 LR-WPAN 网络中使用 IPv6 更易于被接受。

2）适用性：IP 网络协议栈架构受到广泛的认可，LR-WPAN 网络完全可以基于此架构进行简单、有效的开发。

3）更多地址空间：IPv6 应用于 LR-WPAN 的最大亮点就是庞大的地址空间，这恰恰满足了部署大规模、高密度 LR-WPAN 网络设备的需要。

4）支持无状态自动地址配置：IPv6 中当节点启动时，可以自动读取 MAC 地址，并根据相关规则配置好所需的 IPv6 地址。这个特性对传感器网络来说，非常具有吸引力，因为在大多数情况下，不可能对传感器节点配置用户界面，节点必须具备自动配置功能。

5）易接入：LR-WPAN 使用 IPv6 技术，更易于接入其他基于 IP 技术的网络及下一代互联网，使其可以充分利用 IP 网络的技术进行发展。

6）易开发：目前基于 IPv6 的许多技术已比较成熟，并被广泛接受，针对 LR-WPAN 的特性对这些技术进行适当的精简和取舍，简化了协议开发的过程。

2.3.6 Wi-Fi

无线通信技术与计算机网络结合产生了无线局域网技术，其中 Wi-Fi 便是 WLAN 的主要技术之一，它是一组在 IEEE 802.11 标准定义的无线网络技术，使用直接序列扩频调制技术在 2.4GHz/5.8GHz 频段实现无线传输，这些标准与以太网兼容。同时它也是一个无线通信网络技术的品牌，由 Wi-Fi 联盟制定。如今 Wi-Fi 已经成为人们日常生活中访问互联网的一种重要方式，Wi-Fi 通过无线电波来连接网络，常见的就是使用一个无线路由器，那么在这个无线路由器的电波覆盖的有效范围都可以采用 Wi-Fi 连接方式上网，如果无线路由器连接了一条 ADSL 线路或者别的上网路线，则可以被称作“热点”（Hotspot）。

1．Wi-Fi 标准

Wi-Fi 包括很多标准，以 b、a、g、n 标志，其中一些标准是交叉兼容的，在同一个无线网络中可以使用不同的标准，表 2.6 列出了 Wi-Fi 的主要标准。

不同的 IEEE 802.11 各版本的差异主要体现在使用频段、调制模式、信道差分等物理层技术，其中 802.11a 协议采用正交频分多路复用（Orthogonal Frequency Division Multiplexing，OFDM）技术，使用较高频段，但覆盖范围较小，而 802.11b 协议采用高速直接序列扩频（High Rate-DSSS，HR-DSSS）技术，使用 2.4GHz 附近频段，带宽可达 11Mbit/s，现已发展成为 WLAN 主流标准，二者不可兼容。802.11g 协议也采用 OFDM 技术，并向下兼容 802.11b 的设备，不过这样会降低 802.11g 网络的传输带宽。

表 2.6　Wi-Fi 的主要标准

802.11 协议	频率/GHz	速度/（Mbit/s）	覆盖范围/m	调制模式
802.11b	2.4～2.485	11	30～90	DSSS
802.11a	5.1～5.8	54	7.5～22.5	OFDM
802.11g	5.1～5.8	54	30～45	DSSS 或 PFDM
802.11n	2.4～2.485 或 5.1～5.8	200	30～45	OFDM

2．WLAN 总体架构

在网络总体架构中，主要由无线接入网、数据网和支持网构成。无线接入网由室内型接入点（AP）、室外型 AP、无线网桥等组成，再通过 ADSL、LAN、WiMAX、3G、微波等多种方式接入，汇聚到城域网由网管系统进行管理维护，由认证计费服务器提供认证、计费等服务，具体如图 2.13 所示。

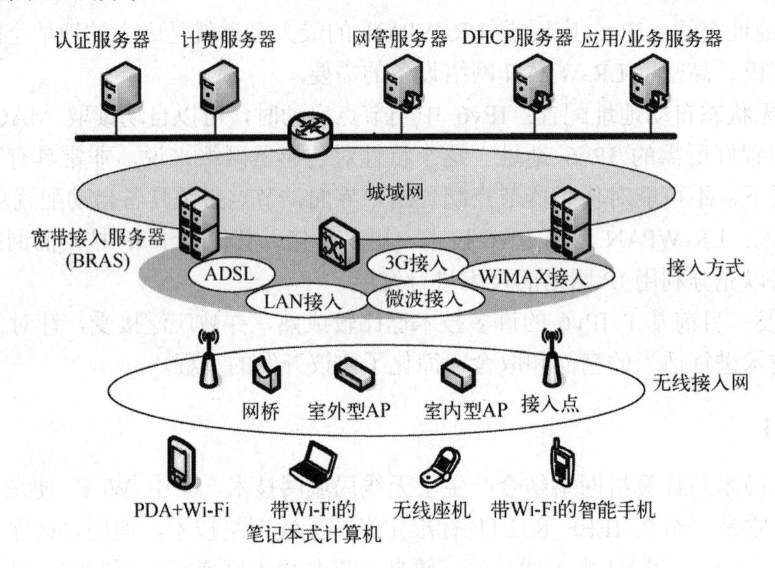

图 2.13　Wi-Fi 网络总体方案

在 WLAN 中，每个无线网络用户都需要与一个接入点关联才能获取上层网络的数据，对于特定无线网络用户来说，其所在位置可能被多个 Wi-Fi 接入点覆盖，通常只能选择其中之一建立连接并交换数据。

WLAN 还有一种架构模式是自组织模式，在这种模式下不需要接入点这样的基础设施。移动自组织网络（Ad hoc）是一种自治、多跳网络，能够在不能利用或者不便利用现有网络基础设施（如基站、AP）的情况下，提供终端之间的相互通信。由于终端的发射功率和无线覆盖范围有限，因此距离较远的两个终端如果要进行通信就必须借助于其他节点进行分组转发，这样节点之间构成了一种无线多跳网络。

3. Wi-Fi 介质访问协议

由于每个 Wi-Fi 接入点可能会关联多个无线网络用户，并且在同一区域内可能存在多个 AP，因此两个或多个用户会同时使用相同的信道传输数据，此时由于无线连接会相互干扰，更容易造成数据报的丢失，因此 WLAN 并没有直接采用 IEEE 802.3 的 CSMA/CD 协议，而是采用带冲突避免的载波监听多路访问（Carrier Sense Multiple Access with Collision Avoidance，CSMA/CA）。其工作原理是当侦听到信道空闲时，维持一段时间后，再等待一段随机的时间依然空闲时，才发送数据报。由于各个设备的等待时间是分别随机产生的，由此可以减少冲突的可能性。并且在发送数据报之前，先发送一个很小的请求发送（Request to Send，RTS）帧给目标端，等待目标端回应清除发送（Clear to Send，CTS）帧后，才开始传送。此方式可以确保接下来传送资料时，不会发生冲突。同时由于 RTS 帧与 CTS 帧都很小，让传送的无效开销变小，相当于预约信道，提高无线传输的效率。

4. Wi-Fi 的优势与不足

Wi-Fi 与有线接入技术相比，其特点和优势主要体现在用户移动性。在有线接入网络中，用户只能在固定的位置上网，限制了终端用户的活动范围。而在无线网信号覆盖区域内的任何位置都可以接入网络，使用户真正实现随时、随地、随意地接入宽带网络。

此外还具有一些优势：

1）建设方便性。免去了网络布线等工作。一般只需安装一个或多个无线访问节点设备就可以解决一个区域的上网问题，避免了烦琐的长工期的布线安装工程。

2）投资经济性。有线网络的固有缺点就是缺乏灵活性。在有线接入网规划中考虑到未来的发展大量的超前投资往往会出现线路利用率低的情况，而在 WLAN 中，设备的增加只需要增加 AP 设备便可以解决问题。

3）传输速度快。Wi-Fi 传输速度非常快，可以达到 54Mbit/s，适合高速传输业务。

4）健康安全。IEEE 802.11 规定的发射功率不可超过 100mW，实际发射功率为 60～70mW，而手机发射功率为 200mW～1W，相对来说，Wi-Fi 辐射更小。

但 Wi-Fi 也存在一些不足，如传输质量的不稳定性和安全性。空间的无线电波存在相互影响，特别是同频段同技术设备之间存在明显影响，会使传输速率明显降低。不仅如此，无线电波传播中遇障碍物会发生不同程度的折射、反射、衍射、信号无法穿透的现象，其传输质量和信号的稳定性都不如有线网络。另外，Wi-Fi 用基于用户的认证加密体系来提高安全性，其安全性和数据的保密性都不如有线接入方式。

2.3.7 WiMAX

随着通信技术的演进、新业务的开展，在市场和技术相互碰撞的激励下，更加灵活的宽带无线接入技术异军突起。为了满足用户使用更高数据速率的业务和对移动性的要求，Wi-Fi 和 WiMAX 技术尤其引人注目。

WiMAX 即微波存取全球互通，是 IEEE 802.16 技术在市场推广时采用的名称，也是 IEEE 802.16d/e 技术的别称。WiMAX 技术旨在为广阔区域内的无线网络用户提供高速的无线数据传输服务，其覆盖范围可达到 112.6km，在有障碍物时覆盖范围可达 40km，带宽可达到 70Mbit/s，以其传输速率高、建网速度快、建设成本低、覆盖面积广、频谱效率高成为未来最富有竞争力的无线宽带技术之一。

1．WiMAX 关键技术

（1）协议体系

WiMAX 的物理层和 MAC 层基于 IEEE 802.16 工作组中开发的系列无线城域网技术，MAC 层独立于物理层，能支持多种不同的物理层规范，以适应各种应用环境，具体协议栈如图 2.14 所示。

IEEE 802.16 MAC 层从高到低分为三个子层：

1）特定服务汇聚子层（Service Specific Convergence Sublayer，SSCS）：提供与更高层的接口，通过不同的汇聚方式更好地适配各种上层协议。主要将服务访问点（SAP）收到的外部网络数据转换和映射为 MAC 层业务数据单元，并传递到 MAC 层的 SAP。

2）公共部分子层（Common Part Sublayer，CPS）：是 MAC 层的核心部分，主要功能包括系统接入、带宽分配、连接建立和连接维护等。它通过 MAC 层 SAP 接收来自各种 SSCS 的数据并分类到特定的 MAC 层连接，同时对物理层上传和调度的数据实时服务质量（QoS）控制。

3）安全子层（Security Sublayer，SS）：主要是提供认证、密钥交换和加解密处理。

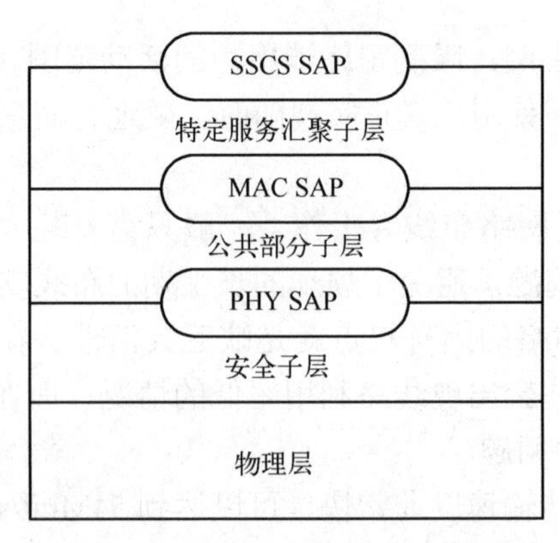

图 2.14　IEEE 802.16 协议栈参考模型

在物理层方面，为了更好地使用带宽，IEEE 802.16 支持时分双工（Time Division Duplexing，TDD）和频分双工（Frequency Division Duplexing，FDD）模式，都采用突发格式发送，并定义了三种不同的物理层调制技术。单载波（Single Carrier，SC）方式工作在 10～66GHz 频段，主要应用于工作波长相对较短，进行视距传输，因此多径衰落可以忽略。正交频分复用（Orthogonal Frequency Division Multiplexing，OFDM）工作在 2～11GHz 频段，采用 256 个子载波的 OFDM 调制技术，应用于必须考虑多径衰落、视距及非视距传输的情况。正交频分多址（Orthogonal Frequency Division Multiple Access，OFDMA）是采用 2048 个子载波的 OFDM 调制技术，与 OFDM 的区别在于它在上行和下行均支持子信道化。OFDM 对于不同的子载波采用相同的调制编码方式，OFDMA 根据不同的子信道情况采用不同的编码方式，提高系统利用率。

（2）网状（Mesh）体系结构

相对于 IEEE 802.16 标准提出的点到多点体系结构，IEEE 802.16a 标准提出了适合于 2～11GHz 授权和非授权频率的 Mesh 体系结构，并为该体系结构定义了特定的 MAC 层业务和消息规范。在 Mesh 体系结构中，至少有两个 WiMAX 节点采用点到多点的无线连接，并遵循标准定义的 MAC 层与物理层业务和网络规范。

（3）支持 QoS

WiMAX 可以向用户提供具有 QoS 性能的数据、视频、IP 电话（VoIP）业务。其 MAC 层提供面向连接的传送机制，每条 MAC 层消息头都携带了业务参数来体现不同应用的 QoS 要求，并针对不同 QoS 要求来传送和调度物理层数据。

（4）无线安全

为了保护用户安全信息，尤其是为满足企业用户对商业应用数据安全的需求，IEEE 802.16 标准在 MAC 层的加密子层为无线接口定义了认证、安全密钥交换以及封装协议等规范。基站通过对授权用户数据的封装提供了对非授权用户访问的限制，同时提供了私钥管理协议进行两层密钥的安全分发交换，以及用户身份的实时性确认，确保无线数据传输的安全。

2．WiMAX 架构

WiMAX 网络可以单独组网或者与现有网络融合组网，基站可以采用与现有 GSM/CDMA 网络相似的蜂窝状网络。在其架构中，大量的无线网络用户和与上层网络相连的 WiMAX 基站建立关联，从而获取上层网络的服务。WiMAX 网络体系包括核心网络（如因特网）、基站（Base Station，BS）、用户基站（SS）以及用户终端设备（TE）。对一个WiMAX 系统而言，通常只包括一个 BS 和多个 SS，从而形成基站对上层网络的点对点无线回程连接和点对多点的无线访问连接，具体架构如图 2.15 所示。

Wi-Fi 和 WiMAX 都属于宽带无线技术，由于各自的技术特点，其技术的侧重点不同。现在 Wi-Fi 技术发展比较成熟，但 WiMAX 也已经在国外得到大量运用，全球有多家固定和移动运营商进行了 WiMAX 试验，其覆盖范围广，传输速度快，相对而言具有很多优势。但两种技术在很多方面没有冲突，不会存在谁取代谁，相反具有互补性。如何融合 Wi-Fi 和 WiMAX，可能成为未来无线网络技术的发展方向。WiMAX 聚焦于授权频段的无线 ISP 市场，Wi-Fi 主导私用的无线市场，为用户提供移动性的支持，实现 Wi-FI 和 WiMAX 的无缝切换，提供更方便、快捷的互联，更好地服务于人们的生活。

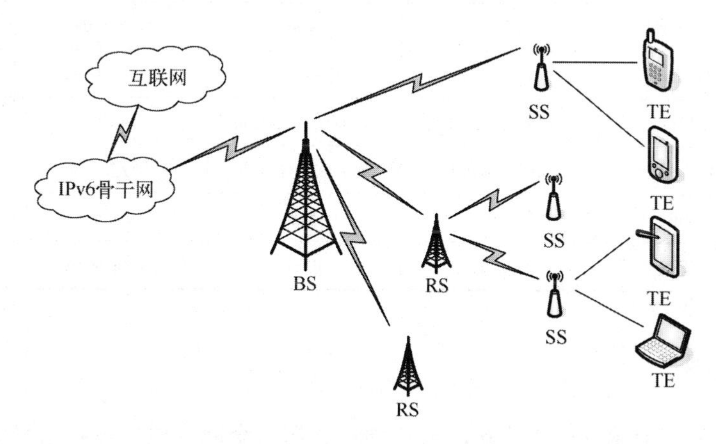

图 2.15　WiMAX 网络架构

2.3.8　LPWAN 技术

低功耗广域网络（Low Power Wide Area Network，LPWAN），是为物联网应用中的 M2M 通信场景优化的，由电池供电的，低速率、超低功耗、低占空比的，以星形网络覆盖的，支持单节点最大覆盖可达 100km 的蜂窝汇聚网关的远程无线网络通信技术。

该技术是近年国际上一种革命性的物联网接入技术，具有远距离、低功耗、低运维成本等特点，与 Wi-Fi、蓝牙、ZigBee 等现有技术相比，LPWAN 真正实现了大区域物联网低成本全覆盖。正如短距离无线网络包含蓝牙、ZigBee 等多种技术，LPWAN 也包含多种技术，如 LoRa、Sigfox、Weightless 和 NB-IoT 等。由于是“广域”网络，因此必然会涉及网络运营。所以 LPWA 网络一般是由电信运营商或专门的物联网运营商部署，由于 LPWA 网络连接的基本都是“物”，因此通常也叫“物联网专用网络”。

LPWAN 因为具有远距离通信、低速率数据传输和功耗低三大特点，因此非常适合远距离传输、通信数据量很少、需电池供电长久运行的物联网中的应用。大部分物联网应用通常只需要传输很少量的数据，如工业生产车间中控制开关的传感器，只有当开关异常时才会产生数据，而这些设备一般耗电量很小，通过电池供电就可工作很久。

LPWAN 最适合两类物联网应用：一类是位置固定的、密度相对集中的场景，如楼宇里面的智能水表、仓储管理或其他设备数据采集系统，虽然现在蜂窝网络已应用于这些领域，但信号穿透问题一直是其短板；另一类是长距离的，需要电池供电的应用，如智能停车、资产追踪和地质水文监测等，蜂窝网络可以应用，但无法解决高功耗问题。

LPWAN 技术包括基于 LTE 空口优化的 eMTC，也包括窄带物联网（Narrow Band-Internet of Things，NB-IoT）以及 RPMA、LoRa 和 Sigfox 等。表 2.7 针对现有的 LPWAN 的各种技术进行了对比。

表 2.7 LPWAN 技术对比

	NB-IoT	eMTC	EC-GSM	LoRa（Semtech）	UNB（Sigfox）
频谱范围	LTE&2G 波段	LTE 波段	2G 波段	未授权 433/868MHz	未授权 902MHz
调制解调	QPSK BPSK	QPSK QAM	GMSK	Chirp 扩频	FSK
数据速率	65kbit/s	375kbit/s	70kbit/s	100kbit/s	100kbit/s
射频带宽	200kHz	1.08MHz	200kHz	125～500kHz	100kHz
发射功率	23dBm	20dBm 或 23dBm	23dBm 或 33dBm	14dBm	14dBm
网络建设	部分软硬件升级	软硬件升级	部分软硬件升级	新建网络	新建网络
覆盖范围	15km	15km	15km	10km	12km
国际标准	3GPP	3GPP	3GPP	LoRa 联盟	—

2.4 卫星通信

在 20 世纪 50 年代和 60 年代初，人们便尝试运用金属气象气球对信号的反射来建立通信系统，接收到的信号太弱没有实际的用途。一直到第一颗通信卫星的发射，在天体通信领域才有了进一步的发展。直到近现代，卫星通信领域逐步取得了长足的进步。

2.4.1 卫星通信概述

1. 卫星通信简介

卫星通信，简单地说，就是地球上（包括地面、水面和低层大气中）的无线电通信站之间利用人造卫星作中继站而进行的通信。地球卫星的轨道形状有椭圆形和圆形两种，地球的中心（地心）就处在椭圆的一个焦点或圆心上。按照轨道平面与赤道的夹角（轨道倾角）大小不同，地球卫星的轨道有赤道轨道（夹角为 0°）、极轨道（夹角为 90°）、倾斜轨道（0°<夹角<90°）之分。按卫星轨道的高度人造卫星可分为运动卫星和静止卫星两种；按卫星结构人造卫星可分为有源卫星和无源卫星两种。

另外按照开普勒原理，一颗卫星的运行周期，随轨道半径的变化而变化，半径越大，周期越长。此外，卫星轨道还受另一个因素的影响，即范艾仑辐射带。所谓范艾仑辐射带是指受地球磁场影响的一些高度带电的粒子层，任何飞进范艾仑辐射带的卫星都会被撞毁。基于以上考虑，可以得出三个对卫星相对安全的区域。这样人造卫星按照轨道的高度可以分为地球同步卫星（Geostationary Satellites，GEO）、中地球轨道卫星（Medium-Earth Orbit Satellites，MEO）和低地球轨道卫星（Low-Earth Orbit Satellites，LEO）三种，具体如图 2.16 所示。

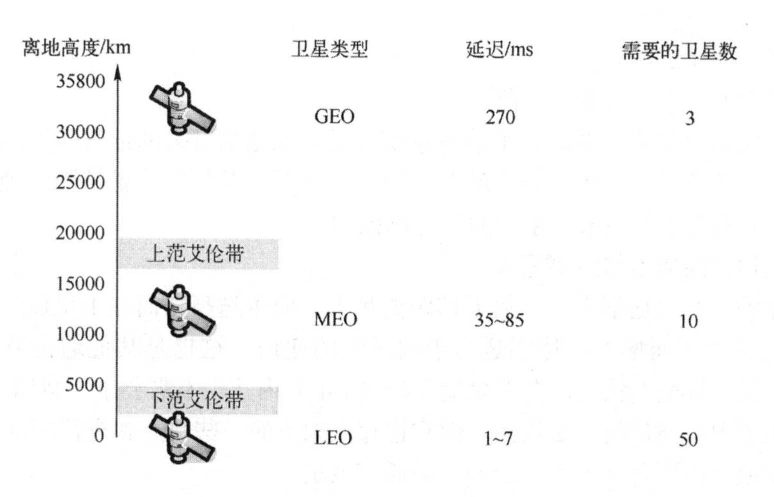

图 2.16　通信卫星分类

2．卫星通信特点

卫星通信系统的应用范围很广，不仅能够传输电话、电报，而且能够传输高质量的电视以及高速数据等；不仅适用于民用通信，而且也适用于军用通信；不仅适用于国内或某些区域的通信，而且也适用于越洋或国际通信。卫星通信与微中继通信及其他通信方式相比，具有以下主要特点。

（1）卫星通信覆盖区域大，通信距离远

卫星通信中的中继站是设在距地面约 36000km 高的通信卫星上，只需一个卫星中继站就能完成 1 万多 km 的远距离通信，至少相当于 200 多个微波中继站的通信线路。而卫星视区（从卫星看到的地球区域）大，每一颗卫星可视达全球表面的 42.4%。

（2）卫星通信具有多址连接特性

在地面微波中继通信中，中继站的服务区是一条线，只有在这条线上的两个终端站和某些中间分站能够使用它来进行通信。而在卫星通信中，卫星所覆盖的区域内，所有地球站都能利用这一卫星进行相互间的通信。这种同时实现多方向多个地球站之间的相互联系特性即为多址联接特性。由于在卫星俯视区内，都能收到信号，故可按广播方式工作，系统又相当于一个多发射台的广播系统。

（3）卫星通信机动灵活

卫星通信的建立不受地理条件的限制，无论是现代化的大城市，还是边远落后的山区、岛屿；无论是飞入云天的飞机，还是地上急驶的汽车，或是海里航行的舰船，只要需要，都可以随时利用卫星通信，且建站迅速，组网快。

（4）卫星通信频带宽，通信容量大

卫星通信采用微波频段，且一颗卫星上可设置多个转发器，故通信容量大，如 IS-Ⅵ通信卫星设有 46 个转发器，可同时传输 30000 路电话和 4 路电视节目。

（5）卫星通信线路稳定、质量好；可靠性强，系统运转率高

卫星通信的电波主要是在大气层以外的自由空间传播，电波在自由空间传播十分稳定，因此卫星通信几乎不受气候和气象变化的影响，而且通常只经过卫星一次转送，噪声影响小，故通信质量好。目前卫星通信中，各国地球站的运转率大都在 99.8%以上，因此，卫星

通信系统有很高的通信可靠性。

（6）可以自发自收、有利于监测

由于地球站以卫星为中继站，卫星将系统内所有地球站发来的信号转发回地面，因此进入地球站接收机的信号中，包含有本站发的信号，从而可以监视信息是否正确传输以及传输质量的优劣，并有利于卫星通信系统网的监测控制。

（7）卫星通信的成本与距离无关

在地面微波中继等通信中，一般通信距离越大，成本越高。而在卫星通信中，通信线路的造价不随通信距离而增加，特别适合于远距离的通信，这也是其他通信方式所不能比拟的。另外，卫星一旦进入轨道，在寿命期（7～10年）内几乎不需要维护费用。

上面介绍了卫星通信的主要优点。但它也存在如下的一些缺点和有待解决的问题。

（1）卫星通信需要有高可靠、长寿命的通信卫星

实现卫星通信必须有高可靠、长寿命的通信卫星，然而，做到这一点并不容易。因为一个通信卫星内要装几万个电子元器件和机械零件，如果在这些元器件中，哪怕有一个出了故障，都可能引起整个卫星失效，维修和替换装在卫星内部的元器件几乎是不可能的，因此，人们在制造和装配通信卫星时，不得不做大量的寿命和可靠性试验。目前通信卫星的寿命由于受到元器件寿命等的限制，一般都考虑为7～10年。

（2）卫星通信要求地球站有大功率发射机、高灵敏度接收机和高增益天线

人们总希望能尽量提高卫星的传输容量，以满足急剧增长的通信业务的需要，因为要增加卫星的传输容量，就必须增加卫星设备和转发器的发射功率，因而卫星电源的容量和重量也就需相应增大，这就势必引起整个卫星体积和重量的增加，这样一来，就要求卫星的运载工具的能力不断增加。而实际上发射卫星的运载工具能力有限，因此卫星重量和体积受到严格限制，卫星的发射功率也不可能太大，目前，只能达到几十至几百瓦。又因为一般的卫星电波是向大面积覆盖区内辐射，这比地面微波通信只向一个方向集中辐射时，能量要分散的多，再加上约 40000km 传输路程的损耗，信号到达地面时就非常弱了。为了补救这个缺点，地球站必须采用有效面积很大的高增益天线、大功率发射机、高灵敏度接收机，结果使地球站变得很庞大。虽然近几年有了很大改进，但还是不尽如人意。

（3）卫星通信有较大的信号延迟和回声干扰

无线电波在自由空间的传播速度等于光速，即 30 万 km/s，当利用静止卫星通信时，信号从地球站发射经过卫星转发到另一地球站时，单程就远达 80000km，双向通信时，往返共约 160000km，这时电波传播需要约 0.5s 的时间，因此，信号有较大的时间延迟。

2.4.2 移动卫星通信系统

移动卫星通信是指利用通信卫星作中继站实现移动用户之间或移动用户与固定用户之间相互通信的一种通信方式。它是传统的卫星固定通信与地面移动通信交叉结合的产物。从表现形式来看，它既是一个提供移动业务的卫星通信系统，又是一个采用卫星作中继站的移动通信系统。

1．移动卫星通信系统

移动卫星通信是指利用卫星转发器构成的通信链路，使移动体之间或移动体与固定体之间建立的通信。因此它可以看成陆地移动通信系统的延伸和扩展。

2．移动卫星通信系统的分类

1）按用途分类：可分为海事移动卫星系统（MMSS）、航空移动卫星系统（AMSS）和陆地移动卫星系统（LMSS）。

2）按卫星运行轨道分类：可分为同步轨道卫星系统（GEO）、大椭圆轨道卫星系统（HEO）、中轨道卫星系统（MEO）和低轨道卫星系统（LEO）。

3．移动卫星通信系统具有的技术特点

1）系统庞大、构造复杂、技术要求高、站址数量多。

2）移动终端设备的体积、重量、功耗均受天线尺寸外形限制。

3）卫星天线波束应能适应地面覆盖区域的变化并保持指向，用户移动终端的天线波束应能随用户的移动而保持对卫星的指向，或者是“方向性天线波束”。

4）移动卫星通信系统中的用户链路，其工作频段受到一定的限制，一般在 200MHz～10GHz。

5）因为移动终端的有效全向辐射功率（EIRP）有限，对空间段的卫星转发器及星上天线需专门设计，并采用多点波束技术和大功率技术以满足系统的要求。

6）由于移动体的运动，当移动终端与卫星转发器间的链路受到阻挡时，会产生“阴影”效应，造成通信的阻断。对此，移动卫星通信系统应使用户移动终端能够多星共视。

7）多颗卫星构成的卫星星座系统，需要建立星间通信链路和星上处理、星上交换，或者需建立具有交换和处理能力的信关关口地球站。

2.5 移动通信技术

2.5.1 2G 技术

1．2G 概述

2G（2nd Generation）表示第二代移动通信系统，其采用数字调制技术，具有频谱利用率高、保密性好的特点，既可以支持话音业务，也可以支持低速数据业务。第二代移动通信系统以传输话音和低速数据业务为目的，因此又称为窄带数字通信系统。

2．技术特点

第二代移动通信系统是引入数字无线电技术组成的数字蜂窝移动通信系统，它主要采用窄带码分多址技术制式（CDMA）和时分多址技术制式（TDMA）。采用 CDMA 制式的为美国的 IS-95CDMA，而采用 TDMA 制式的主要有欧洲的 GSM、美国的 D-AMPS 和日本的 PDC 三种。移动电话已由模拟转向数字发展，包括 GSM 和 CDMA 制式的数字移动电话正在世界范围内高速发展。

1982 年，欧洲成立了移动通信特别组，任务是制订泛欧移动通信漫游的标准。GSM 本来是欧洲成立的一个移动通信小组的简称，这个小组在欧洲的蜂窝移动通信方面做了大量的工作，他们对八个不同的实验方案进行了论证，最后制定了泛欧洲的数字蜂窝移动通信系统，并用该研究小组名字的缩写“GSM”命名。GSM 移动电话系统对频谱利用率高、容量大，同时可以自动漫游和自动切换，采用增强全速率编码（EFR）后通信质量好，并且还具有业务种类多、易于加密、抗干扰能力强、用户设备小、成本低等优点。

当 GSM 技术推出不久，一种更先进的 CDMA 技术也推出了。CDMA 最初应用于军事抗干扰，是由美国高通（Qualcomm）公司将其推广到商用。1995 年美国电信产业协会正式颁布的窄带 CDMA（N-CDMA）标准为 IS-95A，在其基础上，于 1998 年制定 IS-95B 标准。主要目的是能满足更高的比特速率业务的需求。CDMA 网络同时还具有建造运行费用低，基站设备费用低的特点，因而用户的费用也较低。并且 CDMA 手机与 GSM 手机相比，其发射功率相当低，所以其辐射作用可以忽略不计。基站和手机发射功率的降低，将大大延长手机的通话时间，意味着电池、话机的寿命长了，因此用户可以长时间地使用手机接收电话，也可以在不挂机的情况下接收短消息。

3．应用现状

自 1990 年开始投入商业运营到如今，GSM 使移动通信进入了一个新的里程。经过十几年的发展，GSM 最多占有全球移动用户的市场份额已经超过了 60%。因此可以毫不夸张地说，GSM 已经成为第二代移动通信系统的代名词。CDMA 技术刚刚推出时，占有蜂窝式移动电话的绝大部分市场的摩托罗拉认为 CDMA 比 GSM 先进得多，而 GSM 技术只能是从模拟到纯数字的过渡，一直没有重视 GSM 手机的商业开发。所以到 1996 年，诺基亚和爱立信的 GSM 手机已占据了手机市场的大部分。由于 CDMA 理论上的诸多技术优势在实践中得到了检验，从而使 CDMA 技术在国际上得到了推广和应用。在美国和日本，CDMA 技术成为其国内的主要移动通信技术。

2.5.2 3G 技术

1．3G 概述

3G 代表第三代移动通信技术，是指支持高速数据传输的蜂窝移动通信技术。3G 服务能够同时传送声音及数据信息，3G 下行速度峰值理论可达 3.6Mbit/s（一说 2.8Mbit/s），上行速度峰值也可达 384kbit/s。目前 3G 存在三种标准：CDMA2000、WCDMA 和 TD-SCDMA。

2．技术特点

目前国内支持国际电联确定三个无线接口标准，分别是中国联通的 WCDMA、中国电信的 CDMA2000 和中国移动的 TD-SCDMA。GSM 设备采用的是时分多址，而 CDMA 使用码分扩频技术，先进功率和话音激活至少可提供大于 3 倍 GSM 的网络容量，业界将 CDMA 技术作为 3G 的主流技术。

（1）WCDMA

全称为 Wideband CDMA，也称为 CDMA Direct Spread，意为宽频分码多重存取，这是基于 GSM 网发展出来的 3G 技术规范，是欧洲提出的宽带 CDMA 技术，它与日本提出的宽带 CDMA 技术基本相同，目前正在进一步融合。W-CDMA 的支持者主要是以 GSM 系统为主的欧洲厂商，日本公司也或多或少参与其中，包括欧美的爱立信、阿尔卡特、诺基亚、朗讯、北电，以及日本的 NTT、富士通、夏普等厂商。该标准提出了 GSM(2G)-GPRS-EDGE-WCDMA(3G)的演进策略。这套系统能够架设在现有的 GSM 网络上，对于系统提供商而言可以较轻易地过渡。预计在 GSM 系统相当普及的亚洲，对这套新技术的接受度会相当高。因此 W-CDMA 具有先天的市场优势。

（2）CDMA2000

CDMA2000 是由窄带 CDMA(CDMA IS95)技术发展而来的宽带 CDMA 技术，也称为

CDMA Multi-Carrier，它是由美国高通北美公司为主导提出，摩托罗拉、朗讯和后来加入的韩国三星都有参与，韩国现在成为该标准的主导者。这套系统是从窄频 CDMAOne 数字标准衍生出来的，可以从原有的 CDMAOne 结构直接升级到 3G，建设成本低廉。但目前使用 CDMA 的地区只有日、韩和北美，所以 CDMA2000 的支持者不如 W-CDMA 多。不过 CDMA2000 的研发技术却是目前各标准中进度最快的，许多 3G 手机已经率先面世。该标准提出了从 CDMA IS95(2G)→CDMA2000 1x→CDMA2000 3x(3G)的演进策略。CDMA2000 1x 被称为 2.5 代移动通信技术。CDMA2000 3x 与 CDMA2000 1x 的主要区别在于应用了多路载波技术，通过采用三载波使带宽提高。目前中国电信正在采用这一方案向 3G 过渡，并已建成了 CDMA IS95 网络。

（3）TD-SCDMA

全称为 Time Division - Synchronous CDMA，即时分同步 CDMA，该标准是由我国制定的 3G 标准，于 1999 年 6 月 29 日，由中国原邮电部电信科学技术研究院（大唐电信）向 ITU 提出，但技术发明始于西门子公司。TD-SCDMA 具有辐射低的特点，被誉为绿色 3G。该标准将智能无线、同步 CDMA 和软件无线电等当今国际领先技术融于其中，在频谱利用率、对业务支持具有灵活性、频率灵活性及成本等方面的独特优势。另外，由于我国庞大的市场，该标准受到各大主要电信设备厂商的重视，全球一半以上的设备厂商都宣布可以支持 TD-SCDMA 标准。该标准提出不经过 2.5 代的中间环节，直接向 3G 过渡，非常适用于 GSM 系统向 3G 升级。军用通信网也是 TD-SCDMA 的核心任务。

3．应用现状

3G 手机完全是通信业和计算机工业相融合的产物，和此前的手机相比差别实在是太大了，因此越来越多的人开始称呼这类新的移动通信产品为“个人通信终端”。随着“互联网+”时代的到来，手机除了能完成高质量的日常通信外，还需要能提供多媒体通信和各类互联网业务功能。2016 年 11 月的调查报告显示，我国移动数据及互联网业务收入占电信业务收入的比例从 2015 年的 23.5%提高至 27.6%。其中移动宽带用户（3G/4G）在移动用户中的渗透率达到 60.1%，比 2015 年提高 14.8%。3G 和 4G 手机已成为主流移动通信技术。

2.5.3 4G 技术

1．4G 概述

4G 是指第四代移动通信技术，又称 IMT-Advanced 技术，它集3G与WLAN于一体，并能够快速传输数据、高质量、音频、视频和图像等。

4G 网络有如下两个标准：

1）长期演进技术升级版（LTE Advanced）：是 LTE 的增强，完全向后兼容 LTE，通常在 LTE 上通过软件升级即可，升级过程类似于从 WCDMA 升级到 HSPA。峰值速率可达到下行 1Gbit/s、上行 500Mbit/s，是第一批被国际电信联盟承认的 4G 标准，也是事实上的唯一主流 4G 标准。

2）全球互通微波存取升级版（WiMAX-Advanced）：即 IEEE 802.16m 是 WiMAX 的增强，由美国英特尔公司所主导，接收下行与上行最高速率可达到 300Mbit/s，在静止定点接收可高达 1Gbit/s。它也是国际电信联盟承认的 4G 标准，不过随着英特尔公司于 2010 年退出，WiMAX 技术也逐渐被运营商放弃，并开始将设备升级为 LTE。

2. 技术特点

4G 网络包括 TD-LTE 和 FDD-LTE 两种制式，即中国主导制定的 TD-LTE 制式和欧洲标准化组织 3GPP 制定的 FDD-LTE。

LTE 是长期演进（Long Term Evolution）的缩写。LTE 项目是 3G 的演进，它改进并增强了 3G 的空中接入技术，采用OFDM和MIMO作为其无线网络演进的唯一标准。严格意义上来讲，LTE 只是 3.9G，虽然人们称之为 4G 无线标准，但它其实并未被3GPP认可为国际电信联盟所描述的下一代无线通信标准 IMT-Advanced，因此在严格意义上其还未达到 4G 的标准。只有升级版的 LTE Advanced 才满足国际电信联盟对 4G 的要求。但就目前来说，现在的 4G 网络其实指的就是 LTE 网络。

TD-LTE 是分时长期演进（Time Division Long Term Evolution）的缩写，是 TDD 版本的长期演进技术，被称为时分双工技术。FDD-LTE 是 Frequency Division Duplexing Long Term Evolution 的缩写，也是长期演进技术，采用的是分频模式。TDD 方式的移动通信系统中，接收和发送使用同一频率载波的不同时隙作为信道的承载，其单方向的资源在时间上是不连续的，时间资源在两个方向上进行了分配。FDD 是在分离的两个对称频率信道上进行接收和发送，用保护频段来分离接收和发送信道。

TD-LTE 和 FDD LTE 在技术上差异较少而共性更多，二者都能为移动用户提供超出以往的移动互联网接入体验。2016 年 4 月 9 日，全球移动设备供应商协会（GSA）发布了市场跟踪报告《全球 4G 发展现状（截至 2016 年 4 月）》，报告中指出，一共有 162 个国家商用了 494 个 4G LTE 网络，其中 422 个 LTE FDD 网络、51 个 TD-LTE 网络、21 个 TD-LTE/LTE FDD 融合型网络。

2.6 泛在网络

随着芯片制造、无线宽带、射频识别、信息传感及网络业务等信息通信技术的发展，信息网络将会更加全面深入地融合人与人、人与物乃至物与物之间的现实物理空间与抽象信息空间，并向无所不在的泛在网络（Ubiquitous Network，UN）演进。信息社会的理想正在逐步走向现实，强调网络与应用的“无所不在”或“泛在”通信理念的特征正日益凸显，“泛在”将成为信息社会的重要特征，并逐步走进了人们的日常生活之中。

2.6.1 泛在网络概念

泛在计算（Ubiquitous Computing）是 1991 年施乐实验室的计算机科学家 Mark Weiser 提出的一种超越桌面计算的人机交互模式。他认为泛在计算的目的在于使计算机在整个物理环境中都是可获得的，将信息处理嵌入到用户生活周边空间的计算设备中，随时为用户提供计算服务。在此基础上，日、韩提出了 UN，欧盟提出了环境感知智能（Ambient Intelligence），北美提出了普适计算（Pervasive Computing）等说法。尽管这些概念的描述不尽相同，但是其核心内涵却相当一致，其目标都是“要建立一个充满计算和通信能力的环境，同时使这个环境与人们逐渐地融合在一起”。

泛在网络是指无处不在的网络。对于网络系统而言，无处不在意味着网络、设备的多样化以及无线通信手段的广泛运用。对于泛在网络的概念，不同的研究者根据自己的研究背景和研究领域提出了不同的研究观点和看法，目前还没有形成统一的定义。对此，最早提出 U 战略的日、韩给出了这样的定义：允许用户自由地在任意时间、任意地点，使用任意工具，通过宽带及无线网络接入并交换信息。

泛在网络并不是要构建一个新的网络，它包含现有的电信网、互联网，以及未来的融合各种业务的下一代网络以及一些专用网络，接入技术涵盖宽带无线移动通信技术、光纤接入等宽带接入技术以及包含传感器网络和包括 RFID 等近距离通信技术。它主要是在原有网络的基础上，根据人类生活和社会发展的需求，增加和拓展相应的网络能力、服务和新的应用。

泛在网络概念的提出为人类信息世界描述了一个美好的未来，它从人的应用需求去考虑未来信息社会的构架。与此同时，它也向计算、信息科学提出了全面的技术挑战。

2.6.2 泛在网络的关键技术

泛在网络基于个人和社会的需求，为个人和社会提供泛在的、无所不含的信息服务和应用，这必然要求先进的技术作为支持。泛在网络范围广泛，涉及的技术体系主要包括三个大类：智能终端系统、基础网络技术和应用层技术。

1．智能终端系统

在智能终端方面，未来泛在网络的智能终端是融合的，不只是传统意义上的融合通信终端，而是对人进行多方面能力延伸的终端，包括对周围环境的感知、检测，并对物理世界的信息进行智能处理，主要通过 RFID、WSN 等技术实现对信息的实时采集，并使用云计算等技术手段进行信息的智能处理。使用智能终端，可降低网络的复杂程度，提高网络的健壮性、互操作性和扩展性；使用智能终端，网络的投资成本将会降低，因为它使用更加简单的网络架构、基于网络的可靠性以及在网络和终端之间共享网络功能；使用智能终端，网络的运营成本也将会降低，因为业务推出具有灵活性，网络维护工作减少了，升级机制简单了。

2．基础网络技术

泛在网络是在现有网络设施的基础上增加新的网络基础设施构成的，主要涉及异构网络和终端的共存与协同，这是网络的未来发展趋势，让固定和移动业务能力，电信、互联网、广电网业务实现无缝融合。未来的网络需要超强的智能性，既要具备感知环境、内容、语言和文化的能力。泛在网络要满足各种层次的信息化应用，要求基础网络具有不同安全等级和不同服务质量的网络能力。泛在网络最重要的一个特征是无缝的移动性，移动宽带网络是最重要的网络基础设施。新型光通信、分组交换、互联网管控、网络测量和仿真、多技术混合组网都是泛在网络的关键技术。

3．应用层技术

泛在网络的应用层主要指为各种具体应用提供公共服务支撑环境。应用平台层的主要技术特征是开放性和规范性，应用平台设计的主要技术领域包括软件中间件、资源描述与组织、各种标志的管理、信息安全保证、网络计算和数据分析与挖掘等。

2.6.3 泛在网络架构

目前，业界对泛在网络的架构还没有达成共识，但泛在网络也有明确的要求，它强调在现有网络的基础上，增加网络能力，一是要能实现人与物、物与物之间泛在和广泛的通信；二是要扩大和增加对广大公众用户的服务，因此在考虑泛在网络的架构和网络能力时，一定要考虑这两点最基本的需求。

泛在网络不是全新的网络，而是对现有网络的加强，并基于以上考虑，泛在网络可以粗略分为四层：延伸层、接入层、核心层和应用层，具体如图 2.17 所示。

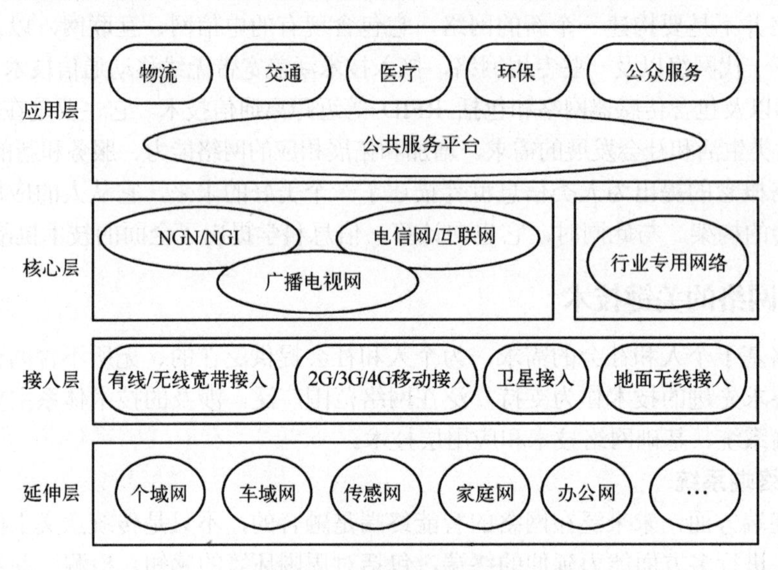

图 2.17　泛在网络架构图

泛在网络的延伸层是指在传统网络的基础上，从原有网络用户终端点向“下”延伸或扩展，即通信的对象不仅仅局限于人与人之间的通信，还扩展到人与现实世界的各种物体，主要包括个域网、车域网、传感网、家庭网、办公网等不同的应用场景。如 RFID 和 WSN 的引入，方便了与物理世界的信息交互，增强了信息感知的能力，但是功耗、成本等问题亟待解决。

泛在网络的接入技术包括有线/无线宽带接入、2G/3G/4G 移动接入、卫星接入和地面无线接入等，主要是依靠现有网络。但在泛在网络中可能要求更高的移动性、更高的传输速率、更低的功耗和特定的服务质量等。

泛在网络的核心层的基本业务是从事信息的传递和交换，进一步扩展到业务信息的处理，主要包括下一代网络、电信网/互联网、广播电视网和一些行业的专业网络等。该层功能主要涉及泛在感知信息的传递控制、存储、关联、分析等，且支持分布式、扁平化的信息处理框架（如云、网格、分布式计算），并支持异构通信主体之间的无缝连接。在网络智能化和业务智能化的趋势下，认知技术、情景建模技术、语义分析、智能决策等技术在该层得到重点应用，并将向上支撑应用，向下优化网络互联。

泛在网络的应用层包括两个子层，即公务服务平台子层和行业应用子层。公共服务平台是未来提供行业服务融合的平台，依据特定行业的要求设计不同的功能模块。最上面是应用子层，主要应用于物流、交通、医疗、环保公众服务等领域。

目前，泛在网络还处在发展的初期，勾画出了未来网络发展的概貌，泛在网络强调扩大通信的主体范畴接入，不再局限于人与人的通信方式，而扩大到人与物、物与物的通信，在此基础上更好地为人类提供服务。泛在网络是对传统网络的进一步深化发展，是对现有网络性能的综合提升，但目前其商业模式还不够明确，也只是应用在一些特定的场合或专用服务中，泛在网络的发展还需不断地进行研究。

本章小结

网络是物联网信息传递和服务支撑的基础设施，以网络和通信技术为核心的网络层是传递感知层信息到应用层的纽带。本章介绍了物联网的网络层技术，主要包括传统网络技术、无线网络技术和移动通信技术。

具体地，首先介绍了计算机网络的概念、参考模型，以及具有代表性的以太网和因特网技术，包括介质访问控制原理和因特网协议 IPv6，并对现场总线技术进行了简单的介绍。随后简单介绍了无线网络的基本知识，并着重阐述了无线个域网、无线局域网和无线广域网中的各种技术。之后对卫星通信和移动通信技术进行了简单的介绍，最后对泛在网络进行了详细的介绍，包括其关键技术和系统架构。

思考题

1. 简述计算机网络 OSI 参考模型和 TCP/IP 参考模型的有哪些区别。
2. 介绍以太网的介质访问控制协议 CSMA/CD。
3. 简述因特网的架构和应用。
4. 描述 IPv6 的协议结构，并试论述从 IPv4 到 IPv6 过渡的必然性。
5. 说明现场总线技术的特点及优点。
6. 试分析 ZigBee 和 Thread 技术的性能特点。
7. 简单介绍 Wi-Fi 和 WiMAX，并试比较二者的主要区别。
8. 距离描述 LWPAN 可应用的场合或案例。
9. 简述卫星通信系统的特点和分类。
10. 介绍 3G 和 4G 的关键技术。
11. 介绍泛在网络的概念及其关键技术。

第3章　WSN

本章重点

★ 掌握 WSN 的基本概念。

★ 了解 WSN 的相关应用。

★ 明确 WSN 的特点和性能指标。

★ 熟悉 WSN 的关键技术。

★ 了解 WSN 的基本安全技术。

现代信息技术作为当今世界发展的重要驱动力，是由计算机技术、通信技术、微光电子技术、信息安全技术和智能技术等组成的。无线传感器网络（WSN）恰如其分地将现代信息技术中的计算机网络技术、微电子技术、传感器技术以及通信技术四者巧妙地融合在一起，实现了信息感知、数据采集和数据传输的真正统一，被认为是 21 世纪人类社会发展前进的最重要的技术之一。本章主要对 WSN 进行介绍，描述 WSN 的基本概念、主要特点、性能指标、体系结构、关键技术及网络安全。

3.1　WSN 概述

WSN 是一种全新的获取信息的手段，可以用来实时监测和采集监测区域内的被监测对象的各种信息，并按照一定的方式将这些信息发送到网关节点，以实现目标区域内的对象监测，具有快速展开、抗毁性强等特点，有着广阔的应用前景。

WSN 作为推动物联网发展的主要技术，越来越受到各个行业的青睐，其在物流领域中的应用尤为突出。WSN 的目的是通过传感器节点协作地感知、采集和传输网络覆盖区域内感知对象的信息，并把信息发送给用户。WSN 就是将信息世界与客观物理世界相结合，人们可以通过 WSN 感知世界，极大地扩展现有网络的功能。

3.1.1　基本概念

传感器（Sensor）是由敏感元件和转换元件组成的一种监测装置，它可以感受到被监测对象的温度、湿度等信息，并按照一定规律变换为电信号或者其他所需形式输出，以满足信息的传递、处理、存储、显示、记录和控制等要求。

随着微电子、无线通信、计算机与网络技术的发展，推动了低功耗、多功能传感器的快速发展，使其在微小体积内能够集成信息采集、数据处理和无线通信等多种功能。近年来，WSN 的研究越来越引起人们的关注。

WSN 是由部署在监测区域内大量微型而又廉价的传感器节点组成，通过无线通信方式组成的一个多跳的具有自组织特性的网络系统，其目的是将覆盖区域中的感知对象的信息进行感知、采集和处理，并最终发送给观测者，WSN 结构如图 3.1 所示。

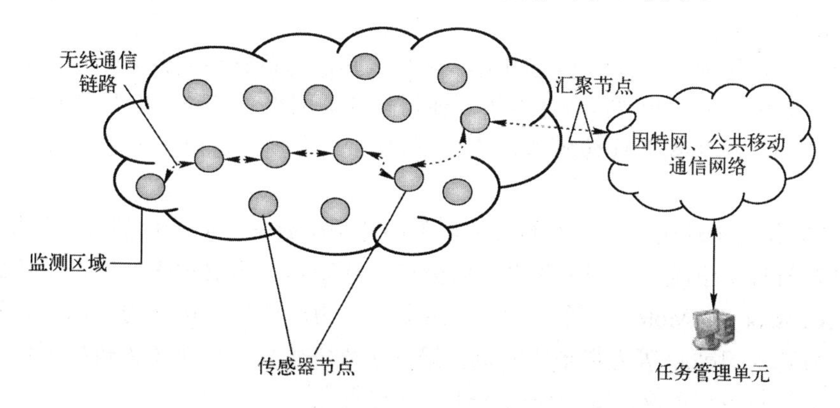

图 3.1　WSN 结构

WSN 的任务是利用监测区域内大量的传感器节点来监测目标区域的对象，收集相关数据，然后通过无线收发装置并采用多跳路由的方式将监测数据发送给汇聚节点，再通过汇聚节点将数据传递到任务管理单元的用户端，从而达到对目标区域的监测。它综合了计算、通信及传感器技术，能够通过各类集成化的微型传感器协作地实时监测、感知和采集各种环境信息，从而实现物理世界、计算机和人类的联通。

传感器、感知对象和观测者共同构成了 WSN 的三个必不可少的要素，WSN 的出现将改变人类和自然界的交互方式，人们可以通过 WSN 直接感知客观世界，扩展现有网络的功能和人类认识世界的能力。WSN 因具有低成本、低功耗、自组网、分布式监测、不需要固定通信设施支持等五大优点，可广泛应用于各行各业。

一个被普遍接受的 WSN 的定义为：大规模、无线、自组织、多跳、无基础设施支持的网络，其中节点是同构的，成本较低、体积较小，大部分节点不移动，被随意地散布在监测区域，要求网络系统有尽可能长的工作时间。

3.1.2　发展历史

WSN 是信息科学领域中一个全新的发展方向，同时也是新兴学科与传统学科进行领域间交叉的结果。WSN 最初来源于美国先进国防研究项目局（DARPA）的一个研究项目。为了监测敌方潜艇的活动情况，需要在海洋中布置大量的传感器，使用这些传感器所监测的信息来实时监测海水中潜艇的行动。但是由于当时技术条件的限制，使得传感器网络的应用只能局限于军方的一些项目中，难以得到推广和发展。近年来随着无线通信、微处理器、微机电系统（MEMS）等技术的发展，使得传感器网络的理想蓝图能够得以实现，其应用前景越来越广，国外各个研究机构也兴起了研究热潮。

从 1978 年开始，WSN 历经 30 多年的发展，加上现代微电子、计算机网络、无线通信技术的进步，各种多功能、低功耗的传感器也陆续推出。在这近 40 年中，无线传感器网络的发展主要经历了以下四个阶段：

第一阶段：也称为第一代传感器网络，其是由具有点对点信号传输功能的传感器节点所组成的监测系统，初步实现了信息的单向传递，但是存在着抗干扰性差、布线复杂等缺点。

第二阶段：也称为第二代传感器网络，在这一阶段，监测系统由智能传感器和传感控制器所组成，传感器和传感控制器之间采用串/并口相连，使得其相对于第一代监测系统有了显著的综合能力。

第三阶段：也称为第三代传感器网络，这时传感器与传感控制器采用现场总线型的方式相互连接，共同构成了智能型传感器网络，使得传感器网络进入到局部监测的阶段。

第四阶段：也称为第四代传感器网络，即 WSN 阶段，目前正处于研究开发和快速增长期。

WSN 的兴起在全球引起了高度的关注，美国几乎所有著名的院校都有专门从事 WSN 的研究，包括麻省理工学院、加州大学洛杉矶分校、康奈尔大学等都先后展开了传感器网络方面的研究。Crossbow、Mote iv 等一批以传感器节点为产业的公司已为人们所熟知，其产品如 Mica2、Micaz、Telos 等为很多研究机构搭建了硬件平台，促进了大规模无线组网、传感信息融合、时间同步与定位、低功耗设计技术等的研究。

德国、英国、加拿大、日本和韩国等国家的研究机构都先后开展了 WSN 的研究。欧盟 6 个框架计划将“信息社会技术”作为优先发展的领域之一，其中多处涉及 WSN 的研究。日本总务省在 2004 年 3 月成立了“泛在传感器网络”调查研究会。韩国信息通信部制订了信息技术 839 战略，其中“3”是指 IT 产业的 3 大基础设施，即宽带融合网络、泛在传感器网络、下一代互联网协议。

我国对 WSN 的研究起步较晚，首次正式启动出现于 1999 年中国科学院《知识创新工程点领域方向研究》的“信息与自动化领域研究报告”中，第一次出现就被列为该领域的五大重点项目之一。2001 年中国科学院依托上海微系统研究与发展中心，旨在引领中科院 WSN 的相关工作。各大高校的学者也相继投入到对 WSN 的研究，北京邮电大学、南京邮电大学和哈尔滨工业大学已经取得了一定的科研成果。国家自然科学基金已经审批了多项与 WSN 相关的课题。

目前，我国已纪有 1700 多家企事业单位从事传感器的研制、生产和应用，已经形成从技术研发、设计、生产到应用的完整产业体系，共有 10 大类 42 小类 6000 多种传感器产品，中低档产品基本满足市场需求，产品品种满足率为 60%～70%。预计 2017 年中国传感器市场规模将达到 2070 亿元，未来五年（2017—2021 年）行业年均复合增长率约为 30.14%，2021 年中国传感器市场规模将达到 5937 亿元。

3.1.3 应用领域

WSN 是由大量价格低廉的传感器节点组成的无线网络，它具有分布式处理带来的高监测精度、高容错性、覆盖区域大、可远程监控等优点，同时，随着近年来微型传感器和无线通信技术的不断进步和快速发展，WSN 在各个行业中的应用也逐渐广泛起来，目前 WSN 主要应用于以下几个方面。

1．军事领域

WSN 因其具有明显的抗毁性和隐蔽性，可以将其应用到作战环境，用于对战场的兵力装备、攻击目标、地形、生物化学和核攻击进行实时监测。众所周知的“智能尘埃”技术已经得到了美国国防部的支持，这些细小如尘埃般的传感器，可以精确感知到金属器械的运动情况和光线温度声音的变化情况，并可以及时地将数据传输到作战指挥部。WSN 完全充当了军队的“千里眼”和“顺风耳”，是军队获取敌方情报的重要手段之一。

WSN 已经成为美国网络中心作战体系中面向武器装备的网络系统，是其 C4ISRT（Command, Control, Communication, Computing, Intelligence, Surveillance, Reconnaissance and Targeting）系统的重要组成部分，该系统的目标是利用先进的高科技技术，为未来的现代化战争设计一个集命令、控制、通信、计算、智能、监视、侦查和定位于一体的战场指挥系统，因此受到了军事发达国家的普遍重视。

美国科学应用国际公司采用 WSN 构建了一个电子防御系统，为美国军方提供军事防御和情报信息。该系统采用了多个微型磁力计传感器节点来探测监测区域内是否有人携带枪支、是否有车辆行驶，同时系统还可以利用声音传感器节点监测车辆或行人的移动方向。

2．环境监测和预报

WSN 可以用来监测土壤、空气等环境信息，将 WSN 应用于环境监测和预报中，可以实现对环境条件、水源质量等多种数据的综合采集。例如将 WSN 撒布到森林中，及时获取森林中的温度信息，在可能达到着火点时及时做好预防工作，从而有效地预防森林火灾的发生。

其中最典型的案例就是 2002 年大鸭岛的环境监测项目，该项目是由加州大学计算机系和大西洋学院共同设计开发的一个科研项目，主要目的是运用 43 个传感器监测海岛的生态环境和海燕的生活习性，并远程获取各种监测数据。

3．精准农业

WSN 也可以用来监测土壤的生态特性，包括温度、水分、化学元素、含氧量等状况。比较著名的是英特尔公司的无线葡萄园项目，分布于葡萄园各个角落的 WSN 节点可以及时监测到土壤的相关状况，从而保障葡萄健康的生长环境，以确保葡萄的正常成长成熟。

4．智能交通

交通传感网是智能交通系统的重要组成部分，WSN 在现代交通系统中得到了很大的应用。上海市重点科技研发计划中的智能交通监测系统就是 WSN 应用在智能交通中的典型案例。其主要是将传感器节点部署在交叉路口周围，并为路边的立柱、横杠装上汇聚节点，将网关节点集成在路口的信号控制器内，再将终端节点安装在路边或路面下，然后通过传送至交管中心的信息，实现事故避免、交通诱导等功能。

5．医疗护理

WSN 在医疗卫生和健康护理上也具有相当高的研究和应用价值，包括对人体生理数据的无线监测、对医院护理人员和患者进行追踪和监控、医院的药品管理、贵重医疗设备放置场所的监测等。

例如，将具有特殊用途的微小传感器节点安装在病人身上，医生可以随时监测到病人的心率和血压情况，然后给予必要的处理。比较有名的例子就是罗彻斯特大学的研究人员创建的 WSN 智能病房，这种病房可以通过传感器节点来测量病人的血压和脉搏等信息，从而降低了护理难度。

6．工业方面的应用

在工业环境中，可以利用 WSN 对生产设备进行实时跟踪和监控，例如英特尔公司通过安装在一家芯片制造厂中的 210 个传感器，监测 40 台机器的运转情况，这样不仅降低了用于检查生产设备的成本，而且缩小了机器停机时间，提高了机器运行效率，一定程度上延长了机器的寿命。

7．空间探索

人类对空间的探索和研究走过了漫长的道路，取得了丰硕的成果。随着人类对空间探索的不断深入，要获取的数据越来越多，成本较低的传感器节点将在其中发挥更加重要的作用。研究人员可以通过撒播在外星上的 WSN 节点，就可以监测到该星球的相关信息。例如位于 NASA 的 JPL 实验室研制的传感器网络（Sensor Webs）项目，就是为了未来更好的探测火星，目前该系统已经进入测试和完善阶段。

3.2 WSN 的特点与性能指标

3.2.1 WSN 的基本特点

WSN 是一种独立出现的计算机网络，是由大量传感器节点通过无线通信技术自组织构成的网络。WSN 可实现数据的采集量化、处理融合和传输应用，它是信息技术中的一个新的领域，在军事和民用领域均有着非常广阔的应用前景。WSN 与传统网络相比有一些独有的特点，正是由于这些特点使得其存在很多新问题，提出了很多新的挑战。WSN 的主要特点有：

1．节点数量大、密度高

由于 WSN 节点的微型化，每个节点的通信和传感半径有限，一般为十几米范围，而且为了节能，传感器节点大部分时间处于睡眠状态，所以往往通过布设大量的传感器节点来保证网络的质量。WSN 的节点数量和密度都要比通常的 Ad hoc 网络高几个数量级，可能达到每平方米上百个节点的密度，甚至多到无法为单个节点分配统一的物理地址。这会带来一系列问题，如信号冲突、信息的有效传送路径的选择、大量节点之间如何协同工作等。

2．节点体积小、能量有限

WSN 是在微电机系统技术、数字电路技术基础上发展起来的，传感器节点各部分集成度很高，因此具有体积小的优点，通常只能携带能量十分有限的电池。由于传感器节点数目庞大、分布区域广，而且部署环境复杂，甚至人员不能到达，无法通过更换电池的方式来补充能量，所以传感器节点的电池能量限制是整个传感器网络设计最为关键的约束之一，它直接决定了网络的工作寿命。因此在考虑传感器网络体系结构以及各层协议设计时，节能是设计的主要考虑目标之一。

3．节点计算和存储能力有限

由于 WSN 应用的特殊性，要求传感器节点的价格低、功耗小，必然导致其携带的处理器能力比较弱，存储器容量比较小。因此，如何利用有限的计算和存储资源，完成诸多协同任务，也是 WSN 技术面临的挑战之一。随着低功耗电路和系统设计技术的提高，目前已经开发出很多超低功耗微处理器，传感器节点还可配备外部存储器，目前的 Flash 存储器是一种可以低电压操作、多次写、无限次读的非易失存储介质。

4．通信半径小，带宽低

无线传感器网络是利用“多跳”来实现低功耗下的数据传输，因此其设计的通信覆盖范围只有几十米。和传统无线网络不同，传感器网络中传输的数据大部分是经过节点处理过的数据，因此流量较少。根据目前观察到的现象特性来看，传感数据所需的带宽将会很低

（1～100kbit/s）。

5．节点拓扑结构变化很快，具有较强的自适应性

由于 WSN 中传感器节点密集、数量巨大，而且分布区域广泛，传感器节点在工作和睡眠状态之间切换以及传感器节点随时可能由于各种原因发生故障而失效，或者有新的传感器节点补充进来以提高网络的质量，这些特点都使得 WSN 的拓扑结构变化很快，而且网络一旦形成，人很少干预其运行，这对网络各种算法（如路由算法和链路质量控制协议等）的有效性提出了挑战。因此，WSN 的软、硬件必须具有高强壮性和容错性，相应的通信协议必须具有可重构和自适应性。

6．无中心和自组织

在 WSN 中，所有节点的地位都是平等的，没有预先指定的中心，各节点通过分布式算法来相互协调，可以在无人工干预和任何其他预置的网络设施的情况下，节点自动组织成网络。正是由于 WSN 没有中心，所以网络不会因为单个节点的损坏而损毁，使得网络具有较好的鲁棒性和抗毁性。

7．网络动态性强

WSN 中的传感器、感知对象和观察者这三要素都可能具有一定的移动性，并且经常有新节点加入或已有节点失效。网络的拓扑结构动态变化，传感器、感知对象和观察者三者之间的路径也随之变化，网络必须具有可重构和自调整性。因此，WSN 具有很强的动态性。

8．节点存在一定的故障率

由于 WSN 可能工作在恶劣的外界环境之中，网络中的节点可能会由于各种不可预料的原因而失效。为了保证网络的正常工作，要求 WSN 必须设计成具有一定的容错能力，允许传感器节点具有一定的故障率。

9．以数据为中心的网络

对于观察者来说，WSN 的核心是感知数据而不是网络硬件。以数据为中心的特点要求 WSN 的设计必须以感知数据管理和处理为中心，把数据库技术和网络技术紧密结合，从逻辑概念和软、硬件技术两个方面实现一个高性能的以数据为中心的网络系统，使用户如同使用通常的数据库管理系统和数据处理系统一样自如地在 WSN 上进行感知数据的管理和处理。以数据为中心的特点要求 WSN 能够脱离传统网络的寻址过程，快速、有效地组织起各个节点的信息并融合提取出有用信息直接传送给用户。

3.2.2 WSN 的性能指标

WSN 不同于传统数据网络，设计与实现的性能决定了 WSN 的可用性，主要体现在以下几个方面：

1．生命周期

WSN 的生命周期指的是从网络开始工作到节点能源耗尽不能为观察者提供数据信息中间所间隔的时间，通常生命周期越长越好。影响传感器网络生命周期的因素很多，既包括硬件因素也包括软件因素，需要进行深入研究。其中硬件因素包括 CPU、存储器、无线通信模块的能耗，软件因素包括通信协议栈的设计、基于应用的数据融合算法等。在设计传感器网络的软硬件时，必须充分考虑能源有效性，最大化网络的生命周期。

2. 能源有效性

WSN 的能源有效性是指在有限的能源条件下，WSN 所能处理的最大的请求数量。由于 WSN 节点的电源能量极其有限，又因为它通常工作在危险或人们无法到达的环境中，所以在大多数情况下无法补充能量，网络中的传感器节点会由于电源能量耗尽而失效或废弃，这就要求在 WSN 运行的过程中，每个节点都要最小化自身的能量消耗，获得最长的工作时间，因而 WSN 中的各项技术和协议的使用一般都以节能为前提，必须将能源有效性放在路由协议设计的第一位。

3. 实时性

实时性指的是 WSN 对事件的响应时间长短，响应时间越短，实时性越好。WSN 的应用大多要求有较好的实时性。例如，目标在进入监测区域之后，网络需要在一个很短的时间内对这一事件做出响应，若其反应的时间过慢，则可能目标已离开监测区域，从而使获取的数据失效。又如，车载监控系统需要在很短的时间内就读一次加速度仪的测量值，否则无法正确估计速度，导致交通事故，这些应用都对 WSN 的实时性设计提出了很大的挑战。

4. 可扩展性

WSN 可扩展性表现在传感器数量、网络覆盖区域、生命周期、时间延迟、感知精度等方面的可扩展极限。给定可扩展性级别，WSN 必须提供支持该可扩展性级别的机制和方法。目前不存在可扩展性的精确描述和标准，还需进一步的深入研究。例如，WSN 通常应用于一些比较大型的环境场所，因此可能会用到成千上万个节点，所以 WSN 的路由设计要求可以较好地满足节点之间的相互协作，即要求网络具有良好的可扩展性。

5. 安全抗干扰

WSN 具有严格的资源限制，需要设计低开销的通信协议，同时也会带来严重的安全问题。由于传感器节点有些会设置在室内，也有许多会设置在室外，会在各种环境下部署节点，所以节点必须具备良好的抗干扰能力，要求现场环境可能极寒冷、极炎热、极干或极湿等恶劣条件都不能对节点的感知产生影响，也不能对节点内的电路运作产生影响，同时也不能对节点间的信息传递产生影响。以上要求就相当考验节点的设计，不仅要考虑节点的外壳设计，还要考虑内部电路的设计。因此，如何使用较少的能量完成数据加密、身份认证、入侵检测及在破坏或受干扰的情况下可靠地完成任务，都关系到 WSN 的效用。

6. 感知精度

WSN 的感知精度是特别重要的一个指标，它是指观察者接收到的感知信息的精度。传感器的感知能力、节点的信息处理方法、网络通信协议、通信能力等都对感知精度有所影响。感知精度、实时性和能量消耗之间具有密切的关系。在传感器网络设计中，需要权衡三者的得失，使系统能在最小能源开销条件下最大限度地提高感知精度和实时性。

7. 相互协作

由于单个传感器节点的能力有限，往往不能单独完成对目标的测量、跟踪和识别工作，而需要多个传感器节点采用一定的算法通过交换信息，对所获得的数据进行加工、汇总和过滤，并以事件的形式得到量终结果，数据的协作传递过程中涉及网络协议的设计和节点的能量消耗问题，也是衡量整个 WSN 有效性的指标之一。

8. 容错性

WSN 中的传感器经常会由于周围环境或电源耗尽等原因而失效。而由于环境或其他原因，维护或替换失效的传感器常常是十分困难或者不可能。因此 WSN 的软硬件必须具有很强的容错性，以保证系统具有高强壮性。当网络的软硬件出现故障时，系统能够自动调整或自动重构。

上述性能指标不仅是评价 WSN 的标准，也是 WSN 优化设计的目标。这些指标相互之间存在一定的关系，需要根据不同的应用需求，在它们之间做出一定平衡，从而达到整体最优。

3.3 WSN 的体系结构

一个典型的 WSN 结构如图 3.1 所示，其中包括传感器节点（Sensor Node）、汇聚节点（Sink Node）和任务管理单元。大量的传感器节点被随机分布在所需要监测的区域内，通过自组织的方式形成网络。传感器节点所监测到的数据通过附近的传感器节点依照一定的数据融合协议逐条地传送到汇聚节点，然后通过互联网等手段将数据传输到任务管理单元，用户可以通过任务管理单元对传感器节点进行配置管理，发布所需要监测的数据类型等任务并收集处理监测到的数据。

传感器节点通常是一个微型的嵌入式系统，它的处理能力、存储能力和通信能力相对较弱，通过携带能量有限的电池供电。从网络功能上看，每个传感器节点兼有传统网络节点的终端和路由器双重功能，除了进行本地信息收集和数据处理外，还要对其他节点转发来的数据进行存储、管理和融合等处理，同时与其他节点协作完成一些特定任务。目前传感器节点的软硬件技术是传感器网络研究的重点。

汇聚节点的处理能力、存储能力和通信能力相对比较强，它连接传感器网络与因特网等外部网络，实现两种协议栈之间的通信协议转换，同时发布管理节点的监测任务，并把收集的数据转发到外部网络上。汇聚节点既可以是一个具有增强功能的传感器节点，有足够的能量供给和更多的内存与计算资源，也可以是没有监测功能仅带有无线通信接口的特殊网关设备。

3.3.1 传感器节点

传感器节点是 WSN 的基本组成单位，它完成数据的采集和在监测区域内的传输。在不同的应用中，传感器节点设计也各不相同，但是它们的基本组成是一致的。传感器节点的组成一般都由传感器模块（由传感器和模数转换器组成）、处理器模块（CPU、存储器）、无线通信模块（由无线通信器件组成）和能量供应模块四部分组成（见图 3.2）。

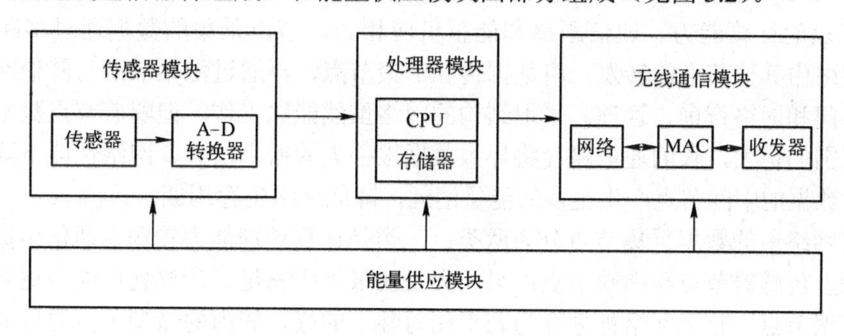

图 3.2　无线传感器节点构成

传感器模块负责监测区域内的信息采集，并通过 A-D 转换器将其转换为数字信号，然后发送到处理部件。

处理器模块一般由嵌入式系统组成，包括 CPU、存储器、操作系统等。该模块主要负责控制整个传感器节点的操作、存储和处理本身采集的数据以及其他节点发来的数据。

无线通信模块负责与其他传感器节点进行无线通信，交换控制消息和收发采集数据。通信模块有发送、接收、空闲以及睡眠四种状态。发送状态的能耗最大，接收状态和空闲状态的能耗相差不大，而睡眠状态下的能耗远低于空闲能耗。这是因为空闲状态下节点也要监听信道，看是否有数据发给自己，而在睡眠状态下节点完全关闭了通信模块，能量消耗很少，因此，在执行监控任务时，应尽可能采用节点调度算法使节点更多地转入睡眠状态。

能量供应模块为传感器节点提供运行所需的能量，通常采用微型电池。由于节点采用电池供电，一旦电源耗尽，节点就失去了工作能力，为了最大限度地节约电源，在硬件设计方面，要尽量采用低功耗器件，在没有通信任务对，切断部分电源。在软件设计方面，各层通信协议都应该以节能为中心，必要时可以牺牲其他的一些网络性能指标，以获得更高的电源效率。随着集成电路工艺的进步，数据采集单元和处理单元的能耗已经变得很低，绝大部分能量消耗在无线通信模块上。

在某些 WSN 节点中，节点还可能有其他功能单元，如定位系统、移动系统、能量再生等。定位系统主要用于监测数据附加的地理位置信息的获取，移动系统用于使节点具有改变位置的能力，能量再生可以为传感器节点的电源补充能量。

除此之外根据具体应用的需要，节点还可能有其他功能单元，如定位系统、电源再生单元和移动单元等。定位系统对传感器网络的路由是很重要的，有些传感器节点采用全球定位系统（GPS）进行定位，但是 GPS 模块价格昂贵且体积难以减少，所以不可能全部节点都使用 GPS 来进行定位。此外，GPS 定位还受到其他限制，如部分应用于建筑物内部等。通常情况下是在整个网络中会有某些传感器节点配有 GPS，其他节点通过局部定位算法得到它们与配有 GPS 的节点之间的相对位置，这样所有节点都能知道各自的具体位置了。电源再生单元可以为传感器节点的电源补充能量，如可采用太阳电池等方式来补充能量。移动系统用于使节点具有改变位置的能力。

3.3.2 传感器网络

1. WSN 物理体系结构

传统的 WSN 采用“平坦”结构，部署在监测区域中用于数据采集的微型传感器节点同构，每个节点的计算能力、通信距离和能量供应相当。节点采集的数据通过多跳通信的方式，借助网络内其他节点的转发，将数据传回汇聚节点，再通过汇聚节点与其他网络连接，实现远程访问和网络查询、管理。平坦结构的网络虽然能够工作，但随着节点数量的增加，网络覆盖范围的扩大，长的通信路径将导致数据报丢失的概率增大，网络性能下降，也会导致用于转发数据的中间节点产生更多的能量消耗，降低网络生存周期。

传感器网络中的数据采集节点分为两类：一类是计算处理能力较弱、通信距离较短、成本较低的微型传感器节点和高端节点；另一类是能量供应充足、计算处理能力更强、通信距离更远的汇聚节点。整个网络被划分为若干相对独立的簇，簇内的微型节点通过能力较强的高端节点将数据传给汇聚节点。微型传感器节点和高端节点之间的短距离通信可以根据需要，采用直接通信或者多跳通信。由于每个簇的规模较小，多跳通信方式是可以接受的。高端节点和汇聚节点之间的通信也可以根据网络规模的大小，采用单跳或者多跳通信方式。当网络规模较大、覆盖范围较广时，多跳通信能提供更好的能量高效性。这种异构、层次化的网络结构相对于平坦结构而言，能更好地适应网络规模的扩展和网络拓扑结构的变化。同时，由于高端节点负责本组内全部微型节点的数据转发，可以在这些高端节点处实现有效的数据汇聚，减少实际传输的数据量，降低能量消耗。

2．WSN 软件体系结构

对于每一类 WSN 应用系统而言，在设计和实现时需要开发的不仅是在应用服务器上的业务逻辑部分的软件，除此之外，还必须要设计处理分布系统所特有功能的软件，而目前的系统软件（操作系统）都不支持。WSN 中间件将使 WSN 应用业务的开发者集中于设计与应用有关的部分，从而简化设计和维护工作。采用中间件技术，利用软件构件化、产品化能够扩展和简化 WSN 的应用。WSN 中间件的开发将会使 WSN 在应用中达到柔性、高效的数据传输路径和局部化的目标，同时使整个网络在整个应用中达到最优化。WSN 中间件和平台软件构成 WSN 业务应用的公共基础，提供了高度的灵活性、模块性和可移植性。

在一般 WSN 应用系统中，管理和信息安全纵向贯穿各个层次的技术架构，最底层是 WSN 基础设施层，逐渐向上展开的是应用支撑层、应用业务层、具体的应用领域，如军事、环境、健康和商业等。

WSN 应用支撑层、基础设施、应用业务层的一部分共性功能以及管理、信息安全等部分组成了 WSN 中间件和平台软件。其基本含义是，应用支撑层支持应用业务层为各个应用领域服务，提供所需的各种通用服务，在这一层中核心的是中间件软件，管理和信息安全是贯穿各个层次的保障。WSN 中间件和平台软件体系结构主要分为四个层次：网络适配层、基础软件层、应用开发层和应用业务适配层，其中网络适配层和基础软件层组成 WSN 节点嵌入式软件（部署在 WSN 节点中）的体系结构，应用开发层和基础软件层组成 WSN 应用支撑结构（支持应用业务的开发与实现）。

（1）网络适配层

在网络适配层中，网络适配器是对 WSN 底层（WSN 基础设施、无线传感器操作系统）的封装。

（2）基础软件层

基础软件层包含 WSN 各种中间件：网络中间件负责 WSN 接入服务、网络生成服务、网络自愈合服务、网络连通性服务等、配置中间件负责 WSN 的各种配置工作，例如路由配置、拓扑结构的调整等；功能中间件负责 WSN 各种应用业务的共性功能，提供各种功能框架接口；管理中间件负责为 WSN 应用业务实现各种管理功能，例如目录服务，资源管理、能量管理、生命周期管理；安全中间件负责为 WSN 应用业务实现各种安全功能，例如安全管理、安全监控、安全审计。

这些中间件构成了 WSN 平台软件的公共基础，并提供了高度的灵活性、模块性和可移植性。

（3）应用开发层

应用开发层包括应用框架接口、开发环境和工具集。应用框架接口提供 WSN 的各种功能描述和定义，具体的实现是由基础软件层提供。开发环境是 WSN 各种应用的图形化开发平台。工具集提供各种特制的开发工具，辅助 WSN 各种应用业务的开发实现。

（4）应用业务适配层

应用业务适配层是对各种应用业务的封装，用来解决基础软件层的变化和接口的不一致性问题。

WSN 中间件和平台软件采用层次化、模块化的体系结构，使其更加适应 WSN 应用系统的要求，并用自身的复杂换取应用开发的简单，而中间件技术能够更简单、明了地满足应用的需要。一方面，中间件提供满足 WSN 个性化应用的解决方案，形成一种特别适用的支撑环境；另一方面，中间件通过整合，使 WSN 应用只需面对一个可以解决问题的软件平台，因而以 WSN 中间件和平台软件的灵活性、可扩展性保证了 WSN 的安全性，提高了 WSN 的数据管理能力和能量效率，降低了应用开发的复杂性。

3．WSN 通信体系结构

WSN 的实现需要自组织网络技术，相对于一般意义上的自组织网络，传感器网络有以下一些特色，需要在体系结构的设计中特殊考虑。

1）WSN 中的节点数目众多，这就对传感器网络的可扩展性提出了要求，由于传感器节点的数目多、开销大，传感器网络通常不具备全球唯一的地址标志，这使得传感器网络的网络层和传输层相对于一般网络而言有很大的简化。

2）自组织传感器网络最大的特点就是能量受限，传感器节点受环境的限制，通常由电量有限且不可更换的电池供电，所以在考虑传感器网络体系结构以及各层协议设计时，节能是设计的主要考虑目标之一。

3）由于传感器网络应用的环境的特殊性，无线信道不稳定以及能源受限的特点，传感器网络节点受损的概率远大于传统网络节点，因此自组织网络的健壮性保障是必须的，以保证部分传感器网络的损坏不会影响全局任务的进行。

4）传感器节点高密度部署，网络拓扑结构变化快。对于拓扑结构的维护也提出了挑战。根据以上特性分析，传感器网络需要根据用户对网络的需求设计适应自身特点的网络体系结构，为网络协议和算法的标准化提供统一的技术规范，使其能够满足用户的需求。

WSN 通信体系结构如图 3.3 所示，即横向的通信协议层和纵向的传感器网络管理面。通信协议层可以划分为物理层、数据链路层、网络层、传输层、应用层。而网络管理面则可以划分为能量管理、移动管理以及任务管理三个部分，管理面的存在主要是用于协调不同层次的功能以求在能耗管理、移动性管理和任务管理方面获得综合考虑的最优设计。

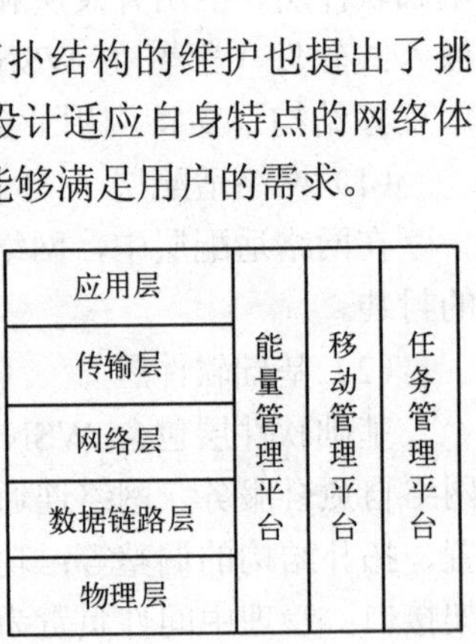

应用层	能量管理平台	移动管理平台	任务管理平台
传输层			
网络层			
数据链路层			
物理层			

图 3.3　WSN 通信体系结构

（1）物理层

物理层是通信协议的第一层，是整个开放系统的基础。其功能主要包括数据传输的介质规范，对感知数据的采样量化，提供简单但健壮的信号调制，工作频段选择、工作温度、信道编码、定时、同步、载波生成、信号检测、发送和接收等问题。物理层设计直接影响到电路的复杂度和传输能耗等问题，由于 WSN 节点体积小，能量、通信和运算能力都很有限，因此其设计目标是以尽可能少的能量消耗获得较高的信道容量和较稳定的传输效果。为了确保能量的有效利用，保证 WSN 有较长的生命周期，物理层与数据链路层和介质访问控制（MAC）层有密切的关联。

WSN 的传输介质可以是无线、红外或者光介质。无线传感器网络主要使用无线传输。目前广泛应用的蓝牙技术、ZigBee 技术都采用 2.4GHz 的 ISM 频段。在调制和扩频技术等方面，通常采用 Mary 调制机制、差分编码相移调制或者直接序列扩频码分多址访问机制。

（2）数据链路层

数据链路层负责数据流的多路复用、数据帧检测、媒体接入和差错控制。数据链路层保证了 WSN 点到点和点到多点的连接。MAC 层协议主要负责两个职能：其一是网络结构的建立。因为成千上万个传感器节点高密度地分布于待测地域，MAC 层需要为数据传输提供有效的通信链路，并为无线通信的多跳传输和网络的自组织特性提供网络组织结构；其二是为传感器节点有效、合理地分配资源。

针对 WSN 能量受限、网络拓扑结构动态变化等特点以及特殊的通信需求，从 21 世纪初开始，研究学者们设计了多种面向 WSN 的 MAC 协议，但对 MAC 协议还缺乏一个统一的分类方式。可以按照采用固定分配信道方式还是随机访问信道方式对其进行分类：

1）采用无线信道的时分复用方式，给每个传感器节点分配固定的无线信道使用时段，从而避免节点之间的相互干扰。

2）采用无线信道的随机竞争方式，节点在需要发送数据时随机使用无线信道，重点考虑尽量减少节点间的干扰。

WSN 的 MAC 协议设计可分为基于竞争的 MAC 协议、基于调度的 MAC 协议以及混合 MAC 协议，详细内容参考相关文献。

（3）网络层

网络层主要考虑数据的路由，网络层路由协议主要负责寻找从发送方到接收方的最优路径，并将数据分组沿着优化路径进行转发，监控网络拓扑结构变化，定位目标节点位置，产生、维护和选择路由及其节点路由信息交换。通过路由发现、路由维护和路由选择等过程完成数据转发，实现传感器节点间的有效通信。

WSN 的路由算法在设计时需要特别考虑能耗的问题。基于节能的路由有若干种，如最大有效功率（PA）路由算法、最小能耗路由算法、基于最小跳数路由、基于最大最小有效功率节点路由等。传感器网络的网络层的设计特色还体现在以数据为中心。在传感器网络中人们只关心某个区域的某个观测指标的值，而不会去关心具体某个节点的观测数据。而传统网络传送的数据是和节点的物理地址联系起来的，以数据为中心的特点要求传感器网络能够脱离传统网络的寻址过程，快速、有效地组织起各个节点的信息并融合提取出有用信息直接传送给用户。

在 WSN 的体系结构中，网络层中的路由协议非常重要。网络层主要的目标是寻找用于 WSN 高能效路由的建立和可靠的数据传输方法，从而使网络寿命最长。然而由于 WSN 节点数量众多，不可能建立一个全局的地址机制；其信息冗余度大，通信能力和能量受限，导致传统的路由协议无法直接应用。到目前为止，国内外研究人员已经设计了多种基于 WSN 的路由协议，主要可以分为四大类：泛洪式路由协议、以数据为中心的路由协议、分层路由协议和基于位置的路由协议，详细内容参考相关文献。

（4）传输层

WSN 的计算资源和存储资源都十分有限，而且通常数据传输量并不是很大。因而，传感器网络是否需要传输层是一个问题，如果信息只在传感器网络内部传递，传输层并不是必需的，但如果想要传感器网络通过互联网或卫星直接与外部网络进行通信，则传输层将必不可少。传输层主要负责数据流的传输控制，是保证通信服务质量的重要部分，它为传感器节点提供建立、维护和取消传输连接的功能，并负责数据的可靠传输和错误恢复。

对于传感器网络传输层的研究大多以互联网的传输控制协议（TCP）和用户数据报协议（UDP）两种协议为基础，TCP 是基于全局地址的端到端传输协议，其设计思想中基于属性的命名对于传感器网络的扩展性并没有太大的必要性，因此适合于传感器网络的传输层协议应该更类似于 UDP 协议。

（5）应用层

应用层的主要任务是获取数据并进行相应简单处理。应用层支持 WSN 的各种实际应用，应用层可以有效地进行数据融合操作，节约节点能耗。对应用层的传感器管理协议、任务分配和数据广播管理协议以及传感器查询和数据传播管理协议是传感器网络应用层需要解决的几个潜在问题。

3.4 常用传感器

传感器技术是半导体技术、测量技术、计算机技术、信息处理技术、微电子学、光学、声学、精密机械、仿生学和材料科学等众多学科相互交叉的综合性和高新技术密集型的前沿研究之一，是当今世界令人瞩目的迅猛发展起来的高新技术之一，也是当代科学技术发展的一个重要标志，它与通信技术、计算机技术构成信息产业的三大支柱之一。世界各国都十分重视传感器技术的研究与开发，美国和日本等国家将其列为国家重点开发关键技术之一。

根据中华人民共和国国家标准 GB/T 7665—2005，传感器的定义为：能感受被测量并按照一定规律转换成可用输出信号的器件或装置，通常由敏感元件和转换元件组成。简单地说，传感器是获取和转换信息的装置。

3.4.1 传感器的分类

传感器使用范围广阔，种类繁多，为了研究方便，通常采取表 3.1 的分类方法。

表 3.1 传感器的分类

分类方法	类　型	例　子
按照被测参量分类	机械量参量	位移传感器、速度传感器
	热工参量	温度传感器、压力传感器
	物性参量	pH 传感器、氧含量传感器
按照其工作原理分类	物理传感器	电容式传感器、光电传感器
	化学传感器	气体传感器、温敏传感器
	生物传感器	味觉传感器、听觉传感器
按照能量转换分类	能量转换型传感器	热敏电阻、光敏电阻传感器
	能量控制型传感器	霍尔式传感器、电容传感器
按照其使用材料分类	所用材料类别	金属聚合物、陶瓷、混合物
	材料物理性质	导体、绝缘体、半导体、磁性材料
	材料晶体结构	单晶、多晶、非晶

3.4.2 传感器的特性与选型

1. 传感器的特性

传感器所测量的物理量经常会发生各种各样的变动，如测量某辆车辆的加速度，其在一段时间内可能十分稳定，而在另一段时间内可能有缓慢起伏变化。如何反映被测物理量的变动性，这就需要通过传感器的特性来体现。传感器的特性主要是指输出与输入之间的关系，有静态特性和动态特性之分。

传感器的静态特性是指在被测量处于稳定状态时，传感器的输出量与输入量之间所具有相互关系。因为此时输入量和输出量都和时间无关，所以传感器的静态特性可用一个不含时间变量的代数方程，或以输入量作为横坐标，把与其对应的输出量作为纵坐标而画出的特性曲线来描述。一般情况下，静态特性呈现非线性关系，但在工程应用中，人们则希望其尽可能呈线性。

衡量传感器静态特性的重要参数指标有量程、线性度、灵敏度、重复性、迟滞、分辨力和漂移。

（1）量程

在允许误差限内，用测量上限（即传感器所能测量的最大被测量的数值）和测量下限（即传感器所能测量的最小被测量的数值）表示的测量区间称为测量范围。量程即测量上限和测量下限的代数差。如一个力传感器的测量范围为0～5N，则其量程为5N。

（2）线性度

线性度指传感器输出随输入变化的线性程度，它用输出量与输入量的实际关系曲线偏离直线的程度来表示。在规定条件下，传感器校准曲线与拟合直线间的最大偏差与满量程输出值的百分比称为线性度或非线性误差。

实际应用中，几乎所有的传感器都存在非线性，因此在使用时必须对传感器输出特性进行线性处理。

（3）灵敏度

灵敏度是指传感器在稳态时输出量和输入量之比，或输出量的增量和输入量的增量之比。线性传感器的灵敏度为一常数，而非线性传感器的灵敏度是随输入变化的量。

（4）重复性

重复性是指传感器在同一工作条件下，输入量按同一方向作全量程连续多次变动所得特性曲线的不一致程度。对于传感器而言，多次按相同输入条件测试的输出特性曲线越重合，说明其重复性越好，误差也越小。传感器输出特性产生重复性误差的原因主要是由传感器内物理或化学缺陷引起的，如材料内摩擦、间隙、积尘、电路老化等。

（5）迟滞

迟滞特性是指传感器在相同的工作条件下，正（输入量增大）反（输入量减小）行程期间输出—输入曲线的不重合度。迟滞特性是由传感器材料固有特性和机械上的不可避免的缺陷等原因产生的。

（6）分辨力

传感器在规定的测量范围内能够检测出的被测量的最小变化量称为分辨力。

分辨力用绝对值表示，用与满量程的百分数表示。

（7）漂移

传感器的漂移是指在外界干扰下，输出量发生与输入量无关、不需要的变化。漂移包括零点漂移和温度漂移。

零点漂移指传感器无输入时，输出值随时间而偏移，偏移零值的变化量。温度漂移表示温度变化时，传感器输出值的漂移程度，通常以变化温度 1℃时，输出最大偏差与满量程值之比表示。

动态特性是指传感器对随时间变化的输入量的响应特性。在实际工作中，传感器的动态特性常用它对某些标准输入信号的响应来表示。这是因为传感器对标准输入信号的响应容易用实验方法求得，并且它对标准输入信号的响应与它对任意输入信号的响应之间存在一定的关系，往往知道了前者就能推定后者。研究动态特性的标准输入形式有三种，即正弦、阶跃和线性，最常用为阶跃信号和正弦信号两种，所以传感器的动态特性也常用阶跃响应和频率响应来表示。

2. 传感器的选型

现代传感器在原理与结构上千差万别，如何根据具体的测量目的、测量对象以及测量环境合理地选用传感器，是在进行某个量的测量时首先要解决的问题。当传感器确定之后，与之相配套的测量方法和测量设备也就可以确定。测量是否成功，在很大程度上取决于传感器的选用是否合理。

目前，传感器的选型标准有以下几个方面。

（1）根据测量对象与测量环境确定传感器的类型

要进行一个具体的测量工作，首先要考虑采用何种原理的传感器，这需要分析多方面的因素之后才能确定。因为，即使是测量同一物理量，也有多种原理的传感器可供选用，哪一种原理的传感器更为合适，则需要根据被测量的特点和传感器的使用条件考虑以下一些具体问题：量程的大小；被测位置对传感器体积的要求；测量方式为接触式还是非接触式；信号的引出方法，有线还是非接触测量；传感器的来源，国产还是进口，价格能否承受，还是自行研制。

在考虑上述问题之后，就能确定选用何种类型的传感器，然后再考虑传感器的具体性能指标。

（2）灵敏度

通常在传感器的线性范围内，希望传感器的灵敏度越高越好。因为只有灵敏度高时，与被测量变化对应的输出信号的值比较大，有利于信号处理。但要注意的是，传感器的灵敏度高，与被测量无关的外界噪声也容易混入，也会被放大系统放大，影响测量精度。因此，要求传感器本身应具有较高的信噪比，尽量减少从外界引入的干扰信号。

传感器的灵敏度是有方向性的。如果被测量是单向量，而且对其方向性要求较高，则应选择其他方向灵敏度小的传感器；如果被测量是多维向量，则要求传感器的交叉灵敏度越小越好。

（3）线性范围

传感器的线性范围是指输出与输入成正比的范围。以理论上讲，在此范围内，灵敏度保持定值。传感器的线性范围越宽，则其量程越大，并且能保证一定的测量精度。在选择传感器时，当传感器的种类确定以后，首先要看其量程是否满足要求。

但实际上，任何传感器都不能保证绝对的线性，其线性度也是相对的。当所要求测量精度比较低时，在一定的范围内，可将非线性误差较小的传感器近似看作线性的，这会给测量带来极大的方便。

（4）稳定性

传感器使用一段时间后，其性能保持不变化的能力称为稳定性。影响传感器长期稳定性的因素除传感器本身结构外，主要是传感器的使用环境。因此，要使传感器具有良好的稳定性，传感器必须要有较强的环境适应能力。

在选择传感器之前，应对其使用环境进行调查，并根据具体的使用环境选择合适的传感器，或采取适当的措施，减小环境的影响。

传感器的稳定性有定量指标，在超过使用期后，在使用前应重新进行标定，以确定传感器的性能是否发生变化。

在某些要求传感器能长期使用而又不能轻易更换或标定的场合，所选用的传感器稳定性要求更严格，要能够经受住长时间的考验。

（5）精度

精度是传感器的一个重要的性能指标，它是关系到整个测量系统测量精度的一个重要环节。传感器的精度越高，其价格越昂贵，因此，传感器的精度只要满足整个测量系统的精度要求就可以，不必选得过高。这样就可以在满足同一测量目的的诸多传感器中选择性价比高和简单的传感器。

如果测量目的是定性分析的，选用重复精度高的传感器即可，不宜选用绝对量值精度高的；如果是为了定量分析，必须获得精确的测量值，就需选用准确度等级能满足要求的传感器。

3.4.3 常见传感器类型介绍

1．温度传感器

温度传感器利用物质各种物理性质随温度变化的规律把温度转换为电量。这些呈现规律性变化的物理性质主要有金属导体和半导体材料。温度传感器是最早开发，应用最广的一类传感器。温度传感器主要有电阻式传感器、热电偶传感器、PN 结温度传感器和集成温度传感器等。

由于大多数金属材料得到电阻都具有随温度变化的特性，电阻式传感器就是利用金属材料的温度系数而制成的温度传感器。

热电偶传感器（简称热电偶）是建立在物体的热电效应的基础之上。其基本原理是两种不同成分的材质导体组成闭合回路，当两端存在温度梯度时，回路中就会有电流通过，此时两端之间就存在电动势，即热电动势。这类传感器主要用于高温测量，如冶金行业的锅炉温度测量。

晶体二极管或晶体管的 PN 结的结电压是随温度而变化的，利用这种特性可以直接采用二极管或采用硅晶体管接成二极管来做 PN 结温度传感器。这种传感器有较好的线性，尺寸小的特点。

2．湿度传感器

空气的干湿程度叫作湿度，常用绝对湿度、相对湿度、比较湿度、混合比、饱和差以及露点等物理量来表示。通常空气的温度越高，最大湿度就越大。随着时代的发展，科研、农业、暖通、纺织、机房、航空航天、电力等工业部门越来越需要采用湿度传感器。

湿度传感器基本都是利用湿敏材料对水分子的吸附能力或对水分子产生物理效应的方法测量湿度。湿敏元件是最简单的湿度传感器。湿敏元件主要分为两大类：水分子亲和力型湿敏元件和非水分子亲和力型湿敏元件。利用水分子有较大的偶极矩，易于附着并渗透入固体表面的特性制成的湿敏元件称为水分子亲和力型湿敏元件。例如，利用水分子附着或浸入某些物质后，其电气性能（电阻值、介电常数等）发生变化的特性可制成电阻式湿敏元件、电容式湿敏元件；利用水分子附着后引起材料长度变化，可制成尺寸变化式湿敏元件，如毛发湿度计。金属氧化物是离子型结合物质，有较强的吸水性能，不仅有物理吸附，而且有化学吸附，可制成金属氧化物湿敏元件。这类元件在应用时附着或浸入被测的水蒸气分子，与材料发生化学反应生成氢氧化物，或一经浸入就有一部分残留在元件上而难以全部脱出，导致重复使用时元件的特性不稳定，测量时有较大的滞后误差和较慢的反应速度。目前应用较多的均属于这类湿敏元件。

另一类非亲和力型湿敏元件利用其与水分子接触产生的物理效应来测量湿度。例如，利用热力学方法测量的热敏电阻式湿度传感器，利用水蒸气能吸收某波长段的红外线的特性制成的红外线吸收式湿度传感器等。

3. 位移传感器

位移是和物体的位置在运动过程中的移动有关的量，位移的测量方式所涉及的范围是相当广泛的。位移有线位移和角位移两种。线位移是指物体沿着某一条直线移动的距离；角位移是指物体绕着某一定点旋转的角度。在机械工程中经常要精确测量零部件的位移或位置，并且力、压力、转矩、速度、加速度、温度、流量等参数也可经转换为位移进行测量。

小位移通常用应变式、电感式、差动变压器式、涡流式、霍尔式传感器来检测，大的位移常用感应同步器、光栅、容栅、磁栅等传感技术来测量。其中光栅传感器因具有易实现数字化、精度高（目前分辨率最高的可达到纳米级）、抗干扰能力强、没有人为读数误差、安装方便、使用可靠等优点，在机床加工、检测仪表等行业中得到日益广泛的应用。

4. 加速度传感器

加速度传感器是以加速度的观点来测量物体运动的传感器。加速度计所测量的加速度包括一般性物体的移动速度变化（直线加速度）、物体的低频晃动、高频振动等。因此，从检测重力等静态加速度的加速计到 10kHz 高频响应加速度计，加速度计的种类繁多。

加速度传感器主要包括压电式加速度传感器、集成电路式压电加速度传感器、压阻式加速度传感器和变电容式加速度传感器。

压电式加速度传感器运用了压敏元件，在加速度增加时压敏元件所发出的电荷直接由电缆导出。压电式加速度传感器的特点是体积较小、重量较轻、使用温度范围广。

集成电路式压电加速度传感器使用了压敏元件，内部具有电荷-电压的转换回路，因此被称为集成电路式压电加速度传感器。通过在加速度传感器内部安装转换器回路，在小型化的基础上又实现了高灵敏度化。

压阻式加速度传感器内部具有半导体感应元件，在半导体元件上形成可变电阻。通过可变电阻在全桥或半桥状态形成惠斯顿电桥，针对施加在电桥上的电压，观测一方输出电压的变动来测量加速度。压阻式加速度传感器适用于测量车辆振动、汽车碰撞试验、爆炸试验等产生的冲击程度。

变电容式加速度传感器中各个感应元件用晶体硅通过小型精密技术制成，具有平行板状容量的设计，内部电子回路可以在很广的温度范围内非常稳定地高额输出。

5. 烟雾传感器

烟雾传感器属于气体传感器，是气—电变换器，它将可燃性气体在空气中的含量（即浓度）转化成电压或者电流信号，通过 A-D 转换电路将模拟量转换成数字量后送到单片机，进而由单片机完成数据处理、浓度处理及报警控制等工作。

烟雾传感器种类繁多，从检测原理上可以分为三大类：

1）利用物理化学性质的烟雾传感器：如半导体烟雾传感器、接触燃烧烟雾传感器等。

2）利用物理性质的烟雾传感器：如热导烟雾传感器、光干涉烟雾传感器、红外传感器等。

3）利用电化学性质的烟雾传感器：如电流型烟雾传感器、电动势型气体传感器等。

3.5 WSN 的关键技术

WSN 作为物联网领域的研究重点，其关键技术的研究在一定程度上决定着物联网的发展和应用水平。

3.5.1 拓扑控制

由于传感器节点是微小的嵌入式设备，能量、计算能力和通信能力均十分有限。对于自组织的 WSN 而言，设计优化的网络拓扑结构对提升网络的性能影响很大。传感器网络拓扑控制主要研究的问题是：在满足网络覆盖度和连通度的前提下，通过功率控制和骨干网节点选择，剔除节点之间不必要的通信链路，形成一个高效转发的优化网络结构。具体来讲，传感器网络中的拓扑控制按照研究方向可以分为三类：节点功率控制、层次型拓扑结构组织和基于休眠调度的拓扑控制。功率控制机制调节网络中每个节点的发射功率，在满足网络连通度的前提下，均衡节点的单跳可达邻居数目。层次型拓扑控制利用分簇算法，让一些节点作为簇头节点，由簇头节点形成一个处理并转发数据的骨干网，其他非骨干网节点可以暂时关闭通信模块，进入休眠状态以节省能量。基于休眠调度的拓扑控制，就是控制传感器节点在工作状态和休眠状态之间的转换。

（1）功率控制

传感器网络中节点发射功率的控制也称功率分配问题。节点通过设置或动态调整节点的发射功率，在保证网络拓扑结构连通、双向连通或者多连通的基础上，使得网络中节点的能量消耗最小，延长整个网络的生存时间。当传感器节点部署在二维或三维空间中时，传感器网络的功率控制是一个 NP 难的问题。因此，一般的解决方案都是寻找近似解法。

（2）层次型拓扑控制

在传感网络中，传感节点的无线通信模块在空闲状态时的能量消耗与在收发状态时相当，所以只有关闭节点的通信模块，才能大幅度地降低无线通信模块的能量开销。考虑依据一定机制选择某些节点作为骨干网节点，打开其通信模块，并关闭非骨干节点的通信模块，由骨干节点构建一个连通网络来负责数据的路由转发。这样既保证了原有覆盖范围内的数据通信，也在很大程度上节省了节点能量。在这种拓扑管理机制下，网络中的节点可以划分为骨干网节点和普通节点两类。骨干网节点对周围的普通节点进行管辖。这类算法将整个网络划分为相连的区域，一般又称为分簇算法。骨干网节点是簇头节点，普通节点是簇内节点。由于簇头节点需要协调簇内节点的工作，负责数据的融合和转发，能量消耗相对较大，所以分簇算法通常采用周期性地选择簇头节点的做法以均衡网络中的节点能量消耗。

层次性的拓扑结构具有很多优点，例如，由簇头节点担负数据融合的任务，减少了数据通信量；分簇式的拓扑结构有利于分布式算法的应用，适合大规模部署的网络；由于大部分节点在相当长的时间内关闭通信模块，所以显著地延长整个网络的生存时间等。

（3）休眠调度

传感器网络通常是面向应用的事件驱动的网络，骨干网节点在没有检测到事件时不必一直保持在活动状态。在传感器网络拓扑控制算法中，除了传统的功率控制和层次性拓扑控制两个方面之外，也提出了启发式的节点唤醒和休眠机制。该机制能够使节点在没有事件发生时设置通信模块为睡眠状态，而在有事件发生时及时自动醒来并唤醒邻居节点，形成数据转发的拓扑结构。这种机制的引入，使得无线通信模块大部分时间都处于关闭状态，只有传感器模块处于工作状态。由于无线通信模块消耗的能量远大于传感器模块，所以这种机制进一步节省了能量开销。这种机制重点在于解决节点在睡眠状态和活动状态之间的转换问题，不能够独立作为一种拓扑结构控制机制，需要与其他拓扑控制算法结合使用。

总之，拓扑研究应该以实际应用为背景，结合多种机制，在保证网络连通性和覆盖度的前提下，提高网络通信效率，最大限度地节省能量来延长整个网络的生存时间。WSN 拓扑控制技术的研究已经取得了初步的进展，但还不够完善，大部分算法仍处于理论研究阶段或者只做过少量节点在较为理想环境下的模拟，无法充分预见实际应用中要面临的诸多困难。例如，节点大规模部署时，如何保证算法的收敛性与鲁棒性，如何兼顾网络覆盖与生存时间等。因此，WSN 的拓扑控制技术还有很多内容有待研究。

3.5.2 节点部署

节点部署是 WSN 应用的第一步，它是研究如何在监测的区域内进行 WSN 节点布置。节点部署会对网络监测数据的完整性、时效性和准确性有一定的影响。对节点部署的合理优化，能够使 WSN 的资源得到合理利用、网络效率提高，通信服务质量增强。节点部署方法可以分为三大类，分别是静止、移动和混合部署方式。

1. 静止部署方式

静止部署主要可以分为随机和计划两种部署方法，具体如下：

（1）随机部署

在一些类似于战场或自然环境比较恶劣的场所，人不方便到达，只能将 WSN 节点通过飞机和炮弹等方式播洒在监测区域，WSN 节点随机性比较高，因此称其为随机部署。由于随机部署的节点形成的 WSN 不会是最优的，监测区域内 WSN 节点的疏密程度也不相同，甚至会出现一定程度上的覆盖漏洞或者不连通情况。

（2）计划部署

当 WSN 的监测区域人方便到达时，可以将 WSN 节点精确部署到指定的位置，这种方法也是静止部署的一种，称为计划部署。

2．移动部署方式

移动部署方式通常使用的有增量式、基于虚拟力的、基于概率检测的、基于 Voronoi 图的节点部署方法四种部署方式。

（1）增量式部署方法

增量式部署是利用部署好的节点计算下一个节点的部署位置，目的是为了达到覆盖率最大。这种算法的最大优点是能够保证在现有的检测区域内部署的节点数是最少的，并且不影响检测的准确性，这样可以尽可能地减少开销。其缺点是部署一个节点可能需要对其他节点有所变动，这样就会造成很长的部署时间。该方法主要适用于对监测区域不太了解或者监测环境未知的情况下。

（2）基于虚拟力的部署方法

基于虚拟力的部署方法认为在节点之间、节点与边界之间都存在着一种虚拟力，这种力会使所有节点向外扩散，以达到对监测区域的最大覆盖。这种方法比较简单，节点移动的路径也相对较短，而且可以快速扩散到整个监测区域，但是最大的缺点就是容易陷入局部最优解。

（3）基于概率检测模型的部署方法

基于概率检测模型的部署方法的最大优点是引入了概率检测模型，其主要目的是在保证网络畅通的条件下解决节点的优化问题，即研究怎样用最少的节点部署来实现预期的覆盖要求，并且能够通过计算得到具体的节点部署位置。

（4）基于 Voronoi 图的节点部署

基于 Voronoi 图的节点部署是按照邻居节点的具体位置信息来构造本地的 Voronoi 图，每个节点的主要任务是查找 Voronoi 多边形中的覆盖空洞，并且需要确定节点是不是处于移动中以及怎样移动。

3．混合部署方式

混合部署就是指异构节点的部署，现阶段研究的主要是集中于同构的 WSN 之上。同构的意思是：WSN 中所有节点都是同种类型的。但在实际的 WSN 节点中，可能存在小部分成本相对较高但其他优势明显的异构节点，它们的优势主要集中于电源、计算能力、传输带宽、移动能力、存储空间等方面。异构节点的部署，对于延长网络的生存期的有明显的作用，而且能够极大地提高 WSN 的数据传输成功率。

3.5.3 定位技术

WSN 的节点定位是根据少数已知位置的节点，通过某种定位方式来确定未知节点的位置。只有在正确定位基础之上，才能确定监测事件发生的具体位置。在 WSN 节点定位技术中，根据节点自身位置是否已知，可以把节点分为信标节点（Beacon Node）和未知节点（Unknown Node），信标节点在 WSN 中所占的比例很小。

WSN 节点定位算法通常可以分为基于测距的（Range-based）和与测距无关的（Range-free）两类。前者需要测量相邻节点之间的绝对距离或者方位，并利用节点间的实际距离或者方位来计算未知节点的位置，常用的测距技术有 RSSI、TOA、TDOA 和 AOA 等。虽然测距技术容易受到周围环境的干扰，具有一定的局限性，但可以通过各种方法进行改进，比如多次测量求平均值、剔除误差太大的数据等方法。然而这些方法增加了计算复杂度以及多余的通信开销，所以基于测距的定位方法虽然在定位精度上有一定可取之处，但是并不适用于低功耗、低成本的领域。与测距无关的定位算法无需测量节点之间的绝对距离或方位，而是利用节点间的估计距离计算节点的位置，其比较典型的算法有 DV-Hop 定位和凸规划定位。基于无需测距的定位算法虽然在精确度方面有待进一步改进，但是具有可扩展、规模大以及代价小等优点。

表 3.2 给出了几种定位技术的比较，具体包括测距方式、精度、特点以及应用范围的不同。

表 3.2 定位技术比较

技　术	测 距 方 式	精　度	特点或应用范围
GPS	TOA	5～15m	昂贵，不可用在室内
Loran	TDOA	460m	工作在 90～110kHz，主要用于海上
Enhanced Loran	TDOA	8～20m	2004 年在美国建立，在西北欧等地使用
ARGOS	多普勒效应，6 颗 NOAA 卫星	150～1000m	能在任何地点、任何安装了相应设备的平台上使用，功耗低，体积小，重量轻
Polaris Wireless	使用多径信号指纹定位	在 100m 内效果较好	需要建立信号指纹数据库
RADAR	RSS 模式识别	3～4.3m（50%）	基于现有 WLAN
Aeroscout	TDOA 和 RSSI	1～5m（TDOA）	基于 Wi-Fi 活动 RFID 标签
Ubisense	TDOA 和 AOA	30cm（3D）	最大可测距离大于 50m
PAL650	TDOA	可达 1ft（1ft=304.8mm）	世界上第一个 FCC 认证的基于 UWB 的活动 RFID 跟踪系统
Sapphire DART UWB	TDOA	好于 30cm（平均 10cm）	有效距离超过 200m
PinPoint 3D～iD	TOA	1～3m	器件昂贵，和 802.11 存在干扰
Indoor GPS	AOA	1mm	利用激光测距，有效范围为 2～300m，代价高

3.5.4 数据融合技术

所谓数据融合是指将多份数据或信息进行处理，组合出更高效、更符合用户需求的数据的过程。在大多数 WSN 应用当中，许多时候只关心监测结果，并不需要收到大量原始数据，数据融合是处理该类问题的有效手段。

传感器网络存在能量约束。减少传输的数据量能够有效地节省能量，因此在从各个传感器节点收集数据的过程中，可利用节点的本地计算和存储能力处理数据的融合，去除冗余信息，从而达到节省能量的目的。由于传感器节点的易失效性，传感器网络也需要数据融合技术对多份数据进行综合，提高信息的准确度。

根据数据进行融合操作前后的信息含量，可以将数据融合分为无损失融合和有损失融合两类。无损失融合中，所有的细节信息均被保留。此类融合的常见做法是去除信息中的冗余部分。根据信息理论，在无损失融合中，信息整体所见的大小受到其熵值的限制。有损失融合通常会省略一些细节信息或降低数据的质量，从而减少需要存储或传输的数据量，达到节省存储资源或能量资源的目的。有损失融合中，信息损失的上限是要保留应用所需要的全部信息量。

根据数据融合与应用层数据语义的关系，可以将数据融合划分为依赖于应用的数据融合、独立于应用的数据融合以及两种结合的融合技术。依赖于应用的数据融合可以获得较大的数据压缩，但跨层语义理解给协议栈的实现带来了较大的难度。独立于应用的数据融合可以保持协议栈的独立性，但数据融合效率较低。以上两种技术的融合可以得到更加符合实际应用需求的融合效果。

根据融合操作的级别，可以将数据融合划分为数据级融合、特征级融合以及决策级融合。数据级融合是指通过传感器采集的数据融合，是最底层的融合，通常仅依赖于传感器的类型。特征级融合是指通过一些特征提取手段，将数据表示为一系列的特征向量，从而反映事物的属性，是面向监测对象的融合。决策级融合是根据应用需求进行较高级的决策，是最高级的融合。

WSN 的数据融合技术可以结合网络的各个协议层来进行。在应用层设计中，可以利用分布式数据库技术，对采集到的数据进行逐步筛选，达到融合的效果；在网络层中，很多路由协议均结合了数据融合机制，以期减少数据传输量；此外，还有研究者提出了独立于其他协议层的数据融合协议层，通过减少 MAC 层的发送冲突和头部开销达到节省能量的目的，同时又不损失时间性能和信息的完整性。数据融合技术已经在目标跟踪、目标自动识别等领域得到了广泛的应用。在传感器网络的设计中，只有面向应用需求设计针对性强的数据融合方法，才能最大限度地获益。

数据融合技术在节省能量、提高信息准确度的同时，要以牺牲其他方面的性能为代价。首先是延迟的代价，在数据传送过程中寻找易于进行数据融合的路由、进行数据融合、为融合而等待其他数据的到来，这三个方面都可能增加网络的平均延迟。其次是鲁棒性的代价，传感器网络相对于传统网络有更高的节点失效率以及数据丢失率，数据融合可以大幅度降低数据的冗余性，但丢失相同的数据量可能丢失更多的信息，因此相对而言也降低了网络的鲁棒性。

数据融合的功效可以用以下几个衡量标准来判断：

1）准确度。准确度是最重要的衡量标准，它是在汇聚节点得到的值和真实值之差，准确度可以表示为差、比值、统计数据，或其他根据特定的情况所得到的值。

2）完整性。完整性是对准确度的近似。定义为汇聚节点计算最终的融合时所使用的读数占所有读数的百分比。

3）等待时间。因为中间节点可能会等待数据，所以数据融合会延长报告的等待时间。

4）信息开销。数据融合最主要的优点就是能减小信息开销，从而提高能量效率和延长网络的生存期。

3.5.5 时间同步

时间同步是 WSN 的一项基本支撑技术。在 WSN 的应用中，传感器节点采集的数据如果没有空间和时间信息是没有任何意义的。准确的时间同步是实现传感器网络自身协议的运行、定位、多传感器数据融合、移动目标的跟踪、基于 TDMA 的 MAC 协议以及基于睡眠/侦听模式的节能机制等技术的基础。

时间同步不确定性的主要的影响因素如图 3.4 所示。

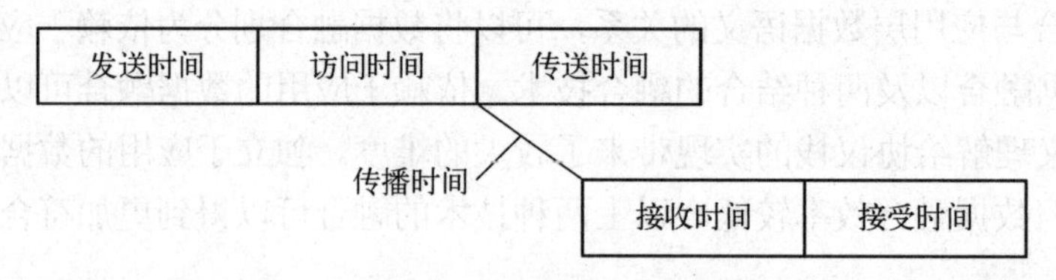

图 3.4　报文传输延迟

1）发送时间：指发送方用于构造分组并将分组转交给发送方的 MAC 层的时间，主要取决于时间同步程序的操作系统调用时间和处理器负载等。

2）访问时间：指分组到达 MAC 层后，获取信道发送权的时间，主要取决于共享信道的竞争、当前的负载等。

3）传送时间：指发送分组的时间，主要取决于报文的长度等。

4）传播时间：指分组离开发送方后，并将分组传输到接收方之间的无线传输时间，主要取决于传输介质、传输距离等。

5）接收时间：指接收端接收到分组，并将分组传送到 MAC 层所需的时间。

6）接受时间：指处理接收到分组的时间，主要受到操作系统的影响。

WSN 节点间保持统一的物理时间，才能通过分析传感器的测量数据推断出监测对象所发生的情况，典型的时间同步协议有如下几种：

1）传感器网络时间同步（Timing-sync Protocol for Sensor Networks，TPSN）协议：采用层次型网络结构提供全网范围内的节点同步。TPSN 的建立分为拓扑建立阶段和同步建立阶段。TPSN 协议能够实现全网范围内节点间的时间同步，同步误差与跳数距离成正比。

2）延迟测量时间同步（Delay Measurement Time Synchronization，DMTS）协议：最为简单直观的同步机制。DMTS 通过对同步报文在传输路径上的所有延迟进行估计来实现节点间的时间同步。DMTS 时间同步精度主要由测量延迟的精度所决定。

3）轻量基于树形分布同步（Lightweight Tree-based Synchronization，LTS）协议：适用于低成本、低复杂度的传感器节点的时间同步，侧重最小化同步的能量开销，同时具有鲁棒性和自配置的特点。特别是在出现节点失败、动态调整信道和节点移动的情况下 LTS 算法仍然能够正常执行。

4）参考广播时间同步（Reference Broadcast Synchronization，RBS）协议：利用了无线数据链路层的广播信道特性，一个节点发送的广播消息相对于所有接收节点而言，它的发送时间和访问时间都是相同的，接收到广播消息的一组节点通过比较各自接收到广播消息的同步时刻，来实现它们之间的时间同步。

5）洪泛时钟同步协议（Flooding Time Synchronization Protocol，FTSP）：使用单个广播消息实现发送节点与接收节点之间的时间同步。其考虑到在特定时间范围内节点时钟晶振频率是稳定的，节点间的时钟偏移量（offset）与时间呈线性关系。发送节点周期性广播时间同步消息，接收节点取得多个数据对并构造最佳拟合直线 L。节点可以直接通过最佳拟合直线计算某一时间点节点间的时钟偏移量而不必发送时间同步消息。

表 3.3 对上述 4 种时间同步算法进行了比较。

表 3.3　时间同步算法比较

算法	TPSN	DMTS	LTS	RBS	FTSP
优点	双向报文交换，同步精度提高	一次同步，扩展性好，能耗低	系统开销小能耗低	一次同步，能耗低，排除报文延迟和终端等待时间	精度高，一次同步
缺点	计算复杂，一次只同步一对节点，能耗大，同步精度受传输延迟影响，双向不对称	未考虑报文延迟和编码时间，未补偿时钟漂移，精度低	精度低，不适合较大规模的时间同步	未考虑传播时间、接收时间，精度低	通用性不强，能耗大

3.5.6　能耗管理

WSN 有时运行在恶劣甚至危险的远程环境中，传感器节点的电池无法补充更新；即使 WSN 工作在友好的环境中，由于传感器网络中节点个数多、分布区域广、所处环境复杂，通过更换电池的方式来补充能源是不现实的。而且，传感器节点大多由能量十分有限的电池供电，必须对 WSN 进行能量管理，采用有效的节能策略降低节点的能耗，延长网络的生存期。

目前的传感器节点大多数使用两节干电池（3V）供电，这样的电力情况下消耗电量大约是 2200mA・h。表 3.4 列出了传感器节点常用操作消耗的电量。

表 3.4　传感器节点常用操作消耗电量关系

传感器节点操作	消耗电量/mA・h
传输一个数据报	20.000
接收一个数据报	8.000
侦听信道 1ms	1.250
进行一次传感器采样（模拟采样）	1.080
进行一次传感器采样（数字采样）	0.347
读取 ADC 采样数据一次	0.011
读取 Flash 数据	1.111
向 Flash 写入数据或清除 Flash 上的数据	83.333

在一个传感器网络中，不同节点对能量的需求和使用也会有所不同。靠近基站的节点需要更多地将能量用在数据报的转发上，而网络边缘的节点会将主要的能量用在数据的采集上。因此，有些节点消耗能量比较快，成为整个网络的能量瓶颈，在实际应用中需要预测可能消耗能量较快的节点，并采取一定的节点冗余措施以保证数据传输不会因为个别节点失效而中断。

在多数传感器网络的应用中，监测事件具有很强的偶发性，节点上所有的工作单元没有必要时刻保持在正常的工作状态。当节点目前没有传感任务并且不需要为其他节点转发数据时，关闭节点的无线通信模块、数据采集模块甚至计算模块以节省能量。这样，一个传感任务发生时，只有与之相邻的区域内的传感器节点处于活动状态，从而形成一个活动区域。活动区域随着数据向网关节点传送而移动，这样原先活动的节点在离开活动区域后可以转到休眠模式从而节省能量。

WSN 中，能量高效的通信机制也非常重要。首先要考虑节省能源和可扩展性，其次才考虑公平性、利用率和实时性等。在 MAC 层的能量消费主要表现在空闲监听、冲突、串音和控制包开销。

1）空闲监听（Idle Listening）：指的是传感器节点在没有数据发送任务时一直保持对无线信道的监听，以便接收可能传送给自己的数据。在 MAC 层中，大部分的能量损耗是由空闲监听引起的。

2）冲突（Collision）：网络中有时会存在两个不同节点同时利用同一信道传送数据的情况，这时会出现二者互相干扰导致数据报被破坏的现象，接收节点将丢弃所有被干扰的数据报，并要求节点重传这些被丢弃的数据报，这样发送节点发送这些数据的能量和接收节点接收它们的能量就白费了，同时重传数据还要重新消耗更多的能量。

3）串音（Overhearing）：由于无线信道是共享的，节点有可能接收到发送给其他节点的数据报，造成串音，这时接收该数据报的能源就浪费了。

4）控制包开销（Control Packet Overhead）：节点之间需要相互交换控制信息，而这些信息并非应用型数据，因此设计 MAC 协议时应在保证功能的前提下尽量减少控制包交换。

设计 MAC 协议时应该从以上四方面能量消耗进行考虑，减少能量浪费。为了减少能量的消耗，MAC 协议通常采用“侦听/睡眠”交替的无线信道侦听机制，传感器节点在需要收发数据时才侦听无线信道，没有数据需要收发时就尽量进入睡眠状态。由于传感器网络是与应用相关的网络，应用需求不同时，网络协议往往需要根据应用类型或应用目标环境特征定制，没有任何一个协议能够高效适应所有不同的应用。

在路由层，不仅关心单个节点的能量消耗，更关心整个网络能量的均衡消耗，这样才能有效延长整个网络的生存期。有多个能量感知的路由协议，如 GEAR 协议：它将网络中扩散的信息局限到适当的位置区域中，减少了中间节点的数量，从而降低了路由建立和数据传送的能源开销，进而更有效地提高了网络的生命周期。

3.5.7 安全机制

WSN 一般配置在恶劣环境、无人区域或敌方阵地中，加之无线网络本身固有的脆弱性，因而传感器网络安全引起了人们的极大关注。传感器网络的许多应用（如军事目标的监测和跟踪等）在很大程度上取决于网络的安全运行，一旦传感器网络受到攻击或破坏，将可能导致灾难性的后果。如何在节点计算速度、电源能量、通信能力和存储空间非常有限的情况下，通过设计安全机制，提供机密性保护和身份认证功能，防止各种恶意攻击，为传感器网络创造一个相对安全的工作环境，是传感器网络能否真正走向实用的关键性问题。

为了保证任务的机密布置和任务执行结果的安全传递和融合，WSN 需要实现一些最基本的安全控制：机密性、点到点的消息认证、完整性鉴别、新鲜性、认证广播和安全管理。除此之外，为了确保数据融合后数据源信息的保留，水印技术也成为 WSN 安全的研究内容。

1．WSN 安全攻击

WSN 安全攻击类型包括保密与认证攻击、拒绝服务攻击和针对完整性的隐秘攻击三种。保密与认证攻击主要采取窃听、报文重放攻击和报文欺骗等方式；拒绝服务攻击即攻击者想办法让被攻击目标停止提供服务，只要能够对被攻击目标造成麻烦，使某些服务暂停甚至死机，都属于拒绝服务攻击；针对完整性的隐秘攻击目的是使网络接收虚假报文。

下面主要从网络层次的角度介绍 WSN 安全攻击。

（1）物理层攻击

物理层的功能是频率选择、载波频率生成、信号检测、调制和数据加密。物理层攻击可分拥塞攻击和物理破坏两种。

无线环境的开放特性使得所有设备共享无线信道，当多个节点同时访问信道时，会造成数据传输冲突，从而导致了重传数据发生冲突，增加了节点能耗。拥塞攻击通过发出无线干扰信号，实现破坏无线通信的目的，分为全频段拥塞干扰和瞄准式拥塞干扰。全频段拥塞干扰即大功率完全覆盖干扰，覆盖目标区域的整个频段，能够拥塞几乎全部的正常信号传输，但是干扰效果受距离限制。瞄准式拥塞干扰仅针对某一特定频点进行。无论哪种类型的拥塞攻击，均会对网络造成影响，即增加了传输时延，阻塞整个信道甚至导致整个网络瘫痪，加速节点能耗，缩短网络生命周期。

由于 WSN 的节点数目众多，并且分布广泛，因此保证每个节点的物理安全非常有难度。当俘获一些节点后，攻击者就可以通过分析其内部敏感信息和上层协议机制，破解网络的安全体系，利用它干扰网络正常功能或破坏网络。

（2）数据链路层攻击

数据链路层的主要职能是建立可靠的点到点或点到多点通信链路，实现数据流复用、数据成帧、媒质访问控制和差错监测等任务。对于数据链路层的攻击，主要有三种类型：碰撞攻击、耗尽攻击与非公平竞争攻击。

碰撞攻击是利用数据链路层存在多节点同时访问通信信道而出现“冲突”和发送帧的“碰撞”，造成发送失败，这是传统局域网中大量讨论的问题。攻击者完全可以使用“拥塞攻击”中的手段，大量制造“碰撞”，使 WSN 不能正常工作。

耗尽攻击是指利用协议漏洞，通过持续通信的方式，使传感器节点能量资源耗尽。例如，攻击者可以利用链路层的错误报文重传机制，使节点不断重复发送该数据报，最终耗尽节点电池的能量。

非公平竞争攻击是指攻击者利用被俘节点或恶意节点，在网络上不断发送高优先级的数据帧，从而导致其他节点在通信过程中处于劣势，从而会导致报文传送的不公平，进而降低系统的性能。

（3）网络层攻击

要进行网络层的攻击，攻击者必须俘获网络中的物理节点并进行详细的协议分析，从而对物理层、数据链路层与网络层协议有完整的了解。攻击者可以复制一些使用同样通信协议的恶意节点，放到网络中冒充合法的路由节点。

丢弃和贪婪破坏攻击是指恶意节点在冒充数据转发节点的过程中，可能随机丢掉其中的一些数据报，即丢弃攻击；另外，也可能将自己的数据报以很高的优先级发送，从而破坏网络正常的通信秩序。

方向误导攻击是指恶意节点在接收到一个数据报后，还可能通过修改源地址和目的地址，选择一条错误的路径发送出去，从而导致网络中的路由混乱。如果恶意节点将收到的数据包全部转向网络中的某个节点，该节点必然会因为通信阻塞和能量耗尽而失效，从而形成方向误导攻击。

汇聚节点攻击是指攻击者可能利用路由信息，判断出汇聚节点的物理位置进行攻击将会给网络造成比较大的威胁。

黑洞攻击是指恶意节点通过发送零距离公告，使周围节点将所有数据报都发送到恶意节点，而不能到达正确的目标节点，这样就会在WSN中形成一个路由黑洞。

（4）传输层攻击

传输层面临的安全威胁主要有洪泛攻击和失步攻击。洪泛攻击是指攻击者通过发送大量假的数据报到某个节点，导致单个节点内存溢出，不能正常工作。当然，对于无连接的协议，不存在这种攻击。失步攻击是指当前连接断开，利用这种方式，攻击者能够削弱甚至完全剥夺节点进行数据交换的能力，浪费能量，缩短节点的生命周期。

2．WSN加密技术

加密技术按照密钥不同可分为对称密钥加密算法和非对称密钥加密算法。所谓对称密钥加密算法，是收发双方使用相同密钥对明文进行加密和解密，传统的密码都属此类。收发双方使用不同密钥对明文进行加密和解密，称为非对称式加密算法。现代密码中的公共密钥密码就属此类。对称密钥相对非对称密钥，具有计算复杂度低、效率高（加/解密速度可以达到数十兆位/秒或更多）、算法简单、系统开销小等优点，是目前传感器网络的主流加密技术。

随着技术的进步，传感器节点的能力也越来越强。原先被认为不可能应用的密码算法的低开销版本开始被接受。低开销的密码算法依然是传感器网络安全研究的热点之一。

3．WSN安全协议

针对数据机密性、数据完整性、信息认证以及数据新鲜性等安全特性，A．Perrig 等提议了传感器网络安全协议 SPINS，其中包含两个子协议：SNEP 和 μTESLA。SNEP 提供了基本的安全机制：数据机密性、双方数据鉴别和数据新鲜度；μTESLA 是传感器网络广播认证协议。

SNEP 是为传感器网络量身打造的，具有低通信开销的，能够实现数据机密性、完整性、保证新鲜度的简单高效的安全协议。

4．WSN密钥管理

密钥管理是传感器网络的安全基础。所有节点共享一个主密钥方式不能够满足传感器网络的安全需求。目前 WSN 的密钥管理方案大致可以分为基于密钥分配中心（KDC）方式、基于预分配方式和基于分组、分簇实现方式。

KDC 方式是基于密钥服务器来提供整个网络的安全性，其前提假设是初始化阶段主密钥不会发生泄漏。每个节点或用户只需保管与KDC之间使用的加密密钥，而KDC为每个用户保管一个互不相同的加密密钥。当两个用户需要通信时，需向 KDC 申请，KDC 将工作密钥（也称会话密钥）用这两个用户的加密密钥分别进行加密后送给这两个用户。在这种方式下，用户不用保存大量的工作密钥，而且可以实现一报一密，但缺点是存在网络瓶颈和单点失效问题；通信量大，而且需要有较好的鉴别功能，以识别 KDC 和用户。它侧重于考虑能耗要求和存储要求，实现比较简单，但主密钥更新问题难以解决。

基于预分配方式是在网络部署前，预先在节点上存储一定数量的密钥或计算密钥的素材，用来在节点部署阶段生成所需的密钥。它侧重于提高网络安全性能，消除了对可信第三方的依赖，也消除了网络瓶颈。该方案的优点是完美安全，无单点失效威胁，支持节点的动态离开。但节点存储负担大、网络可扩展性差，新增节点加入难以实现。

基于分组、分簇实现方式将网络的节点动态或静态的分成若干组或簇，这类方案非常适用于基于分簇的传感器网络。另外，分组或者分簇实现能够有效减少节点上的密钥存储量。但是，当节点使用组密钥或簇密钥加密时，单点失效影响的网络部分将扩大到一个组或者一个簇。因此，如何有效减小单点失效对网络剩余部分的影响，是这类协议尚待解决的主要问题。

5. WSN 认证技术

WSN 认证技术主要包含内部实体之间认证，网络和用户之间认证和广播认证。

WSN 内部实体之间认证是基于对称密码学的，具有共享密钥的节点之间能够实现相互认证。另外，基站作为所有传感器节点信赖的第三方，各个节点之间可以通过基站进行相互认证。

当用户访问传感器网络，并向传感器网络发送请求时，必须通过传感器网络的认证。用户认证存在直接基站请求认证、路由基站请求认证、分布式本地认证请求和分布式远程认证请求四种方式。

6. WSN 安全路由技术

目前许多 WSN 路由协议都非常简单，主要是以能量高效为目的设计的，没有考虑安全问题。事实上，WSN 路由协议容易受到各种攻击。因此研究 WSN 安全路由协议是非常重要的。

设计安全可靠的路由协议主要从两个方面考虑。一是采用消息加密、身份认证、路由信息广播认证、入侵检测、信任管理等机制来保证信息传输的完整性和认证。这个方式需要传感器网络密钥管理机制的支撑。二是利用传感器节点的冗余性，提供多条路径。即使在一些链路被敌人攻破而不能进行数据传输的情况下，依然可以使用备用路径。多路径路由能够保证通信的可靠性、可用性以及具有容忍入侵的能力。

3.6 WSN 仿真平台

在 WSN 中，单个传感器节点有两个很突出的特点。一个是它的并发性很密集；另一个是传感器节点模块化程度很高。这两个特点使得 WSN 仿真需要解决可扩展性与仿真效率、分布与异步特性、动态性、综合仿真平台等问题。

WSN 常用的仿真工具有 NS-2、OPNET、OMNET++、TinyOS，本书简要介绍它们各自的性能和特点。

1. NS-2

NS-2 是一种可扩展、以配置和可编程的时间驱动的仿真工具，它是由 REAL 仿真器发展而来。在 NS-2 的设计中，使用 C++和 OTCL 两种程序设计语言，C++是一种相对运行速度较快但是转换比较慢的语言，所以 C++语言被用来实现网络协议，编写 NS 底层的仿真引擎；OTCL 是运行速度较慢，但可以快速转换的脚本语言，正好和 C++互补，所以 OTCL 被用来配置仿真中各种参数，建立仿真的整体结构，OTCL 的脚本通过调用引擎中各类属性、方法，定义网络的拓扑，配置源节点、目的节点建立链接，产生所有事件的时间表，运行并跟踪仿真结果，还可以对结果进行相应的统计处理或制图。NS-2 可以提供有线网络、无线网络中链路层及其上层精确到数据报的一系列行为仿真。NS-2 中的许多协议都和真实代码十分接近，其真实性和可靠性是非常高的。

2．OPNET

OPNET 是在 MIT 研究成果的基础上由 MIL3 公司开发的网络仿真软件产品。OPNET 的主要特点包括以下几个方面：采用面向对象的技术，对象的属性可以任意配置，每一对象属于相应行为和功能的类，可以通过定义新的类来满足不同的系统要求；OPNET 提供了各种通信网络和信息系统的处理构件和模块；OPNET 采用图形化界面建模，为使用者提供三层（网络层、节点层、进程层）建模机制来描述现实的系统；OPNET 在过程层次中使用有限状态机来对其他协议和过程进行建模，用户模型及 OPNET 内置模型将会自动生成 C 语言实现可执行的高效、高离散事件的模拟流程；OPNET 内建了很多性能分析器，它会自动采集模拟过程的结果数据；OPNET 几乎预定义了所有常用的业务模型，如均匀分布、泊松分布和欧拉分布等。

3．OMNET++

OMNET++是面向对象的离散事件模拟工具，为基于进程式和事件驱动两种方式的仿真提供了支持。OMNET++采用混合式的建模方式，同时使用了 OMNET++特有的网络描述（Network Description，NED）语言和 C++进行建模。OMNET++主要由六个部分组成：仿真内核库、网络描述语言的编译器、图形化的网络编译器、仿真程序的图形化用户接口、仿真程序的命令行用户接口和图形化的向量输出工具。OMNET++的主要模型拓扑描述语言 NED，采用它可以完成一个网络模型的描述。网络描述包括下列组件：输入申明、信道定义、系统模块定义、简单模块和复合模块定义。使用 NED 语言描述网络，产生.NED 文件，该文件不能直接被 C++编译器使用，需要首先采用 OMNET++提供的编译工具 NEDC 将.NED 文件编译成.cpp 文件。最后使用 C++编译器将这些文件与用户和自己设计的简单模块程序连接成可执行程序。

4．TinyOS

TinyOS 是专门针对传感器研发出的操作系统，TinyOS 程序采用的是模块化设计，所以它的程序核心往往都很小，能够突破传感器存储资源少的限制，这能够让 TinyOS 很有效的运行在无线传感器上并去执行相应的管理工作等。TinyOS 的特点主要体现在六个方面：组件化编程（Componented-Based Architecture），包括硬件抽象组件、合成组件、高层次的软件组件，硬件抽象组件将物理硬件映射到 TinyOS 组件模型，合成硬件组件模拟高级硬件的行为，高层次软件模块完成控制、路由以及数据传输等；事件驱动模式（Event-Driven Architecture），分为硬件驱动和软件事件驱动；任务和事件并发模式（Tasks And Events Concurrency Model），任务用在对于时间要求不是很高的应用中，任务之间是平等的，即在执行时是按顺序先后来的，而不能相互抢占，TinyOS 对任务是按简单的 FIFO 队列进行处理的。事件用在对于时间的要求很严格的应用中，而且它可以占先优于任务和其他事件执行；分段执行（Split-Phase Operations）；轻量级线程（Lightweight Thread）；主动通信消息（Active Message）。

3.7 WSN 技术在物流中的应用案例

物联网是由感知层、网络层和应用层构成的层次化系统。感知层主要涉及 RFID、传感器、二维码等机器设备，然后通过专用或公用网络及时、准确地传递实体基本信息，在应用平台上，利用各种先进智能技术对信息资料进行分析处理，以便对物理实体进行智能控制。传感器在基础感知层，负责对物体信息的采集和抓取，这一功能对于物联网技术的发展和应用，起着至关重要的支撑作用。

目前，智能物流是物联网发展的一个重要方向。下面就分两个方面介绍物联网环境下WSN在物流领域中的应用。

1．仓储监测

随着现代物流业的发展，作为物流配送和采购分拨的中心，物流仓储在物流系统中的重要性越来越突显，对仓储监测智能化技术要求也越来越高，将WSN引入仓储监测中，构成部署灵活的实时动态监测系统，能够克服传统仓储监测系统的技术缺陷，实现对现代仓储的全面监测和管理。

随着现代化物流的发展，许多企业对物流服务尤其是仓储服务提出了个性化的需求，例如一些大型的商场和超市要求仓储中心实现温湿度分区控制；乳制品企业在原料及成品的仓储中需要对温度进行严格控制；烟草行业对原料仓储环境的湿度比较敏感。传统的仓库环境监控系统存在现场设备众多、布线复杂、可靠性低、管理和维护成本高等问题。为实现对现代仓储的全面智能化监测和管理，根据仓储的特点，将WSN技术引入到监测系统中，构建分布式实时仓储监测系统，实现对仓储的实时动态监测和全面管理，能够第一时间发现安全隐患及危险，及时干预，防止安全事故发生。系统依据实时监测信息实现对仓储的监测、控制、分析、综合决策及调度，完成全面的综合管理，能够有效地解决这些问题，并能对多种环境参数如温度、湿度、光照度、空气含量等进行分布式监控，实现智能化仓储环境监控系统。

因此，WSN非常适合应用于仓储环境监测，其潜在优势表现在以下几个方面：

1）随机分布的节点中多角度和多方位信息的获取，使得获取的信息更全面。

2）低成本、高冗余的设计原则为整个系统提供了较强的容错能力。

3）节点与探测目标近距离接触极大地消除环境噪声对系统性能的影响。

4）节点中多种传感器的混合应用有利于提高探测的性能指标。

5）多个传感器节点协同工作可以形成覆盖面积较大的实时探测区域。

6）借助于个别具有移动能力的节点对网络拓扑结构的调整能力，可以有效地消除探测区域内的阴影和盲点。

除了利用WSN本身的特殊能力外，在物联网环境下，作为一个完整的物流仓储监控系统，对于系统和WSN提出了进一步的要求。

1）远程访问和控制能力。WSN必须能通过因特网访问，通过因特网远程控制传感器网络的监控活动。

2）足够长的生存期。一般的，仓储监控应用需要持续数月以上的时间，而节点能量来自无法补充的电池供电。需要在这样的限制条件下使WSN维持足够的有效时间。

3）感应和搜索数据能力。WSN需要能够对环境温度、湿度、光照、气体、物体的速度和加速度等所有参数进行感应和采集。

4）直接交互能力。尽管与WSN的大多数交互都是通过远程网络，但是开始部署网络时以及一些必要的人工干预操作仍然需要直接从节点读取数据。

5）数据存储和归档能力。将大量的传感器数据存储到远程数据库，并能够进行离线的数据挖掘，数据分析也是系统实现中非常重要的一个方面。

仓储监测系统网络架构图如图 3.5 所示。图中，传感器节点部署于整个仓储区域中，通过自组织的方式构成网络。每个节点搜集周围环境的温度、湿度、光照等信息。由于节点处于监测环境中，并且大量部署功能稍弱但非常廉价的节点，得到的监测数据能够满足一定的精度要求；同时，相比于传统的使用少数几个处理能力较强的监测设备的方法，大规模的网络具有更强的鲁棒性。传感器节点自主形成一个多跳网络。处于 WSN 边缘的节点必须通过其他节点向汇聚节点发送数据。由于传感器节点具有计算能力和通信能力，可以在 WSN 中对采集的数据进行一定的处理，这样可以大大减少数据通信量，减少靠近汇聚节点的传感器节点的转发负担，从而节省传感器节点的能耗。

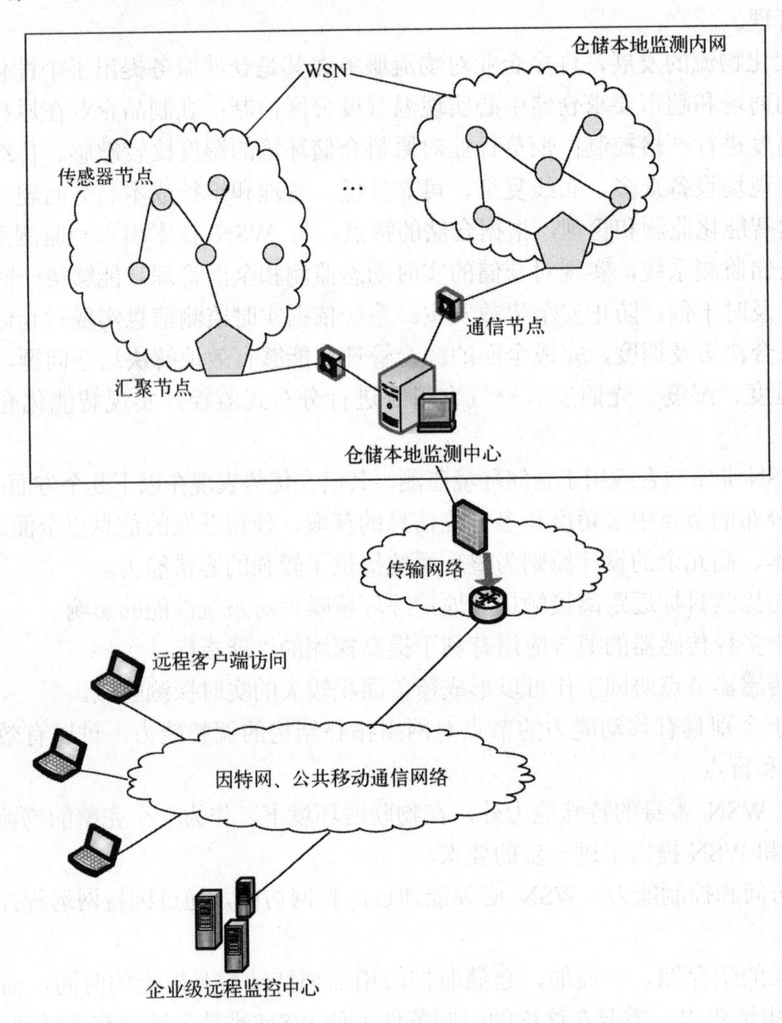

图 3.5　仓储监测系统网络架构图

每个传感区域都有一个汇聚节点搜集传感器节点发送来的数据。汇聚节点负责对传感器节点采集的数据进行分析、融合和预处理，具有较强的处理、存储和通信能力。同时，它是带有无线通信接口的特殊网关设备，可以将 WSN 与现有仓储监控系统互联。所有的汇聚节点都连接到上层传输网络上。传输网络包括具有较强的计算能力和存储能力，并具有不间断电源供应的多个无线通信节点，提供汇聚节点和仓储监控中心之间的通信带宽和通信可靠性。

仓储本地监测中心负责搜集传输 WSN 送来的所有数据，发送到因特网，并将传感数据的日志保存到本地数据库中。仓储本地监测中心到因特网的连接必须有足够的带宽和链路可靠性，以避免监测数据丢失。

传感器节点搜集的数据最后都通过因特网传送到一个中心数据库存储。中心数据库提供远程数据服务，可以通过接入因特网的终端使用远程数据服务。数据中心的应用程序具有以下功能：提供比较完备的关系数据库设计，以及相应的数据库扩展功能；针对各个业务子系统，提供与数据库无关的数据接口，保证子系统的数据访问。

除上述主要组成部分以外，仓储管理还可配备 RFID 电子标签实现物品的自动识别和出入库，从而构成完整的仓储监管系统。

物流仓储采用无线传感器网络带来的好处包括以下几个方面。

1）节省人工采集数据的成本。

2）自动化的仓库管理作业，提高工作效率，实时了解货盘信息和它所在的位置。

3）减少管理成本和人为差错。

4）精确的进、销、存控制。

5）减少仓储环境对物品的影响。

6）快速响应顾客需求，扩大产品销售量。

2．在途监测

WSN 适用于解决物流任务，当运输易腐或易损坏的货物时，WSN 可以用来监测物品所处环境参数。WSN 中的每个传感器节点能监测多种环境指标，如温度和湿度等。比如肉类、禽蛋、水产品、蔬菜、水果等易腐食品在运输中的温度、湿度等的环境参数监测，使食品等从生产到消费的各个环节都处于适当的环境中，可以提高食品安全和质量；对于运输重要物资或危险品的车辆，能够实现对物资信息和车辆上重要数据的实时监测，可以保障运输安全。

图 3.6 所示为一种物流运输装备 WSN 监测系统结构，主要包括集装箱内部的传感器节点、智能终端以及广域监测网，在运输车辆中构建了一个微型的无线传感器监控网络。

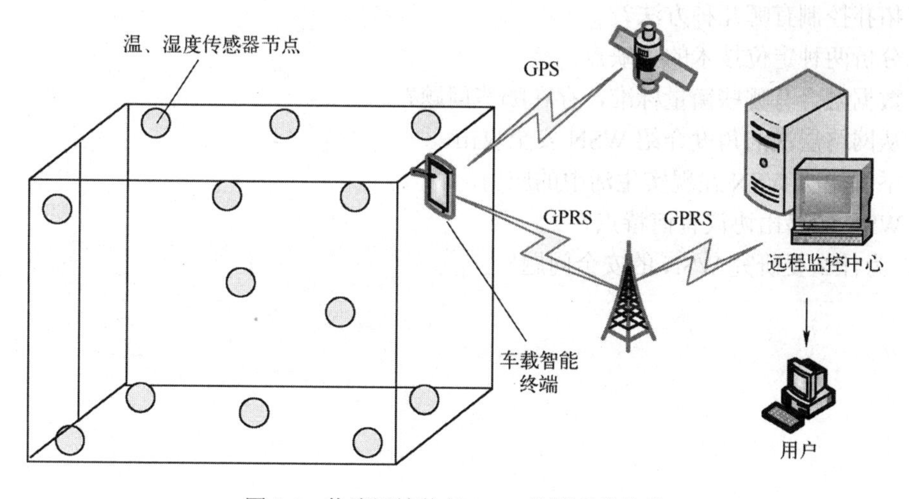

图 3.6 物流运输装备 WSN 监测系统结构

物流运输装备内部监测网络由一个汇聚节点（车载智能终端）和多个随机分布的传感器节点构成，并且所有节点的通信半径为一个相同的固定值。网络工作时，汇聚节点向网络广播带有任务描述的路由创建信息。该路由创建信息以泛洪的方式在全网传播，传感器节点采集到的信息按相反的路径传送到汇聚节点。

1）传感器节点。对运输装备内部的温湿度进行探测。通过在运输车辆集装箱内部配置传感器监测节点，形成分布式探测网。每隔一定时间采集一次信号，并上行给车载智能终端。

2）车载智能终端：车载智能终端将降级的数据以 GPRS 无线数据传输方式发送给服务器，用户可以实时的了解在信号覆盖范围内的货物状态。车载主控部分充当 WSN 中的汇聚节点，处理从传感器节点及其他外围数据采集设备上采集到的数据以及完成一些控制功能，实现与外部网络的信息交互。

传感器节点通过无线通信的方式将采集到的数据发送到车载终端主控制器。车载终端与监控中心通过 WSN 实现数据传输及控制命令下达。通过 GPRS 网络，监控中心能随时了解在运物资的运输情况和途中所在位置，以及运输车辆车载容器的实时及历史数据；车载终端能够获取并根据来自监控中心的各种消息、指令对运输车辆行进线路、停靠点等进行修改。

本章小结

本章重点介绍了物联网的末梢神经——WSN，首先概述了 WSN 的发展和应用，阐述了 WSN 的特点和性能指标，介绍了 WSN 的关键技术和网络安全，列举了常用的几种传感器，简述了 WSN 的仿真平台等，最后给出了 WSN 在物流中应用的案例。

思考题

1．简述 WSN 的基本概念、性能指标和特点。
2．描述传感器节点的组成。
3．说明温度传感器的分类。
4．拓扑控制有哪几种方法？
5．分析两种定位技术的优缺点。
6．数据融合有哪些衡量标准，存在哪些问题？
7．从网络层次的角度介绍 WSN 安全攻击。
8．举例说明 WSN 在现实生活中的应用。
9．WSN 的路由协议有何特点？
10．为什么要研究 WSN 的安全问题？

第4章 RFID与EPC

本章重点

★ 了解RFID与EPC的基本概念。
★ 了解RFID与EPC的产生和发展。
★ 熟悉RFID技术。
★ 熟悉EPC的相关知识。
★ 了解物联网环境下的RFID与EPC。

1999年由麻省理工学院成立的Auto-ID Center在RFID和因特网的基础上提出了产品电子代码（Electronic Product Code，EPC）的概念，旨在搭建出一个可以识别任何物体同时可以识别这个物体在物流链中位置的开放性全球网络——EPC物联网。EPC物联网是目前最具代表性的物联网系统。物联网中将EPC存入电子标签内，附在被识别物体上，然后利用RFID技术获取感知信息，感知信息被高层的信息处理软件识别、传递、整合后，形成对感知信息的有效管理和控制。本章重点介绍了RFID的结构组成、工作原理和工作流程，EPC的系统组成、系统架构以及网络系统模型，并且对物联网环境下的RFID和EPC技术做了概述。

4.1 RFID的概念

RFID是一种非接触的自动识别技术，它通过无线射频方式进行双向数据通信，对目标对象加以识别并获取相关数据。RFID综合了多种技术的应用，涉及的关键技术包括无线通信、芯片设计制造、系统集成、信息安全以及数据变换与编码等。

4.1.1 RFID的产生与发展

从20世纪40年代开始，RFID技术经历了产生阶段、探索阶段、实现阶段、推广阶段和普及阶段。现在随着物联网概念的产生，RFID技术将得到越来越广泛的应用。

1. RFID技术的产生阶段

19世纪40年代，雷达技术的改进和应用催生了RFID技术，1948年，哈里•斯托克曼发表的“利用反射功率的通信”奠定了射频识别的理论基础。RFID的诞生源于战争的需要，第二次世界大战期间，英国空军首先在飞机上使用RFID技术，其功能是用来分辨敌方飞机和我方飞机，这是有记录的第一个敌我射频识别系统，也是RFID技术的第一次实际应用。

2. RFID技术的探索阶段

20世纪50年代是RFID技术的探索阶段。远距离信号转发器的发明，扩大了敌我识别系统的识别范围，D.B.Harris的论文《使用可模式化被动反应器的无线电波传送系统》提出了信号模式化理论和被动标签的概念。在这个探索期，RFID 技术主要是在实验室进行研究，且使用成本高，设备体积大。

3．RFID 技术的实现阶段

在 20 世纪 60 年代到 80 年代间，RFID 技术逐步发展变成现实。无线理论以及电子技术的发展，为 RFID 技术的商业化奠定了基础。20 世纪 60 年代欧洲出现了商品电子监视器，这是 RFID 技术第一个商业应用系统。此后 RFID 技术快速进入商业应用，成为现实。

（1）20 世纪 60 年代

20 世纪 60 年代是 RFID 技术应用的初始期，科研人员开始尝试一些应用，一些公司也开发电子监控设备来保护财产。早期的 RFID 系统只有一位的电子标签系统，电子标签不需要电池，简单附在物品上，一旦靠近识别装置就会报警，识别装置通常放在门口，用于探测电子标签的存在。

（2）20 世纪 70 年代

20 世纪 70 年代是 RFID 技术应用的发展期。由于微电子技术的发展，科技人员开发了基于集成电路芯片的 RFID 系统，并且有了可写内存，读取速度更快，识别距离更远，降低了 RFID 技术的应用成本，减小了 RFID 设备的体积。RFID 技术成为研究的热门课题，各种机构都开始致力于 RFID 技术的开发，RFID 测试技术也得到了加速发展，出现了一系列 RFID 技术的研究成果。

（3）20 世纪 80 年代

20 世纪 80 年代是 RFID 技术应用的成熟期，RFID 技术及产品进入商业应用阶段，发达国家都在不同的应用领域安装和使用了 RFID 系统。在欧洲，第一个实用的 RFID 电子收费系统于 1987 年在挪威正式投入使用，之后欧洲国家使用 RFID 跟踪野生动物，实现对野生动物进行研究。在美国，1989 年达拉斯北部公路建立第一个 RFID 不停车收费系统，美国铁路也使用 RFID 系统识别车辆。

4．RFID 技术的推广阶段

20 世纪 90 年代是 RFID 技术的推广期，主要表现在发达国家配置了大量的 RFID 电子收费系统，并将 RFID 用于安全和控制系统，射频识别的应用日益增多。

1991 年，美国俄克拉何马州出现了世界上第一个开放式公路收费系统，装有 RFID 电子标签的车辆无需停车便可按照正常速度通过。1992 年，美国休斯敦安装了世界上第一套同时具有电子收费功能和交通管理功能的 RFID 系统，一个 RFID 电子标签可以具有多个账号，分别用于电子收费系统、停车场管理和汽车费用征收。

20 世纪 90 年代，社区和校园大门控制系统开始使用 RFID 系统，RFID 系统在安全管理和人事考勤等工作中发挥了作用。世界汽车行业也开始使用 RFID 系统，日本丰田公司、美国福特公司和日本三菱公司将 RFID 技术应用于汽车防盗系统。

随着 RFID 技术应用的扩大，为了保证不同 RFID 设备和系统的相互兼容，人们开始认识到建立统一 RFID 技术标准的重要性。北美统一码协会（UCC）和欧洲商品编码协会（EAN）共同发起组建了 EPCglobal 机构，专门负责制定 RFID 技术和物联网标准。

5．RFID 技术的普及阶段

20 世纪 90 年代末到 21 世纪初是 RFID 技术的普及期。这个时期 RFID 产品种类更加丰富，标准化问题日趋为人们所重视，规模应用行业不断扩大，一些国家的零售商和政府机构都开始推荐 RFID 技术。

4.1.2 RFID 的特点

RFID 的特点主要表现在以下几个方面。

1．体积小型化、形状多样化

RFID 标签在读取上并不受尺寸大小与形状限制，不需要为了读取精确度而配合纸张的固定尺寸和印刷品质。此外，RFID 标签更可向小型化与多样化形态发展，以应用于不同产品。

2．数据的记忆容量大

RFID 标签最大的数据容量可以达到数 MB，是条形码容量的数十倍。随着记忆载体的发展，数据容量也有不断扩大的趋势。未来物品所需要携带的资料量会越来越大，对标签所能扩充容量的需求也相应增加。

3．耐环境性

RFID 标签防水，防磁，耐高温，不受环境影响，无机械磨损，寿命长，不需要以目视可见为前提，可以在那些条码技术无法适应的恶劣环境下使用，如高粉尘污染、野外等。

4．可反复使用

RFID 标签上的数据可反复修改，既可以用来传递一些关键数据，也使得 RFID 标签能够在企业内部进行循环重复使用，将一次性成本转化为长期分摊的成本。

5．数据读写方便

RFID 标签无需像条码标签那样瞄准读取，只要被置于读取设备形成的电磁场内就可以准确读到；RFID 标签能穿透纸张、木材和塑料等非金属或非透明的材质，并能进行穿透性通信；RFID 每秒钟可进行上千次的读取，能同时处理许多标签，高效且准确。

6．安全性

RFID 标签承载的是电子式信息，其芯片不易被伪造，在标签上可以对数据采取分级保密措施。读写器无直接对最终用户开放的物理接口，能更好地保证系统的安全。

4.2 RFID 系统组成与工作原理

4.2.1 RFID 系统组成

目前 RFID 系统的组成尚未形成共识，许多学者出于不同的考虑给出了不同的理解。从宏观考虑，RFID 系统由阅读器、电子标签和信息系统（高层）组成；从微观考虑，RFID 系统由阅读器、电子标签和天线组成。本书为了明晰 RFID 系统和 EPC 系统的关系，认为 RFID 系统主要由电子标签和阅读器两部分组成，天线只是封装在阅读器和电子标签内部的一部分。RFID 系统组成如图 4.1 所示。

第一部分是电子标签，又称射频卡或应答器，属于非接触的数据载体，由耦合元件及芯片组成，标签含有内置天线，用于和射频天线间进行通信。RFID 电子标签是 RFID 系统必备的一部分，标签中存储着被识别物体的相关信息，通常被安置在被识别的物体表面上。当 RFID 电子标签被 RFID 阅读器识别到或者电子标签主动向阅读器发送消息时，标签内的物体信息将被读取或改写。RFID 电子标签可分为有源标签和无源标签两类，通过标签中是否含有电池来区分。RFID 电子标签包括射频模块和控制模块两部分，射频模块通过内置的天线来完成与 RFID 阅读写器之间的射频通信，控制模块内有一个存储器，它存储着标签内的所有信息，并且部分信息可以通过与 RFID 阅读写器之间的数据交换来进行实时的修改。

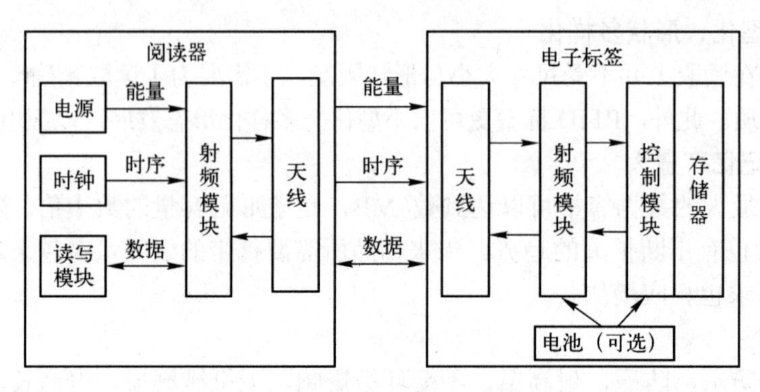

图 4.1 RFID 系统组成框图

第二部分是阅读器，又称读写器。RFID 阅读器是 RFID 系统的中间部分，它可以利用射频技术读取或者改写 RFID 电子标签中的数据信息，并且可以把读出的数据信息通过有线或者无线方式传输到中央信息系统进行管理和分析。RFID 阅读写器的主要功能是读写 RFID 电子标签的物体信息，它主要包括射频模块和读写模块以及其他一些辅助单元。RFID 阅读器通过射频模块发送射频信号，读写模块连接射频模块，把射频模块中得到的数据信息进行读取或改写。RFID 阅读器还有其他的硬件设备，包括电源和时钟等。电源用来给 RFID 阅读器供电，并且通过电磁感应可以给无源 RFID 电子标签进行供电；时钟在进行射频通信时用于确定同步信息。

在射频识别系统工作过程中，空间传输通道中发生的过程可归结为三种事件模型：数据传输、时序和能量。数据交换是目的，时序是数据交换的实现形式，能量是时序得以实现的基础。

4.2.2 工作原理

RFID 的基本工作原理是：标签进入磁场后，如果接收到阅读器发出的特殊射频信号，就能凭借感应电流所获得的能量发送出存储在芯片中的产品信息（即无源标签或被动标签），或者主动发送某一频率的信号（即有源标签或主动标签），阅读器读取信息并解码后，送至中央信息系统进行有关数据处理。电子标签与阅读器之间通过耦合元件实现射频信号的空间（无接触）耦合、在耦合通道内，根据时序关系，实现能量的传递、数据的交换。

发生在阅读器和电子标签之间的射频信号的耦合类型有两种，分别是电感耦合方式（磁耦合）和电磁反向散射耦合方式（电磁场耦合）两大类。

（1）电感耦合方式

电感耦合方式类似于变压器模型，通过空间高频交变磁场实现耦合，依据的是电磁感应定律。电感耦合方式一般适合于中、低频工作的近距离射频识别系统。

阅读器与标签之间的电磁耦合方式如图 4.2 所示。

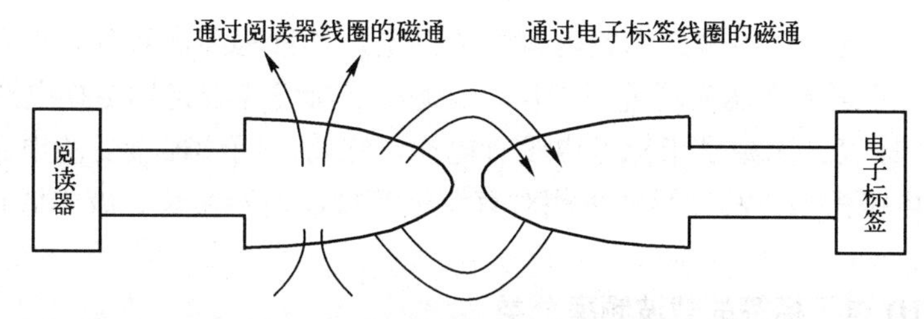

图 4.2　阅读器与标签之间的电磁耦合方式

（2）电磁反向散射耦合方式

电磁反向散射耦合方式类似于雷达原理模型，发射出去的电磁波，碰到目标后反射，同时携带回目标信息，依据的是电磁波的空间传播定律。电磁反向散射耦合方式一般适合于高频、微波工作的远距离射频识别系统。

阅读器与标签之间的电磁反向散射耦合方式如图 4.3 所示。

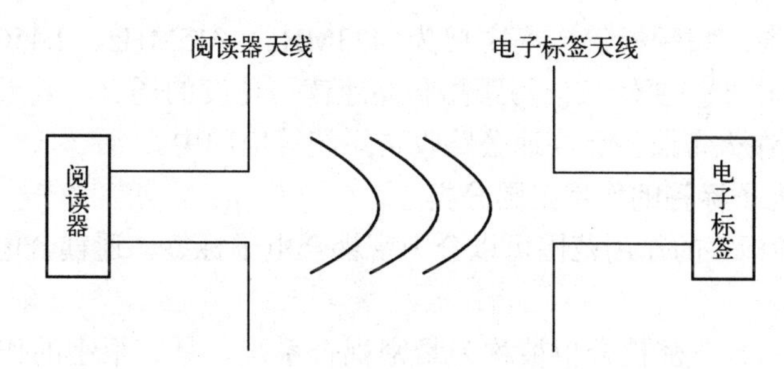

图 4.3　阅读器与标签之间的电磁反向散射耦合方式

4.2.3　工作流程

RFID 系统的基本工作流程如下：

1）阅读器通过发射天线发送一定频率的射频信号。

2）当电子标签进入阅读器时发射天线的工作区域时产生感应电流，电子标签获得能量被激活。

3）电子标签将自身编码等信息通过其内置天线发送出去。

4）阅读器接收天线接收电子标签发送来的载波信号。

5）阅读器对接收的载波信号进行解调和解码，然后送到后台的应用系统软件。

6）应用系统软件根据逻辑运算判断该标签的合法性。

7）后台应用系统软件对获得的信息进行处理并使用。

4.3　RFID 电子标签

4.3.1　RFID 电子标签的分类

按照关注点的不同，RFID 电子标签有以下几种分类。

1．根据 RFID 电子标签供电方式分类

根据 RFID 标签供电方式可以分为有源标签和无源标签两种类型：

1）有源电子标签。有源是指标签内有电池供电，其读写距离较远，但寿命有限、体积较大、成本高，且不适合在恶劣环境下工作。有源电子标签需要定期更换电池。

2）无源电子标签。无源是指标签内没有电池，它将从阅读器接受的电磁波能量转化为电流电源为标签电路供电，其读写距离相对有源标签短，但寿命长、成本低且对工作环境要求不高。

2．根据 RFID 电子标签的载波频率分类

根据 RFID 电子标签的载波频率一般可以分为低频电子标签、中频电子标签和高频电子标签三种类型。

1）低频电子标签。低频标签频率主要有 125kHz 和 134.2kHz 两种，低频标签主要用于短距离、低成本的应用中，如校园卡、动物监管、货物跟踪等。

2）中频电子标签。中频标签频率主要为 13.56MHz，中频标签用于门禁控制系统以及需要大量数据的应用场合。

3）高频电子标签。高频标签频率主要为 433MHz、915MHz、2.45GHz 和 5.8GHz 几种，高频标签主要应用于需要较长读写距离和高速读写速度的场合，其天线波束方向较窄且价格较高，通常应用在火车监控、高速公路收费系统等应用中。

3．根据 RFID 电子标签的作用范围分类

根据 RFID 电子标签的作用范围可以分为密耦合电子标签、遥耦合电子标签和远距离电子标签三种类型。

1）密耦合电子标签。密耦合也被称为紧密耦合系统，具有很小的作用范围，典型的范围为 0～1cm。密耦合系统工作时，必须把标签插入阅读器中或紧贴阅读器，或者放置在阅读器为此设定的表面上。密耦合系统可以用介于直流和 30MHz 交流之间的任意频率进行工作。遥耦合系统的作用距离最多可达到 1m，也被称为电感无线电装置。

2）遥耦合电子标签。遥耦合系统又可以细分为近耦合系统和疏耦合系统两类。其中近耦合系统典型的作用距离为 15cm，疏耦合系统典型的作用距离为 1m。遥耦合系统的发射频率，可以使用 135Hz 以下的频率，也可以是 6.75MHz、13.56MHz 以及 27.125MHz。

3）远距离电子标签。远距离系统典型的作用距离为 1～10m，这种系统是在微波波段内以电磁波方式工作，工作的频率较高，一般包括 915MHz、2.45GHz、5.8GHz 和 24.125GHz。

4．根据 RFID 电子标签的读写功能分类

根据 RFID 电子标签的读写功能可以分为只读电子标签、一次写多次读电子标签和可读写电子标签三种类型。

1）只读电子标签。只读电子标签的数据或信息在出厂时已被写入，以后只可读出不能被更改，标签内部一般包含只读存储器和随机存储器。

2）一次写多次读电子标签。一次写多次读电子标签是用户可以一次性写入数据的标签，写入后数据不变，存储器由可编程只读存储器和可编程阵列逻辑组成。

3）可读写电子标签。可读写电子标签集成了容量为几十字节到几千字节的存储器，一般为可编程只读存储器，标签内的信息可被阅读器读取、更改和重写，因此生产成本较高，价格较高。

5．根据 RFID 电子标签的工作方式分类

根据 RFID 电子标签的工作方式分类可以分为主动式电子标签和被动式电子标签两种类型。

1）主动式电子标签。用自身的射频能量主动地发射数据给阅读器的电子标签是主动式电子标签。主动式电子标签含有电源。

2）被动式电子标签。由阅读器发出的信号触发进入通信状态的电子标签称为被动式电子标签。被动式电子标签的通信能量从阅读器发射的电磁波中获得，它既有不含电源的电子标签，也有含电源的电子标签，电源只为芯片运转提供能量，这种电子标签也成为半主动电子标签。

4.3.2 RFID 电子标签与条形码的区别

1．条形码（Bar Code）技术

自动识别技术的形成过程与条形码技术的发明、使用和发展密不可分。条形码技术是集编码、印刷、识别、数据采集和处理于一身的新型自动识别与数据采集技术，其核心部分是条形码。条形码在 20 世纪 20 年代诞生于威斯汀豪斯（Westinghouse）的实验室里。条形码转换成的信息，需要扫描和译码两个过程。白色条纹能反射各种波长的可见光，黑色条纹则吸收各种波长的可见光，所以当条形码扫描器光源发出的光在条形码上反射后，反射光照射到条码扫描器内部的光电转换器上，光电转换器根据强弱不同的反射光信号，转换成相应的电信号。

一维条形码和二维条形码如图 4.4 所示。

图 4.4 一维条形码和二维条形码

（1）一维条形码

到目前为止，常见的条形码的码制有二十多种，其中广泛使用的码制包括 EAN 码、Code39 码、ITF25 码、UPC、128 码、Code93 码以及 CODABAR 码等。不同的码制具有不同的特点，适用于特定的应用领域。

1）UPC。UPC 在 1973 年由美国超市工会推行，是世界上第一套商用的条形码系统，主要应用在美国和加拿大。UPC 包括 UPC-A 和 UPC-E 两种系统，UPC 只提供数字编码，限制位数（12 位和 7 位），需要检查码，允许双向扫描，主要应用在超市与百货业。

2）EAN 码（欧洲商品条码）。1977 年，欧洲 12 个工业国家在比利时签署草约，成立了国际商品条码协会，参考 UPC 制定了与之兼容的 EAN 码。EAN 码仅有数字号码，通常为 13 位，允许双向扫描，缩短码为 8 位码，也主要应用在超市和百货业。

3）ITF25 码（交叉 25 码）。ITF25 码的条码长度没有限定，但是其数字资料必须为偶数位，允许双向扫描。ITF25 码在物流管理中应用较多，主要用于包装、运输、国际航空系统的机票顺序编号、汽车业及零售业。

4）Code39 码。在 Code39 码的 9 个码素中，一定有 3 个码素是粗线，所以 Code39 码又被称为“三九码”。除数字 0～9 以外，Code39 码还提供英文字母 A～Z 以及特殊的符号，它允许双向扫描，支持 44 组条码，主要应用在工业产品、商业资料、图书馆等场所。

5）CODABAR 码（库德巴码）。这种码制可以支持数字、特殊符号及 4 个英文字母，由于条码自身有检测的功能，因此无需检查码，主要应用在工厂库存管理、血库管理、图书馆借阅书籍及照片冲洗业。

6）ISBN（国际标准书号）。ISBN 是因图书出版、管理的需要以及便于国际出版物的交流与统计，而出现的一套国际统一的编码制度。每一个 ISBN 码由一组有“ISBN”代号的十位数字所组成，用以识别出版物所属国别地区、出版机构、书名、版本以及装订方式。这组号码也可以说是图书的代表号码，大部分应用于出版社图书管理系统。

7）Code128 码。Code128 码是目前中国企业内部自定义的码制，可以根据需要来确定条码的长度和信息。这种编码包含的信息可以是数字，也可以包含字母，主要应用于工业生产线领域、图书管理等。

8）Code93 码。这种码制类似于 Code39 码，但是其密度更高，能够替代 Code39 码。

条形码技术给人们的工作、生活带来的巨大变化是有目共睹的。然而，由于一维条形码的信息容量比较小，例如商品上的条码仅能容纳几位或者几十位阿拉伯数字或字母，因此一维条形码仅仅只能标识一类商品，而不包含对于相关商品的描述。只有在数据库的辅助下，人们才能通过条形码得到相关商品的描述。换言之，如果离开了预先建立的数据库，一维条形码所包含的信息将会大打折扣。由于这个原因，一维条形码在没有数据库支持或者联网不方便的地方，其使用就受到了相当的限制。

（2）二维条形码

二维条形码可以从水平、垂直两个方向来获取信息，因此，其包含的信息量远远大于一维条形码，并且还具备自纠错功能。但二维条形码的工作原理与一维条形码却是类似的，在进行识别的时候，将二维条形码打印在纸带上，阅读条形码符号所包含的信息，需要一个扫描装置和译码装置，统称为阅读器。阅读器的功能是把条形码条符宽度、间隔等空间信号转换成不同的输出信号，并将该信号转化为计算机可识别的二进制编码输入计算机。扫描器又称光电读入器，它装有照亮被读条码的光源和光电检测器件，并且能够接收条码的反射光，当扫描器所发出的光照在纸带上，每个光电池根据纸带上条码的有无来输出不同的图案，来自各个光电池的图案组合起来，从而产生一个高密度信息图案，经放大、量化后送译码器处理。译码器存储有需译读的条码编码方案数据库和译码算法。在早期的识别设备中，扫描器和译码器是分开的，目前的设备大多已合成一体。

与一维条形码一样，二维条形码也有许多不同的编码方法。根据这些编码原理，可以将二维条形码分为以下三种类型。

1）线性堆叠式二维码：就是在一维条形码的基础上，降低条码行的高度，安排一个纵横比大的窄长条码行，并将各行在顶上互相堆积，每行间都用一模块宽的厚黑条相分隔。典型的线性堆叠式二维码有 Code 16K、Code 49、PDF417 等。

2）矩阵式二维码：它是采用统一的黑白方块的组合，而不是不同宽度的条与空的组合，它能够提供更高的信息密度，存储更多的信息，与此同时，矩阵式的条码比堆叠式的具有更高的自动纠错能力，更适用于在条码容易受到损坏的场合。矩阵式符号没有标识起始和终止的模块，但它们有一些特殊的"定位符"，定位符中包含了符号的大小和方位等信息。矩阵式二维条码和新的堆叠式二维条码能够用先进的数学算法将数据从损坏的条码符号中恢复。典型的矩阵二维码有 Aztec、Maxi Code、QR Code、Data Matrix 等。

3）邮政码：通过不同长度的条进行编码，主要用于邮件编码，如 Postnet、BPO 4-State 等。

在上述介绍的二维条形码中，PDF417 码由于解码规则比较开放和商品化，因而使用比较广泛，它是 Portable Data File 的缩写，意思是可以将条形码视为一个档案，里面能够存储比较多的资料，而且能够随身携带。它在 1992 年正式推出，1995 年美国电子工业联谊会条码委员会在美国国家标准协会赞助下完成二维条形码标准的草案，以作为电子产品产销流程使用二维条形码的标准。PDF417 码是一个多行结构，每行数据符号数相同，行与行左右对齐直接衔接，其最小行数为 3 行，最大行数为 90 行。而 Data Matrix 码则主要用于电子行业小零件的标识，如 Intel 奔腾处理器的背面就印制了这种码。Maxi Code 是由美国联合包裹服务公司研制的，用于包裹的分拣和跟踪。Aztec 是由美国韦林公司推出的，最多可容纳 3832 个数字、3067 个字母或 1914 个字节的数据。

（3）条形码的特点

条形码具有下述特点，因而得到广泛应用。

1）条形码易于制作，对印刷设备和材料无特殊要求，条形码成本低廉、价格便宜。

2）条形码用激光读取信息，数据输入速度快，识别可靠准确。

3）识别装备结构简单、操作简单、无需专门训练。

2. RFID 电子标签与条形码的区别

用 RFID 技术识别商品，其思路来源于条形码。它们的目的都是快速、准确地确认目标。主要的区别在于以下几方面。

（1）使用的技术不同

条形码系统是一种二进制代码，这种代码以平行的线条和分割的间隙组成数据，由宽的和窄的线条或间隙组成的序列，可以用数字/字母来解释。通过激光扫描器读出，即通过在黑色线条和白色间隙上的激光的不同反射来读出。二者之间最大的区别是：条形码是“可视技术”扫描仪在人的指导下工作，只能接受它视野范围内的条形码。相比之下，射频识别不要求看见目标。射频标签只要在接收器的作用范围内就可以被读取。

（2）完成功能有差异

条形码标签被划破、污染或是脱落，扫描仪就无法辨认目标。条形码只能识别生产者和产品，并不能辨认具体的商品，贴在所有同一种产品包装上的条形码都一样，无法辨认哪些产品先过期。而射频标签的芯片内存有该产品的详细信息：产品的名称、产地、材料、批次、生产日期以及产品有效期等信息。

（3）使用环境和条件不同

读取条形码时，人工操作，效率低，需一条条逐一处理，易出差错，劳动强度大，受环境条件影响也大；相比 RFID 电子标签；其阅读器无需可见光源，具有穿透性，可透过外部材料直接读取信息，能同时处理或批量处理多个射频标签，简化了劳动强度，并实时跟踪物品速度，且具有位置判断能力，出错率极低，受环境条件影响不大。

（4）制作和使用成本不同

条形码的成本就是由条形码、纸张和油墨构成，因此，便宜得多。而有 RFID 标签成本较条形码要高，比如内存芯片的主动射频标签因性能不同价格差异较大，被动标签的成本可降至十几美分。没有内置芯片的电子标签价格可降至 0.1 美分，但它仅适用于对数据信息要求不高的情况。

3．RFID 应用存在的问题

（1）电子标签的价格问题

电子标签与其要粘贴的商品价格相比，还是比较昂贵的。目前，电子标签的整体价格为几美分，而条形码的价格要便宜得多。根据共同的观点，电子标签的价格只有降到 5 美分以下时，才会获得大面积的推广和市场利益。

（2）电子标签涉及的隐私问题

当采用电子标签时，可能会涉及一些个人隐私问题，它表现在下述两个主要问题上。第一，阅读器能在个人不知情的情况下于远处读取标签信息；第二，如果购买者用信用卡或会员卡为一件加了电子标签的物品付款，那么商品就可以将物品的唯一标识 ID 号和购买者的身份联系起来。

（3）电子标签的安全性问题

电子标签被攻击的问题应当受到消费者和销售商两方面的关注。当人们装备了笔记本式计算机、阅读器附加卡和一个可以访问和改变标签内容的软件时，标签的防篡改等安全性能应能经受得起考验。

（4）标准统一的问题

目前 RFID 的有关标准较多，难以统一，在一定程度上影响了 RFID 技术的发展。

RFID 和条形码是两种有关联又有不同的技术。条形码是“可视技术”，识读设备只能接收视野范围内的条形码；而 RFID 不要求必须看见目标，电子标签只要在阅读器的作用范围内就可以被读取。RFID 和条形码将会在各自使用的范围内获得发展，并在较长时间内共存。

4.4 EPC 概述

4.4.1 EPC 的产生与发展

1999 年麻省理工学院成立自动识别中心（Auto-ID Center），致力于自动识别技术开发和研究。自动识别中心在美国统一代码委员会（UCC）的支持下提出了电子产品代码（EPC）概念。国际物品编码协会与美国统一代码委员会将全球统一标识编码体系植入 EPC 概念当中，从而使 EPC 纳入全球统一标识系统。世界著名研究性大学——英国剑桥大学、澳大利亚阿德雷德大学、日本庆应义塾大学、瑞士圣加仑大学、我国复旦大学、韩国情报通信大学相继加入并参与 EPC 的研发工作。

1．EPC 在国外的发展状况

目前，在全球共有 1000 多家终端用户和系统集成商进行 EPC 系统的研究和测试，它们一起合作，整合 EPC 系统的产品标识，建立 EPC 实施方案。EPC 系统的研发可以说是如火如荼。

为了配合 EPC 的推广，各国纷纷制订本国的 EPC 相关规范标准以及实施计划。

美国物流与技术相关企业应用物联网的理念建立了 EPC 物联网的应用模型，大力开展 EPC 相关技术、标准、应用、测试等方面的研究，在 EPC 的相关知识产权和隐私安全问题方面做了大量的工作，为 EPC 的发展奠定了坚实的基础，在 EPC 系统的应用中处于全球领先地位。

在产品开发方面，针对 EPC 物联网的特点，美国许多大公司参加到其应用研究和试点中来，德州仪器（TI）、英特尔等美国集成电路厂商都在 RFID 领域投入巨资进行芯片开发。Symbol 等已经研发出可以同时阅读条形码和 RFID 的扫描器。IBM、微软在积极开发支持 RFID 应用的软件和系统。美国著名信息服务公司 VeriSign 提供对象名解析服务（ONS）和软件方案。

在应用方面，沃尔玛、宝洁公司等做了大量试点工作，特别是沃尔玛在其配送中心开展了托盘、包装箱以及单品应用 EPC 标签测试，美国军方物资编码也采用 EPC 的编码体系，用于民用物资和军用物资的配套物流。

在标准方面，美国企业积极参与国际物品编码协会（GSI）组织的标准工作组，解决了 EPC 应用中出现的问题，不断改进技术并完善标准技术规范的内容，并以最积极的态度研制符合 EPC 应用标准的产品。

欧洲作为世界工业革命的发源地，在物联网发展上也不甘落后，欧盟提供了 500 亿欧元用于物联网相关技术体系、公共信息安全、标准体系建设、应用试点的研究，在第六框架（FP6）和第七框架（FP7）项目中重点加强物联网技术和标准的研究（欧盟框架计划是为加强欧盟国与国之间的科研合作而专门制订的，是当今世界上最大的官方科技计划之一，具有研究水平高、设计领域广、投资力度大、参与国家多等特点），取得了一系列成果，制定了关键的技术标准，解决了物联网中识读率、准确性等许多关键问题。欧盟一直致力于 EPC 的研究，在为期三年的“BRIDGE”项目中，通过开展一系列技术研发、商业应用和推广活动，为 EPC 在欧洲的应用推广提供了可实际操作的实施工具。

在标准方面，欧洲许多零售巨头如家乐福（Carrefour）、麦德龙（Metro）、乐购（Tesco）、阿霍德（Ahold）共同开展了 EPC 标准试点应用。特别是麦德龙建立的零售示范店——未来商店，向世人展示了全新物联网模式下的零售销售情景。英国、法国等国家也分别在机场分拣、集装箱海关通关等环节开展 RFID 应用的实验。

日本是最早开展物联网研究的国家之一。在其 EPC 系统国家发展战略中强调，要进行 EPC 系统研究，由经济产业省和总务省推广电子标签的普及，将标签价格降至 3～5 日元。同时，在该战略中也指出要建立 EPC 系统标准体系，制定相关国家标准，并与 ISO 和 EPCglobal 接轨；建立技术产业联盟；建立行业试点。日本政府已经资助了多期 EPCglobal 物流测试项目，并分别在从香港到东京、上海到洛杉矶、东京到阿姆斯特丹的物流运作上验证了 EPC 标准在国际贸易中的可行性和可靠性，对推动 EPC 技术在物流行业的应用提供了非常有价值的案例。

在开放流通领域，韩国政府高度重视 EPC 网络相关技术的研发，设立了“IT839 计划”，重点加强对 EPC 标签技术的研发，三星电子在服装、物流领域开展了大量的 EPC 试点工作，韩国机场将大规模采用 35 万枚 EPC Gen2 标签对行李进行追踪。

2．EPC 在国内的发展状况

我国政府高度关注物联网的发展状况，也非常重视物联网的基础研究。在国家物流产业振兴规划中提出要开展物联网的前期研究。国家 863 项目设立了 RFID 专项，支持

RFID 这种物品与信息网络连接技术的研究；频率主管部门规划了我国的 RFID 应用频段，规范 RFID 的应用；中国高校、研究机构、行业、企业卓有成效地开展了物联网信息采集和网络交换等基础、支撑技术研究；产业部门积极引导，不少企业研发了自主产权的 RFID 标签芯片和产品。

我国对 EPC 的研究的起步比较晚，相关标准还处于规划阶段，产业链还比较薄弱，在技术上还处于劣势，相关技术人才还相对匮乏。但是，我国也有一些机构如中国物品编码中心、中国自动识别技术协会（AIM China）、麻省理工学院自动识别中心中国实验室等在 EPC 相关技术的研发方面做了大量的工作，已经取得了一些初步成果。

中国物品编码中心早在 1996 年就开始了 EPC 系统关键技术—射频识别技术的研究，1999 年，中国物品编码中心完成了原国家技术监督局的科研项目“新型射频识别技术研究”，制定了射频识别技术规范。2002 年，中国物品编码中心开始积极跟踪国际 EPC 的发展动态，2003 年完成了“EPC 产品电子代码”课题的研究，出版了包括国内第一本物联网专著《EPC 与物联网》在内的大量书籍。

2003 年 12 月 23 日，由国家标准化管理委员会主办、中国物品编码中心牵头，全国物品信息管理标准化技术委员会承办的第一届中国 EPC 联席会在北京举行。此次会议统一了 EPC 产品电子代码和物联网的概念，协调了各方的关系，将 EPC 技术纳入标准化、规范化的管理，为 EPC 在我国快速、有序的发展奠定了坚实的基础。

2004 年 1 月，中国物品编码中心取得了国际物品编码协会的唯一授权，2004 年 4 月 22 日，EPCglobal China 在北京成立，其主要职责是：统一管理、统一注册、统一赋码和统一组织实施我国的 EPC 系统推广应用工作及 EPC 标准化研究工作，保障了我国 EPC 事业整体的有效推进，保证了我国 EPC 的标准化和编码、管理方面的统一。

2006 年，在国家标准化管理委员会的领导下，中国物品编码中心和科技部、信息产业部、商业部、国信办、清华大学、复旦大学等相关部委的领导和专家到日本、韩国考察，实地了解国际上对 EPC 系统的研究状况，掌握第一手资料，对 EPC 系统的未来发展趋势达成了共识。并在 2006—2009 年接连参与了 EPCglobal 物流试点项目和欧盟构建全球环境的无线射频识别系统（BRIDGE）项目。

2007 年开始，在国家科技部科技支撑计划的支持下，中国物品编码中心开展了“物品识别网络标准体系研究”，提出了多系统兼容的物品识别网络（物联网）架构及标准体系。承担了科技部 863 课题“RFID 标准研究与制定”项目。

2011 年 9 月 EPCglobal 在布鲁塞尔宣布了其运输与物流服务（TLS）行业应用工作组的 RFID 试点项目计划。该项目将前所未有地展示从中国发往美国货品在贸易伙伴和物流供应商间流动时的实时可见度。

目前，由于种种原因，EPC 在我国的应用还不广泛，我国 EPC 应用的市场环境还处于初期的培育阶段，但是一些具有前瞻性的企业，如海尔、唯冠科技等，已经在其生产和物流过程中试验应用 EPC 标签，并获得很好的收益。

4.4.2 EPC 的特点

EPC 系统的主要特点如下：

1）采用 EPC 编码方法，可以识别物品到个件。

2）信息系统的网络基础是因特网，因此 EPC 系统具有开放的体系结构，可以将企业的内联网、RFID 和因特网有机地结合起来，避免了系统的复杂性，提高了资源的利用率。

3）EPC 系统是一个着眼于全球的系统，因此众多规范和标准统一是一项重要的工作。

4）EPC 是一个大系统，目前仍需要较多的投入，对于低价值的识别对象，必须考虑由此引入的成本。随着 EPC 系统技术的进步和价格的降低，低价值识别对象进入系统将成为现实。

4.5 EPC 组成与结构

4.5.1 EPC 系统组成

EPC 系统是一个非常先进的、综合性的和复杂的系统，其最终目标是为每一个具体商品建立全球的、开放的编码标准。EPC 系统由 EPC 编码体系、射频识别系统及 EPC 信息网络三部分组成，主要包括六个方面，见表 4.1。

表 4.1 EPC 系统的组成

系统组成	名称	注释
EPC 编码体系	EPC 代码	用来标识目标的特定代码
射频识别（RFID）系统	电子标签	贴在物品之上或内嵌在物品之中
	阅读器	识读电子标签
信息网络系统	EPC 中间件	EPC 系统的软件支持系统
	对象名称解析服务	
	EPC 信息服务	

1．EPC 编码系统

EPC 编码体系是新一代的与 GTIN 兼容的编码标准，它是全球统一标志系统 EAN• UCC 的重要组成部分，是 EPC 系统的核心与关键。EAN• UCC 全球统一标志系统，在我国简称为 ANCC 系统，是用于全球贸易的，关于商品、物流、资产、位置和服务关系等的全球统一标志标准及相关的商务标准。

2．射频识别系统

EPC 射频识别系统是实现 EPC 代码自动采集的功能模块，主要由电子标签和阅读器组成。电子标签是产品电子代码（EPC）的物理载体，附着于可跟踪的物品上，可全球流通并对其进行识别和读写。阅读器与信息系统相连，是读取标签中的 EPC 并将其输入网络信息系统的设备。EPC 射频识别系统为数据采集最大限度地降低了人工干预，实现了完全自动化，是物联网形成的重要环节。

3．EPC 信息网络功能

信息网络系统由本地网络和全球互联网组成，是实现信息管理、信息流通的功能模块。EPC 信息网络系统是在全球互联网的基础上，通过 EPC 中间件、对象名称解析服务（ONS）和 EPC 信息服务（EPCIS）来实现全球“实物互联”。

4.5.2 EPC 系统结构

EPC 系统结构由电子标签、阅读器、中间服务器、因特网、ONS 服务器、PML 服务器以及众多数据库组成。ONS 是一种全球查询服务，可以将 EPC 代码转换成一个或多个互联网地址。PML 即实体标记语言，是一种新型的计算机语言，EPC 系统中所有物品的信息都是用 PML 书写的。在 EPC 系统这个实物互联网中，阅读器只是一个信息参考，由这个信息参考从因特网上找到 IP 地址中存放的相关物品信息，采用分布式中间件系统处理和管理由阅读器读取的一连串 EPC 信息。图 4.5 显示了 EPC 系统结构组成之间的层次关系。

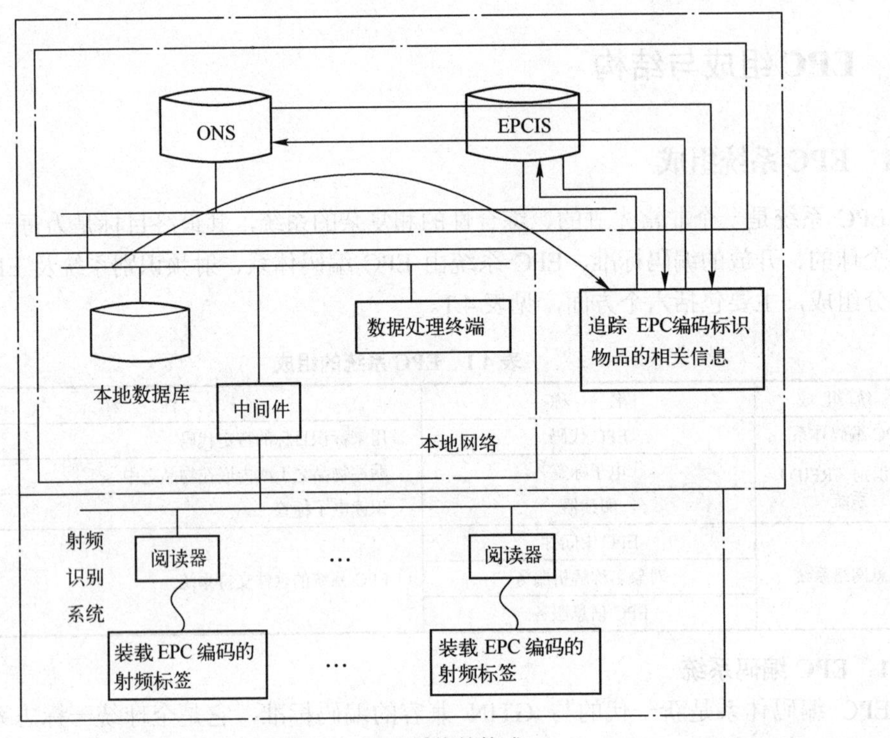

图 4.5　EPC 系统的构成

由于在标签上的 EPC 编码是唯一的，当计算机需要知道与该 EPC 匹配的其他信息时，就需要 ONS 来提供一种自动化的网络数据库服务。中间件将 EPC 编码信息传给 ONS，找到该 EPC 对应的 IP 地址，中间件根据该 IP 地址找到保存着产品信息的 PML 服务器，然后中间件从产品信息的数据库中获取相关实物信息并复制，最后将产品信息回传到供应链上。EPC 系统的工作流程如图 4.6 所示。

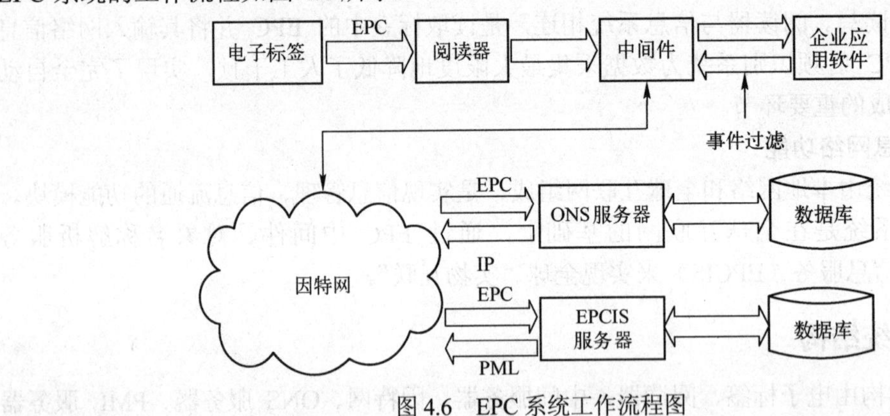

图 4.6　EPC 系统工作流程图

4.6 EPC 网络技术

EPC 网络是一项能够实现供应链中的商品快速自动识别以及信息共享的技术。EPC 网络使供应链中商品信息真实可见，这会使组织机构更加高效地运转。EPC 网络由五个基本要素组成：产品电子代码（EPC）、识别系统（EPC 标签和识读器）、对象名解析服务（ONS）、物理标记语言（PML）以及 Savant 软件。ONS 告诉计算机系统在网络中到哪里查找携带 EPC 的物理对象的信息，例如该信息可以是商品的生产日期。物理标记语言（PML）是 EPC 网络中的通用语言，它用来定义物理对象的数据。Savant 是一种软件技术，在 EPC 网络中扮演中枢神经的角色并负责信息的管理和流动，确保现有的网络不超负荷运作。

4.6.1 Savant 系统

Savant 处于阅读器与后台网络的中间，扮演硬件和应用程序之间的中介角色，是硬件和应用之间的通用服务。这些服务具有标准的程序接口和协议，能实现网络与阅读器的无缝连接。Savant 可称为识别系统运作的中枢，它解决了应用系统与硬件接口连接的问题，及当标签数据增加、或数据库软件由其他软件取代、或阅读器种类增加时，应用端不需要修改也能存储数据。Savant 解决了多对多连接的各种复杂问题，可以实现数据的正确读取，并有效地将数据传送到后端网络，是 EPC 系统的一项重要技术。

1．Savant 的作用

EPC 系统中的 Savant 是一种面向消息的中间件，信息是以消息的形式从一个程序传送到另一个或多个程序，信息可以以异步的方式传送，所以传送者不必等待回应。面向消息的中间件包含的功能不仅是传递消息，还必须包括解译数据、数据广播、错误恢复、定位网络资源、消息安全等。基于 RFID 的 EPC 系统的中间件应该具有以下的一些关键特征：

1）能够提供与不同 RFID 阅读器相兼容的标准化界面，即能够支持多种型号、类型的 RFID 阅读器。

2）能够提供数据过滤和不同格式的转换与传输。

3）能对阅读器进行有效的管理和监控。

4）支持不同应用软件对 RFID 数据的请求。

5）支持用户原有系统与标准化协议。

2．Savant 的结构架构

Savant 被定义成具有一系列特定属性的程序模块或服务，并被用户集成以满足他们的特定需求。Savant 的结构架构如图 4.7 所示，它由程序模块集成器、阅读器接口、应用程序接口等部分组成。

（1）程序模块集成器

程序模块集成器由多个程序模块组成。程序模块有两种：标准程序模块和用户定义的程序模块。用户定义的程序模块由用户或第三方生产商定义。标准程序模块由 EPCglobal 技术标准委员会定义，它又可分为必备标准程序模块和可选标准程序模块。

必备标准程序模块用于 Savant 的所有应用实例中，如事件管理系统（EMS）、实时内存数据结构（RIED）和任务管理系统（TMS）。EMS 用于读取阅读器的数据，对数据进行过滤，不同格式的转换、协同及传输，将处理后的数据写入 RIED 或数据库。RIED 是一个优化的数据库，为满足 Savant 在网络中的数据传输速度而设立，它提供与数据库相同的数据接口，但访问速度比数据库快得多。TMS 类似于操作系统的任务管理器，它把外部应用程序定制的任务转化为 Savant 可执行的程序，写入任务进度表，使 Savant 具有多任务执行功能。TMS 支持的任务有三种类型：一次性任务、循环任务和永久任务。

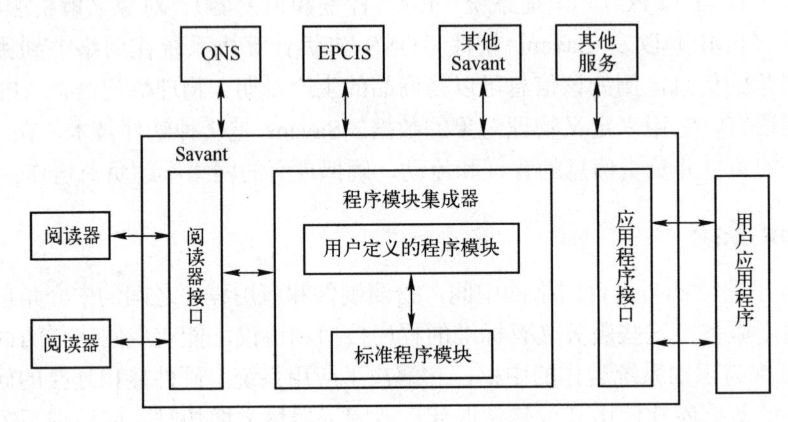

图 4.7 Savant 架构

可选择标准程序由用户根据应用确定，它可以包含在一部分的应用实例中。

（2）阅读器接口

阅读器接口提供与阅读器的连接方法，并采用相应的通信协议，如 RS-422/485、以太网、无线网、USB 等。无线网络标准主要有 IEEE 802.11 系列（其中包括 802.11a/b/g 等标准）、蓝牙（Bluetooth）、红外和通用无线分组业务（GPRS）、码分多址（CDMA）公共网等。阅读器接口可以以多种数据接口方式实现数据信息多传输通道。

（3）应用程序接口

应用程序接口是程序模块和应用程序的接口。应用程序很多，包括企业资源管理（ERP）、供应链管理（SCM）等系统的多个功能模块，如仓库管理系统（WMS）、订单管理系统（OMS）、物流管理系统（LMS）、资产管理系统（AMS）、运输管理与实时监控系统（TMS）和数据仓库等。

在激烈的市场竞争中，快速、准确、实时的信息获取与处理将成为企业获得竞争优势的关键。企业采用 RFID 的动力来自企业自身对实时管理决策和业务优化的需求。RFID 技术通过对企业各种资源信息和能力状态数据的实时收集与反馈，为决策层提供了及时、准确的信息，通过应用程序接口和 ERP 软件连接，使企业的 ERP 业务流程的柔性化与实时化获得明显的改善。

（4）程序模块之间的接口

Savant 内的程序模块之间的交互可以用自己定义的应用程序接口（API）函数实现。

（5）网络访问接口

EPC 系统是一个全球性的物品标识和跟踪系统，EPC 编码不仅是产品电子代码，进一步还需要此代码匹配到相关的商品信息上。因此，除了本地功能外，还需要通过互联网或者 VPN 专线的远程服务模式与信息资源服务器连接，如 ONS、EPC 信息服务（EPCIS）、其他的Savant和其他服务（指程序模块集成器中具体的程序模块所需要的其他服务）等。

3．Savant的发展阶段

从EPC系统Savant的发展进程来看，Savant可以分为应用程序中间件、架构中间件和解决方案中间件三个发展阶段。

（1）Savant的发展初期阶段

应用程序中间件是Savant发展的初期阶段，在这一时期，中间件多以串接阅读器为目的，本阶段多为阅读器厂商主动提供简单的应用程序接口，以供企业将后端系统与阅读器串接。以整体发展来看，此时企业需自行花费许多成本购买中间件，以处理前后端系统连接的问题。

（2）Savant的成长关键阶段

架构中间件发展阶段是Savant成长的关键阶段，由于射频识别系统应用强大，沃尔玛与美国国防部等使用者相继实施射频识别的使用规划，促使国际大公司持续关注EPC市场的发展。在这一时期Savant不但已经具备平台的管理和维护功能，而且具备基本数据搜集和过滤等功能，同时能满足企业多设备多应用的连接需求。

（3）Savant的发展成熟阶段

在标签、阅读器与中间件的发展过程中，中间件逐步走向成熟，各厂商对不同领域提出了各项创新应用解决方案中间件（Solution Middleware）。例如，Manhattan Associates公司提出了“RFID in a Box”方案，该公司与Alien Technology公司在RFID硬件端合作，发展以Microsoft.net平台为基础的中间件，企业不需再为EPC系统前端RFID硬件与后台应用系统的连接而烦恼，900家原本使用Manhattan Associates公司供应链执行（Supply Chain Execution，SCE）解决方案的企业，只需通过“RFID in a Box”方案，就可以在原有应用系统上快速提高供应链管理的透明度。

4．Savant的应用

美国市场调查公司（ABI Research Inc.）的报告显示，全球RFID市场整体呈高度成长状态，随着硬件技术逐步成熟，整合服务收入将超越RFID产品收入，其中庞大的软件市场尤为引人注目。Savant在各项产业中居神经中枢地位，因此受到国内外的特别关注，未来中间件将主要面向服务架构和信息安全两个方面发展。

（1）面向服务架构

面向服务架构（Service Oriented Architecture，SOA）的目标是建立沟通标准，突破应用程序之间沟通的障碍，实现商业流程自动化，支持商业模式的创新，让IT变得灵活，从而更快地响应需求。Savant在未来发展上，将以面向服务的架构为基本趋势，向企业提供更弹性灵活的服务。

（2）信息安全

射频识别的应用最让外界质疑的是信息安全问题，EPC后端系统连接着大量厂商的数据库，该数据库可能引发商业安全问题，尤其是消费者的信息隐私问题。如果布置大量阅读器，人类的生活与行为将被跟踪，沃尔玛和麦德龙都因用户隐私权问题遭受过抵制与抗议。为此，有些厂商已经开始生产带屏蔽功能的RFID芯片，通过发射天线射频扰乱阅读器，让阅读器误以为搜集到的是垃圾信息而错失数据，从而达到保护消费者隐私权的目的。

4.6.2 EPC 信息服务

由 PML 描述的各项服务构成了 EPC 信息服务（EPC Information Services，EPCIS），这是一种可以适应任何与 EPC 相关的规范的信息访问和信息提交的服务。EPC 作为一个数据库搜索关键字使用，由 EPCIS 提供 EPC 所标识对象的具体信息。实际上，EPCIS 只提供标识对象信息的接口，它可以连接到现有的数据库、应用/信息系统，也可以连接到标识信息自己的永久存储库。

EPCIS 的目的在于应用 EPC 相关数据的共享来平衡企业内外不同的应用。EPC 相关数据包括 EPC 标签和阅读器获取的相关信息，以及一些商业上必需的附加数据。EPCIS 的主要任务如下。

1）标签授权：标签授权是标签对象生命周期中至关重要的一步。标签未授权就如同一个 EPC 标签已经被安装到了商品上，但是没有被写入数据。标签授权的作用就是将必需的信息写入标签，这些数据包括公司名称、商品的信息等。

2）牵制策略——打包和解包操作：捕获分层信息中每一层的信息是非常重要的。因此，如何包装与解析这些数据也成为标签对象生命周期中非常重要的一步。

3）观测：对于一个标签来说，用户最简单的操作就是对它进行读取。EPCIS 在这个过程中的作用不仅仅是读取相关的信息，更重要的是观测标签对象的整个运动过程。

4）反观测：这个模块与观测相反。它不是记录所有相关的动作信息，因为人们不需要得到一些重复信息，但是需要数据的更改信息。反观测就是记录下那些被删除或者不再有效的数据。

1. EPCIS 在 EPC 网络中的位置

EPCIS 接口为定义、存储和管理 EPC 标识的物流对象所有的数据提供了一个框架。EPCIS 的数据目的在于驱动不同的企业应用。EPCIS 位于整个 EPC 网络架构的最高层，也就是说，它不仅是原始 EPC 观测资料的上层数据，而且也是过滤和整理后的观测资料的上层数据。EPCIS 在整个 EPC 网络中的主要作用就是提供一个接口来存储和管理 EPC 捕获的信息。图 4.8 所示为 EPCIS 在 EPC 网络中的位置。

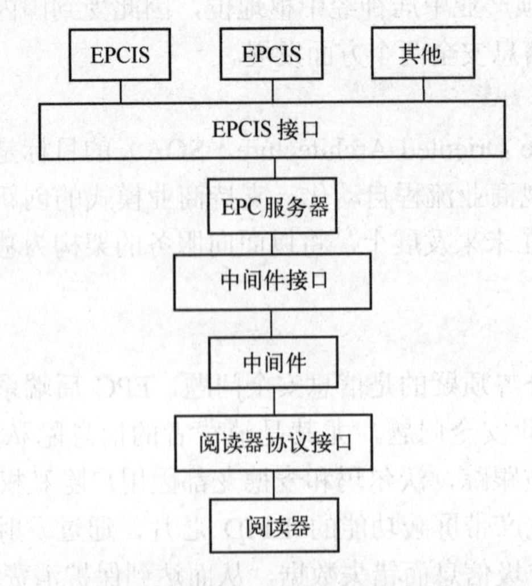

图 4.8 EPCIS 在 EPC 网络中的位置

2．EPCIS 框架

（1）EPCIS 框架中层次的分类

EPCIS 框架被分成三层，即信息模型层、服务层和绑定层。信息模型层指定了 EPCIS 中包含什么样的数据，这些数据的抽象结构是什么，以及这些数据代表什么含义。服务层指定了 EPC 网络组件与 EPCIS 数据进行交互的实际接口，如远程过程调用（RPC）接口、电子数据交换（EDI）接口、批处理（Batch）传输接口。绑定层定义了信息的传输协议，如简单对象访问协议（SOAP）或者超文本传输协议（HTTP）。图 4.9 显示了 EPCIS 框架中各个层次的关系。

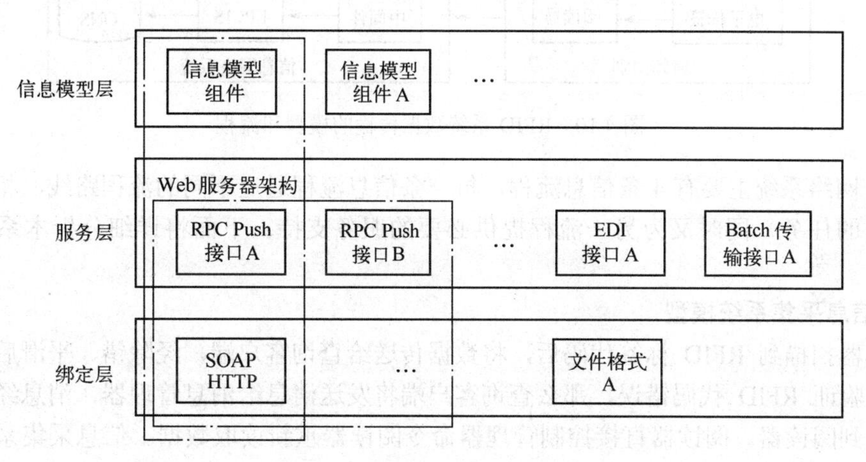

图 4.9　EPCIS 框架中的层次分类

（2）EPCIS 框架的可扩展性

EPCIS 框架的一个重要特征就是它的可扩展性。由于 EPC 技术被越来越多的行业采纳，不断有新的数据种类出现，所以 EPCIS 必须具有很好的可扩展性才能充分发挥 EPC 技术的作用。同时，为了避免数据的重复与不匹配，EPCIS 规范还针对不同工业和不同数据类型提供了通用的规范。EPCIS 框架规范没有定义服务层和绑定层的扩展机制，但是实际应用中的服务层和绑定层也具有很好的扩展性。

（3）EPCIS 框架的模块化

EPCIS 框架规范中整个框架是遵循模块化的思想设计的。也就是说，它不是一个单一的规范，而是一些相关的规范个体所组成的集合。EPCIS 的分层机制和良好的可扩展性为实现框架的模块化奠定了基础。

4.6.3　EPC 网络系统模型

由前面介绍内容可知，EPC 网络系统分为射频识别系统和信息网络系统两个模块。射频识别系统包括标签、阅读器和中央信息系统；信息网络系统包括 RFID 中间件、EPC 信息服务和 ONS。射频识别系统完成电子标签的数据采集，信息网络系统通过中间件对标签数据进行处理，并可查询、更新相关产品的信息。整个系统以携带的 EPC 编码为纽带，通过各个环节的信息流程实现对产品信息的查询、更新等。

设计 RFID 网络系统数据传输的模型和流程，从阅读器、传感器等输入设备读取的原始数据经过 RFID 中间件的处理，按照商业流程和企业集成标准传送到 ERP、SCE、数据存储等应用层中，再根据商业规则更新产品信息送回到输入设备中。信息流程表明系统的信息流向和信息被处理的先后顺序，同时表明了系统各个功能模块之间的关系。RFID 系统数据传输的模型和流程如图 4.10 所示。

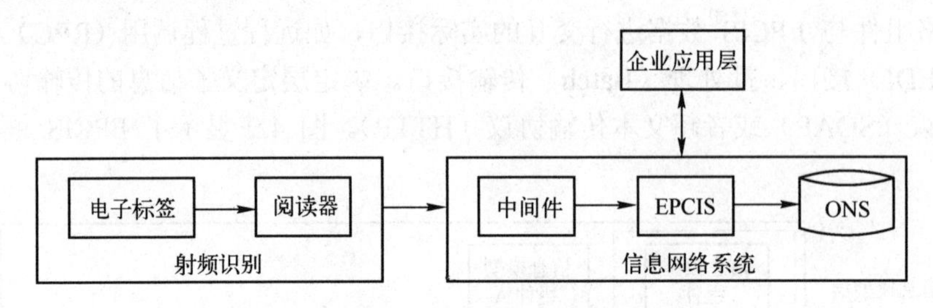

图 4.10　RFID 系统数据传输的模型和流程

EPC 网络系统主要有 4 条信息流程，每一条信息流程通过不同的流程路线，相对独立地完成各自的任务，同时又为另一流程提供必要的服务支持。下面将详细分析本系统的信息流程。

1．信息采集系统模型

阅读器扫描到 RFID 标签代码后，将数据传送给查询客户端，经除错、平滑后，入库备案。如果验证 RFID 代码错误，那么查询客户端将发送消息给消息管理器，消息经过消息管理器转发到阅读器。阅读器直接控制管理器命令阅读器重新读取数据。信息采集系统模型如图 4.11 所示。

图 4.11　信息采集系统模型

2．注册系统模型

由于本方案允许生产厂商构建自己的服务系统，因此，为了通过 EPC 顺利访问到所有与它相关的信息，所有提供服务的厂商、中间商、零售商都要在信息注册数据库备案。通过发送注册信息给消息管理器，经消息管理器转发到信息服务器，信息服务器分析后，将其发送给地址解析器，经相关机构审核后，在注册信息数据库中注册、存档。注册系统模型如图 4.12 所示。

图 4.12　注册系统模型

3．查询系统模型

查询客户端发送查询信息给消息管理器，经消息管理器转发给信息服务器，信息服务器分析后，将发送查询消息给地址解析器查询 EPC 对应的 IP 地址，获得正确的地址后，将相应的地址访问 RFID IS 服务器，查询相关数据库，获得相关数据后，将其返回给查询客户端。查询系统模型如图 4.13 所示。

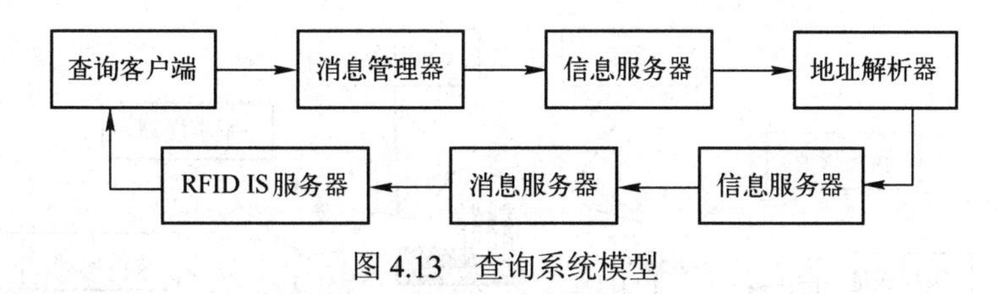

图 4.13　查询系统模型

4．任务调度模型

当系统负荷较重时，其他系统可以负担本系统的一些任务，所需要做的只是将消息发送给其他系统的消息管理器。当系统较为空闲时，其他系统可以分配任务给本系统，所需要做的只是将消息发送给本系统的消息管理器。任务调度管理系统如图 4.14 所示。

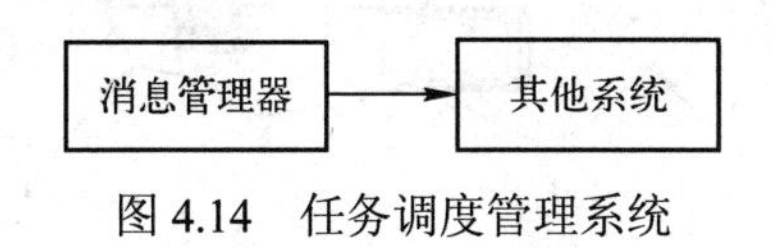

图 4.14　任务调度管理系统

4.7　物联网环境下的 RFID 和 EPC 技术

物联网的产生是信息社会及经济贸易发展的必然结果，是一项革命性的新技术，被预言为继计算机、互联网与移动通信网之后的世界信息产业第三次浪潮。典型的物联网结构如图 4.15 所示，大致可以分为五部分，即电子标签、阅读器、物联网中间件、物联网名称解析服务和物联网信息发布服务。

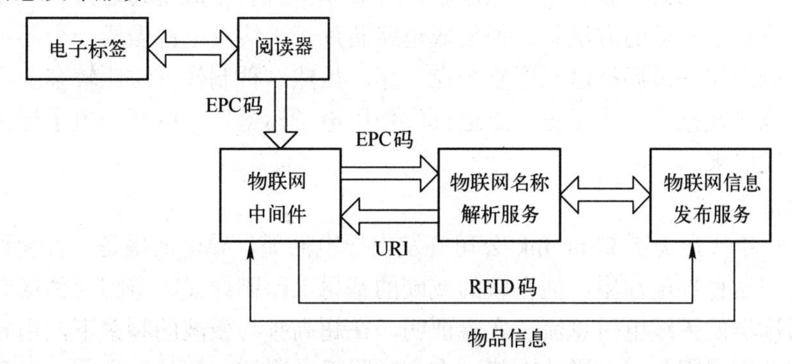

图 4.15　典型的物联网结构

RFID 和 EPC 是物联网架构中不可缺少的组成部分。与此同时，物联网的发展又促进了 RFID 和 EPC 技术的发展。在经济复苏的推动下，全球物联网市场持续升温。RFID 和 EPC 技术也得到普遍重视，其巨大的应用规模及市场前景尤其是得到了所有信息技术大国的关注，都将其作为重要产业战略和国家战略来发展。

根据统计，2016 年中国 RFID 产业市场规模已超过 500 亿元，近 7 年年均复合增长率达到 28.02%，RFID 行业在近年还将保持 30%左右的增长速度。根据预测，到 2035 年前后，我国的传感网终端将达到数千亿个，电子标签的数量更是大到惊人；到 2050 年传感器和电子标签将在生活中无处不在。在物联网普及后，用于动物、植物和机器、物品的传感器与电子标签及配套的接口装置的数量将大大超过手机的数量。

物联网环境下 RFID 的主要应用领域如图 4.16 所示。

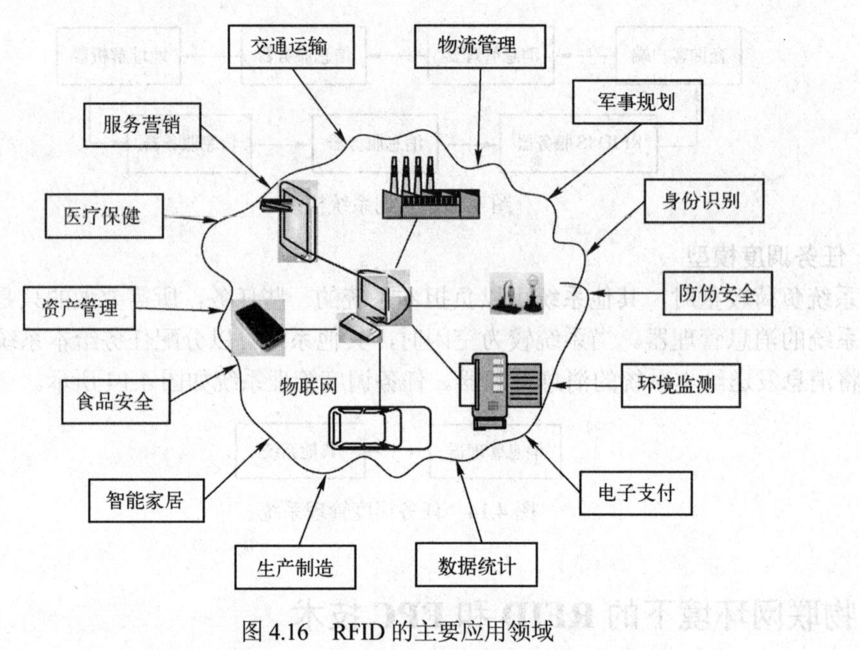

图 4.16　RFID 的主要应用领域

物联网的发展给我国带来了新的机遇。若想抓住这个机会，改变我国在前两次信息革命浪潮中落后的局面。RFID 和 EPC 技术必须在成本、标准、安全性三个方面取得突破。

1．成本问题

电子标签问世后一直面临价格高的问题，标签本身含有集成电路芯片、天线及电源。最容易想到的制作电子标签的方法是先把集成电路芯片、天线及电源做成一个芯片层，再分别做好底层、印刷面层，最后把这三层复合在一起。虽然这种制作方法比较容易实现，但是成本也较高，难以普及推广。为了更广泛地推广使用电子标签，一些新的电子标签印刷技术及器材被不断开发出来。

（1）导电油墨

20 世纪 90 年代，美国 Flint Ink 公司开发出导电油墨。导电油墨是一种允许电流流动的印刷油墨，利用这种导电油墨，能在软的或硬的基材上印刷导线、电路元件或天线，印制的天线可接收阅读器的无线电信息流。实验证明，在超高频与微波的频率下，用导电油墨印制的天线与传统的铜线圈具有同样的功能；在高频附近，附加一些处理步骤，如升高温度或进行电镀，可使导电油墨天线像铜线圈一样工作出色。

其实，导电油墨以往是网印工艺印制的。用导电油墨制作电子标签的成本，比用传统压箔法制作金属天线的成本低很多。使用导电油墨印制天线或电路，是一种高速印制过程，明显比其他方法更便宜、更迅速。

（2）超薄电池

Power Paper 公司与 Graphic Solutions（GSI）日前宣布，GSI 将成为美国第一家 Power Paper 的卷筒纸给纸、收纸电池生产线的许可制造厂家，每年将生产几万亿个超薄电池（Paper-thin）。超薄电池由锌阳极与基于二氧化物的锰阴极层组成，使用专用油墨，可被印制或粘贴到任何基体上。被印制出的电池可以与印制电路、天线与微型芯片一起集成，实现电子标签的各种功能：如控制处方药物注射、监控管理，或者远距离发送电子标签信息等。与传统能量电池不同，Power Paper 的这种电池不需要金属封皮，每个电池为 1.5V，保存期限为两年半。其所使用的材料是环保型的，不含重金属。

（3）mu 芯片

最近日本日立公司开发的 mu 芯片（微型 IC 集成电路与天线的组合）降价，价格只有市场上传统 IC 标签的 1/10～1/3。日立公司称，降价是因为使用了与书刊印前制版类似的技术，减少了天线制作过程和步骤。此外，日立公司现在还是用一种更便宜的聚乙烯胶片作为基片，使用超声黏合技术，在低温条件下使芯片与天线连接在一起，上述措施都对降低制造成本起到了促进作用。日立公司相信，电子标签的价格还可以进一步下降，从而开拓更广泛地应用领域。mu 芯片推出时本来是作为一种纸币跟踪装置，也可用于护照、驾照及其他证实或证件。据了解，日本已在 2005 年世博会入场券中应用 mu 芯片技术。

2．标准问题

RFID 是涉及诸多学科、涵盖众多技术和面向多领域应用的一个体系，为防止技术壁垒，促进技术合作，扩大产品和技术的通用性，RFID 识别需要建立标准体系。RFID 目前还没有形成统一的标准，市场为多标准共存的局面。全球有多个 RFID 标准化组织，制定了多个标准化体系，因为各自利益对技术标准的争夺比较激烈。随着 RFID 在全球的大规模应用，通过标准对技术和应用进行规范，已经得到业界的广泛认同。

目前全球有五大 RFID 标准组织，分别代表了国际上不同团体或国家的利益。这五大组织分别为 ISO/IEC、EPCglobal、UID、AIMglobal 和 IP-X。这些不同的标准组织各自推出了自己的标准，这些标准互不兼容，主要表现在频段和电子标签数据编码格式上的差异，这给 RFID 的大范围应用带来了困难。

RFID 体系主要由四部分组成，分别为技术标准、数据内容标准、一致性标准和应用标准。其中编码体系和通信协议是争夺比较激烈的部分，它们也构成了 RFID 标准的核心。

（1）技术标准

技术标准主要定义了不同频段的空中接口及相关参数，包括基本术语、物理参数、通信协议和相关设备等。

技术标准划分了不同的工作频率，主要有低频、中频和高频。技术标准规定了不同频率电子标签的数据传输方法和阅读器工作规范。

技术标准也定义了中间件的应用接口。中间件是电子标签与应用程序之间的接口，从应用程序端使用中间件，就能连接到阅读器，读取电子标签的数据。

（2）数据内容标准

数据内容标准涉及数据协议、数据编码规则及语法，主要包括编码格式、语法标准、数据对象、数据结构和数据安全等。数据内容标准能够支持多种编码格式，例如支持 EPCglobal 的编码格式。

（3）一致性标准

一致性标准也称为性能标准，主要涉及设备性能测试标准和一致性测试标准，主要包括设计工艺、测试规范和试验流程等。

（4）应用标准

应用标准用于设计特定应用环境 RFID 的架构规则，包括 RFID 在工业制造、物流配送、仓储管理、交通运输、信息管理和动物识别等领域的应用标准和应用规范。

3．安全性问题

在 RFID 技术迅速发展的现在，没有可靠的信息安全机制，就无法有效地保护电子标签中的信息。如果 RFID 的安全性不能得到充分保证，RFID 系统中的个人信息、商业机密和军事秘密，都可能被不法分子盗窃和利用，这势必会严重影响到经济安全、军事安全和国家安全。目前，RFID 的安全性已经成为制约 RFID 广泛应用的重要因素。

（1）安全攻击

针对 RFID 主要的安全攻击可以简单地分为主动攻击和被动攻击两种类型。主动攻击包括：从获得的电子标签实体，通过物理手段在实验室环境中去除芯片封装，使用微探针获取敏感信号，从而进行电子标签重构的复杂攻击；通过软件，利用微处理器的通用接口，通过扫描电子标签和相应阅读器的探询，寻求安全协议和加密算法存在的漏洞，进而删除电子标签内容或篡改重写标签内容；通过干扰广播、阻塞信道或其他手段，构建异常的应用环境，使合法处理器发生故障，进行拒绝服务攻击等。被动式攻击主要包括：通过采用窃听技术，分析微处理器正常工作过程中产生的各种电磁特征，来获取电子标签和阅读器之间或其他 RFID 通信设备之间的通信数据；通过阅读器等窃听设备，跟踪商品流通动态等。

（2）安全风险

RFID 当初的应用设计是完全开放的，这是出现安全隐患的根本原因。另外，对标签加解密采用过多的处理能力，会给轻便、廉价、成本可控的电子标签增加额外的开支。

本章小结

本章内容包括 RFID 和 EPC 两部分。RFID 和 EPC 技术都是物联网中的关键技术，它们的主要任务都是在互联网的基础上，通过先进的 RFID 自动识别技术，在 EPC 系统架构下提供关于个人、动物和货物等被识别对象的信息。本章首先对 RFID 技术进行了简要的介绍，介绍了 RFID 技术的产生和发展，分析了 RFID 技术的特点；然后介绍了 RFID 的工作原理和工作流程；并着重分析了条形码和 RFID 电子标签的区别。在介绍了 RFID 的基础上对 EPC 的产生和发展以及特点做了阐述；进而介绍了 EPC 系统的组成和结构；详细介绍了两大 EPC 网络技术：Savant 系统和 EPC 信息服务；最后对 EPC 的网络系统模型做了详细说明。

思考题

1．什么是 RFID？RFID 系统由几部分构成？
2．简述 RFID 的特点。其与条形码的区别是什么？
3．简述 RFID 的基本工作流程。
4．试回答 RFID 的电感耦合和电磁反向散射耦合的原理和特点。
5．EPC 系统由哪几部分组成？
6．简述 Savant 的结构架构。
7．EPCIS 的主要任务有哪些？
8．根据 RFID 和 EPC 技术的特点，设想一下可以将其应用到生活中的哪些方面？

第 5 章　M2M

本章重点

★ 掌握 M2M 的基本概念。

★ 了解 M2M 的标准。

★ 明确 M2M 的业务特征和业务需求。

★ 熟悉 M2M 的系统架构。

★ 了解 M2M 的应用。

通信网络技术的出现和发展，使人与人之间可以更加快捷地沟通，信息的交流更顺畅。机器对机器（Machine-to-Machine，M2M）技术可以让各类机器之间以及机器与操作人员之间可以互联通信，M2M 市场被认为是互联网后通信业的又一发展机遇，这一点，与 IBM 公司倡导的“智慧地球”不谋而合。本章主要对 M2M 进行基本的介绍，重点描述 M2M 的基本概念、标准、系统架构、技术特征及应用。

5.1　M2M 概述

5.1.1　M2M 的含义

20 世纪 90 年代中后期，随着各种通信手段（如因特网、遥感勘测、远程信息处理、远程控制等）的发展，加之地球上各类设备的不断增加，人们开始越来越多地关注如何对设备和资产进行有效监视和控制，甚至如何用设备控制设备。“M2M”理念由此起源。

M2M 最早的出处无从考证。较为熟知的是，2002 年 9 月 20 日，全球知名企业 OPTO 22 和诺基亚联合发布的一条消息中，采用了当时风靡一时的术语“M2M”来诠释双方正在开发中的解决方案——“以以太网和无线网为基础，实现网络通信中各实体间的信息交流”，这是 M2M 正式在市场上出现的标志。另外，2003 年诺基亚产品经理 Damian Pisani 在题为《M2M 技术——让你的机器开口讲话》的白皮书中提到“M2M 旨在实现人、设备、系统间的连接”，此后“人、设备、系统的联合体”便成了 M2M 的特点标签。

M2M 有狭义和广义之分。狭义的 M2M 指机器到机器的通信；广义的 M2M 指以机器终端智能交互为核心的、网络化的应用与服务。M2M 基于智能机器终端，以多种通信方式为接入手段，为客户提供信息化解决方案，满足客户对监控、指挥调度、数据采集和测量等方面的信息化需求。M2M 的扩展概念包括“Machine to Mobile”——“机器对移动设备”、“Man to Machine”——“人对机器”等。M2M 提供了设备实时数据在系统之间、远程设备之间、机器与人之间建立通信连接的简单手段，旨在通过通信技术来实现人、机器、系统三者之间的智能化、交互式无缝连接，从而实现人与机器、机器与机器之间畅通无阻、随时随地的通信。

M2M 综合了数据采集、远程监控、通信、信息处理等技术，能够使业务流程自动化，集成公司 IT 系统和非 IT 设备的实时状态，并创造增值服务。M2M 可在安全监测、自动读取停车表、机械服务和维修业务、自动售货机、公共交通系统、车队管理、工业流程自动化、电动机械、城市信息化等环境中提供广泛的应用和解决方案，目前已经得到了惠普（HP）、CA、英特尔、IBM、AT & T、爱立信（Ericsson）、诺基亚（Nokia）、欧姆龙（OMRON）等设备商和运营商的支持。

M2M 不是简单的数据在机器和机器之间的传输，更重要的是，它是机器和机器之间的一种智能化、交互式的通信。也就是说，即使人们没有实时发出信号，机器也会根据既定程序主动进行通信，并根据所得到的数据智能化地做出选择，对相关设备发出正确的指令。可以说，智能化、交互式成为 M2M 有别于其他应用的典型特征，这一特征下的机器也被赋予了更多的“思想”和“智慧”。

5.1.2 M2M 发展状况

1. M2M 产业市场现状

物联网被看作是继计算机、互联网与移动通信网之后的又一次信息产业浪潮，已被世界各国当作应对经济危机、振兴经济的重点技术之一。而 M2M 是物联网的核心技术之一，也是物联网现阶段最普遍的应用形式，如图 5.1 所示。

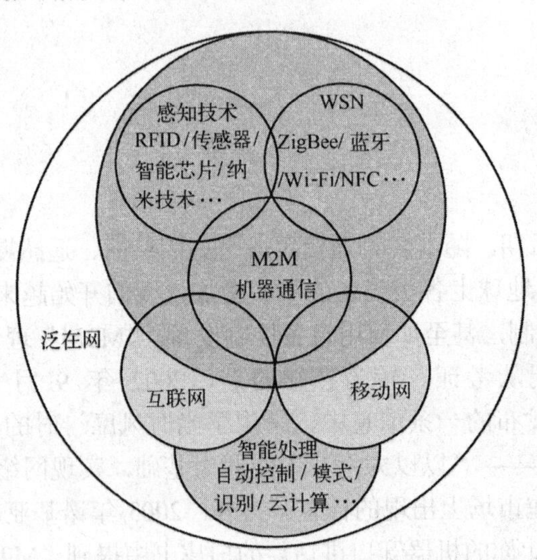

图 5.1　物联网中的 M2M 的核心作用

M2M 作为物联网在现阶段的最普遍的应用形式，在欧洲、美国、韩国、日本等国家实现了商业化应用，主要应用在安全监测、机械服务和维修业务、公共交通系统、车队管理、工业自动化、城市信息化等领域。提供 M2M 业务的主流运营商包括德国的 T-Mobile 公司、英国的 BT 公司和 Vodafone 公司、日本的 NTT-DoCoMo 公司、韩国的 SK 公司等。

M2M 应用在我国起步同样较早，目前在我国，中国移动、中国联通、中国电信等移动营运商是 M2M 的主要推动者，中国电信的 M2M 平台从 2007 年就开始搭建；中国移动搭建了 M2M 运营平台，要求所有与设备相关的 GPRS 数据流量都通过 M2M 平台；中国联通 M2M 相关业务已经推出。

据统计，物联网现阶段的主要形式 M2M 在 2009 年全球运营商的业务收入约为 15 亿美元。美国市场研究公司 Forrester 预测，到 2020 年，世界上“物物互连”的业务，跟人与人通信的业务相比，将达到 30∶1，仅仅是在智能电网和机场防入侵系统方面的市场就有上千亿美元。

2．M2M 产业发展趋势

（1）发展模式：分阶段发展

近年来，随着 M2M 服务提供商、M2M 测试认证商的出现，M2M 产业链也开始趋于完善。从目前的情况看，M2M 市场的发展将分三个阶段：

第一阶段为探索期。在这个阶段，各种业务的商业模式尚处于摸索过程中，产业关注的焦点普遍为对新生纵向市场的开拓，其业务主要由 M2M 服务商提供，传统运营商对 M2M 市场关注度不高，其提供的服务主要以为 M2M 服务商提供网络连接为主。

第二阶段为高速发展期。在这一阶段，纵向市场将被打破，横向市场开始形成并快速发展，越来越多的网络类型将被应用于解决方案当中，电信运营商将全面参与到 M2M 市场，并开始占据行业主导地位，市场进入高速发展期。目前全球 M2M 市场正处于第一阶段与第二阶段的过渡阶段。

第三阶段是成熟期，家庭及个人应用将成为 M2M 的主要力量，通信网络全面融合，可实现不同通信技术网络之间的无缝连接。

人们可以根据 M2M 市场的发展节奏进行投资规划布局，如图 5.2 所示。

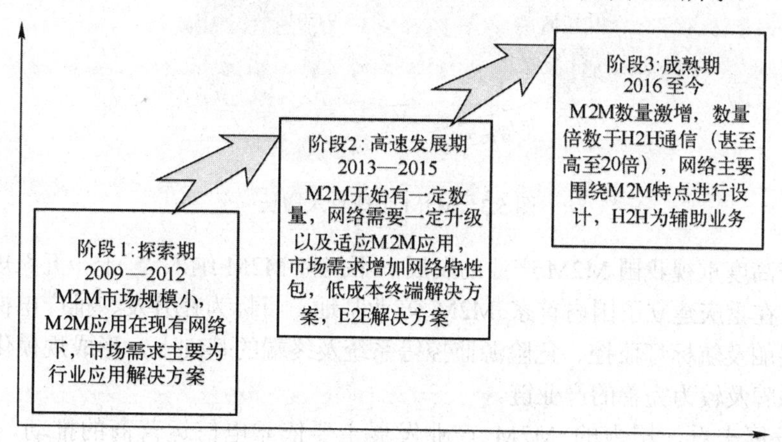

图 5.2　M2M 市场投资计划布局

（2）业务方向：各取所需

由于不同地区 M2M 业务的发展程度及需求各不相同，因此在未来的几年，不同地区 M2M 主要业务发展方向也会各有不同。如北美地区汽车产业发达，预计该地区 M2M 市场仍会以汽车信息通信及车队管理为主。M2M 在欧洲地区的应用领域较广，市场也最为成熟，但考虑到一些政策因素，未来几年其市场需求最大的仍将是自动抄表及汽车信息通信。亚太地区的 M2M 产业目前尚处于发展的初级阶段，预计其业务发展将主要在以下三个方面：企业信息化应用；来自政府部门的环境保护及监测；另外，由于人口密集，智能家居也将成为未来亚太地区 M2M 市场重要的发展方向；中东及非洲地区则由于纷争不断，企业政府部门关注的 M2M 重点将在安全防护及军事应用等方面。

（3）技术：3G/4G 技术为主

随着物联网、4G 等网络建设不断推进，机器间通信覆盖范围不断扩大，广泛应用于车载和运输、能源、支付、安防、网关、工业、个人和医疗、智慧城市、农业和环境等领域。M2M 继续保持高速增长，4G 技术将逐步成为主流。面向行业领域和消费领域的资产管理、工业设备管理、电力、交通、金融、公共服务、安全监控等大规模需求为 M2M 创造了广阔的市场空间。目前国外电信运营商正逐步关闭 2G 网络，AT&T 公司在 2017 年初关闭其 2G 网络，日本已有三家移动运营商完也了从 2G 到 3G、4G 技术的过渡。随着各个行业在物联网应用中对数据连接的要求越来越高，4G LTE 占比将不断上升。根据爱立信公司的预测，到 2019 年采用 4G LTE 的 M2M 方案将成为主流。

（4）市场：亟待突破

据 Machina Research 预测，2020 年，全球机对机通信（M2M）收入将由 2010 年的 1210 亿美元增长到 9480 亿美元（如图 5.3 所示），增速为每年 23%，如图 5.3 所示。预计到 2020 年，各国 M2M 收入全球占比分别为：美国 21%，中国 16%，日本 8%，德国 4%，法国 3%。而中国 M2M 终端的数量将跃居全球首位。

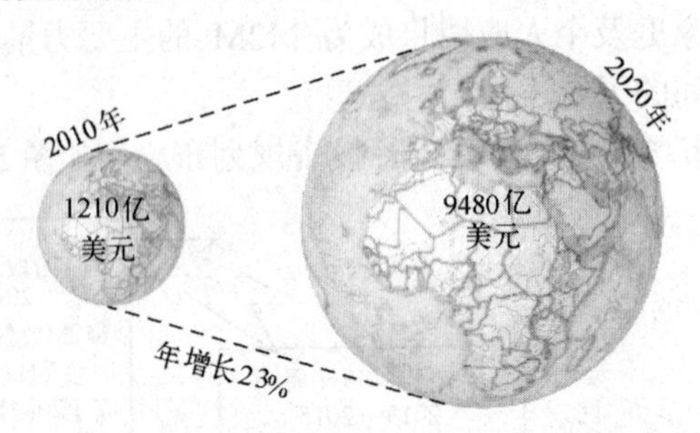

图 5.3　M2M 全球收入增长

我国政府高度重视我国 M2M 产业的发展，不但将 M2M 纳入“十一五”规划的重点扶持项目，而且在重庆建立了国内首家 M2M 产业基地，目标为在开发、推广电梯安全管理、车辆监控、船舶及航标灯监控、危险源监控等系统及终端的基础上，形成规模化应用，打造国际一流的品牌及较为完善的产业链。

从产业发展来看，国内的 M2M 产业发展主要依靠电信运营商的推动，这点与亚洲一些国家较为相似，如 NTT DoCoMo 和 SK 电讯均是依靠其全资子公司来提供 M2M 连接服务。

尽管中国移动、中国电信在 M2M 业务的宣传和推广上下了很多功夫，但是目前由两大运营主导的 M2M 业务实际推广效果却并不乐观。根据中国移动研究院 2008 年 10 月的数据，目前中移动的 M2M 业务主要集中在电力、交通等行业，未能在更为庞大的个人、家庭及社区等用户群中开展，且用户认知度低。这说明，目前我国的 M2M 业务还没有进入大规模的应用推广阶段。对于运营商来说，与高投入相比，M2M 尚未实现盈利并形成稳定的收入来源。

5.2 M2M 标准

M2M 所涉及的技术标准较为复杂和广泛，其中包括网络通信、中间件、系统架构和安全等多方面。在 M2M 行业应用中，目前还没有一个统一的技术标准规范，存在多种终端、模块以及平台，现有生产 M2M 模块的厂家各自有独立的硬件接口及通信协议和软件标准，提高了厂家的开发成本，并成为制约物联网发展的瓶颈。在国际标准化方面，与 M2M 研究相关的标准化组织有 IEEE、ETSI、3GPP、 ITU 及 CCSA。下面介绍 3GPP、ETSI 和 ITU 的进展情况。

5.2.1 3GPP

3GPP（The 3rd Generation Partnership Project），是领先的 3G 技术规范机构，由欧洲的 ETSI、日本的 ARIB 和 TTC、韩国的 TTA 以及美国的 T1 在 1998 年底发起成立，旨在研究制定并推广基于演进的 GSM 核心网络的 3G 标准，即 WCDMA、TD-SCDMA、EDGE 等。3GPP SA1 工作组于 2005 年 9 月就开始针对 M2M 进行了研究，主要致力于制定 GSM 和 UMTS 网络环境下的 M2M 标准，以及针对 M2M 通信进行网络优化，2007 年年底完成了研究报告《TR22.868，GSM 和 UMTS 中的 M2M 通信》（《TR 22.868，Facilitating M2M Communication in GSM and UMTS》），SA1 的 TR 22.868 指出了 M2M 通信的众多应用领域，例如安全、跟踪、付费、远程维护与控制、抄表等，并在 2008 年 5 月开始了 TS 阶段的工作：TS 22.368《MTC 网络改造》（《Network Improvement for MTC》）（NIMTC），主要研究针对机器通信网络优化的要求，并在 2010 年 3 月完成该 TS 的工作。

核心网主要的标准化工作在 3GPP SA2，核心网对 M2M 业务的支持优化：PS 域网元（SGSN，GGSN）、演进分组核心网（Evolved Packet Core，EPC）、大量 M2M 终端导致的核心网节点拥塞。SA2 工作组成立了 IPv6 迁移过渡研究项目组《TR23.976 IPv6 迁移指南》（《TR 23.976 Study on IPv6 Migration Guidelines》），主要负责支持机器类型通信的移动核心网络体系结构和优化技术的研究，于 2009 年底正式启动研究报告《支持机器类型通信的系统增强》。报告针对第一阶段需求中给出共性技术点和特性技术点给出解决方案。

3GPP SA3 工作组在 2007 年 9 月成立，主要负责安全性相关研究，包括 M2M 应用的远程更新和下载，M2M 用户对不同运营商的选择以及 M2M 用户应用的安全保障机制等。SA3 工作组于 2007 年启动了《远程控制及修改 M2M 终端签约信息的可行性研究》报告，研究 M2M 应用在 UICC 中存储时，M2M 设备的远程签约管理，包括远程签约的可信任模式、安全要求及其对应的解决方案等。2009 年启动的《M2M 通信的安全特征》研究报告，计划在 SA2 工作的基础上，研究支持 MTC 通信对移动网络的安全特征和要求。

M2M 在 3GPP 内对应的名称为机器类型通信（Machine-Type Communication，MTC）。3GPP 并行设立了多个工作项目（Work Item）或研究项目（Study Item），由不同工作组按照其领域，并行展开针对 MTC 的研究。总的来说，3GPP 标准是通过三个阶段来完成标准化工作的：

1）R10 及以前：对应现阶段 M2M 市场规模较小，M2M 应用在现有网络架构下，基于现网的少量优化或不优化，抛弃过于繁复的场景。

2）R10、R11：当 M2M 应用开始有一定数量，但规模还没有超过 H2H 通信，网络需要一定规模的升级以适应 M2M 应用。这一阶段仅通过网络软升级，不做物理层/芯片的改动，增加 M2M 网络优化功能，增加相应的应用实体或功能，从简单应用到复杂应用逐步实现。当 R10 中各工作组的技术报告完成后，开始在 R11 中形成技术标准。

3）R12 及以后：届时 M2M 应用的数量将会激增，数倍于 H2H 通信（甚至高至 20 倍），因此网络应主要围绕 M2M 的特点进行设计，而 H2H 仅为辅助业务。这一阶段需针对 M2M 特点进行新的网络设计，考虑新的物理层设计，针对特定的 M2M 需求还会新增特定实体。

5.2.2 ETSI

欧洲电信标准化协会（European Telecommunications Standards Institute，ETSI）是国际上较早系统展开 M2M 相关研究的标准化组织，2009 年初成立了专门的 TC 来负责统筹 M2M 的研究，旨在填补当前 M2M 标准空白和加速其市场的快速发展，制定一个水平化的、不针对特定 M2M 应用的端到端解决方案的标准，主要进行 M2M 业务及运营需求、端到端 M2M 高层体系架构、M2M 应用、M2M 解决方案间的互操作性研究，目前成立了 8 个工作项目组并展开研究。该工作组由 FT-Orange 发起，包括运营商、设备商、集成商等几百个研究单位和组织。

TC M2M 目前有三个工作组。

1）M2M 业务需求：定义支持 M2M 通信服务对于端到端系统方面的需求。

2）M2M 功能架构：重点研究为 M2M 应用提供 M2M 服务的网络功能体系结构，包括定义新的功能实体，与 ETSI 其他 TB 或其他标准化组织标准间的标准访问点和概要级的呼叫作流程。本研究课题输出将是第三阶段工作的出发点，也是与其他标准组织物联网相关研究之间进行协调的参照点。图 5.4 是该报告中提出了 M2M 的体系架构，从图中可以看出，

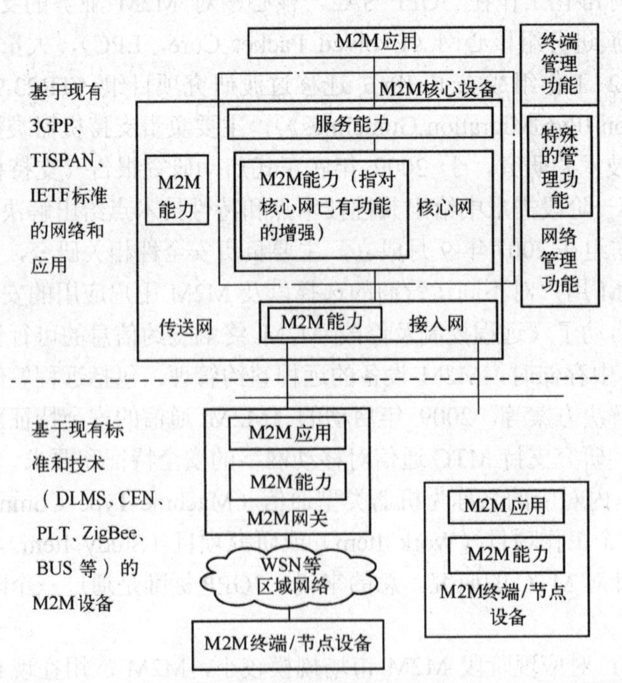

图 5.4　ETSI M2M 功能体系架构

M2M 技术涉及了通信网络中从终端到网络再到应用的各个层面，M2M 的承载网络包括了3GPP、TISPAN 以及 IETF 定义的多种类型的通信网络。

3）智能表应用案例：该项目应欧盟委员会的要求而建立，负责收集智能表（Smart Metering）相关的应用用例。

到目前为止，ETSI TC M2M 举办了多次会议，其中 M2M 业务需求和智能表应用案例两个工作组获得了比较大的进展。M2M 功能架构的研究相应进展缓慢。

目前 SA1 阶段已经完成，SA2 正在启动中，估计距离标准商用还有 2～3 年时间。M2M 端到端设计内容包括：

1）终端的标识方法和寻址问题。

2）制定服务类别，解决 QoS 问题。

3）安全和隐私策略，认证方法。

4）互联互通的问题。

5.2.3 ITU

ITU-T 主要关注泛在网的标准化工作，重点集中在总体框架、标识和应用三方面。目前有四个工作组在进行相关研究：

1）SG11（协议与测试规范）有专门的“NID 和 USN 测试规范”，主要研究 NID 和 USN 的测试架构，H.IRP 测试规范以及 X-oidres 测试规范，主要包括 Q.12 网络标识与泛在网测试规范。

2）SG13（总体）主要从 NGN 角度展开泛在网相关研究：基于 NGN 的泛在网络/泛在传感器网络需求及架构研究、支持标签应用的需求和架构研究、身份管理（IDM）相关研究、NGN 对车载通信的支持。包括 Q.5 基于 NGN 的泛在网络 / 泛在传感器网络需求及架构和 Q.16 支持标签应用的需求和架构研究、身份管理研究两个方面。

3）SG16（应用）集中在业务和应用、标识解析方面，具体包括：泛在感测网络（USN）应用和业务；用于通信/智能交通系统业务/应用的车载网关平台；用于电子健康（eHealth）应用的多媒体架构。主要有三个方面：Q.25 泛在网应用和服务；Q.27 电信车载网关平台、ITS 服务、应用；Q.28 健康应用多媒体框架。

4）SG17（安全）关于网络安全、身份管理、解析的研究，具体包括泛在通信业务安全方面；身份管理架构和机制；抽象语法标记（ASN.1）、对象标识（OIDs）及相关注册。

5.3 M2M 技术

5.3.1 M2M 产品构成

M2M 产品组成主要由以下三部分构成：

1）无线终端：都是特殊的行业应用终端，而不是通常的手机或笔记本式计算机。

2）传输通道：从无线终端到用户端的行业应用中心之间的通道。

3）行业应用中心：是终端上传数据的汇聚点，对分散的行业终端进行监控。特点是行业特征性强，用户自行管理，而且可位于企业端或者托管。

5.3.2　M2M 技术组成

在 M2M 系统结构中涉及很多技术问题需要解决。例如，M2M 终端（机器）之间如何连成网络？M2M 终端（机器）使用什么样的通信方式？数据如何整合到原有或者新建立的信息系统中？M2M 系统结构中涉及五个重要的支撑技术，包括机器、M2M 硬件、通信网络、中间件和应用。

1．机器（Machines）

实现 M2M 的第一步就是从机器/设备中获得数据，然后把它们通过网络发送出去。不同于传统通信网络中的终端，M2M 系统中的机器应该是高度智能化的机器，即机器具有“开口说话”的能力，具备信息感知、信息加工（计算能力）、无线通信能力。使机器具备“说话”能力的基本方法有两种：一种是生产设备的时候嵌入 M2M 硬件；另一种是对已有机器进行改装，使其具备与其他 M2M 终端通信/组网能力。

“人、机器、系统的联合体”是 M2M 的有机结合体。可以说，机器是为人服务的，而系统则都是为了机器更好地服务于人而存在的。

2．M2M 硬件

M2M 硬件是使机器获得远程通信和联网能力的部件。在 M2M 系统中，M2M 硬件的功能主要是进行信息的提取，从各种机器/设备那里获取数据，并传送到通信网络。目前，现有的 M2M 硬件产品可分为五种。

（1）嵌入式硬件

嵌入式硬件即硬件嵌入机器里面，使其具备网络通信能力。常见的产品是支持 GSM/GPRS 或 WCDMA 无线移动通信网络的无线嵌入数据模块。典型产品有：Nokia 12 GSM 嵌入式无线数据模块、Sony Ericsson 的 GR 48，Motorola 的 G18/G20 for GSM、C18 for CDMA 以及 Siemens 的 TC45、TC35i、MC35i 等。

（2）可改装硬件

在 M2M 的工业应用中，厂商拥有大量不具备 M2M 通信和连网能力的设备仪器，可改装硬件就是为满足这些机器的网络通信能力而设计的。实现形式也各不相同，包括从传感器收集数据的 I/O 设备；完成协议转换功能，将数据发送到通信网络的连接终端；有些 M2M 硬件还具备回控功能。典型产品有 Nokia 30/31 for GSM 连接终端。

（3）调制解调器（Modem）

嵌入式模块将数据传送到移动通信网络上时，它起到的作用就是调制解调器的作用。如果要将数据通过公用电话网络或者以太网送出，分别需要相应的调制解调器。典型产品有 BT-Series CDMA、GSM 无线数据 Modem 等。

（4）传感器

传感器能够让机器具备信息感知的能力。传感器可分成普通传感器和智能传感器两种。智能传感器（Smart Sensor）是指具有感知能力、计算能力和通信能力的微型传感器。由智能传感器组成的传感器网络（Sensor Network）是 M2M 技术的重要组成部分。一组具备通信能力的智能传感器以 Ad hoc 方式构成无线网络，协作感知、采集和处理网络覆盖的地理区域中感知对象的信息，并发布给观察者，也可以通过 GSM 网络或卫星通信网络将信息传给远方的 IT 系统。

（5）识别标识（Location Tags）

识别标识如同每台机器、每个商品的“身份证”，使机器之间可以相互识别和区分。常用的技术如条形码技术、射频识别技术等。标识技术已经被广泛用于商业库存和供应链管理。

3．通信网络

通信网络在整个 M2M 技术框架中处于核心地位，包括广域网（无线移动通信网络、卫星通信网络、因特网、公众电话网）、局域网（以太网、WLAN、蓝牙）、个域网（ZigBee、传感器网络）。

在 M2M 技术框架的通信网络中，移动通信网络起着重要作用。3G 移动通信网络除了提供话音服务之外，数据业务的开拓是其发展的重点。随着移动通信技术向 3G 的演进，必定将 M2M 应用带到一个新的境界。国外提供 M2M 服务的网络有 AT&T Wireless 的 M2M 数据网络计划、Aeris 的 MicroBurst 无线数据网络等。

现在建立 M2M 通信的解决思路通常是使用目前相当普及的移动蜂窝网，在一些架设线路有困难的地方移动电话的确是很好的通信方法。同时移动通信技术在全世界范围连接起来超过 20 亿手机用户，而需要连接并管理的设备要超过这个数字 4 倍。蜂窝 M2M 可以提供集移动、加密、安装便携、易于安装等特点的一体化方案。很多情况下，蜂窝 M2M 展现出不可比拟的优势，如解决布线困难，模拟线路、载波信号或卫星连接不稳定等现象。

4．中间件（Middleware）

在通信网络和 IT 系统间起桥接作用。中间件包括两部分：M2M 网关、数据收集/集成部件。网关是 M2M 系统中的“翻译员”，它获取来自通信网络的数据，将数据传送给信息处理系统，主要的功能是完成不同通信协议之间的转换。典型产品如诺基亚的 M2M 网关。数据收集/集成部件是为了将数据变成有价值的信息。对原始数据进行不同加工和处理，并将结果呈现给需要这些信息的观察者和决策者。

M2M 中间件的标准化，能够促使终端和业务对接简化，如同短信网关一样，这样大大简化了业务开发和系统集成的复杂度。这些中间件包括：数据分析和商业智能部件、异常情况报告和工作流程部件、数据仓库和存储部件等。

5．应用

在 M2M 系统中，应用的主要功能是通过数据融合、数据挖掘等技术把感知和传输来的信息进行分析和处理，为决策和控制提供依据，实现智能化的 M2M 业务应用和服务。

M2M 应用通过标准化的接口与 M2M 平台进行交互，对终端设备进行数据查询、处理以及通过 M2M 平台进行终端设备控制与管理等。M2M 应用可以由运营商、系统集成商、业务提供商或者用户提供。

5.3.3　M2M 系统结构

M2M 业务流程涉及众多环节，其中数据通信过程内部也涉及多个业务系统，包括 M2M 终端、M2M 管理平台、M2M 应用系统三个主要组成部分，具体系统结构如图 5.5 所示。

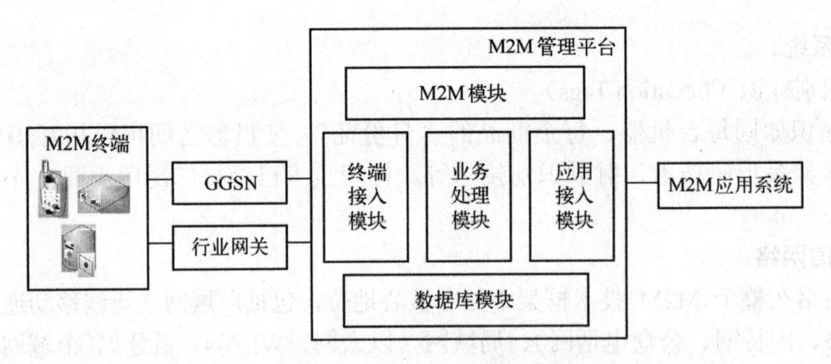

图 5.5　M2M 系统结构图

1．M2M 终端

M2M 终端具有的功能主要包括接收远程 M2M 平台激活指令、本地故障报警、数据通信、远程升级、使用短消息/彩信/GPRS 等几种接口通信协议与 M2M 平台进行通信。M2M 终端主要包括行业专用终端、无线调制解调器、手持设备三种类型。

（1）行业专用终端

通常由终端设备（TE）和无线模块（MT，移动终端）两部分构成。TE 主要完成行业数字模拟量的采集和转化；MT 主要完成数据传输、终端状态检测、链路检测及系统通信功能。终端管理模块为软件模块，可以位于 TE 或 MT 设备中，主要负责维护和管理通信及应用功能，为应用层提供安全可靠和可管理的通信服务，包括参数配置、出厂预设、监测通信状态、故障恢复、报警、安全、功能切换、通信链路维持等。

（2）无线调制解调器

又称为无线模块，具有终端管理模块功能和无线接入能力。用于在行业监控终端与系统间无线收发数据。

（3）手持设备

通常具有查询 M2M 终端设备状态、远程监控行业作业现场和处理办公文件等功能。

2．M2M 管理平台

M2M 管理平台为客户提供统一的移动行业终端管理、终端设备鉴权；支持多种网络接入方式，提供标准化的接口使得数据传输简单直接；提供数据路由、监控、用户鉴权、内容计费等管理功能。

M2M 平台按照功能划分为通信接入模块、终端接入模块、应用接入模块、业务处理模块、数据库模块和 Web 模块等。

（1）通信接入模块

通信接入模块包括行业网关接入模块和 GPRS 接入模块。行业网关接入模块负责完成行业网关的接入，通过行业网关完成与短信网关、彩信网关的接入，最终完成与 M2M 终端的通信。GPRS 接入模块使用 GPRS 方式与 M2M 终端传送数据。

（2）终端接入模块

终端接入模块负责 M2M 平台系统通过行业网关或 GGSN 与 M2M 终端收发协议消息的解析和处理。该模块支持基于短消息、USSD、彩信、GPRS 几种接口通信协议消息，通过将不同网络通信承载协议的接口消息进行处理后，封装成统一的接口消息提供给业务处理模块，从而使业务处理模块专注于业务消息的逻辑处理，而不必关心业务消息承载于哪种通信通道，保证了业务处理模块对于不同网络通信承载协议的稳定性。终端接入模块实现对终端消息的解析和校验，以保证消息的正确性和完整性，并实现流量控制和过负荷控制，以消除过量的终端消息对 M2M 平台的冲击。同时，终端接入模块负责完成与行业网关的各种通信方式的处理，并接收行业网关从行业终端采集的完整信息，实现终端上线认证、参数配置、数据转发、终端的故障上报信息统计等功能。

（3）应用接入模块

应用接入模块实现 M2M 应用系统到 M2M 平台的接入。通过该模块 M2M 平台对接入的应用系统进行管理和监控，从结构上又可以分为以下几种：应用接入控制模块，负责接收 M2M 应用系统的连接请求，并对应用系统进行身份验证和鉴权，以防止非法用户的接入；应用监控模块，对应用系统的运行行为进行监控和记录，包括系统的状态、连接时间、退出次数等进行记录，并对应用发送的信息量、信息条数、接收的信息量进行记录；应用通信模块，与 M2M 应用系统通过 TCP/IP 方式进行通信，实现上行到应用的业务消息的路由选择，通过 M2M 平台与 M2M 应用之间的接口协议进行数据传输。

（4）业务处理模块

业务处理模块是 M2M 平台的核心业务处理引擎，对 M2M 平台系统的业务消息进行集中处理和控制。它负责对收到的业务消息进行解析、分配、路由、协议转换和转发，对 M2M 应用业务进行实时在线的连接和维护，同时维护相应的业务状态和上下文关系，还负责流量分配和控制、统计功能、接入模块的控制，并产生系统日志和网管信息。业务处理模块完成各种终端管理和控制的业务处理，它根据终端或者应用发出的请求消息的命令执行对应的逻辑处理，也可以根据用户通过管理门户发出的请求对终端或者应用发出控制消息进行操作。

（5）数据库模块

数据库模块保存各类配置数据、终端信息、集团客户（EC）信息、签约信息和黑/白名单、业务数据、信息安全信息、业务故障信息等。

（6）Web 模块

Web 模块提供 Web 方式操作维护与配置功能。

3．M2M 应用系统

M2M 终端获得信息以后，本身并不处理这些信息，而是将这些信息集中到应用平台上来，由应用系统来实现业务逻辑。应用系统的主要功能是把感知和传输来的信息进行分析和处理，做出正确的控制和决策，实现智能化的管理、应用和服务，应用系统的业务逻辑集中化，可以降低终端处理能力的要求，从而减小体积、降低功托、节约成本。通过建设标准化、可定制的 M2M 应用系统，可降低应用开发的门槛，促进整个 M2M 产业向更好的方向发展。

5.3.4 M2M 分层架构

M2M 平台除了提供路由寻址和认证授权、QoS 管理、计费、安全等公共能力外，还提供 M2M 终端及网关管理、M2M 终端外设及末梢网络管理、签约管理、数据管理、业务控制等业务功能，并提供对现网能力的调用。同时，M2M 平台提供各类 M2M 终端设备接入功能，通过统一的接口向各种应用开放 M2M 平台的能力，如图 5.6 所示。

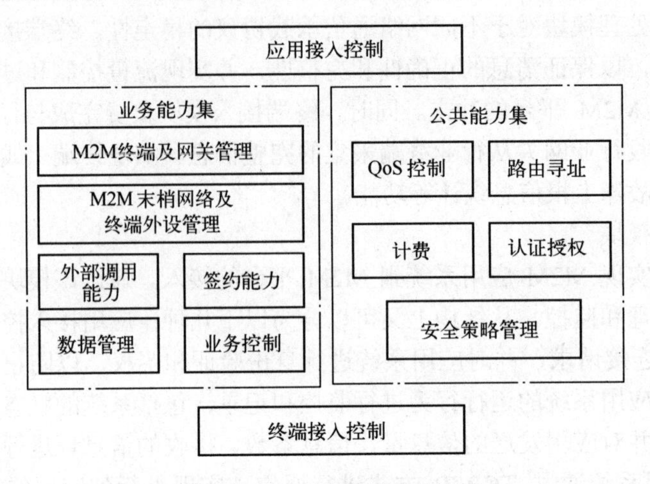

图 5.6　M2M 业务平台的功能

M2M 企业应用通过对获得的数据进行加工分析，为决策和控制提供依据。M2M 端到端分层架构的各层功能如图 5.7 所示。

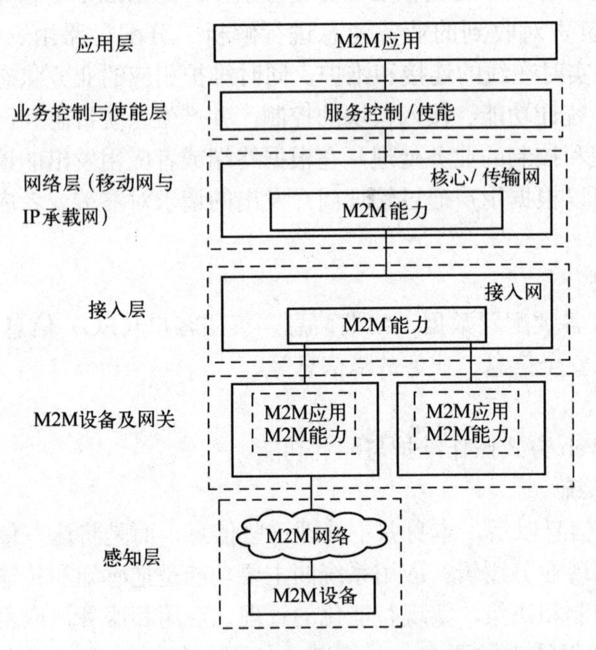

图 5.7　M2M 端到端分层架构

从 M2M 端到端分层架构可以看出，各层的功能不同，而且每层可以由多种技术得以实现。常用的技术如下：

（1）业务层技术

1）应支持开放、统一、安全、异构、多网融合、智能的端到端业务控制架构。

2）业务控制技术：应支持路由/寻址/标识、安全、QoS、业务控制/业务路由/业务发现/触发、设备管理与配置、签约/ID 管理、接入控制、网络能力选择、事务管理、业务互通。

3）能力开放技术（网络/设备交互/数据管理能力开放、Web Service 接口技术）。

4）上下文（Context）感知技术（网络/业务/用户/设备上下文的建模、收集、存储、管理等）。

5）应用层协议技术。

6）大规模/智能化的数据管理/分析/处理。

（2）移动网络技术

移动网络系统架构的增强与优化（标识寻址、基于业务的拥塞控制、QoS 策略、业务感知/签约管理、会话控制、群组管理、安全、移动性管理、数据汇聚、设备状态监视）。

（3）IP 与承载网技术

1）面向未来海量终端与应用的 IP 网络增强与优化。

2）低功耗/易损环境下的 IP 传感网技术（IP 轻量化、路由、初始引导、配置管理、业务发现、安全、移动性、自组织、低功耗）。

3）流量建模、系统仿真与分析（IP 承载网）。

（4）传感网技术

1）短距无线通信技术（IEEE 802.15.4/6/7、ZigBee）。

2）传感网技术（包括 IP、非 IP）。

3）传感器技术。

4）传感器数量巨大，如果直接都连接到蜂窝网上，对蜂窝网的压力太大；每个终端都内置移动通信的连接能力，成本太高，而用 ZigBee/蓝牙等非常便宜；大量的传感器终端，需要部署在户外的情况（如森林防火、水利控制等），供电不容易获取，需要一个纽扣电池支撑一年甚至更长，采用移动通信难以满足。

5.3.5 M2M 通信协议

M2M 终端可通过 GSM、WCDMA、TD-SCDMA 等不同的移动通信网络接入，通信方式包括短信、彩信等。为了屏蔽不同的通信网络、不同的通信方式的差异性，便于 M2M 终端设备快速接入 M2M 系统，需要对 M2M 终端设备与 M2M 管理平台之间的通信协议进行规范。

目前，我国典型的 M2M 通信协议是由中国移动提出的无线机器管理协议（Wireless Machine Management Protocol，WMMP）。

WMMP 的演进过程如下：

1）1.0 协议：仅实现 M2M 平台与终端的接口。初步实现 M2M 终端管理功能。

2）2.0 协议：修订了 1.0 协议中部分内容，进一步完善了平台与终端接口的定义，增强了 M2M 终端管理功能，定义了业务流与管理流的两种模式。

3）3.0 协议：修订了 2.0 协议中部分内容，增强了终端软件升级及数据传输功能，增强了相关安全机制，新增了 M2M 平台与应用接口协议，实现了经由 M2M 平台路由转发的端到端通信。

4）未来协议：实现直接的端到端通信，支持 WSN 技术，实现 M2M 终端的自组织能力，支持非标准或专用的通信网络及协议的能力，支持分布式的 M2M 平台接入。

WMMP 协议是为实现行业终端与 M2M 平台数据通信过程而设计，属于与具体通信网络及通信接入方式无关的应用层协议，建立在UDP协议上，协议栈结构如图5.8所示。

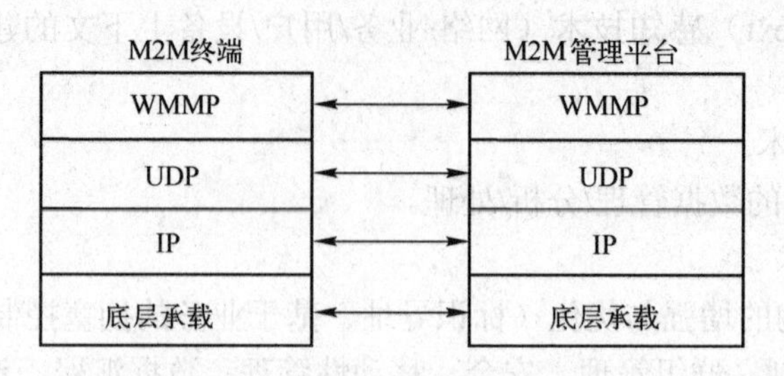

图5.8　WMMP协议栈结构

由于 GPRS 网络带宽较窄，延迟较大，不适于采用 TCP 协议进行通信。采用 UDP 协议传输，其优点是效率高、流量小、节省网络带宽资源；缺点是没有确认机制，有可能引起丢包。根据实际经验发现，通过在 UDP 的上层应用层协议实现类似 TCP 的包确认和重传机制，采用 UDP 方式传输，丢包率能控制在 1%以下，从而提高通信效率及可靠性。

WMMP 协议通信方式主要有两种：长连接和短连接。所谓长连接，指在一个过程中可以连续发送多个数据报，如果没有数据报发送，则需要行业终端发送心跳包以维持此连接。短连接是指通信双方有数据交互时，就建立一个 WMMP 过程，数据发送完成后，则断开此 WMMP 过程。

长连接过程中采用了心跳作为维持、监测链路的手段。在长连接模式下，通信双方以 C/S 方式建立 WMMP 过程，用于双方信息的相互提交。当信道上没有数据传输时，M2M 终端应每隔时间 *C* 发送心跳包以维持此连接，当心跳包发出超过时间 *T* 后未收到响应，应立即再发送心跳包，再连续发送 *N*-1 次后仍未得到响应则结束此过程。参数 *C*、*T*、*N* 原则上应可配置，可通过 M2M 管理平台结合实际应用进行合理配置。长连接适用于需要长时间一直在线的企业应用。

短连接由于数据的交互在较短的时间内完成，可以不需要心跳包来维持链路，但 M2M 终端仍然需要通过心跳包告知 M2M 平台它的运行状态，以便进行监控和故障报警。短连接的操作流程与长连接一致，唯一的区别在于平台并非通过心跳包来判断终端链路的存在，而是判断终端是否处于工作状态。在短连接模式，M2M 终端平时处于下线状态，当本地由于数据需要传输或达到定时上线时间等类似策略时，行业终端为客户端以客户/服务器方式建立 WMMP 过程，传送数据完成后，结束该过程。通信消息发出后等待时间 *T* 后未收到响应，应立即重发，再连续发送 *N*–1 次后仍未得到响应则停发。参数 *T*、*N* 原则上应可配置，可通过 M2M 管理平台结合实际应用进行合理配置。短连接适用于数据量少，不需要一直在线的企业应用。

WMMP 协议主要实现的功能和流程包括以下几点。

1）M2M 终端序列号的注册和分配。终端在未注册状态下，需要向 M2M 管理平台注册。M2M 管理平台对终端序列号进行有效校验，并按需要为终端分配序列号。

2）M2M 终端登录系统。M2M 管理平台对终端进行审核鉴权，决定是否允许接入平台。

3）M2M 终端退出系统。当 M2M 终端退出服务时向 M2M 管理平台发送消息，M2M 管理平台给予响应。

4）M2M 连接检查。实现长连接模式的链路维持，以及短连接模式下对终端工作状态的监控和管理。

5）终端上线失败错误状态上报。M2M 终端在上线失败后发送报警短信，得到 M2M 管理平台短信确认后进入休眠。M2M 管理平台可在故障排除后将其激活。

6）M2M 终端按照 M2M 管理平台的要求上报采集数据、告警数据或统计数据，以及向 M2M 管理平台请求配置数据。

7）M2M 管理平台从 M2M 终端提取所需的数据，或向终端下发控制命令和配置信息。

8）M2M 终端软件的远程升级。

5.4 M2M 业务

M2M 将无线通信应用于机器设备控制领域，M2M 的应用只是物联网的雏形。作为物联网的基本构成，M2M 应用将会更丰富和多元化，企业聚集、市场应用解决方案的不断整合和提升，进而带动各行业、大型企业的应用市场。同时，机器终端将成为移动通信未来的重要组成部分，物联网与移动通信相结合将为机器插上移动的“翅膀”。

M2M 系统的优点主要有：

1）无需人工干预，实现数据自动上传，提高信息处理效率。

2）监控终端运行状态，保障业务稳定运行。

3）无线方式传输数据，避免布线，节约成本。

4）可实现实时监控和控制，时效性高。

5）数据保存时间长，存储安全。

6）数据集中处理与保存，实现信息集中管理。

5.4.1 M2M 业务特征

M2M 应用非常丰富，各种应用的特征也不相同。从业务特征的差异来看，以往的蜂窝通信系统都是针对人到人（Human to Human，H2H）业务进行优化，如 VoIP、FTP、TCP、HTTP、流媒体等，而 M2M 的业务特征和 QoS 要求和 H2H 有明显差异，主要表现为低数据率、低占空比、不同的延迟要求。例如，在健康医疗生命体征监测应用中，普通的生命体征数据只需要周期性地传送或在事件驱动的情况下传送，只需要传输少量的数据信息，不需要很大的网络带宽，发生紧急情况下的数据信息需要实时传送，要有较高的 QoS 级别保证。而在视频监控类业务中则需要传输大量的监控信息，需要较高的网络带宽。与话音等传统通信业务相比，M2M 应用在通信特征方面呈现出差异化和多样化。它具有如下业务特征。

1）环境感知：M2M 应用可以通过传感器等感知设备对周围环境进行感知，自动获取环境信息。

2）自组织：节点可以动态、智能地接入网络，网络具有分布式、自恢复能力。

3）异构接入：多种通信接入和承载方式融合在一起，实现无缝接入；任何对象（人或设备等）无论何时、何地都能通过合适的方式获得所需的信息与服务。

4）移动性：不同的 M2M 终端设备具有不同的移动特征，有些是固定不动的，有些终端设备只进行低速移动，而有些 M2M 设备则可能会高速移动。网络可以支持具有不同移动特性的对象的移动与漫游，支持无缝切换及移动性管理，提供连续的业务体验。

5）开放性：M2M 网络各个层次的能力都是开放的，通过标准对外提供服务，开放的 M2M 网络业务环境有助于业务提供者方便、快速、灵活地开发和部署丰富的业务。

6）可管可控：提供统一的管理平台，对互联的不同网络设备实施各种管理和控制，从而实现对全网的综合管理，包括终端设备及业务接入鉴权、服务质量保证等，使用户获得可管、可控的优质 M2M 服务。

7）融合/协同：数字化、多媒体化的信息服务将融入人们的日常工作、生产、生活中，信息整合和服务协同是泛在服务的核心。网络作为基础构架，向各行各业提供综合的信息通信服务，实现对信息的综合利用，提升个人、企业、家庭的生活品质及工作效率。

8）安全：M2M 业务应提供从机器终端设备到应用服务的端到端的安全传输保证，同时，网络作为终端层和应用服务的数据传输中介，应对数据传输的双方进行认证和授权。

从终端使用场景和分布的差异来看，以往的蜂窝通信系统针对 H2H 终端的典型分布位置和密度进行优化，如手机和传感器的典型无线环境和单位面积内的数量。由于传感器网络的使用地域比手机更为广泛，M2M 终端的使用环境和数量密度与 H2H 有明显差异，在单位面积内，M2M 终端可能有“海量”的存在。

5.4.2 M2M 业务需求

不同的 M2M 业务对网络带宽、实时性、数据安全性、终端设备移动性以及连接时长等有不同的需求，以下是 M2M 应用的典型需求。

1）提供可以承诺服务质量的通信保障。根据不同的 M2M 应用需求提供不同级别的 QoS 保证。

2）提供端到端的业务安全。移动业务现有安全系统建立在基于用户卡的鉴权，而基于机器类业务的主要区别在于采集数据和控制外部环境的核心是机器，在现有的业务网络中，终端设备和用户卡不具有同等的安全保障，因此机器通信的安全是 M2M 业务需要重点支持的功能。

3）M2M 系统应可以寻址到各种 M2M 终端设备。

4）支持群组管理。多个具有相同功能的 M2M 终端设备节点可以组成一个群组，M2M 平台应支持对同一群组中的终端设备同时进行相同的操作。

5）终端设备远程管理。由于 M2M 终端设备通常情况下是无人值守的，因此 M2M 终端设备的远程管理需求是 M2M 业务最基本的特征，需要支持对 M2M 终端设备进行远程参数配置和远程软件升级等远程管理功能。

6）支持不同流量的数据传输，例如在视频监控、远程医疗业务中有大量的视频数据需要传输，而在温度感知、智能抄表业务中只需要传输少量的数据信息。

7）支持多种接入方式，能够支持固定和移动形态的终端设备通过各种有线、无线方式接入。

8）支持终端设备数量的扩展，新加入的终端设备可以方便地加入网络中来。

9）支持多种信息传递方式，包括单播、组播和广播等。

10）支持具有不同移动性的终端设备，有些终端设备是固定的，而另一些终端设备则可能是低速移动或高速移动，对于移动终端设备可以支持终端设备的漫游与切换，为用户提供一致的业务体验。

11）支持终端设备的休眠模式。由于很多 M2M 终端设备是没有电源供电的，节约能量对这样的 M2M 终端设备是非常重要的，所以有些终端设备会在工作一段时间后根据一定的策略转入休眠状态，M2M 终端设备在休眠之后要能接收在休眠过程中的数据信息。

M2M 对核心网络的影响部分将研究支持 M2M 通信对核心网网络架构的影响；对网络实体功能的要求，包括计费、安全等方面；以及支持 M2M 通信对核心网络协议的要求等。

在无线网络方面，为了高效地支持 M2M 业务，为了提高无线侧用户面的效率以支撑低成本、低耗电、海量的 M2M 接入，需要研究针对 M2M 通信的 GSM/GERAN/UTRAN 和 E-UTRAN 技术增强和优化。无线网络方面的另一个研究重点在于大量的 M2M 通信对无线侧控制面性能的影响及优化方案。

5.4.3 M2M 业务分类

M2M 业务的行业应用主要包括以下几个方面。

（1）电力行业应用

监测配电网运行参数，通过无线通信网络将配电网运行参数传回电力信息中心，根据配电网情况进行管理维护。例如，M2M 业务系统将行业终端现场采集配电网运行数据等信息通过无线方式传回电力信息中心；电力信息中心对配电网运行数据进行统计分析，及时掌握配电网运行情况；根据电网运行情况电力信息中心可以远程调控现场设备参数（如信息传送频率等）；当电网运行情况发生异常，M2M 行业终端可自动发送告警信息，通知电力信息中心。

（2）石油行业应用

M2M 行业终端采集油井工作情况信息，通过无线通信网络传回后台监控中心，及时了解油井设备工作情况。根据油井现场工作情况，远程对油井设备进行遥调遥控。例如，M2M 业务系统将行业终端采集的油井工作状态信息、设备遥控信息、设备基本参数（如电机的三相电压值、电流值、有功功率、无功功率、功率因数、累计电量、各相有功功率及抽油机光杆载荷、油井回压、井口温度等）通过无线方式传回油井监控中心；油井监控中心可根据油井运行情况远程配置光杆载荷、油井回压、井口温度、电流、电压等参数的上下限值，实时数据上传间隔等参数；当油井生产参数越限时，M2M 行业终端能提供保护并报警，同时将相关数据一起上传。

（3）交通运输行业应用

M2M 行业终端采集车辆信息（如车辆位置、行驶速度、行驶方向等），通过移动通信网络将车辆信息传回后台监控中心，监控中心对车辆进行管理控制。例如，监控中心可通过 M2M 行业终端随时监控一辆或多辆车辆的行驶路线，查询目标车辆的当前位置、行驶速度、行驶方向等动态数据和车辆档案、轨迹档案等静态信息，并在电子地图上显示出来。

（4）环保行业应用

M2M 行业终端采集环境污染数据，通过移动无线通信网络将环境污染数据传回环保信息管理系统，对环境进行监控，根据环境情况治理污染。例如，M2M 业务系统将环境监测仪器采集的排污数据进行处理（如压缩、加密、打包）后，通过无线方式发送到环保信息中心，环保信息中心处理系统对接收到的环境数据进一步分析、统计等。

（5）金融行业应用

M2M 行业终端采集用户交易信息，对交易信息进行加密签名，传输到银行服务处理系统，系统处理交易请求，返回交易结果通知用户交易完成。M2M 行业终端采集用户金融卡信息及业务数据（如交易种类、金额、密码等），并对采集到的数据进行信息安全处理（如用户鉴权、数据加密签名、密钥管理、数字证书管理等）；M2M 业务系统将处理后的数据通过无线方式传输到银行服务处理系统，银行服务处理系统根据业务数据进行相应的操作（如转账、结算等），并记录交易发生情况。

（6）公安交管行业应用

M2M 行业终端发现违章事件，捕获违章车辆信息，上传到交管信息中心，以便现场执法或者事后执法。对道路某个断面的道路交通情况进行检测，将道路交通情况统计信息上传到交管信息中心，以便交管部门对交通情况进行预测和及时调控。

5.5 M2M 的产业链分析

目前，我国 M2M 市场刚刚起步，主要由运营商推动，因此，其产业链存在很多空白。完整的 M2M 产业链包含芯片商、通信模块商、外部硬件提供商、设备制造商、应用设备和软件提供商、系统集成商、M2M 服务提供商、电信运营商、客户、最终用户、管理咨询提供商和测试认证提供商等。M2M 的产业链如图 5.9 所示。

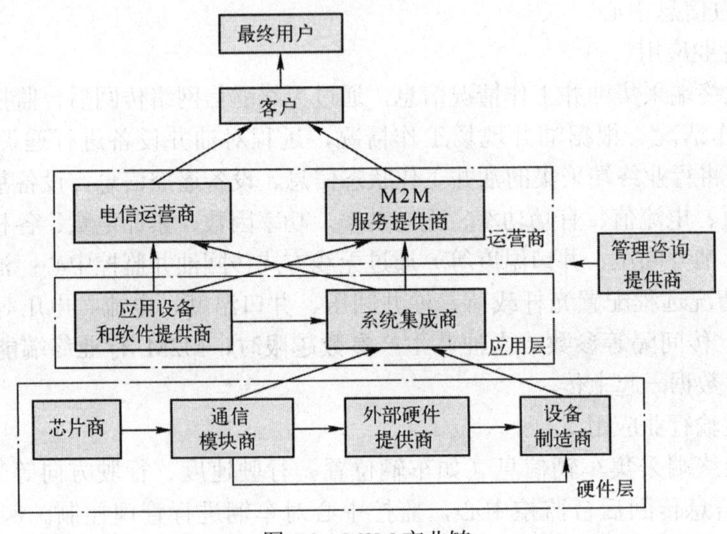

图 5.9 M2M 产业链

（1）芯片商

芯片是整个通信设备的核心。通信芯片的生产是 M2M 产业中最底层的环节，也是技术含量最高的环节。

（2）通信模块商

根据芯片商提供的通信芯片，通信模块商设计并生产出能够嵌入在各种机器和设备上的通信模块。通信模块是 M2M 业务应用终端的基础，除了通信芯片以外，还包括数据端口、数据存储、微处理器、电源管理等功能。通信模块商针对 M2M 具体业务应用开发相应的通信模块。

通信模块商的发展受以下因素的影响：M2M 终端设备附加值低可能导致模块附加值低；终端设备未能上规模可能导致模组成本高，反过来影响终端设备的价格；模组非标准化可能导致终端设备制造商依赖通信模块商。

（3）外部硬件提供商

外部硬件提供商提供 M2M 终端除通信模块外的其他硬件设备。这些设备包括可以进行数据转换和处理的 I/O 端口设备，提供网络连接的外部服务器和调制解调器，可以操控远程设备的自动控制器，在局域网内传输数据的路由器和接入点以及外部的天线、电缆、通信电源等。外部硬件虽然不是 M2M 终端的核心，但却是终端正常工作所必需的。

（4）设备制造商

M2M 业务要实现机器的联网需要设备制造商的支持，而通信模块与设备的接口和协议也需要模块制造商和设备制造商之间协商。

设备制造商的发展受以下因素的影响：M2M 应用耦合度低，终端制造简单导致设备附加值低；设备通用性差，部署、维护和支持的工作量大，但价值提升有限等。

（5）应用设备和软件提供商

应用设备和软件提供商的产品类型包括应用开发平台、应用中间件、远程监控系统和监测终端、应用软件、嵌入式软件、自动控制软件等。

（6）系统集成商

系统集成商把所有的 M2M 组件集成为一个解决方案。系统集成是整个产业链的重要环节，因而系统集成商推出的解决方案直接影响 M2M 业务的应用和推广。系统集成商在未来将会有部分利益被运营商分享，但仍然是行业应用的主要力量之一。

应用设备和软件提供商和系统集成商的发展受以下因素的影响：客户数量多，但由于未标准化，为减少开发成本往往只能绑定某上游厂商，缺乏竞争机制，无法充分发挥优势；受上游供应商限制，产品单一，无法满足客户多样化需求等。

（7）电信运营商

电信运营商负责运营固定和移动通信业务。传统运营商的优势在于拥有自己的移动通信网络，可采用系统集成商的解决方案来推出 M2M 业务，也可自主推进 M2M 业务。

因为数据流通过运营商的平台，运营商的商机在于可以根据企业应用的具体场景和模式逐步地把现有的通信增值应用进行叠加，如彩信、短信通知、呼叫中心的外包等，再进一步对部分信息做二次提炼和处理，生产其他有价值的信息再转售。

电信运营商的发展受以下因素的影响：以提供基于通信流量传输的服务为主，未把附加的信息服务作为主要收入因而陷入价格战；产品形式单一，层次较低；未充分发挥资金、技术以及市场优势推动产业链的发展。

（8）M2M 服务提供商

M2M 服务提供商一般不拥有自己的移动通信网络，往往租用传统移动运营商的网络来推广 M2M 业务。M2M 服务提供商的优势在于可以协调不同地区和不同协议的通信网络，整合 M2M 业务。

服务提供商的发展受以下因素的影响：服务提供商数量较少，导致只有 M2M 应用，而无 M2M 业务；用户必须自行维护 M2M 应用系统，导致用户的使用成本增加；无法有效利用资源来整合产业链等。

（9）管理咨询提供商

管理咨询提供商提供 M2M 产业的项目计划、管理咨询以及产品设计、集成的支持。

与国外的产业发展状况相比，中国的产业链环节有所缺失，特别是 M2M 服务商等重要的环节。这说明，虽然我国 M2M 业务应用市场已经初具规模，但产业还比较零散，市场尚处于摸索阶段，未来还有很长的路要走。因为价值链长且复杂，导致各家各有所长，很难形成统一的标准与规范。例如，在硬件环节，M2M 同质化严重、竞争激烈，各家都是私有协议与标准，附加值低：应用系统开发商各持所长，缺乏竞争机制，没有规模的发展，发展的路必将越走越窄；电信运营商面临各行业的差异化特征，除了做数据通道还未找到新的应用服务。技术规范未统一则是影响 M2M 业务快速发展的另一主要原因。市场的快速、规模发展离不开技术标准的统一，统一的接口、统一的协议使终端生产厂家在产品标准化的基础上大大降低开发成本，才能让应用企业可以自由选择市场上的所有终端，不必受制于哪家终端厂商，使整个 M2M 市场步入常态发展。

本章小结

本章重点介绍了物联网的重要组成部分——M2M，首先概述了 M2M 的起源和发展状况，阐述了 M2M 的标准以及 M2M 体系架构，介绍了 M2M 的技术和业务概述，最后对 M2M 的产业链进行了分析。

思考题

1．简述 M2M 技术的定义。
2．M2M 的技术标准体系是什么？
3．M2M 架构包含哪几个部分？
4．简述 WMMP 的作用。
5．简述 M2M 分层架构中每层的作用以及实现技术。
6．M2M 有哪些业务特征和业务需求？

第6章　物联网中间件

本章重点

★ 掌握中间件的作用和分类。

★ 掌握中间件的体系结构。

★ 熟悉主流的中间件技术平台。

★ 熟悉物联网中间件的关键技术。

中间件并不是物联网中的特有的概念，广义的中间件是一种独立的系统软件或服务程序，分布式应用软件借助这种软件在不同的技术之间共享资源。物联网中间件技术是物联网的核心关键技术，由于物联网自身的特性，物联网中的中间件需要面对环境复杂多变、异构物理设备、远距离多样式无线通信、大规模部署、海量数据融合、复杂事件处理和综合运维管理等诸多问题。因此，区别于通用的中间件，物联网中间件具有自身的特征。本章主要对物联网中间件的基本概念、分类、体系结构、软件平台与关键技术进行介绍。

6.1　中间件技术概述

物联网中间件是实现底层硬件设备与应用系统之间数据传输、过滤、数据格式转换的一种中间程序，它处于物联网的集成服务器端和感知层、网络层的嵌入式设备中。

6.1.1　中间件的作用与意义

中间件是一种独立的系统软件或服务程序，分布式应用软件借助这种软件在不同的技术之间共享资源。中间件位于 C/S 操作系统之上，管理计算机资源和网络通信，是连接两个独立应用程序或独立系统的软件，相连接的系统即使它们具有不同的接口，但通过中间件相互之间仍能交换信息，执行中间件的一个关键途径是信息传递，通过中间件应用程序可以工作于多平台或 OS 环境。

物联网中间件技术是物联网的核心关键技术，是物联网应用的共性需求（感知、互联互通和智能），与已存在的各种中间件及信息处理技术（信息感知技术、下一代网络技术、人工智能与自动化技术等）的聚合与提升。物联网中间件处于物联网的集成服务器端和感知层、传输层的嵌入式设备中。服务器端中间件称为物联网业务基础中间件，一般都是基于传统的中间件［应用服务器、企业服务总线/消息队列（ESB/MQ）等］构建，加入设备连接和图形化组态展示等模块；嵌入式中间件是一些支持不同通信协议的模块和运行环境。物联网中间件扮演底层数据采集节点和应用程序之间的中介角色，中间件可以收集底层硬件节点采集的数据，并且对数据进行处理，将实体对象格式转化为信息环境下的虚拟对象；同时，应用程序端可以使用中间件所提供一组通用的应用程序接口（API），连接并控制底层硬件节点。基于中间件技术，即使存储信息的数据库软件或上层应用程序增加或改由其他软件取代，或者底层某种类型的硬件节点的数量增加等情况发生时，应用端不需修改也能处理，省去多对多连接的维护复杂性问题，同时增强了上层应用的可复用性。中间件的特点是它固化了很多通用功能，但在具体应用中多半需要二次开发来实现个性化的行业业务需求，因此，所有物联网中间件都要提供快速开发（RAD）工具。

如果把物联网系统和人体做比较，感知层好比人体的四肢，传输层好比人的身体和内脏，那么应用层就好比人的大脑。如果说软件是物联网的灵魂，中间件就可看作物联网系统的灵魂核心和中枢神经。中间件、操作系统、数据库并列成为三足鼎立的“基础软件”。

6.1.2 物联网中间件研究现状

除操作系统、数据库和直接面向用户的客户端软件以外，凡是能批量生产、高度复用的软件都算是中间件。中间件有很多种类，如通用中间件、嵌入式中间件、数字电视中间件、RFID 中间件和 M2M 物联网中间件等。

比尔·盖茨早在 1995 年就提到了物联网的潜力，Google 也推出了 PowerMeter 等物联网计划。按物联网的定义，任何末端设备和智能物件只要嵌入了芯片和软件，都是物联网的连接对象。在物联网概念被大众理解和接受以后，人们才发现物联网并不是什么全新的东西，上万亿的末端“智能物件”和各种应用子系统早已经存在于工业和日常生活中。物联网产业发展的关键在于把现有的智能物件和子系统连接起来，实现应用的大集成（Grand Integration）和“管控营一体化”，为实现“高效、节能、安全、环保”的社会服务，中间件将作为核心和灵魂起到至关重要的作用。因此，要占领物联网制高点，中间件软件的作用至关重要。

在包括物联网软件在内的软件领域，美国长期引领潮流，基本上垄断了世界市场，欧盟（世界级的软件厂商只有 SAP 一家在欧洲）早已看到了软件和中间件在物联网产业链中的重要性，从 2005 年开始资助 Hydra 项目，这是一个研发物联网中间件和“网络化嵌入式系统软件”的组织，已取得不少成果。IBM、Oracle、微软等软件巨头都是引领潮流的中间件生产商；SAP 等大型 ERP 应用软件厂商的产品也是基于中间件架构的；国内的用友、金蝶等软件厂商也都有中间件部门或分公司。在操作系统和数据库市场格局早已确定的情况下，中间件，尤其是面向行业的业务基础中间件，也许是各国软件产业发展的唯一机会。能否将中间件做大做强，是整个 IT 产业能否做大做强的关键。物联网产业的发展为物联网中间件的发展提供了新的机遇，欧盟 Hydra 物联网中间件计划的技术架构，值得我们借鉴。

为了打破国外对物联网中间件技术研究的垄断局面，为我国物联网的大规模应用提供核心支撑技术，国内很多物联网厂商都致力于研究中间件的开发。然而现阶段，对该技术的研究受两方面的制约：一方面，受限于底层不同的网络技术和硬件平台，物联网中间件研究内容主要还集中在底层的感知和互联互通方面，当前研究距离现实目标（屏蔽底层硬件及网络平台差异，支持物联网应用开发、运行时共享和开放互联互通，保障物联网相关系统的可靠部署与可靠管理等）还有很大的差距；另一方面，当前物联网应用复杂度和规模还处于初级阶段，物联网中间件支持大规模物联网应用还存在环境复杂多变、异构物理设备、远距离多样式无线通信、大规模部署、海量数据融合、复杂事件处理、综合运维管理等诸多尚未攻克的障碍。

6.1.3　物联网中间件研究内容

物联网中间件是各类物联网应用的重要基础软件设施和共性软件平台，是实现物联网产业发展的战略性支撑。虽然物联网中间件的研究已经取得了一定的进展，但仍存在如下问题有待进一步研究。

1．硬件、网络和操作系统的异构性问题

接入物联网的绝大多数智能终端属于嵌入式设备。如何适应异构的嵌入式网络环境是当前物联网中间件研究的首要问题。这种异构性不仅表现在不同厂商所生产的硬件设备、操作系统、网络协议上，还表现在设备的存储能力、计算能力和通信能力上。物联网中间件作为连接上层应用和底层硬件设施的核心软件，应该是一个通用、轻量级、分布式、跨平台、互操作的软件平台。

2．移动性和网络环境变化问题

随着各种智能终端设备接入（或退出）物联网，或在物联网中的位置移动，都可能引起网络拓扑发生变化。为网络应用提供支撑环境的物联网中间件必须能够解决由于这些变化所造成的网络环境不稳定的问题，为上层应用提供安全可靠且能够进行自动配置网络运行环境。同时，由于网络拓扑结构动态变化、网络自组织及自修复等原因，使得物联网中间件还需要满足动态变化的 QoS 约束要求等。

3．通信与数据交换问题

在物联网中，不同网络之间数据类型及数据访问控制的方式都不相同，底层网络服务需要依据上层不同应用需求进行不同组合和调用，使得必须为物联网中间件软件体系设计一种新的通信机制。考虑到物联网中间件与因特网上其他系统的通信，这种通信机制需要支持多种类型数据的访问和交换，从而形成一套通信与信息交换的标准。同时，在物联网环境中，由于网络拓扑变化较快，并且具有多种通信方式，服务的注册发布以及查询调用都变得更加复杂。如果设备无法运行 TCP/IP 栈，不能使用基于 IP 的寻址方式，则需要采用其他形式的访问控制。此外，如何保证信息的快速、有效传递，也是当前设计物联网中间件时所面对的难题。

4．不同中间件体系的融合问题

物联网是一个庞大的网络体系。目前，不同的应用对应不同的中间件软件，这就需要将不同领域的中间件软件融合起来，实现不同领域数据、事件及控制信息的交互，从而实现网络互连。应用服务中间件和嵌入式中间件的通信融合是需要解决的问题。

5．物联网中间件支撑环境的实现问题

物联网节点类型众多，且具有不同操作系统，有些甚至于没有操作系统，如何将中间件植入这些节点，是物联网中间件运行需要解决的实际问题。因此，研究在不同底层硬件操作系统平台进行中间件软件移植，搭建物联网中间件测试平台和原型系统，是中间件实际运行的基础。

6.1.4　物联网中间件特性

研究物联网中间件的特性，首先要研究其处理的数据的特性，根据硬件传输上来的数据的不同，才能体现其特色，首先与普通数据相比，物联网数据具有如下特征：

1．时间性、关联性和动态性

关于标签对象状态变化的观察数据，或者现场动态地产生的传感器数据，这些数据包含观察时刻以及对应该时刻的对象位置和状态等属性，例如物品的入库、出库，当时的温湿度等状态。任何一个上传的数据是相互关联的，不是独立存在的，由动态性和时态性衍生出关联性。空间关联表达了事件发展的轨迹，时态关联表达了事件之间的时序关系，时空关联共同表达了与对象有关的事件的变化过程。

2．丰富的隐含语义

被观察的对象携带背景知识和有与上下文状态有关的信息，这些信息不是显示出来的，且与上层应用逻辑之间存在非常紧密的关系。利用这些相关信息可导出进一步衍生其他信息。例如，从物品的标签 ID 来在 EPCIS 中查出它的名称、规格、数量等信息，从读写器的位置可得知物品的入库地点等。RFID 标签数据是一种低层次的基本数据，只有通过与隐藏数据结合，组合为高级的业务逻辑数据，与现有的应用集成，才能真正地引发 RFID 系统的作用。

3．冗余性、实时性和异构性

现有的数据采集器分为三种方式来传递数据：定时发送数据、主动发送数据和“召策”方式。对于主动发送上来的数据，很多情况下有大量的冗余，而且对于定时发送数据的，例如传感器上来的温、湿度值，这种值除非在特殊情况下会发生太大的变化，否则也会出现大量的重复数据。另一方面一个阅读器或者数采仪可以识别出多种不同的对象，即数据流中可能包含有多种不同性质的观察值，所以还有实时性，异构性就更显而易见，很多情况需要实时的数据。

4．流动性、海量性和批量性

以物联网当中最主要的数据——RFID 数据举例，它是以流的形式自动、快速地由阅读器进行感知，并积累起来，以支持监控和跟踪应用。并且，个别情况下还具有批量的特性，即数个标签对象会同一时间被集中地观察，同时产生海量的数据，比如：在电子产品代码环球协会（EPCglobal）信息标准规定的第二代（Gen2）RFID 阅读器标准对读写器的读写频率做出了标准：每秒钟 1800 多个电子标签。其意为，一个拥有 20 台阅读器的配送中心在高峰期每秒钟能够阅读 36000 个数据事件。如何在时间允许范围内对海量的 RFID 数据进行实时处理和怎样能够充分挖掘出 RFID 数据编码内所包含的有用信息，已经变为物联网中间件研究的关键内容。

综上所述，根据处理的数据的特点物联网中间件具有下列基本特征。

1）独立架构（Insulation Infrastructure）：物联网中间件独立并且存在于后端应用程序与数据采集器之间，并且能够与多个或者多种后端应用程序以及多个数据采集器连接，以减轻架构与中间件维护的复杂性。

2）数据处理（Data Flow）：物联网的主要目的在于将实体对象转换为信息环境下的虚拟对象，因此数据处理是物联网最重要的特征，物联网中间件具有数据的搜集、整合、过滤与传递等特性，以便将正确的对象信息传到企业后端的应用系统。

3）流程处理（Process Flow）：物联网中间件采用程序逻辑及储存再转送（store-and-forward）的功能来提供顺序的消息流，具有数据流程设计与管理的能力。

4）标准化（Standard）：这里主要针对 RFID 来说，控制器和传感器现有的标准还不够统一，RFID 为识别实体对象与自动数据采集技术的应用，EPCglobal 目前正在研究为各种产品的全球唯一识别号码提出通用标准 EPC。EPC 是在供应链系统中，以一连串数字来识别某一项商品，再透过无线射频技术辨识标签由 RFID 阅读器读入，RFID 阅读器将这串数字传递到计算机或是应用系统中的过程被称为对象命名服务（Object Name Service，ONS）。而对象命名服务系统则会锁定计算机网络中的定点抓取有关物品的消息，如同这些商品被生产时即可被追踪一样。EPC 存放在 RFID 标签（Tag）中，被 RFID 阅读器读出后，即可提供追踪 EPC 所代表的物品名称及相关信息，并立即识别及分享供应链中的物品数据，有效率地提供信息透明度。

6.1.5 物联网中间件分类

传统中间件的运行依赖于应用服务器所构成的系统环境，无论是 CORBA、COM/DCOM 还是 J2EE 标准，都是基于应用服务器平台实现的。应用服务器把用户接口、商业逻辑和后台服务分割开来，向开发者提供了一种创建、部署和维护企业规模的 Web 应用模块化方式，为转向 Web 应用的用户提供了高性能多线程的运行环境。

现有的构建物联网中间件的经验和产品都是以传统的互联网中间件为模型的，其运行基本上都要依赖于大型的应用服务器。考虑到物联网千差万别的感知节点及其海量的异构数据传输等特性，仅仅依靠应用服务器进行数据融合计算、存储和转发将是一项异常繁重的任务工作。结合当前对 RFID 中间件和 WSN/USN 中间件的研究，本文按照中间件的运行层次将物联网中间件分为两大类：应用服务中间件和嵌入式中间件，如图 6.1 所示。

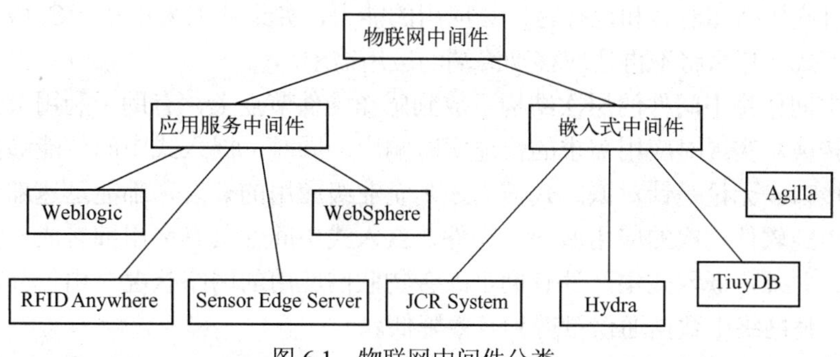

图 6.1 物联网中间件分类

1．应用服务中间件

应用服务中间件也称为服务级中间件，一般是运行在网络环境中的大型应用服务器平台之上。这种类型的中间件通常能够构建出企业级的服务总线，对物联网感知数据进行融合处理，实现与其他应用服务器的通信整合。服务级中间件利用 ALE 标准将原始标签数据转换成为符合企业应用需求的事件数据，初步满足了物联网系统与企业管理系统融合的需要。目前市场上典型的应用中间件产品主要有：BEA 公司的 Weblogic、IBM 的 WebSphere、Oracle 公司 Sensor Edge Server 与 Sybase 公司的 RFID Anywhere 产品系列等。

Weblogic 作为全球首个成功商业化的 Java 应用服务器，主要用于大型分布式 Web 应用、数据库应用和网络应用等的开发、集成、部署和管理。Weblogic 是一种典型的基于 J2EE 架构的中间件，具有良好的可扩展性及全面领先的技术标准等特点，能够提高应用开发效率，方便企业用户灵活部署等。

WebSphere 是基于 Java 和 Servlet 引擎的应用服务器。较之于 Weblogic 系列，WebSphere 产品系列具备的中间件功能更为齐全，包括开发工具、部署工具及表示工具等，为应用产品提供良好的安全性、健壮性、伸缩性及易维护性。

Sensor Edge Server 是一种中间层组件，通过将由物理设备采集的原始数据转换为企业应用系统中具有实际意义的业务事件，能够获得几乎实时的供应链可视性，便于企业能够更轻松、快速地将基于传感器的信息集成到企业系统中。

RFID Anywhere 作为一种灵活的软件基础结构，支持各类硬件、开发模式和标准，能够对重要的传感器、RFID 事件及位置信息变化等做出实时反应，减少整个网络内的数据流，降低通信开销。

总而言之，应用服务级中间件属于纯软件中间件，大都需要强大的硬件环境支持，一般被部署于大型服务器上，为网络层的应用开发提供透明的编程环境，应用成本较高，且通常不提供对具体嵌入式感知硬件的直接运行支持。

2．嵌入式中间件

无论是传统的企业级服务中间件还是传统的 RFID 中间件系统，都是运行在 PC 服务器上，同时管理多个底层硬件软件平台。以传统 RFID 中间件系统为例，阅读器阅读到的标签数据首先通过网络传给 PC 端的中间件系统，中间件对标签数据进行处理转发，在客户端进行显示和进一步的处理。然而随着嵌入式设备的智能化程度越来越高，传统的中间件部署模式并不能很好地满足一些嵌入式应用的需求，如对传感数据、标签信息的快速实时处理及基于传感器网络的自动化管理与控制等。同时，移动终端的处理能力大大提高，使得移动终端同时具有底层感知能力和运行客户端应用的能力，如果依旧采用在 PC 服务器端运行中间件系统的模式，那么将不再适应移动终端的应用需求。

嵌入式中间件将中间件的层次结构下放到感知硬件节点上，有助于利用节点对数据进行快速过滤和转换，实现对应用需求的快速实时响应。同时，嵌入式中间件能够提供节点级别的硬件抽象接口，无论是针对嵌入式应用还是企业级应用的开发，都能迅速部署和完成。相对于原先的由纯软件构成的应用服务中间件，嵌入式中间件具有应用部署成本低、部署方式灵活的特点。此外，嵌入式中间件有助于改善物联网应用的网络状况，由于其部署更接近数据产生源头，使网络中数据通信量得到有效降低。

目前在嵌入式中间件的设计和研究上主要以 WSN 和 RFID 嵌入式中间件研究为主，这也是物联网中间件的两个重要组成部分，此外面向特定领域的嵌入式中间件也是重要的嵌入式中间件种类之一。

（1）WSN 嵌入式中间件

基于 WSN 的嵌入式应用近年来得到很大地关注，利用 WSN 可以开发部署用于环境监测、人员定位、栖息地监测与军事探测等方面的应用。然而这些嵌入式应用的开发需要编程人员过多地关注底层设备的异构性和具体实现细节，这在一定程度上导致了应用开发门槛的提高及开发周期的延长。因此，WSN 嵌入式中间件被众多研究学者提出用于解决上述问题。

数据访问中间件将整个网络视为一个虚拟的数据库。用户通过应用接口接入网络并获取感兴趣的数据。基于 TinyOS 操作系统的 TinyDB 是采用该类型的典型中间件。TinyDB 提供了一种类似 SQL 的接口来供用户使用以便获取传感数据。同时，TinyDB 通过加入数据融合机制，减轻了冗余数据对带宽和能量的消耗。但数据库中间件的一个重要缺陷在于其只支持同构的节点，结果既不是最优化的，也不能满足实时性应用的要求。

基于移动代理（Agent）的中间件利用移动 Agent，使得程序执行尽可能地靠近数据源，Agent 能够自行选择运行时间和地点，通过在网络的各节点间移动和执行，能够实现相应代码功能，并及时返回相关结果。借助 Agent 的移动，能够削减网络通信开销、负载均衡及加快任务执行的目的，从而实现分布式系统处理效率的提高。作为一个典型的基于移动代理的 WSN 中间件，Agilla 能够很好地满足不同应用需求，适应动态变化的外部环境。每个传感节点能够运行多个移动代理，移动代理携带代码和状态信息，快速地在节点间迁移。但由于 Agilla 基于 TinyOS 1.x 的操作系统，仅提供对简单传感操作的支持，故其不太适用于较复杂的传感应用环境，且对数据流和长时间运行的支持不够，缺乏定时功能。

基于虚拟机的中间件具有良好的柔韧性，通常包含虚拟机、编译器和移动代理这几个组成构件。应用程序可以在独立的模块中编写，经过编译器编译后，这些模块可以通过网络分配和调用。MATE WSN 中间件使用一个虚拟机作为一个抽象层。Global Sensor Network 也是一种使用虚拟机的中间件，它适用于传感网络的快速部署和开发，兼容异构的传感网络。

（2）RFID 嵌入式中间件

欧盟 Hydra 中间件项目致力于开发可广泛部署的智能网络嵌入式中间件平台，使之可运行于新的或已存在的分布式有线/无线网络设备中。

华南理工大学设计研发的 RFID 嵌入式中间件可通过在智能 RIFD 阅读器上集成中间件平台，并连接多个低端阅读器，能够实现对多个阅读器的管理。这种方式既能节约应用的开发成本，又能增强部署的灵活性。目前该系统已被应用于该校的车辆监控，实现智能交通管理。

上海聚库 JCR SYSTEM 物联网中间件平台是一种可扩展的开放性物联网中间件软件平台，支持“不同厂家、不同型号、不同通信方式、不同通信协议、不同数据格式”的物联网 RFID 终端设备，为应用软件提供基于 SQL 的表数据调用，彻底摆脱阅读器非标准化协议带来的开发、维护和扩展的限制。JCR SYSTEM 是基于多协议的物联网 RFID 终端设备统一管理及不规则数据标准化处理平台，具备智能故障处理、开放式设备管理、数据分析、多任务并发处理等优点。目前已开发出基于 JCR 平台的 RFID 贵宾人员身份自动识别系统以及 RFID 车辆智能监控系统。

（3）面向特定领域的嵌入式中间件

三网融合可看作是物联网时代来临的前奏。互联网、电信网、广播电视网在向下一代互联网、宽带通信网、数字电视网演进的过程中，三大网络通过技术改造，其业务领域及技术功能都逐渐趋于一致。通过为用户提供数据、语音、图像等综合多媒体信息，三网融合技术能够实现网络的互联互通以及资源共享。以数字电视（DRY）领域的嵌入式中间件研究为例，欧洲的 DVB-MHP 标准、日本的 ARB 标准及美国的 OCAP 标准等都是目前主流的数字电视中间件标准，其中基于 Java 虚拟机的 DVB-MHP 中间件标准得到最为广泛的应用。MHP 标准主要应用于多媒体家庭平台，对数字电视中间件的整体结构、Java 虚拟机、DVB-JAPIs、内容格式、传送协议、安全性和各层的细节等都进行了定义。国内的数字电视中间件系统均采用 Java 虚拟机技术，利用 Java 语言进行交互式应用程序的编程开发，提供支持 Java 应用程序的标准接口。利用数字电视嵌入式中间件，可以设计和实现基于物联网的丰富的嵌入式应用系统。

6.2 中间件的体系结构

物联网中间件技术发展至今，已涌现出许多优秀的解决方案及实现案例，它们旨在解决服务于各种应用领域的异构设备的互操作、上下文感知、设备发现及管理、可扩展性及海量数据的管理、物联网环境下的信息安全等问题。而应用于不同环境的中间件，其系统设计、实现技术等都不尽相同。

中间件是位于操作系统层和应用程序层之间的软件层，能够屏蔽底层不同的服务细节，使软件开发人员更专注于应用软件本身功能的实现。广义的中间件是一种独立的系统软件或服务程序，分布式应用软件借助这种软件在不同的技术之间进行共享资源。物联网中间件是位于数据采集节点之上应用程序之下的一种软件层，为上层应用屏蔽底层设备因采用不同技术而带来的差异，使得上层应用可以集中于服务层面的开发，与底层硬件实现良好的松散耦合。物联网中间件提供了一个编程抽象，方便应用程序开发，缩减应用程序和底层设备的间隙。物联网中间件主要解决异构网络环境下分布式应用软件的通信、互操作和协同问题，提高应用系统的易移植性、适应性和可靠性，屏蔽物联网底层基础服务网络通信，为上层应用程序的开发提供更为直接和有效的支撑。

1. 通用物联网中间件体系架构

物联网底层基础网络形式多样，WSN、RFID 网络是主要感知层网络类型。物联网感知信息具有多源性、信息格式多样性及信息内容实时变化等特点。为了应对日益更新的物联网应用需求，需要从不同角度对海量传感信息进行过滤和分析处理。在设计物联网中间件时，必须考虑网络处理能力、能量资源及其采用技术平台及实现接口各不相同等特性。

针对当前物联网中间件研究问题，为满足分布式网络环境，解决物联网中间件设计中面临的硬件、网络和操作系统的异构特性及不同中间件体系的融合等问题，图 6.2 给出了一种通用的物联网中间件体系结构。

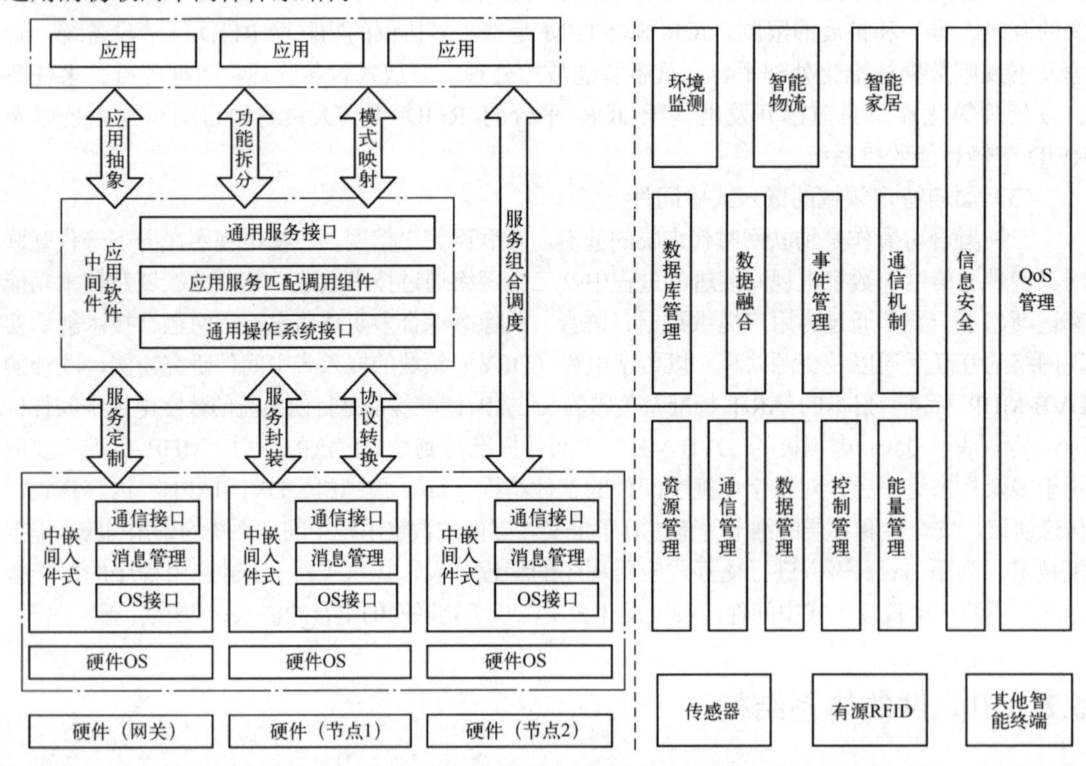

图 6.2　通用的物联网中间件体系架构

通用物联网中间件体系架构，将物联网中间件分为两大层次：上层应用和底层感知，其中执行环境层包括应用服务中间件（可选项）和嵌入式中间件。

在该体系结构中，上层应用可以是简单应用系统（如环境实时监测等），也可以是复杂应用平台（如智能物流、智能家居等），这些应用均被抽象建模成一个个应用实体。对于复杂的应用实例，还需要对其进行功能拆分，拆分成单一服务功能单元，这些单一功能单元由下层中间件软件层提供，并经过组合调用可实现上层复杂应用。

应用服务中间件与嵌入式中间件共同构成物联网中间件软件层。其中应用服务中间件一般部署在性能及功能都很强大的服务器平台之上，需要强大的硬件环境支撑。应用服务中间件通常由三大模块构成：与上层应用交互的通用服务接口、向下提供运行平台支持的通用操作系统接口及中间的应用与服务的匹配调用组件。应用服务中间件主要完成数据融合、事件管理、通信机制管理及数据库管理等功能。

在物联网复杂的异构网络环境中，绝大多数接入物联网中的都是硬件资源有限的嵌入式硬件设备，如传感器节点、有源 RFID 标签、手机智能终端等。这些硬件设备具备能量低、资源有限，且由相互不同的操作系统平台进行运行支撑等特点。因此，为解决异构的嵌入式系统的跨平台互联互通和互操作问题，通用物联网中间件体系结构中引入嵌入式中间件子层，为上层应用（应用服务中间件或上层企业应用）提供标准的通用接口。嵌入式中间件层运行于具体的嵌入式操作系统平台之上，一般包括通信接口、消息管理及操作系统（OS）接口三大模块，对于某些没有操作系统的硬件节点，则相应的嵌入式中间件模块不包含 OS 接口模块。对于不同的嵌入式设备，其所设计的嵌入式中间件也有所不同。应用服务中间件向嵌入式中间件进行服务定制，对嵌入式服务功能进行服务封装；嵌入式软件中间件则向应用服务中间件提供统一的协议标准，便于其实现数据融合等管理。此外，某些上层企业应用也可直接通过嵌入式中间件实现某些物联网应用，进行服务组合，实现复杂应用功能，在这种情况下，应用服务中间件成为非必选物联网中间件的组成部分。对于嵌入式中间件，其主要实现底层硬件的资源管理、通信管理、数据管理、控制管理及能量管理等功能。在整个体系结构中，从应用层到中间件层，均可实现信息安全及 QoS 管理等应用需求。

2．基于 SOA 物联网中间件模型

针对物联网系统软、硬件资源可重用性低，上层应用与下层服务组合调用复杂等问题，结合 SOA 本身的特点和诸多优势，SOA 是一种适应物联网中间件特性的解决方案。将 SOA 整合到物联网的服务应用中，可以对松耦合的粗粒度应用组件进行分布式部署、组合和使用，实现了服务提供和服务具体使用方式的分离，从而实现对各种粗粒度、松耦合服务的集成，为处理企业应用中的复杂性问题提供有效的解决方案。尽管在互联网领域，已有的 SOA 架构支持网络服务的开发和部署，但是考虑到物联网的特点，这些技术无法直接应用于物联网。

基于 SOA 的物联网中间件软件模型，从应用模式的角度出发，将物联网感知层的各种业务功能包装成独立的标准服务，使各种服务之间能随意组合调用，同时为多个应用程序提供服务功能，以满足企业不断变化的应用需求，大大增强硬件资源和软件利用率，减少开发和维护成本，对物联网更加实用，使网络上层开发人员能更方便快捷高效地使用该中间件系统进行应用程序开发。

基于 SOA 物联网中间件架构模型主要分为四个层次：服务管理层、企业服务总线（ESB）层、控制接入管理层和感知管理层（见图 6.4）。在基于 SOA 的物联网中间件体系结构中，因特网上层应用可看作是 SOA 体系中的服务请求者，而底层感知网络可看作是服务提供者，而企业服务总线层则作为服务注册中心，通过发布/订阅通信机制实现服务的请求与绑定，利用网络服务（Web Service）技术实现面向服务的设计思想。

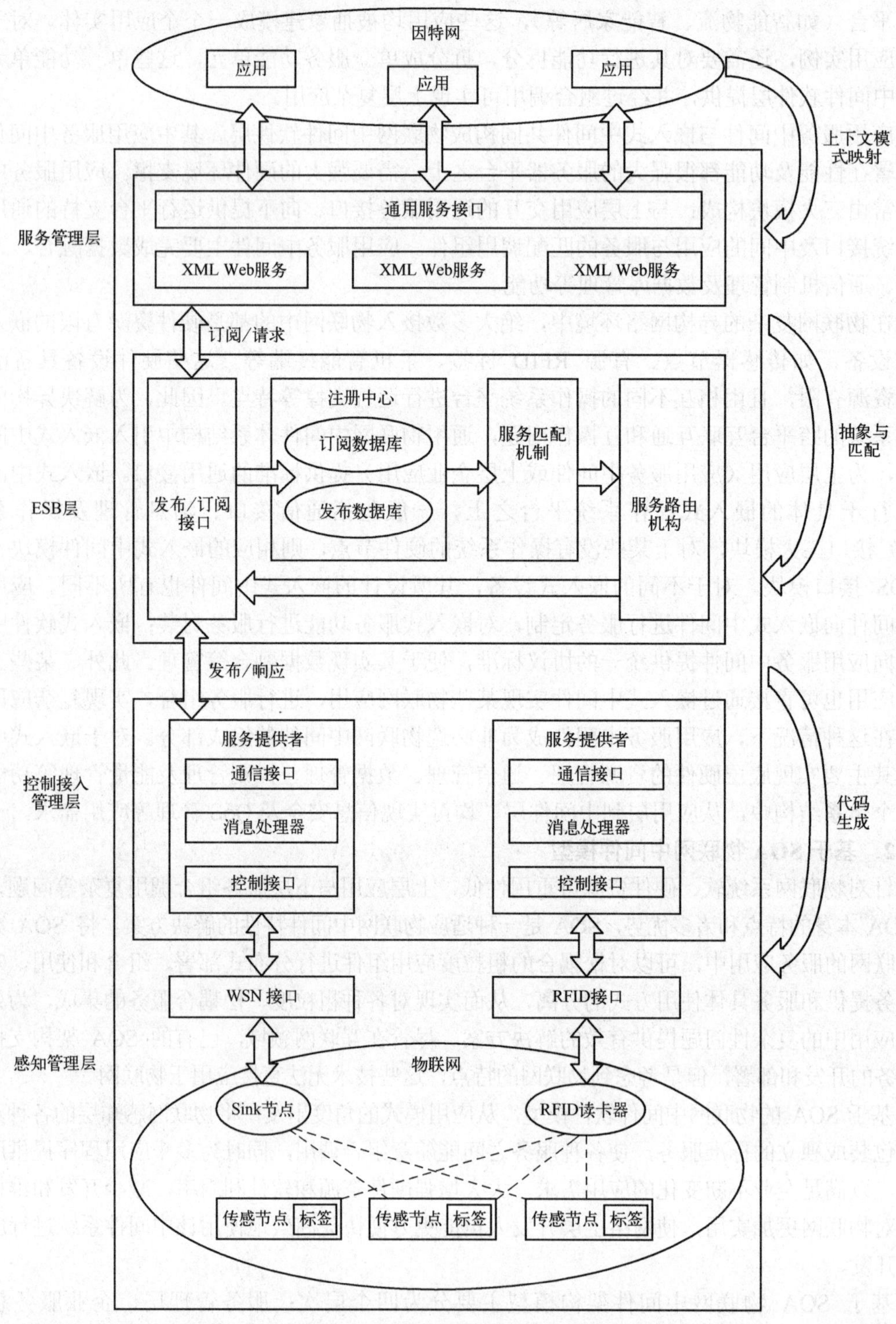

图 6.4　基于 SOA 的物联网中间件架构

最上层的服务管理层为一个 B/S 模式的信息发布平台，其主要功能是通过 XML 将物联网中的各种业务功能抽象成 Web 服务，将应用需求特征等抽象成 Web 服务约束，为请求服务的应用程序提供公共服务接口。

企业服务总线（ESB）层在该体系结构中完成的功能有：对不同服务的消息格式进行转换、服务路由、在服务请求者与服务提供者之间转化协议、提供服务到 ESB 层的接入适配功能、记录并维护服务信息。ESB 层为服务的请求者和服务提供者之间架设了沟通的桥梁，通过与上下两层的联系完成对应用程序进行合理的服务部署，能够集成松耦合的应用程序，对各种资源进行优化组合、充分利用。通过 ESB 层，该模型很好地实现了发布/订阅通信机制与 SOA 架构的融合。

控制接入管理层主要对底层的感知网络进行抽象和接入管理，可分成三个子层：控制子层、信息处理子层和通信子层。控制子层实现对所有活动网络的初始化并管理网关中的其他组件；信息处理子层负责处理对不同基础网络的注册信息和传感信息，并对下层网络上传数据进行必要的处理。通信子层主要负责该管理器与 ESB 层间的数据信息和控制信息的通信。

传感管理层（Sensing Management Layer）管理底层感知网络，为接入因特网的各种嵌入式网络提供相应接口，管理采集的大规模传感数据，对基础网络的属性及功能进行抽象，具体包括以统一编码方式对各自服务提供网域，分配网络编号。该层还负责定义网络类别及网络所提供的服务功能。此外，该层还应封装打包网络内部数据信息并将数据通过各种网关接口向上层传播。通过为网关、节点等硬件设备编辑产生相应程序代码，为嵌入式网络提供服务给予技术支持。

3．Hydra 中间件结构

欧盟 Hydra 中间件项目（FP6 IST-2005-034891）致力于开发可广泛部署的智能网络嵌入式中间件平台，使之可运行于新的或已存在的分布式有线/无线网络设备中。Hydra 采用对底层通信透明的面向服务的体系结构（见图 6.5），可运行在固定或移动设备中，支持集中或分布式的体系结构，以及安全和信任、反射特性和模型驱动的应用开发。

4．IoT-A 体系框架

欧洲 IoT-A（Internet of Things Architecture）项目致力于当前物联网（Intranets of Things）向未来物联网的转变，以及物联网业务流程建模、原型实现，并对物联网工业应用做出贡献。其具体内容包括搭建物联网系统互操作模型，建立有效的服务层响应机制，提供基于开放协议的服务协议，定义官方物联网体系结构以及设备平台组件等（见图 6.6）。

5．其他中间件体系框架

图 6.7 显示了一种 WSN 中间件系统架构，该架构将网络硬件、操作系统、协议栈和应用程序相融合，通常包括一个运行环境以支持和协调多个应用，并提供诸如数据管理和数据融合、应用目标自适应控制策略等标准化服务，以延长 WSN 的生命周期。采用中间件技术将操作系统和应用系统进行分离，体现了 WSN 软件系统的层次化开发特点。

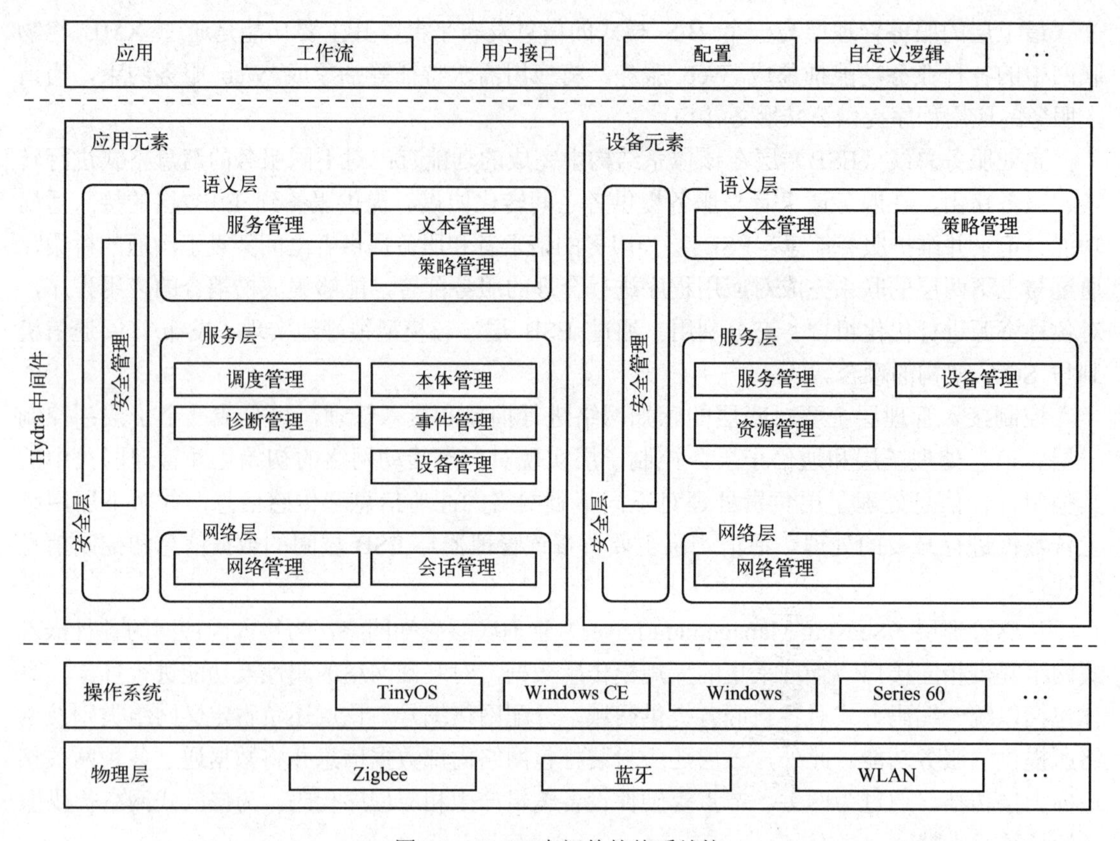

图 6.5　Hydra 中间件的体系结构

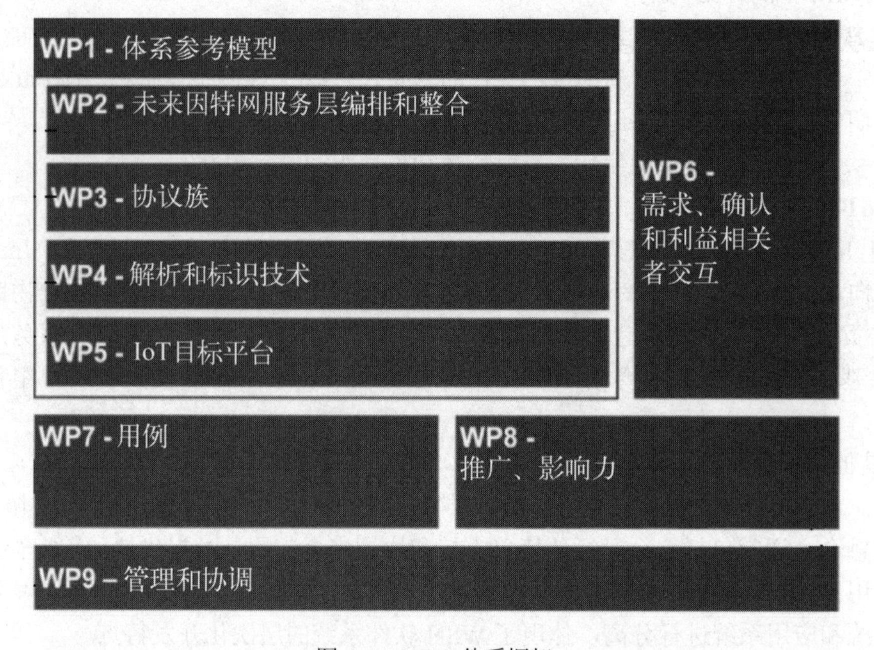

图 6.6　IoT-A 体系框架

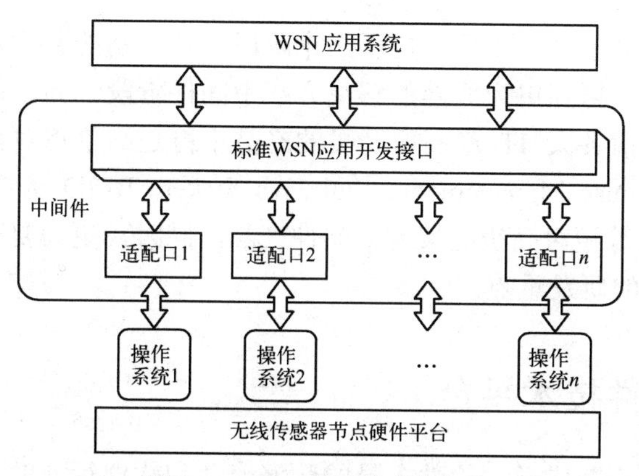

图 6.7　WSN 中间件系统架构

图 6.8 显示了一种支持分布式异构实时多数据流的 RFID 中间件原型系统的架构层次模型和数据流。该中间件从上到下的五个层次及其功能分别为：应用交互层，主要用于面向服务的中间件与应用交互；事件生成层，负责规则定义的事件报告生成；数据处理层，主要完成原始数据清洗与符合应用层事件标准（Application Level Event，ALE 规范）的复杂事件检测；数据源读取层，用于支持多种数据源的虚拟分组以及选择读取；设备交互层，遵循 EPCglobal 标准，用于兼容各类 RFID 阅读器驱动与数据接口，实现异构设备与中间件的交互。以上各层组件中的功能及参数均可被独立设置，由 XML 描述的 RFID 数据可通过标准接口在各层次之间进行传递。

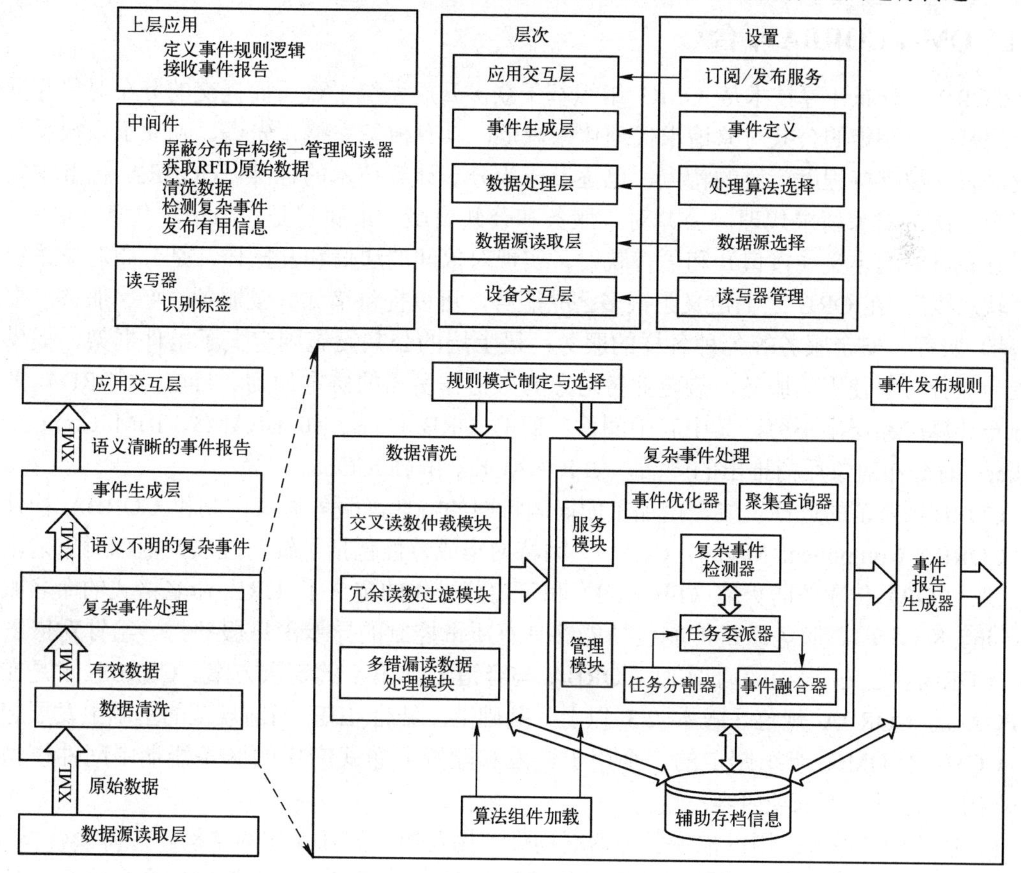

图 6.8　RFID 中间件原型系统架构

现有中间件技术发展至今，主要经历了三个阶段：从最初的应用程序中间件阶段过渡到后来的架构中间件阶段，再到更为成熟的解决方案中间件阶段。为了挖掘未来物联网行业潜在的巨大商业利益，目前各大 IT 产商所开发的产品不再是简单点对点的应用程序中间件，而是诸如 Oracle Warehouse Management、Sun Java System RFID Software 及 SAP Business Information Warehouse 等相对高级的架构中间件产品，同时，更为复杂和全面的解决方案中间件也将逐渐成为今后的研发重点。

6.3 主流的中间件技术平台

软件系统的复杂性不断增长、软件人员的频繁流动和软件行业的激烈竞争迫使软件企业提高软件质量、积累和固化知识财富，并尽可能地缩短软件产品的开发周期。于是集软件复用、分布式对象计算、企业级应用开发等技术为一体的“基于中间件的软件开发（CBSD）”应运而生，这种技术以软件架构为组装蓝图，以可复用软件构件为组装模块，支持组装式软件的复用，大大提高了软件生产效率和软件质量。为此，国内外对于这一技术的研究正在不断深入，同时大型的软件公司（Sun、微软等）和软件组织机构（OMG 等）都推出了支持中间件技术的软件平台。当前主流的分布计算技术平台主要有 OMG CORBA、Sun J2EE 和 Microsoft DNA 2000，它们都是支持服务器端中间件技术开发的平台。

6.3.1 OMG CORBA 平台

CORBA 分布计算技术是 OMG 组织基于众多开放系统平台厂商提交的分布对象互操作内容的基础上制定的公共对象请求代理体系规范，具有模型完整、先进、独立于系统平台和开发语言、被支持程度广泛的特点，已逐渐成为分布计算技术的标准。COBRA 标准主要分为三个层次：对象请求代理、公共对象服务和公共设施。最底层是对象请求代理 ORB，规定了分布对象的定义（接口）和语言映射，实现对象间的通信和互操作，是分布对象系统中的“软总线”；在 ORB 之上定义了很多公共服务，可以提供诸如并发服务、名字服务、事务（交易）服务、安全服务等各种各样的服务；最上层的公共设施则定义了组件框架，提供可直接为业务对象使用的服务，规定业务对象有效协作所需的协定规则。目前，CORBA 兼容的分布计算产品层出不穷，其中有中间件厂商的 ORB 产品，如 BEAM3、IBM Component Broker；有分布对象厂商推出的产品，如 IONAObix 和 OOCObacus 等。

CORBA 规范的近期发展，增加了面向因特网的特性，服务质量控制和 CORBA 构件模型（CORBA Component Model，CCM）。因特网集成特性包括了针对互联网内部对象请求代理协议（IIOP）传输的防火墙（Firewall）和可内部操作的定义了 URL 命名格式的命名服务（Naming Service）。服务质量控制包括能够具有质量控制的异步消息服务，一组针对嵌入系统的 CORBA 定义，一组关于实时 CORBA 与容错 CORBA 的请求方案。CCM 技术是在支持 POA 的 CORBA 规范（版本 2.3 以上）基础上，结合 EJB 当前规范的基础上发展起来的。CCM 是 OMG 组织制定的一个用于开发和配置分布式应用的服务器端中间件模型规范，它主要包括如下三项内容：

1）抽象构件模型：用以描述服务器端构件结构及构件间互操作的结构。

2）构件容器结构：用以提供通用的构件运行和管理环境，并支持对安全、事务、持久状态等系统服务的集成。

3）构件的配置和打包规范：CCM 使用打包技术来管理构件的二进制、多语言版本的可执行代码和配置信息，并制定了构件包的具体内容和基于 XML 的文档内容标准。

总之，CORBA 的特点是大而全、互操作性和开放性非常好。CORBA 的缺点是庞大而复杂，并且技术和标准的更新相对较慢，COBRA 规范从 1.0 升级到 2.0 所花的时间非常短，而再往上的版本的发布就相对十分缓慢了。

6.3.2 Sun J2EE 平台

为推动基于 Java 的服务器端应用开发，Sun 公司在 1999 年底推出了 Java2 技术及相关的 J2EE 规范，J2EE 的目标是：提供平台无关的、可移植的、支持并发访问和安全的，完全基于 Java 的开发服务器端中间件的标准。

在 J2EE 中，Sun 给出了完整的基于 Java 语言开发面向企业分布应用规范。其中，在分布式互操作协议上，J2EE 同时支持 RMI 和 IIOP，而在服务器端分布式应用的构造形式，则包括了 Java Servlet、Java 服务器页面（Java Server Page，JSP）、EJB 等多种形式，以支持不同的业务需求，而且 Java 应用程序具有"一次编写，到处运行"（Write once，run anywhere）的特性，使得 J2EE 技术在发布计算领域得到了快速发展。

J2EE 简化了构件可伸缩的、其于构件服务器端应用的复杂度，虽然 DNA 2000 也一样，但最大的区别是 DNA 2000 是一个产品，而 J2EE 是一个规范，不同的厂家可以实现自己的符合 J2EE 规范的产品。J2EE 规范是众多厂家参与制定的，它不为 Sun 公司所独有，而且其支持跨平台的开发，目前许多大的分布计算平台厂商都公开支持与 J2EE 兼容技术。

EJB 是 Sun 公司推出的基于 Java 的服务器端构件规范 J2EE 的一部分，自从 J2EE 推出之后得到了广泛的发展，已经成为应用服务器端的标准技术。Sun EJB 技术是在 Java Bean 本地构件基础上，发展的面向服务器端分布应用构件技术。它基于 Java 语言，提供了基于 Java 二进制字节代码的重用方式。EJB 给出了系统的服务器端分布构件规范，这包括了构件、构件容器的接口规范以及构件打包、构件配置等的标准规范内容。EJB 技术的推出，使得用 Java 基于构件方法开发服务器端分布式应用成为可能。从企业应用多层结构的角度，EJB 是业务逻辑层的中间件技术，与 JavaBeans 不同，它提供了事务处理的能力，自从三层结构提出以后，中间层（也就是业务逻辑层）是处理事务的核心，从数据存储层分离，取代了存储层的大部分地位。从分布式计算的角度，EJB 像 CORBA 一样，提供了分布式技术的基础，提供了对象之间的通信手段。

从因特网技术应用的角度，EJB 和 Servlet JSP 一起成为新一代应用服务器的技术标准。EJB 中的 Bean 可以分为会话 Bean 和实体 Bean，前者维护会话，后者处理事务，现在 Servlet 负责与客户端通信，访问 EJB，并把结果通过 JSP 产生页面传回客户端。

当前，服务器市场的主流还是大型机和 UNIX 平台，这意味着以 Java 开发构件能够做到"Write once，run anywhere"，开发的应用可以配置到包括 Windows 平台在内的任何服务器端环境中去。

6.3.3 Microsoft DNA 2000 平台

Microsoft DNA 2000 平台是微软在推出 Windows 2000 系列操作系统平台基础上，并扩展了分布计算模型以及改造 Back Office 系列服务器端分布计算产品后，发布的新的分布计算体系结构和规范。

在服务器端，DNA 2000 提供了 ASP、COM、Cluster 等的应用支持。目前，DNA 2000 在技术结构上有着巨大的优越性。一方面，由于微软是操作系统平台厂商，因此 DNA 2000 技术得到了底层操作系统平台的强大支持；另一方面，由于微软的操作系统平台应用广泛，支持该系统平台的应用开发厂商数目众多，因此，在实际应用中 DNA 2000 得到了众多应用开发商的采用和支持。

DNA 2000 融合了当今最先进的分布计算理论和思想，如事务处理、可伸缩性、异步消息队列、集群等内容。DNA 使得开发可以基于微软平台的服务器构件应用，如数据库事务服务、异步通信服务和安全服务等，都由底层的分布对象系统提供。

以微软为首的 DCOM/COM/COM+阵营，从 DDE、OLE 到 ActiveX 等提供了中间件开发的基础，如 VC、VB、Delphi 等都支持 DCOM，包括 OLE DB 在内新的数据库存取技术。随着 Windows 2000 的发布，微软的 DCOM/COM/COM+技术在 DNA 2000 分布计算结构基础上，展现了一个全新的分布构件应用模型。首先，DCOM/COM/COM+的构件仍然采用普通的 COM 模型。COM 最初作为微软桌面系统的构件技术，主要为本地的 OLE 应用服务，但是随着微软服务器操作系统 NT 和 DCOM 的发布，COM 通过底层的远程支持使得构件技术延伸到了分布应用领域，DCOM/COM/COM+更将其扩充为面向服务器端分布应用的业务逻辑中间件。通过 COM+的相关服务设施（如负载均衡、内存数据库、对象池、构件管理与配置等），DCOM/COM/COM+将 COM、DCOM、MTS 的功能有机地统一在一起，形成了一个概念、功能强的构件应用体系结构。而且，DNA 2000 是单一厂商提供的分布对象构件模型，开发者使用的是同一厂商提供的系列开发工具，这比组合多家开发工具更有吸引力。

但是，DNA 2000 依赖于微软的操作系统平台，因而在其他开发系统平台（如 UNIX、Linux）上不能发挥作用。

6.3.4 主流平台相关性分析

目前，针对 OMG CORBA、Sun J2EE 和 Microsoft DNA 2000 平台技术，都出现了相似且具有可比性的分布式构件，即 CCM 技术、Sun EJB（Enterprise JavaBean）技术和 DNA 2000 中的 COM/DCOM/COM+技术。对于上述三个分布计算平台，通常从以下三个方面进行比较分析。

1）集成性：集成性主要反映在基础平台对应用程序互操作能力的支持上。它要求分布在不同机器平台和操作系统上、采用不同的语言或者开发工具生成的各类商业应用必须能集成在一起，构成一个统一的企业计算框架。这一集成框架必须建立在网络的基础之上，并且具备对于遗留应用的集成能力。

2）可用性：要求所采用的软件构件技术必须是成熟的技术，相应的产品也必须是成熟的产品，在至关重要的企业应用中能够稳定、安全、可靠地运行。另外，由于数据库在企业计算中扮演着重要角色，软件构件技术应能与数据库技术紧密集成。

3）可扩展性：集成框架必须是可扩展的，能够协调不同的设计模式和实现策略，可以根据企业计算的需求进行裁剪，并能迅速反应市场的变化和技术的发展趋势。通过保证当前应用的可重用性，最大程度地保护企业的投资。

表 6.1 从集成性、可用性和可扩展性三个方面，给出了上述三种主流分布计算平台的比较结果。

表 6.1　三种主流分布计算平台的比较结果

性　能		CCM	EJB	DCOM
集成性	跨语言性能	好	差（限于 Java）	好
	跨平台性能	好	好	差（限于 Windows）
	网络通信	好	好	一般
	公共服务构件	好	好	一般
可用性	事务处理	好	一般	一般
	消息服务	一般	一般	一般
	安全服务	好	好	一般
	目录服务	好	一般	一般
	容错性	一般	一般	一般
	软件开发商支持度	一般	好	好
	产品成熟性	一般	一般	好
	可扩展性	好	好	一般

虽然上述三种平台形成的历史背景和商业背景有所不同，但各有侧重和特点，其实在它们之间也有很大的相通性和互补性。例如，EJB 提供了一个概念清晰、结构紧凑的分布计算模型和构件互操作的方法，为构件应用开发提供了相当的灵活性，但由于它还处于发展初期，因此形态很难界定。CCM 是一种集成技术，而不是编程技术，它提供了对各种功能模块进行构件化处理并将它们捆绑在一起的黏合剂。EJB 和 CORBA 在很大的程度是可以看作为互补的，且适应 Web 应用的发展要求，许多厂商多非常重视促进 EJB 和 CORBA 技术的结合，将来 RMI 可能建立在 IIOP 之上。CORBA 不只是对象请求代理 ORB，也是一个非常完整的分布式对象平台，CORBA 可以扩展 EJB 在网络、语言、组件边界、操作系统中的各种应用。目前，许多平台都能实现 EJB 构件和 CORBA 构件的互操作。同 EJB 和 CORBA 之间相互之间方便的互操作性相比，DCOM 和 CORBA 之间的互操作性要相对复杂些，虽然 DCOM 和 CORBA 极其类似，DCOM 的接口指针大体相当于 CORBA 的对象引用，为了实现 CORBA 和 DCOM 的互操作，OMG 在 CORBA3.0 的规范中，加入了有关的 CORBA 和 DCOM 互操作的实现规范，并提供了接口方法。因为商业利益的原因，在 EJB 和 DCOM 之间基本没有提供互操作方法。

6.4　物联网中间件关键技术

6.4.1　EPC 中间件

EPC 中间件扮演电子产品标签和应用程序之间的中介角色。应用程序使用 EPC 中间件所提供的一组通用应用程序接口，即可连到 RFID 阅读器，读取 RFID 标签数据。基于此标准接口，即使存储 RFID 标签数据的数据库软件或后端应用程序增加或改由其他软件取代，或者 RFID 阅读器种类增加等情况发生时，应用端不需修改也能处理，省去多对多连接的维护复杂性等问题。

在 EPC 电子标签标准化方面，美国在世界领先成立了电子产品代码环球协会（EPCglobal）。参加的有全球最大的零售商沃尔玛联锁集团、英国 Tesco 等 100 多家美国和欧洲的流通企业，并由美国 IBM 公司、微软、麻省理工学院自动化识别系统中心等信息技术企业和大学进行技术研究支持。

EPCglobal 主要针对 RFID 编码及应用开发规范方面进行研究，其主要职责是在全球范围内对各个行业建立和维护 EPC 网络，保证供应链各环节信息的自动、实时识别采用全球统一标准。EPC 技术规范包括标签编码规范、射频标签逻辑通信接口规范、识读器参考实现、Savant 中间件规范、对象名解析服务（ONS）规范、PML 等内容。

1）EPC 标签编码规范通过统一的、规范化的编码来建立全球通用的物品信息交换语言。

2）EPC 射频标签逻辑通信接口规范制定了 EPC（Class 0- ReadOnly，Class 1- Write Once，Read Many，Class 2/3/4）标签的空中接口与交互协议。

3）EPC 标签识读器提供一个多频带低成本 RFID 标签识读器参考平台。

4）Savant 中间件规范支持灵活的物体标记语言查询，负责管理和传送产品电子标签相关数据，可对来自不同识读器发出的海量标签流或传感器数据流进行分层、模块化处理。

5）本地 ONS 规范能够帮助本地服务器吸收用标签识读器侦测到的 EPC 标签的全球信息。

6）物体标记语言（PML）规范，类似于 XML，可广泛应用在存货跟踪、事务自动处理、供应链管理、机器操纵和物对物通信等方面。

在国际上，目前比较知名的 EPC 中间件厂商有 IBM、Oracle、微软、SAP、Sun（Oracle）、Sybase、BEA（Oracle）等，它们的产品部分或全部遵照 EPCglobal 规范实现，在稳定性、先进性、海量数据的处理能力方面都比较完善，已经得到了企业的认同，并可以与其他 EPC 系统进行无缝对接和集成。

6.4.2 OPC 中间件

OPC（OLE for Process Control，用于过程控制的 OLE）是一个面向开放工控系统的工业标准。管理这个标准的国际组织是 OPC 基金会，它由一些世界上占领先地位的自动化系统、仪器仪表及过程控制系统公司与微软紧密合作而建立，面向工业信息化融合方面的研究，目标是促使自动化/控制应用、现场系统/设备和商业/办公室应用之间具有更强大的互操作能力。OPC 基于微软的 OLE（Active X）、COM （构件对象模型）和 DCOM （分布式构件对象模型）技术，包括一整套接口、属性和方法的标准集，用于过程控制和制造业自动化系统，现已成为工业界系统互联的默认方案。

OPC 诞生以前，硬件的驱动器和与其连接的应用程序之间的接口并没有统一的标准。例如，在工厂自动化领域，连接 PLC 等控制设备和 SCADA/HMI 软件，需要不同的网络系统构成。根据某调查结果，在控制系统软件开发的所需费用中，各种各样机器的应用程序设计占费用的 70%，而开发机器设备间的连接接口则占了 30%。此外，在过程自动化领域，当希望把分布式控制系统（Distributed Control System，DCS）中所有的过程数据传送到生产管理系统时，必须按照各个供应厂商的各个机种开发特定的接口，必须花费大量时间去开发分别对应不同设备互联互通的设备接口。

OPC 的诞生为不同供应厂商的设备和应用程序之间的软件接口提供了标准化，使其间的数据交换更加简单化。作为结果，向用户提供不依靠于特定开发语言和开发环境的可自由组合使用的过程控制软件组件产品。

OPC 是连接数据源（OPC 服务器）和数据使用者（OPC 应用程序）之间的软件接口标准。数据源可以是 PLC、DCS、条形码读取器等控制设备。随控制系统构成的不同，作为数据源的 OPC 服务器即可以是和 OPC 应用程序在同一台计算机上运行的本地 OPC 服务器，也可以是在另外的计算机上运行的远程 OPC 服务器。

如图 6.9 所示，OPC 接口是适用于很多系统的具有高厚度柔软性的接口标准。OPC 接口既适用于通过网络把最下层的控制设备的原始数据提供给作为数据的使用者（OPC 应用程序）的 HMI（硬件监控接口）/ SCADA、批处理等自动化程序，以至更上层的历史数据库等应用程序，也适用于应用程序和物理设备的直接连接。

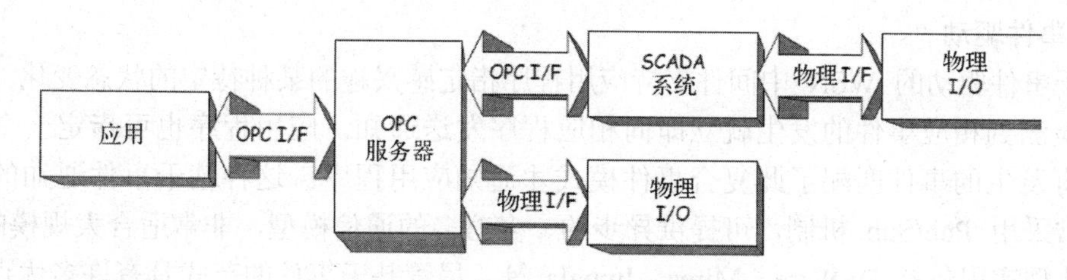

图 6.9　OPC C/S 运行关系示意图

OPC 统一架构（OPC Unified Architecture）是 OPC 基金会最新发布的数据通信统一方法，它克服了 OPC 之前不够灵活、平台局限等的问题，涵盖了 OPC 实时数据访问规范（OPC DA）、OPC 历史数据访问规范（OPC HDA）、OPC 报警事件访问规范（OPC A&E）和 OPC 安全协议（OPC Security）的不同方面，以使得数据采集、信息模型化以及工厂底层与企业层面之间的通信更加安全、可靠。

6.4.3　WSN 中间件

WSN 不同于传统网络，具有自己独特的特征，如有限的能量、通信带宽、处理和存储能力、动态变化的拓扑、节点异构等。在这种动态、复杂的分布式环境上构建应用程序并非易事。相比 RFID 和 OPC 中间件产品的成熟度和业界广泛应用程度，WSN 中间件还处于初级研究阶段，所需解决的问题也更为复杂。

WSN 中间件主要用于支持基于无线传感器应用的开发、维护、部署和执行，其中包括复杂高级感知任务的描述机制，传感器网络通信机制，传感器节点之间协调以在各传感器节点上分配和调度该任务，对合并的传感器感知数据进行数据融合以得到高级结果，并将所得结果向任务指派者进行汇报等机制。

针对上述目标，目前的 WSN 中间件研究提出了诸如分布式数据库、虚拟共享元组空间、事件驱动、服务发现与调用、移动代理等许多不同的设计方法。

1．分布式数据库

基于分布式数据库设计的 WSN 中间件把整个 WSN 看成一个分布式数据库，用户使用类 SQL 的查询命令以获取所需的数据。查询通过网络分发到各个节点，节点判定感知数据是否满足查询条件，决定数据的发送与否。典型实现如 Cougar、TinyDB、SINA 等。分布式数据库方法把整个网络抽象为一个虚拟实体，屏蔽了系统分布式问题，使开发人员摆脱了对底层问题的关注和烦琐的单节点开发。然而，建立和维护一个全局节点和网络抽象需要整个网络信息，这也限制了此类系统的扩展。

2. 虚拟共享元组空间

所谓虚拟共享元组空间，就是分布式应用利用一个共享存储模型，通过对元组的读、写和移动以实现协同。在虚拟共享元组空间中，数据被表示为称为元组的基本数据结构，所有的数据操作与查询看上去像是本地查询和操作一样。虚拟共享元组空间通信范式在时空上都是去耦的，不需要节点的位置或标志信息，非常适合具有移动特性的 WSN，并具有很好的扩展性。但它的实现对系统资源要求也相对较高，与分布式数据库类似，考虑到资源和移动性等的约束，把传感器网络中所有连接的传感器节点映射为一个分布式共享元组空间并非易事。典型实现包括 TinyLime、Agilla 等。

3. 事件驱动

基于事件驱动的 WSN 中间件支持应用程序指定感兴趣的某种特定的状态变化。当传感器节点检测到相应事件的发生就立即向相应程序发送通知。应用程序也可指定一个复合事件，只有发生的事件匹配了此复合事件模式才通知应用程序。这种基于事件通知的通信模式，通常采用 Pub/Sub 机制，可提供异步的、多对多的通信模型，非常适合大规模的 WSN 应用，典型实现包括 DSWare、Mires、Impala 等。尽管基于事件的范式具有许多优点，然而在约束环境下的事件检测及复合事件检测对于 WSN 仍面临许多挑战，事件检测的时效性、可靠性及移动性支持等仍值得进一步的研究。

4. 服务发现

基于服务发现机制的 WSN 中间件，可使得上层应用通过使用服务发现协议，来定位可满足物联网应用数据需求的传感器节点。例如，MiLAN 中间件可由应用根据自身的传感器数据类型需求，设定传感器数据类型、状态、QoS 以及数据子集等信息描述，通过服务发现中间件以在传感器网络中的任意传感器节点上进行匹配，寻找满足上层应用的传感器数据。MiLAN 甚至可为上层应用提供虚拟传感器功能，例如通过对两个或多个传感器数据进行融合，以提高传感器数据质量等。由于 MiLAN 采用传统的 SDP、SLP 等服务发现协议，这对资源受限的 WSN 网络类型来说具有一定的局限性。

5. 移动代理

移动代理（或移动代码）可以被动态注入并运行在传感器网络中。这些可移动代码可以收集本地的传感器数据，然后自动迁移或将自身复制到其他传感器节点上运行，并能够与其他远程移动代理（包括自身复制）进行通信。SensorWare 是此类型中间件的典型，基于 TCL 动态过程调用脚本语言实现。

除上述提到的 WSN 中间件类型外，还有许多针对 WSN 特点而设计的其他方法。另外，在 WSN 环境中，WSN 中间件和传感器节点硬件平台（如 ARM、Atmel 等）、适用操作系统（TinyOS、ucLinux、Contiki OS、Mantis OS、SOS、MagnetOS、SenOS、PEEROS、AmbitentRT 和 Bertha 等）、无线网络协议栈（包括链路、路由、转发、节能）、节点资源管理（时间同步、定位、电源消耗）等功能联系紧密。但由于篇幅关系，对上述内容不做赘述。

6.4.4 OSGi 中间件

OSGi（Open Services Gateway initiative，开放服务网关协议）联盟是一个 1999 年成立的开放标准联盟，旨在建立一个开放的服务规范，一方面，为通过网络向设备提供服务建立开放的标准，另一方面，为各种嵌入式设备提供通用的软件运行平台，以屏蔽设备操作系统与硬件的区别。OSGi 规范基于 Java 技术，可为设备的网络服务定义一个标准的、面向组件的计算环境，并提供已开发的像 HTTP 服务器、配置、日志、安全、用户管理、XML 等很多公共功能标准组件。OSGi 组件可以在无需网络设备重启下被设备动态加载或移除，以满足不同应用的不同需求。

如图 6.10 所示，OSGi 规范的核心组件是 OSGi 框架，该框架为应用组件（bundle）提供了一个标准运行环境，包括允许不同的应用组件共享同一个 Java 虚拟机，管理应用组件的生命期（动态加载、卸载、更新、启动、停止等）、Java 安装包、安全、应用间依赖关系，服务注册与动态协作机制，事件通知和策略管理的功能。

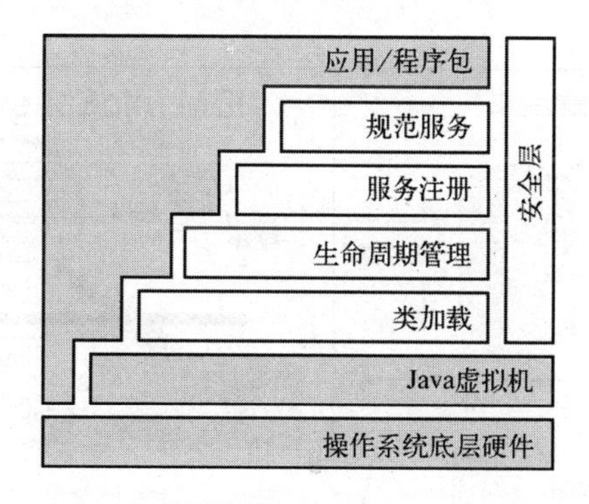

图 6.10 OSGi 框架及组件运行环境

基于 OSGi 的物联网中间件技术早已被广泛地用到了手机和智能 M2M 终端上，在汽车业（汽车中的嵌入式系统）、工业自动化、智能楼宇、网格计算、云计算等领域都有广泛应用。有业界人士认为，OSGi 是“万能中间件”（Universal Middleware），可以毫不夸张地说，OSGi 中间件平台一定会在物联网产业发展过程中大有作为。

6.4.5 CEP 中间件

CEP（Complex Event Progressing，复杂事件处理）技术是 20 世纪 90 年代中期由斯坦福大学的 David Luckham 教授所提出是一种新兴的基于事件流的技术，它将系统数据看作不同类型的事件，通过分析事件间的关系，如成员关系、时间关系以及因果关系、包含关系等，建立不同的事件关系序列库，即规则库，利用过滤、关联、聚合等技术，最终由简单事件产生高级事件或商业流程。不同的应用系统可以通过它得到不同的高级事件。

复杂事件处理技术可以实现从系统中获取大量信息，进行过滤组合，继而判断推理决策的过程。这些信息统称事件，复杂事件处理工具提供规则引擎和持续查询语言技术来处理这些事件。同时工具还支持从各种异构系统中获取这些事件的能力。获取的手段可以是从目标系统去取，也可以是已有系统把事件推送给复杂事件处理工具。

物联网应用的一大特点，就是对海量传感器数据或事件的实时处理。当为数众多的传感器节点产生大量事件时，必定会让整个系统效能有所延迟。如何有效管理这些事件，以便能更有效地快速回应，已成为物联网应用急需解决的重要议题。

由于面向服务的中间件架构无法满足物联网的海量数据及实时事件处理需求，物联网应用服务流程开始向以事件为基础的事件驱动架构（Event-Driven Architecture，EDA）演进。物联网应用采用事件驱动架构主要的目的是使得物联网应用系统能针对海量传感器事件，在很短的时间内立即做出反应。事件驱动架构不仅可以依数据/事件发送端决定目的，更可以动态依据事件内容决定后续流程。

复杂事件处理代表一个新的开发理念和架构，具有很多特征，例如分析计算是基于数据流而不是基于简单数据的方式进行的；它不是数据库技术层面的突破，而是整个方法论的突破。目前，复杂事件处理中间件主要面向金融、监控等领域，包括 IBM 流计算中间件 InfoSphere Streams，以及 Sybase、Tibico 等的相关产品。IBM 流计算中间件与标准数据库处理流程对比如图 6.11 所示。

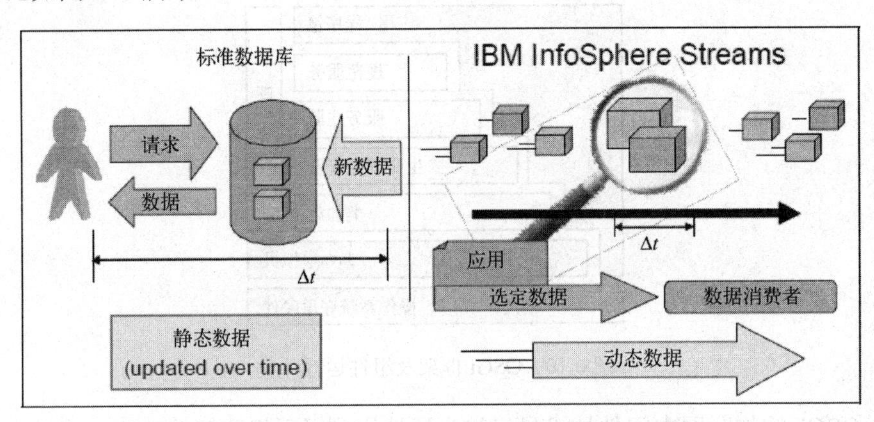

图 6.11　IBM 流计算中间件与标准数据库处理流程对比

6.4.6　其他相关中间件

国际电信联盟对物联网提出的任何时刻、任何地点、任意物体之间互联（Any Time、Any Place、Any Things Connection），无所不在的网络（Ubiquitous networks）和无处不在的计算的发展愿景，在某种程度上，与普适计算的核心思想是一致的。普适计算（Ubiquitous Computing 或 Pervasive Computing）又称普存计算、普及计算，是一个强调和环境融为一体的计算概念，而计算机本身则从人们的视线里消失。在普适计算的模式下，人们能够在任何时间、任何地点、以任何方式进行信息的获取与处理。有关普适计算中间件及物联网应用方面的研究内容，可参阅其他相关文献，在此不再赘述。

另外，由于行业应用的不同，即使是 RFID 应用，也可能因其在商场、物流、健康医疗、食品回溯等领域的不同，而具有不同的应用架构和信息处理模型。针对智能电网、智能交通、智能物流、智能安防、军事应用等领域的物联网中间件，也是当前物联网中间件研究的热点内容。由于篇幅关系，上述相关研究内容不再赘述。

本章小结

本章重点介绍物联网中间件的概念和技术。物联网中间件主要解决异构网络环境下分布式应用软件的通信、互操作和协同问题，提高应用系统的易移植性、适应性和可靠性，屏蔽物联网底层基础服务网络通信，为上层应用程序的开发提供更为直接和有效的支撑。本章首先对中间件技术进行简要的介绍，介绍了物联网中间件的作用和意义，分析了物联网中间件的特性；然后介绍了现有物联网中间件的分类，在介绍了物联网中间件的基本概念的基础上，对中间件的体系结构做了阐述；进而介绍了主流的中间件技术平台；最后对物联网中间件关键技术做了详细说明。

思考题

1. 什么是中间件？物联网中的中间件的作用是什么？
2. 物联中间件可以分为哪两大类？二者的区别是什么？
3. 简述通用物联网中间件的体系架构。
4. 请结合具体案例列举主流的中间件技术平台。
5. 请结合具体案例说明 WSN 中间件的特点。
6. 请结合具体案例说明 CEP 中间件的特点。

第7章 云计算与大数据

本章重点

★ 了解云计算的基本概念。

★ 了解云计算的产生和发展。

★ 了解大数据的基本概念。

★ 熟悉云计算技术。

★ 理解云计算、大数据物联网的关系。

物联网通过各种无线、有线的长距离或短距离通信网络，在确保信息安全的前提下，实现选定范围内的互联互通，提供在线监测、定位追溯、自动报警、调度指挥、远程控制、安全防范、远程维保、决策支持等管理和服务功能，进而实现对“物”进行基于网络、实时高效、绿色环保的控制、运行和管理。物联网需要以大容量、高速率、安全稳定的公共信息基础设施为依托。云计算是基于网络的计算，是区别于计算机单机处理的一种计算模式，由处于网络节点上的许多计算机分工协作，共同进行计算，从而以更低的成本达到更强大的计算能力，终端计算机和其他设施可以像用电一样，按需使用共享的资源、软件和信息。云计算成为构建大容量、高速率基础设施的技术基石。本章介绍了云计算的基本概念、分类、实现技术、云安全和云存储、大数据的基本概念，并分析了物联网和云计算的关系。

7.1 云计算概述

处于网络节点上的、动态的计算机群就是“云”。云计算的核心理念是通过不断提高“云”的处理能力，减少用户终端的处理负担，最终使用户终端简化为一个单纯的输入输出设备，以较低的成本充分享受“云”的强大计算处理能力。搜索引擎、在线字典、网络邮箱等是目前云计算的一些典型应用。

7.1.1 云计算的起源与基本概念

1．云计算的起源

云计算是一个新出现的事物，代表了一种先进的技术。云计算是信息技术发展和信息社会需求到达一定阶段的必然结果。它的出现，有技术上的原因，也有市场方面的推动。

1961 年斯坦福教授 John McCarthy 提出计算资源可以成为一种重要的新型工业基础，类似水、电、气和通信，为云计算技术出现奠定概念基础。

1999 年 Salesforce 公司成立，2001 年发布在线 CRM 系统，成为云计算 SaaS 模式的第一个使用案例。

2006 年 3 月，亚马逊（Amazon）正式对外推出弹性计算服务（EC2），云计算 IaaS 模式最成功的商业案例开始起航。

2006 年 8 月，谷歌（Google）CEO Eric Schmidt 在搜索引擎大会上首次提出“云计算”（Cloud Computing）概念。

2007 年 3 月，中国移动启动大云（Big Cloud）研发计划。

2007 年 10 月，谷歌与 IBM 开始在美国卡内基梅隆大学、麻省理工学院、斯坦福大学、加州大学柏克莱分校及马里兰大学等推广云计算。

2008 年，谷歌推出 GAE（Google AppEngine）云计算平台，同年微软推出 Azure 云计算平台，PaaS 模式云计算服务开始大规模应用。

2011 年 6 月，苹果发布 iCloud 服务，提供用户数据的自动同步、备份与分发能力，形成的统一用户数据中心服务。

2．基本概念

云计算是网格计算的自然延伸，并且是网格计算、并行计算和分布式计算的结合体。广泛地分布在不同网络位置的计算和存储单元通过“网格”计算技术构成了一个网络资源池，海量的用户数据通过“分布式”计算被分割存储到多个存储单元中，计算命令通过“并行”计算直接操作被分割的数据并传回计算结果。网格计算与云计算的比较见表 7.1。

表 7.1　网格计算与云计算的比较

网格计算	云计算
异构资源	同构资源
不同机构	单一机构
虚拟组织	虚拟机
科学计算为主	数据处理为主
高性能计算机	服务器/PC
紧耦合问题	松耦合问题
免费	按量计费
标准化	尚无标准
科学界	商业社会

从商业角度说，云计算是上述这些技术概念的商业应用，根据用户需求提供可量化的计算和存储服务。可以认为云计算是一种商业计算模型。它将计算任务分布在大量计算机构成的资源池上，使各种应用系统能够根据需要获取计算力、存储空间和信息服务。

最简单的云计算技术在网络服务中已经随处可见，如搜索引擎、网络邮箱等，使用者只是输入简单指令即能得到大量信息。狭义“云”是指提供资源的网络。“云”中的资源在使用者看来是可以无限扩展的，并且可以随时获取、按需使用、随时扩展、按使用付费。这种特性经常被称为像水电一样使用 IT 基础设施。广义的“云”可以是 IT 和软件、互联网相关的服务，也可以是任意其他的服务。“云”也可以是一些可以自我维护和管理的虚拟计算资源，通常为一些大型服务器集群，包括计算机服务器、存储服务器、宽带资源等。云计算将所有的计算资源集中起来，并由软件实现自动管理。

7.1.2 云计算的特点与类别

1．云计算的特点

云计算有五个关键特点。

1）按需自服务。用户可以在需要的时候自动地从网络上获取计算能力、存储空间等资源。

2）泛在接入。计算和存储能力的获取适用于多种用户平台，如手机、笔记本式计算机、PDA 等“瘦”客户端。

3）资源池化。服务提供商将计算和存储能力储蓄在网络上的不同物理位置来服务用户。

4）快速伸缩。服务提供商能够快速、弹性、自动地根据用户需求提供计算和存储。

5）业务可度量。服务提供商能够监测和控制提供的计算和存储能力，并提供面向服务提供商和用户的资源使用报告。

正是因为云计算具有上述五个特性，使得用户只需连上互联网就可以源源不断地使用计算机资源，实现了“互联网即计算机”的构想。此外，云计算还具有以下特点：

1）超大规模。“云”具有相当的规模，企业私有云一般拥有成百上千台服务器。谷歌云计算已经拥有 100 多万台服务器，亚马逊、IBM、微软、雅虎（Yahoo）等的“云”均拥有几十万台服务器。

2）虚拟化。IT 虚拟化平台是云平台的第一层次，作为 IT 系统演变为云平台的中间阶段，它实现了网络、服务器、存储的虚拟化。

3）弹性计算。在云计算体系中，可以将服务器实时加入现有服务器群中，提高“云”处理能力，如果某计算节点出现故障，则通过相应策略抛弃掉该节点，并将其任务交给别的节点，而在节点故障排除后可实时加入现有集群中。

4）跨地域分布。用户可以在任何时间、任意地点，采用任何设备登录到云计算系统后就可以进行计算服务；云计算云端由成千上万台甚至更多服务器组成的集群具有无限空间、无限速度。

5）低成本。由于“云”的特殊容错措施可以采用极其廉价的节点来构成云，“云”的自动化集中式管理使大量企业无须负担日益高昂的数据中心管理成本，“云”的通用性使资源的利用率较之传统系统大幅提升，因此，用户可以充分享受“云”的低成本优势。

6）同一性。通过云计算的统一整合，转变了原来 IT 管理一对多的手工管理模式，实现了把物理资源池化的机制，通过云平台的统一引擎调度，从而实现了统一的管理入口。实现简单统一的管理模式。

2．云计算的类别

云计算主要分为三类，分别为软件即服务（Software as a Service，SaaS）、平台即服务（Platform as a Service，PaaS）和基础设施即服务（Infrastructure as a Service，IaaS）。

7.1.3 云计算产业

1．云计算产业现状

云计算正在引导 IT 产业进入一个全新的世界。对于不同规模的 IT 企业，机会和挑战有些不同。另外，云计算产业也对大型网站和电信企业带来不少的影响。

硬件基础设施市场包括绝大部分传统的硬件制造商，因为它们都已经在某种形式上支持虚拟化和云计算，如英特尔、AMD、思科（Cisco）等。

云计算解决方案是为客户建立共有和私有云提供软件和方案，该市场在 2008 年末才开始形成，云计算解决方案主要以虚拟化管理软件为基础，该市场参与者多为以前虚拟化管理软件的参与者。主要有 IBM、微软、思杰（Citrix）、3Tera、红帽（Redhat）等。

云计算基础设施服务向客户出售服务器、存储、网络设备、带宽等基础设施资源，该市场主要参与者目前有亚马逊 AWS、Mosso（Rackspace）、Gogrid、Gridlayer。

平台即服务，是利用一个完整的基础设施平台，包括应用设计、应用开发、应用测试和应用托管，这些都作为一种服务提供给客户，而不是用大量的预置型基础设施支持开发。该市场的参与者目前主要有谷歌（Appengine）、微软（Azure）、GigaSpaces 等。

软件即服务和一切即服务即是提供面向各种具体应用的服务，该市场直接面向最终的消费者，该市场参与者众多，包括 sourceforce、zoho 等。

2．云计算现有典型应用

（1）AWS

亚马逊的云名为亚马逊网络服务（Amazon Web Services，AWS），目前主要由四块核心服务组成：简单存储服务（Simple Storage Service，S3）、弹性计算云（Elastic Compute Cloud，EC2）、简单排列服务（Simple Queuing Service）以及尚处于测试阶段的 SimpleDB。换句话说，亚马逊现在提供的是可以通过网络访问的存储、计算机处理、信息排队和数据库管理系统接入式服务。

（2）Force.com

软件即服务厂商的先驱，Salesforce 公司正在建造自己的网络应用软件平台 Force.com，这一平台可作为其他企业自身软件服务的基础。Force.com 包括关系数据库、用户界面选项、企业逻辑以及一个名为 Apex 的集成开发环境。程序员可以在平台的 Sandbox 上对利用 Apex 开发出的应用软件进行测试，然后在 Salesforce 的 AppExchange 目录上提交完成后的代码。

（3）GAE

谷歌推出了谷歌应用软件引擎（Google AppEngine，GAE），这种服务让开发人员可以编译基于 Python 的应用程序，并可免费使用谷歌的基础设施来进行托管（最高存储空间达 500MB）。对于超过此上限的存储空间，谷歌按每 1GB 空间 15～18 美分的标准进行收费。最近，谷歌还公布了提供可由企业自定义的托管企业搜索服务计划。

（4）微软公司产品

微软宣布 Windows 操作系统将以云端运算（Cloud Computing）概念，开发最新一代的操作系统 Windows Azure。利用云端运算不仅可取代个人计算机既有的操作系统，也给软件开发工程师另一个选择，直接上线利用微软的数据中心建置与执行程序。

微软首批软件即服务产品包括 Dynamics CRM Online、Exchange Online、Office Communications Online 以及 Share Point Online。每种产品都具有多客户共享版本，其主要服务对象是中小型企业。针对普通用户，微软的在线服务还包括 Windows Live、Office Live 和

Xbox Live 等。

（5）“蓝云”计算平台

IBM 公司在 2007 年 11 月 15 日推出了蓝云计算平台，为客户带来即买即用的云计算平台。它包括一系列的云计算产品，使得计算不仅仅局限在本地机器或远程服务器农场（即服务器集群），通过架构一个分布式、可全球访问的资源结构，使得数据中心在类似于互联网的环境下运行计算。

2008 年 2 月，IBM 在无锡建立第一个云计算中心，“蓝云”终落地生根、推向市场。作为第一个商业化的云计算中心，该中心为用户提供接入一个虚拟计算环境的能力，最终用户以租用的方式使用中心提供的软件开发和测试环境。

7.2 云计算的实现

7.2.1 工作原理

云计算的基本原理是，使计算分布在大量的分布式计算机上，而非本地计算机或远程服务器中，企业数据中心的运行将更与互联网相似，这使得企业能够将资源切换到需要的应用上，根据需要访问计算机和存储系统。

一个典型的云计算平台如图 7.1 所示。用户可以通过云用户端提供的交互接口从服务中选择所需的服务，其请求通过管理系统调度相应的资源，通过部署工具分发请求、配置 Web 应用。

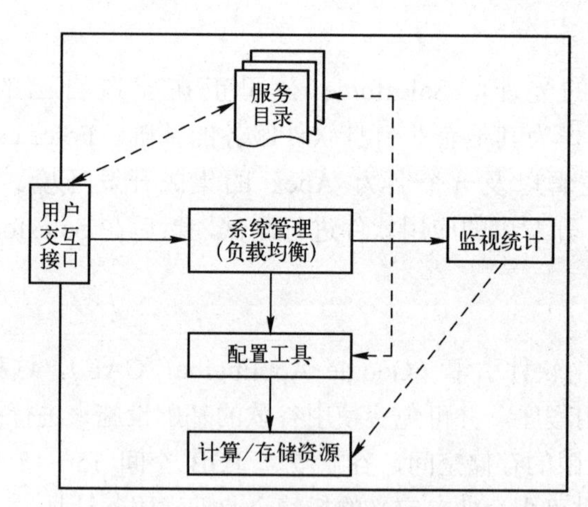

图 7.1 典型云计算平台工作原理

1）服务目录是用户可以访问的服务清单列表。用户在取得相应权限（付费或其他限制）后可以选择或定制的服务列表，用户也可以对已有服务进行退订等操作。

2）管理系统和部署工具提供管理和服务，负责管理用户的授权、认证和登录，管理可用的计算资源和服务，以及接受用户发送的请求并转发到相应的程序，动态地部署、配置和回收资源。

3）监控统计模块负责监控和计算云系统资源的使用情况，以便做出迅速反应，完成节点同步配置、负载均衡配置和资源监控，确保资源能顺利分配给合适的用户。

4）计算/存储资源是虚拟的或物理的服务器，用于响应用户的处理请求，包括大运算量计算处理、Web 应用服务等。

7.2.2 体系结构

云计算可以按需提供弹性资源，它的表现形式是一系列服务的集合。结合当前云计算的应用与研究，其体系架构可分为核心服务、服务管理、用户访问接口三层，如图 7.2 所示。核心服务层将硬件基础设施、软件运行环境、应用程序抽象成服务，这些服务具有可靠性强、可用性高、规模可伸缩等特点，满足多样化的应用需求。服务管理层为核心服务提供支持，进一步确保核心服务的可靠性、可用性与安全性。用户访问接口层实现端到云的访问。

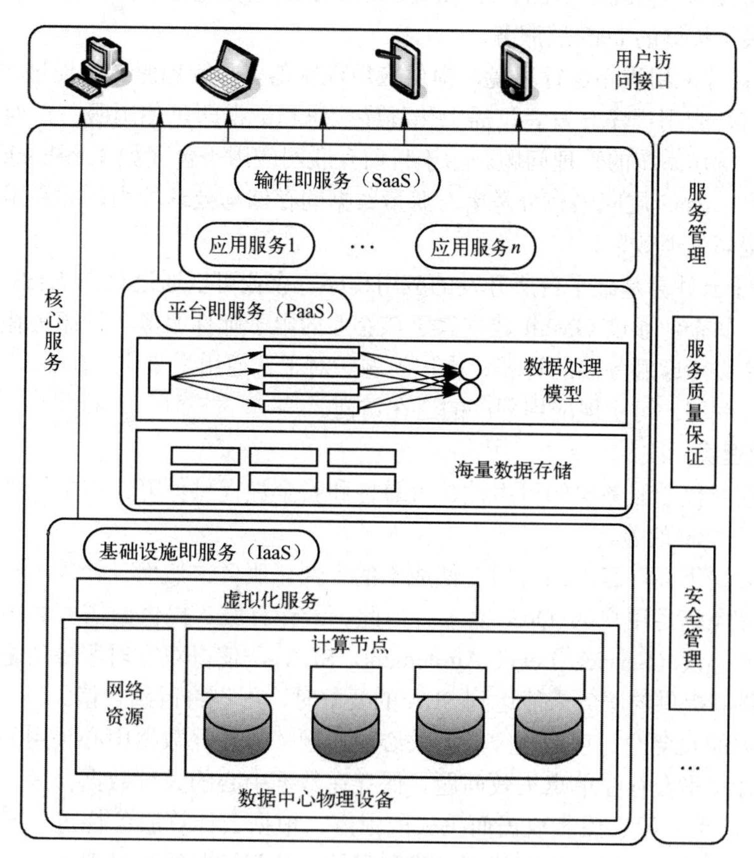

图 7.2　云计算体系架构

1．核心服务层

云计算核心服务通常可以分为三个子层：基础设施即服务层（Infrastructure as a Service，IaaS）、平台即服务层（Platform as a Service，PaaS）、软件即服务层（Software as a Service，SaaS）。表 7.2 对三层服务的特点进行了比较。

表 7.2　云计算三层服务特点对比

	服务内容	服务对象	使用方式	关键技术	系统实例
IaaS	提供基础设施部署服务	需要硬件资源的用户	使用者上传数据、程序代码、环境配置	提供基础设施部署服务	Amazon EC2 、Eucalyptus 等
PaaS	提供应用程序部署与管理服务	程序开发者	使用者上传数据、程序代码	提供应用程序部署与管理服务	Google App Engine、Microsoft Azure 、Hadoop 等
SaaS	提供基于互联网的应用程序服务	企业和需要软件应用的用户	使用者上传数据	提供基于互联网的应用程序服务	Google Apps 、Salesforce CRM 等

IaaS 提供硬件基础设施部署服务，为用户按需提供实体或虚拟的计算、存储和网络等资源。在使用 IaaS 层服务的过程中，用户需要向 IaaS 层服务提供商提供基础设施的配置信息，运行于基础设施的程序代码以及相关的用户数据。由于数据中心是 IaaS 层的基础，因此数据中心的管理和优化问题近年来成为研究热点。另外，为了优化硬件资源的分配，IaaS 层引入了虚拟化技术。借助于 Xen、KVM、VMware 等虚拟化工具，可以提供可靠性高、可定制性强、规模可扩展的 IaaS 层服务。

PaaS 是云计算应用程序运行环境，提供应用程序部署与管理服务。通过 PaaS 层的软件工具和开发语言，应用程序开发者只需上传程序代码和数据即可使用服务，而不必关注底层的网络、存储、操作系统的管理问题。由于目前互联网应用平台（如 Facebook、淘宝等）的数据量日趋庞大，PaaS 层应当充分考虑对海量数据的存储与处理能力，并利用有效的资源管理与调度策略提高处理效率。

SaaS 是基于云计算基础平台所开发的应用程序。企业可以通过租用 SaaS 层服务解决企业信息化问题，如企业通过 GMail 建立属于该企业的电子邮件服务。该服务托管于谷歌的数据中心，企业不必考虑服务器的管理、维护问题。对于普通用户来讲，SaaS 层服务将桌面应用程序迁移到互联网，可实现应用程序的泛在访问。

2．服务管理层

服务管理层对核心服务层的可用性、可靠性和安全性提供保障。服务管理包括服务质量（QoS）保证和安全管理等。

云计算需要提供高可靠、高可用、低成本的个性化服务。然而云计算平台规模庞大且结构复杂，很难完全满足用户的 QoS 需求。为此，云计算服务提供商需要和用户进行协商，并制定服务水平协议（Service Level Agreement，SLA），使得双方对服务质量的需求达成一致。当服务提供商提供的服务未能达到 SLA 的要求时，用户将得到补偿。

此外，数据的安全性一直是用户较为关心的问题。云计算数据中心采用的资源集中式管理方式使得云计算平台存在单点失效问题。保存在数据中心的关键数据会因为突发事件（如地震、断电）、病毒入侵、黑客攻击而丢失或泄露。根据云计算服务特点，研究云计算环境下的安全与隐私保护技术（如数据隔离、隐私保护、访问控制等）是保证云计算得以广泛应用的关键。

除了 QoS 保证、安全管理外，服务管理层还包括计费管理、资源监控等管理内容，这些管理措施对云计算的稳定运行同样起到重要作用。

3．用户访问接口层

用户访问接口实现了云计算服务的泛在访问，其请求通过管理系统调度相应的资源，通常包括命令行、Web 服务、Web 门户等形式。命令行和 Web 服务的访问模式既可为终端设备提供应用程序开发接口，又便于多种服务的组合。Web 门户是访问接口的另一种模式。通过 Web 门户，云计算将用户的桌面应用迁移到互联网，从而使用户随时随地通过浏览器就可以访问数据和程序，提高工作效率。虽然用户通过访问接口使用便利的云计算服务，但是由于不同云计算服务商提供接口标准不同，导致用户数据不能在不同服务商之间迁移。为此，在 Intel、Sun 和 Cisco 等公司的倡导下，云计算互操作论坛（Cloud Computing Interop-erability Forum，CCIF）宣告成立，并致力于开发统一的云计算接口（Unified Cloud Interface，UCI），以实现“全球环境下不同企业之间可利用云计算服务无缝协同工作”的目标。

7.2.3 关键技术

云计算系统运用了许多技术，其中以编程模型、海量数据管理技术、海量数据存储技术、虚拟化技术、云计算平台管理技术最为关键。

云计算的目标是以低成本的方式提供高可靠、高可用、规模可伸缩的个性化服务。为了达到这个目标，需要数据中心管理、虚拟化、海量数据处理、资源管理与调度、QoS 保证、安全与隐私保护等若干关键技术加以支持。

1．编程模型

为了高效地利用云计算的资源，使用户能更轻松地享受云计算带来的服务，云计算的编程模型必须保证后台复杂的并行执行和任务调度向用户和编程人员透明。云计算采用 MapReduce 编程模式，将任务自动分成多个子任务，通过映射（Map）和化简（Reduce）两步实现任务在大规模计算节点中的调度与分配。

MapReduce 是谷歌开发的 Java、Python、C++编程模型，它是一种简化的分布式编程模型和高效的任务调度模型，用于大规模数据集（大于 1TB）的并行运算。严格的编程模型使云计算环境下的编程十分简单。MapReduce 模式的思想是将要执行的问题分解成 Map 和 Reduce 的方式，先通过 Map 程序将数据切割成不相关的区块，分配（调度）给大量计算机处理，达到分布式运算的效果，再通过 Reduce 程序将结果汇总输出。MapReduce 的执行过程如图 7.3 所示。

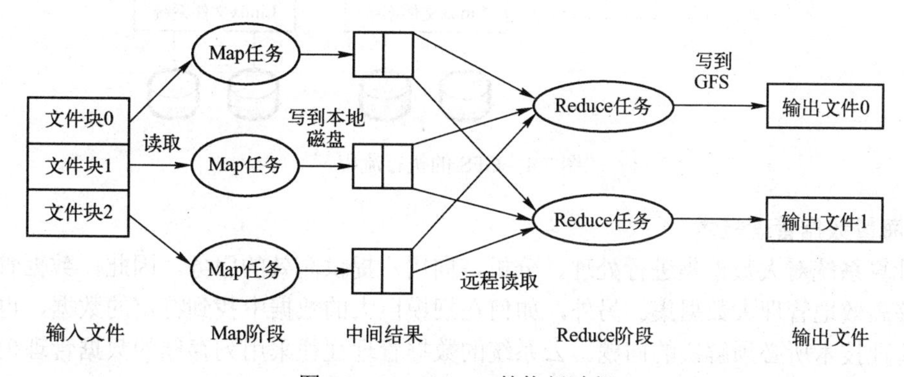

图 7.3 MapReduce 的执行过程

2．海量数据分布存储技术

云计算系统由大量服务器组成，同时为大量用户服务，因此云计算系统采用分布式存储的方式存储数据，用冗余存储的方式保证数据的可靠性。与传统的企业数据中心不同，云计算数据中心具有以下特点：

1）自治性。相较传统的数据中心需要人工维护，云计算数据中心的大规模性要求系统在发生异常时能自动重新配置，并从异常中恢复，而不影响服务的正常使用。

2）规模经济。通过对大规模集群的统一化标准化管理，使单位设备的管理成本大幅降低。

3）规模可扩展。考虑到建设成本及设备更新换代，云计算数据中心往往采用大规模高性价比的设备组成硬件资源，并提供扩展规模的空间。

云计算环境中的海量数据存储既要考虑存储系统的 I/O 性能，又要保证文件系统的可靠性与可用性。云计算的数据存储系统主要有 Google GFS（Google File System）和 Hadoop 开发团队的开源系统 HDFS（Hadoop Distributed File System）。大部分 IT 厂商，包括雅虎、英特尔的“云”计划采用的都是 HDFS 的数据存储技术。

云计算系统中广泛使用的 Google 文件系统（Google File System），是一个可扩展的分布式文件系统，用于大型的、分布式的、对大量数据进行访问的应用。图 7.4 展示了 GFS 的执行流程。在 GFS 中，一个大文件被划分成若干固定大小（如 64MB）的数据块，并分布在计算节点的本地硬盘，为了保证数据可靠性，每一个数据块都保存有多个副本，所有文件和数据块副本的元数据由元数据管理节点管理。GFS 的优势在于：

① 由于文件的分块粒度大，GFS 可以存取 PB 级的超大文件。

② 通过文件的分布式存储，GFS 可并行读取文件，提供高 I/O 吞吐率。

③ GFS 可以简化数据块副本间的数据同步问题。

④ 文件块副本策略保证了文件可靠性。

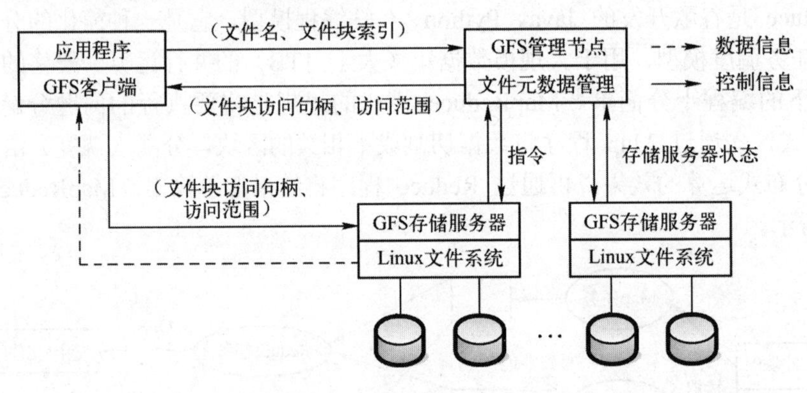

图 7.4　GFS 的执行流程

3．海量数据管理技术

云计算系统对大数据集进行处理、分析，向用户提供高效的服务。因此，数据管理技术必须能够高效地管理大数据集。另外，如何在规模巨大的数据中找到特定的数据，也是云计算数据管理技术所必须解决的问题。云系统的数据管理往往采用列存储的数据管理模式，保证海量数据存储和分析性能。云计算的数据管理技术最著名的是谷歌的 BigTable 数据管理技术，同时，Hadoop 开发团队开发了类似 BigTable 的开源数据管理模块 HBase。

Bigtable 是基于 GFS 开发的分布式存储系统，它将提高系统的适用性、可扩展性、可用性和存储性能作为设计目标。Bigtable 的功能与分布式数据库类似，用以存储结构化或半结构化数据，为谷歌应用（如搜索引擎、谷歌地图等）提供数据存储与查询服务。在数据管理方面，Bigtable 将一整张数据表拆分成许多存储于 GFS 的子表，并由分布式锁服务 Chubby 负责数据一致性管理。在数据模型方面，Bigtable 以行名、列名、时间戳建立索引，表中的数据项由无结构的字节数组表示。这种灵活的数据模型保证 Bigtable 适用于多种不同应用环境。图 7.5 展示了 Bigtable 的存储方式，其中 t_1~t_5 为时间戳。

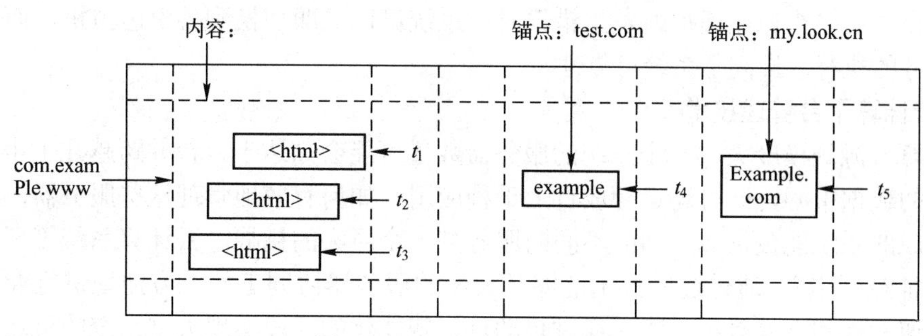

图 7.5　BigTable 的存储方式

4．虚拟化技术

虚拟化是 IaaS 层的重要组成部分，也是云计算的最重要特点。虚拟化技术可以提供以下特点：

1）资源分享。通过虚拟机封装用户各自的运行环境，有效实现多用户分享数据中心资源。

2）资源定制。用户利用虚拟化技术，配置私有的服务器，指定所需的 CPU 数目、内存容量、磁盘空间，实现资源的按需分配。

3）细粒度资源管理。将物理服务器拆分成若干虚拟机，可以提高服务器的资源利用率，减少浪费，而且有助于服务器的负载均衡和节能。

基于以上特点，虚拟化技术成为实现云计算资源池化和按需服务的基础。

（1）虚拟机快速部署技术

传统的虚拟机部署分为四个阶段：创建虚拟机、安装操作系统与应用程序、配置主机属性（如网络、主机名等）、启动虚拟机。该方法部署时间较长，达不到云计算弹性服务的要求。尽管可以通过修改虚拟机配置（如增减 CPU 数目、磁盘空间、内存容量）改变单台虚拟机性能，但是更多情况下云计算需要快速扩张虚拟机集群的规模。为了简化虚拟机的部署过程，虚拟机模板技术被应用于大多数云计算平台。虚拟机模板预装了操作系统与应用软件，并对虚拟设备进行了预配置，可以有效减少虚拟机的部署时间。然而虚拟机模板技术仍不能满足快速部署的需求。

（2）虚拟机在线迁移技术

虚拟机在线迁移是指虚拟机在运行状态下从一台物理机移动到另一台物理机。在线迁移技术于 2005 年由 Clark 等人提出，通过迭代的预复制（pre-copy）策略同步迁移前后的虚拟机的状态。虚拟机在线迁移技术对云计算平台有效管理具有以下重要意义：

1）提高系统可靠性。一方面，当物理机需要维护时，可以将运行于该物理机的虚拟机转移到其他物理机。另一方面，可利用在线迁移技术完成虚拟机运行时备份，当主虚拟机发生异常时，可将服务无缝切换至备份虚拟机。

2）有利于负载均衡。当物理机负载过重时，可以通过虚拟机迁移达到负载均衡，优化数据中心性能。

3）有利于设计节能方案。通过集中零散的虚拟机，可使部分物理机完全空闲，以便关闭这些物理机（或使物理机休眠），达到节能目的。

此外，虚拟机的在线迁移对用户透明，云计算平台可以在不影响服务质量的情况下优化和管理数据中心。当原始虚拟机发生错误时，系统可以立即切换到备份虚拟机，而不会影响到关键任务的执行，提高了系统可靠性。

5．云计算平台管理技术

云计算资源规模庞大，一个系统的服务器数量可能会高达十万台并跨越几个坐落于不同物理地点的数据中心，同时还运行成百上千种应用。如何有效地管理这些服务器，保证这些服务器组成的系统能提供 7×24h 不间断服务是一个巨大的挑战。云计算系统管理技术是云计算的“神经网络”，通过这些技术能够是大量的服务器协同工作，方便地进行业务部署和开通，快速发现和恢复系统故障，通过自动化、智能化的手段实现大型系统的可运营、可管理。谷歌通过其卓越的云计算管理系统维持着全球上百万台 PC 服务器协同、高效地运行。

6．云安全技术

云安全技术是 P2P 技术、网格技术、云计算技术等计算技术混合发展、自然演化的结果。云安全技术，可以针对互联网环境中类型多样的信息安全威胁，在强大的后台技术分析能力和在线透明交互模式的支持下，在用户“知情并同意”的情况下在线收集、分析用户计算机中可疑的病毒和木马等恶意程序样本，并且定时通过反病毒数据库进行用户分发，从而实现病毒及木马等恶意程序的在线收集、即时分析及解决方案。

云安全技术通过扁平化的服务体系实现用户与技术后台的对接，所有用户都是互联网安全的主动参与者和安全技术个新的即时受惠者，这也体现了云计算的理念。

7.3　云计算的层次

在云计算中，根据其服务集合所提供的服务类型，整个云计算服务集合被划分成三个层次，如图 7.6 所示。与计算机网络体系结构中层次的划分不同，云计算的服务层次是根据服务类型即服务集合来划分的。在计算机网络中每个层次都实现一定的功能，层与层之间有一定关联。而云计算体系结构中的层次是可以分割的，即某一层次可以单独完成一项用户的请求而不需要其他层次为其提供必要的服务和支持。

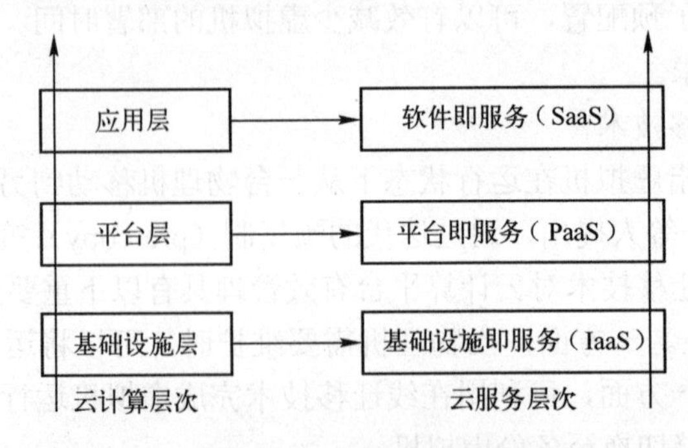

图 7.6　云计算服务层次

7.3.1 基础设施即服务

1. IaaS 介绍

IaaS 层是云计算的基础。通过建立大规模数据中心，IaaS 层为上层云计算服务提供海量硬件资源。同时，在虚拟化技术的支持下，IaaS 层可以实现硬件资源的按需配置，并提供个性化的基础设施服务。基于以上两点，IaaS 层主要研究两个问题：

1）如何建设低成本、高效能的数据中心。

2）如何拓展虚拟化技术，实现弹性、可靠的基础设施服务。

2. IaaS 典型平台

典型的 IaaS 平台包括 Amazon EC2，Eucalyptus 和东南大学云计算平台等。

（1）EC2

Amazon 弹性计算云（Elastic ComputingCloud，EC2）为公众提供基于 Xen 虚拟机的基础设施服务。Amazon EC2 的虚拟机分为标准型、高内存型、高性能型等多种类型，每一种类型的价格各不相同。用户可以根据自身应用的特点与虚拟机价格，定制虚拟机的硬件配置和操作系统。Amazon EC2 的计费系统根据用户的使用情况（一般为使用时间）对用户收费。在弹性服务方面，Amazon EC2 可以根据用户自定义的弹性规则，扩张或收缩虚拟机集群规模。目前，Amazon EC2 已拥有 Ericsson、Active.com、Autodesk 等大量用户。

（2）Eucalyptus

Eucalyptus（Elastic Utility Computing Architecture for Linking Your Programs To Useful Systems）是加州大学圣巴巴拉分校开发的开源 IaaS 平台，用来通过计算集群或工作站群实现弹性的、实用的云计算。区别于 Amazon EC2 等商业 IaaS 平台，Eucalyptus 的设计目标是成为研究和发展云计算的基础平台。为了实现这个目标，Eucalyptus 的设计强调开源化、模块化，以便研究者对各功能模块升级、改造和更换。目前，Eucalyptus 已实现了和 Amazon EC2 相兼容的 API，并部署于全球各地的研究机构。

（3）东南大学云计算平台

东南大学云计算平台面向计算密集型和数据密集型应用，由 3500 颗 CPU 内核和 SOOTB 高速存储设备构成，提供 37 万亿次浮点计算能力。其基础设施服务不仅支持 Xen、KVM、VMware 等虚拟化技术，而且支持物理计算节点的快速部署，可根据科研人员的应用需求，为其按需配置物理的或虚拟的私有计算集群，并自动安装操作系统、应用软件。由于部分高性能计算应用对网络延时敏感，其数据中心利用 40Gbit/s QDR InfiniBand 作为数据传输网络，提供高带宽低延时的网络服务。

（4）OPENStack

Rackspace 和 NASA 联手推出的云计算平台。为那些希望给用户提供云服务的托管供应商们创造了进入云计算领域的机会，就像 Parallels Virtuozzo 为 Web 托管公司开发了虚拟化私有服务器。

7.3.2 平台即服务

1. PaaS 介绍

PaaS 层作为三层核心服务的中间层，既为上层应用提供简单、可靠的分布式编程框架，又需要基于底层的资源信息调度作业、管理数据，屏蔽底层系统的复杂性。随着数据密集型应用的普及和数据规模的日益庞大，PaaS 层需要具备存储与处理海量数据的能力。

PaaS 层提供给终端用户基于网络的应用开发环境，包括应用编程接口和运行平台等，并且支持应用从创建到运行整个生命周期所需的各种软硬件资源和工具。在 PaaS 层面，服务提供商提供的是经过封装的 IT 能力，如数据库、文件系统和应用运行环境等，通常按照用户登录情况计费。

2．PaaS 典型平台

典型的 PaaS 平台包括 Google App Engine，Hadoop 和 Microsoft Azure 等。

（1）Google App Engine

Google App Engine 是基于谷歌数据中心的开发、托管 Web 应用程序的平台。通过该平台，程序开发者可以构建规模可扩展的 Web 应用程序，而不用考虑底硬件基础设施的管理。App Engine 由 GFS 管理数据、MapReduce 处理数据，并用 Sawzall 为编程语言提供接口。

（2）Hadoop

Hadoop 是开源的分布式处理平台，其 HDFS、Hadoop MapReduce 和 Pig 模块实现TGFS、MapReduce 和 Sawzall 等数据处理技术。与谷歌的分布式处理平台相似，Hadoop 在可扩展性、可靠性、可用性方面做了优化，使其适用于大规模的云环境。目前，Hadoop 由 Apache 基金会维护，Yahoo、Facebook、淘宝等公司利用 Hadoop 构建数据处理平台，以满足海量数据分析处理需求。

（3）Azure

Microsoft Azure 以 Dryad 作为数据处理引擎，允许用户在微软的数据中心上构建、管理、扩展应用程序。目前，Azure 支持按需付费，并免费提供 750h 的计算时长和 1GB 数据库空间，其服务范围已经遍布 41 个国家和地区。

7.3.3 软件即服务

1．SaaS 介绍

SaaS 层面向的是云计算终端用户，提供基于互联网的软件应用服务。随着 Web 服务、HTMLS、Ajax、Mashup 等技术的成熟与标准化，SaaS 应用近年来发展迅速。SaaS 层提供最常见的云计算服务，如邮件服务等。用户通过 Web 浏览器来使用网络上的软件，服务提供商负责维护和管理这些软件，并以免费或按需租用方式向用户提供服务。SaaS 模式是未来管理软件的发展趋势，它不仅减少甚至取消了传统的软件授权费用，而且服务提供商将应用软件部署在统一的服务器上，免除了最终用户的服务器硬件、网络安全设备和软件升级维护的支出。

对于广大中小型企业来说，SaaS 是采用先进技术实施信息化的最好途径。但 SaaS 绝不仅仅适用于中小型企业，所有规模的企业都可以从 SaaS 中获利。目前，SaaS 已成为软件产业的一个重要力量。

2．SaaS 平台

（1）Google Apps

Google Apps 包括 Google Docs、GMail 等一系列 SaaS 应用。谷歌将传统的桌面应用程序（如文字处理软件、电子邮件服务等）迁移到互联网，并托管这些应用程序。用户通过 Web 浏览器便可随时随地访问 Google Apps，而不需要下载、安装或维护任何硬件或软件。

Google Apps 为每个应用提供了编程接口，使各应用之间可以随意组合。Google Apps 的用户既可以是个人用户也可以是服务提供商。比如企业可向 Google 申请域名为@example.com 的邮件服务，满足企业内部收发电子邮件的需求。在此期间，企业只需对资源使用量付费，而不必考虑购置、维护邮件服务器、邮件管理系统的开销。

（2）Salesforce CRM

Salesforce CRM 部署于 Force.com 云计算平台，为企业提供客户关系管理服务，包括销售云、服务云、数据云等部分。通过租用 CRM 的服务，企业可以拥有完整的企业管理系统，用以管理内部员工、生产销售、客户业务等。利用 CRM 预定义的服务组件，企业可以根据自身业务的特点定制工作流程。基于数据隔离模型，CRM 可以隔离不同企业的数据，为每个企业分别提供一份应用程序的副本。CRM 可根据企业的业务量为企业弹性分配资源。除此之外，CRM 为移动智能终端开发了应用程序，支持各种类型的客户端设备访问该服务，实现泛在接入。

7.4 云安全与云存储

7.4.1 云安全

1．云安全的概念

“云安全（Cloud Security）”是“云计算”技术的重要分支，已经在反病毒领域当中获得了广泛应用。云安全通过网状的大量客户端对网络中软件行为的异常监测，获取互联网中木马、恶意程序的最新信息，推送到服务端进行自动分析和处理，再把病毒和木马的解决方案分发到每一个客户端。整个互联网变成了一个超级大的杀毒软件，这就是云安全计划的宏伟目标。

最早提出“云安全”这一概念的是趋势科技，2008 年 5 月，趋势科技在美国正式推出了“云安全”技术。“云安全”的概念在早期曾经引起过不小争议，现在已经被普遍接受。值得一提的是，中国网络安全企业在“云安全”的技术应用上走到了世界前列。

“云安全”计划是网络时代信息安全的最新体现，它融合了并行处理、网格计算、未知病毒行为判断等新兴技术和概念，通过网状的大量客户端对网络中软件行为的异常监测，获取互联网中木马、恶意程序的最新信息，推送到服务器端进行自动分析和处理，再把病毒和木马的解决方案分发到每一个客户端。

2．云端安全问题

1）数据丢失/泄漏：云计算中对数据的安全控制力度并不是十分理想，API 访问权限控制以及密钥生成、存储和管理方面的不足都可能造成数据泄漏，并且还可能缺乏必要的数据销毁政策。

2）账户、服务和通信劫持：很多数据、应用程序和资源都集中在云计算中，而云计算的身份验证机制如果很薄弱的话，入侵者就可以轻松获取用户账号并登录客户的虚拟机，因此建议主动监控这种威胁，并采用双因素身份验证机制。

3）不安全的应用程序接口：在开发应用程序方面，企业必须将云计算看作是新的平台，而不是外包。在应用程序的生命周期中，必须部署严格的审核过程，开发者可以运用某些准则来处理身份验证、访问权限控制和加密。

4）内奸：云计算服务供应商对工作人员的背景调查力度可能与企业数据访问权限的控制力度有所不同，很多供应商在这方面做得还不错，但并不够，企业需要对供应商进行评估并提出如何筛选员工的方案。

5）未知的风险：透明度问题一直困扰着云服务供应商，账户用户仅使用前端界面，他们不知道供应商使用的是哪种平台或者什么样的修复水平。

6）客户端问题：对于客户来说，云安全有网络方面的担忧。有一些反病毒软件在断网之后，性能大大下降。由于病毒破坏、网络环境等因素，在网络上一旦出现问题，云技术就反而成了累赘。

3．云计算不同层次的安全问题

（1）IaaS 层的安全

虚拟化是云计算 IaaS 层普遍采用的技术。该技术不仅可以实现资源可定制，而且能有效隔离用户的资源。然而虚拟化平台并不是完美的，仍然存在安全漏洞。基于 Amazon EC2 上的实验，研究人员发现 Xen 虚拟化平台存在被旁路攻击的危险。他们在云计算中心放置若干台虚拟机，当检测到有一台虚拟机和目标虚拟机放置在同一台主机上时，便可通过操纵自己放置的虚拟机对目标虚拟机的进行旁路攻击，得到目标虚拟机的更多信息。

（2）PaaS 层的安全

PaaS 层的海量数据存储和处理需要防止隐私泄露问题。研究人员提出了一种基于 MapReduce 平台的隐私保护系统 Airavat，集成强访问控制和区分隐私，为处理关键数据提供安全和隐私保护。

（3）SaaS 层的安全

SaaS 层提供了基于互联网的应用程序服务，并会保存敏感数据（如企业商业信息）。因为云服务器由许多用户共享，且云服务器和用户不在同一个信任域里，所以需要对敏感数据建立访问控制机制。由于传统的加密控制方式需要花费很大的计算开销，而且密钥发布和细粒度的访问控制都不适合大规模的数据管理，研究人员提出了基于文件属性的访问控制策略，在不泄露数据内容的前提下将与访问控制相关的复杂计算工作交给不可信的云服务器完成，从而达到访问控制的目的。

云计算面临的核心安全问题是用户不再对数据和环境拥有完全的控制权。为了解决该问题，云计算的部署模式被分为公有云、私有云和混合云。

公有云是以按需付费方式向公众提供的云计算服务（如 Amazon EC2、Salesforce CRM 等）。虽然公有云提供了便利的服务方式，但是由于用户数据保存在服务提供商，存在用户隐私泄露、数据安全得不到保证等问题。

私有云是一个企业或组织内部构建的云计算系统。部署私有云需要企业新建私有的数据中心或改造原有数据中心。由于服务提供商和用户同属于一个信任域，所以数据隐私可以得到保护。受其数据中心规模的限制，私有云在服务弹性方面与公有云相比较差。

混合云结合了公有云和私有云的特点：用户的关键数据存放在私有云，以保护数据隐私；当私有云工作负载过重时，可临时购买公有云资源，以保证服务质量。部署混合云需要公有云和私有云具有统一的接口标准，以保证服务无缝迁移。

此外，工业界对云计算的安全问题非常重视，并为云计算服务和平台开发了若干安全机制。其中 Sun 公司发布开源的云计算安全工具可为 Amazon EC2 提供安全保护。微软公司发布基于云计算平台 Azure 的安全方案，以解决虚拟化及底层硬件环境中的安全性问题。另外，Yahoo 为 Hadoop 集成了 Kerberos 验证，Kerberos 验证有助于数据隔离，使对敏感数据的访问与操作更为安全。

7.4.2 云存储

1．云存储的概念

云存储是在云计算概念上延伸和发展出来的一个新的概念，是指通过集群应用、网格技术或分布式文件系统等功能，将网络中大量各种不同类型的存储设备通过应用软件集合起来协同工作，共同对外提供数据存储和业务访问功能的一个系统。

2．云存储的结构模型

云存储系统的结构模型由四层组成，如图 7.7 所示。

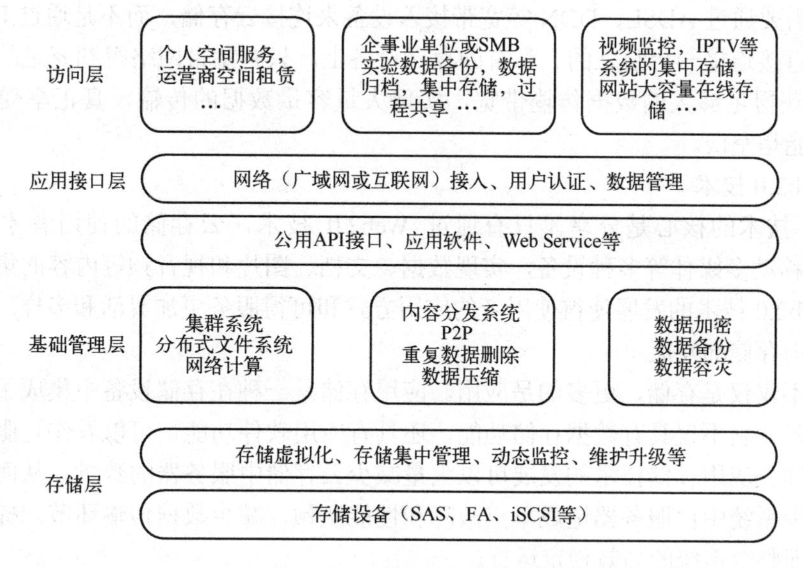

图 7.7　云存储的结构模型

（1）存储层

存储层是云存储最基础的部分。存储设备可以是光纤通道（FC）存储设备，可以是 NAS 和 iSCSI 等 IP 存储设备，也可以是 SCSI 或 SAS 等 DAS 存储设备。云存储中的存储设备往往数量庞大且分布多不同地域，彼此之间通过广域网、互联网或者光纤通道网络连接在一起。

存储设备之上是一个统一存储设备管理系统，可以实现存储设备的逻辑虚拟化管理、多链路冗余管理，以及硬件设备的状态监控和故障维护。

（2）基础管理层

基础管理层是云存储最核心的部分，也是云存储中最难以实现的部分。基础管理层通过集群、分布式文件系统和网格计算等技术，实现云存储中多个存储设备之间的协同工作，使多个存储设备可以对外提供同一种服务，并提供更强大的数据访问性能。

CDN 内容分发系统、数据加密技术保证云存储中的数据不会被未授权的用户所访问，同时，通过各种数据备份和容灾技术和措施可以保证云存储中的数据不会丢失，保证云存储自身的安全和稳定。

（3）应用接口层

应用接口层是云存储最灵活多变的部分。不同的云存储运营单位可以根据实际业务类型，开发不同的应用服务接口，提供不同的应用服务，比如视频监控应用平台、IPTV 和视频点播应用平台、网络硬盘引用平台，远程数据备份应用平台等。

（4）访问层

任何一个授权用户都可以通过标准的公用应用接口来登录云存储系统，享受云存储服务。云存储运营单位不同，云存储提供的访问类型和访问手段也不同。

3．云存储发展的前提

（1）宽带网络的发展

真正的云存储系统将会是一个多区域分布、遍布全国、甚至于遍布全球的庞大公用系统，使用者需要通过 ADSL、DDN 等宽带接入设备来连接云存储，而不是通过 FC、SCSI 或以太网线缆直接连接一台独立的、私有的存储设备上。只有宽带网络得到充足的发展，使用者才有可能获得足够大的数据传输带宽，实现大量容量数据的传输，真正享受到云存储服务，否则只能是空谈。

（2）Web2.0 技术

Web2.0 技术的核心是分享。只有通过 Web2.0 技术，云存储的使用者才有可能通过 PC、手机、移动多媒体等多种设备，实现数据、文档、图片和视音频等内容的集中存储和资料共享。Web2.0 技术的发展使得使用者的应用方式和可得服务更加灵活和多样。

（3）应用存储的发展

云存储不仅仅是存储，更多的是应用。应用存储是一种在存储设备中集成了应用软件功能的存储设备，它不仅具有数据存储功能，还具有应用软件功能，可以看作是服务器和存储设备的集合体。应用存储技术的发展可以大量减少云存储中服务器的数量，从而降低系统建设成本，减少系统中由服务器造成单点故障和性能瓶颈，减少数据传输环节，提供系统性能和效率，保证整个系统的高效稳定运行。

（4）集群技术、网络技术和分布式文件系统

云存储系统是一个多存储设备、多应用、多服务协同工作的集合体，任何一个单点的存储系统都不是云存储。

既然是由多个存储设备构成的，不同存储设备之间就需要通过集群技术、分布式文件系统和网格计算等技术，实现多个存储设备之间的协同工作，使多个的存储设备可以对外提供同一种服务，并提供更大更强更好的数据访问性能。如果没有这些技术的存在，云存储就不可能真正实现，所谓的云存储只能是一个一个的独立系统，不能形成云状结构。

（5）存储虚拟化技术、存储网络化管理技术

云存储中的存储设备数量庞大且分布多在不同地域，如何实现不同厂商、不同型号甚至于不同类型（如 FC 存储和 IP 存储）的多台设备之间的逻辑卷管理、存储虚拟化管理和多链路冗余管理将会是一个巨大的难题，这个问题得不到解决，存储设备就会是整个云存储系统的性能瓶颈，结构上也无法形成一个整体，而且还会带来后期容量和性能扩展难等问题。

云存储中的存储设备数量庞大、分布地域广造成的另外一个问题就是存储设备运营管理

问题。虽然这些问题对云存储的使用者来讲根本不需要关心，但对于云存储的运营单位来讲，却必须要通过切实可行和有效的手段来解决集中管理难、状态监控难、故障维护难、人力成本高等问题。因此，云存储必须要具有一个高效的类似与网络管理软件一样的集中管理平台，可实现云存储系统中设有存储设备、服务器和网络设备的集中管理和状态监控。

7.5 大数据

7.5.1 大数据的基本概念

“大数据”这个名词并不新鲜，早在 20 世纪 80 年代就有美国人提出来。2008 年 9 月，《科学》杂志发表文章《大数据：PB 时代的科学》（《Big Data: Science in the Petabyte Era》），“大数据”这个词开始广泛传播。2011 年 6 月，互联网数据中心（IDC）研究报告《从混沌中提取价值》中三个基本论断构成了大数据的理论基础，人们对大数据的关注程度日益上升。据统计，Google“大数据”搜索量自 2011 年 6 月起呈直线上升趋势，大数据时代的到来毋庸置疑。

大数据是一个较为抽象的概念，正如信息学领域大多数新兴概念一样，大数据至今尚无确切、统一的定义。IDC 指出大数据一般会涉及两种或两种以上数据形式，它要收集超过 100TB 的数据，并且是高速、实时的数据流；研究机构 Gartner 认为大数据是指需要新处理模式才能具有更强的决策力、洞察发现力和流程优化能力的海量、高增长率和多样化的信息资产；麦肯锡定义大数据是指无法在一定时间内用传统数据库软件工具对其内容进行采集、存储、管理和分析的数据集合；维基百科对大数据的描述是这样的：它是用于数据集的一个术语，是指大小超出了常用的软件工具在运行时间内可以承受的收集、管理和处理数据能力的数据集。

大数据概念上虽然与“海量数据”“大规模数据”相似，但仍存在重要的差别。在内涵方面，它不仅包含了“海量数据”“大规模数据”，而且还包括了更为复杂的数据类型；在数据处理方面，数据处理的响应速度由传统的周、天、小时降为分、秒的时间处理周期。

7.5.2 大数据的特点

根据 IDC 的定义，大数据的特点可以用四个“V”表示：海量（Volume）、多样性（Variety）、高度（Velocity）和价值（Value），如图 7.8 所示。

（1）海量

随着信息化技术的高速发展，数据开始爆发性增长。社交网络（如微博、Twitter、Facebook 等）、移动网络、各种智能终端等，都成为数据的来源。之所以产生如此巨大的数据量，一是由于各种仪器的使用，使人们能够感知到更多的事物，这些事物的部分甚至全部数据都可以被存储；二是随着互联网络的广

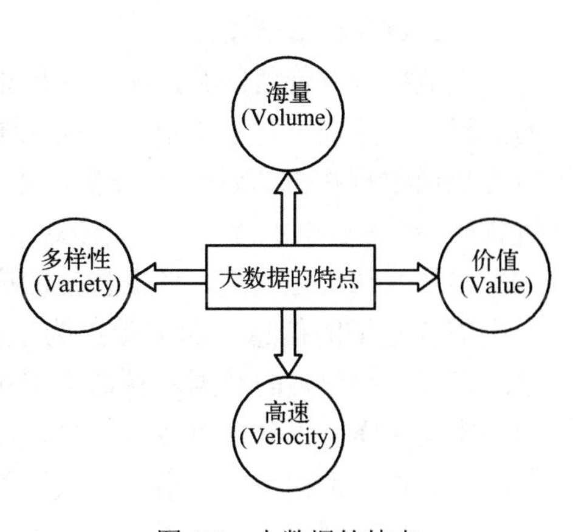

图 7.8 大数据的特点

泛应用，使用网络的人、企业、机构增多，数据获取、分享变得相对容易，同时用户有意的分享和无意的点击、浏览都可以快速地产生大量数据；三是由于集成电路价格降低，使很多设备都有了智能的成分，随着各种传感器获取数据能力的大幅提高，人们获取的数据也越来越接近原始事物本身，从而，描述同一事物的数据量激增。

（2）多样性

随着传感器种类的增多以及智能设备、社交网络等的流行，数据类型也变得更加复杂，不仅包括传统的关系数据类型，也包括以网页、视频、音频、e-mail、文档等形式存在的未加工的、半结构化的和非结构化的数据。正是由于数据来源于不同的应用系统和不同的设备，决定了大数据形式的多样性。大数据大体可以分为三类：一是结构化数据，其特点是数据间因果关系强，如财务系统数据、信息管理系统数据、医疗系统数据等，这些数据一般都是结构化的静态历史数据，可以通过关系型数据进行管理和访问；二是非结构化的数据，其特点是数据间没有因果关系，包括所有格式的办公文档、文本、图片、XML、HTML、各类报表、音频和视频等信息；三是半结构化数据，其特点是数据间的因果关系弱，如邮件、网页等，它介于结构化数据和非结构化数据之间，一般是自描述性的，数据结构和内容混合在一起。

（3）高速

数据的增长速度和处理速度是大数据高速性的重要体现。随着各种传感器和互联网络等信息获取、传播技术的飞速发展和普及，数据的产生、发布越来越容易，产生数据的途径也越来越多。快速增长的数据量要求数据处理的速度也要相应的提升，才能使得大量的数据得到有效的利用，否则不断激增的数据不但不能成为解决问题的有力武器，反而成了快速解决问题的负担。同时，数据不是静止不动的，而是在互联网络中不断流动，且通常这样的数据的价值是随着时间的推移而迅速降低的，如果数据尚未得到有效的处理，就失去了价值，大量的数据就没有意义。

此外，在许多应用中要求能够实时处理新增的大量数据，比如有大量在线交互的电子商务应用，就具有很强的时效性。大数据以数据流的形式产生，快速流动、迅速消失，且数据流量通常不是平稳的，会在某些特定的时段突然激增，数据的涌现特征明显，这种情况下，大数据就要求快速、持续的实时处理。对不断激增的海量数据的实时处理要求，是大数据与传统海量数据处理技术的关键差别之一。

（4）数据价值密度低

大数据中有价值的数据所占比例很小，大数据的价值性体现在从大量不相关的各种类型的数据中，挖掘出对未来趋势与模式预测分析有价值的数据，并通过机器学习方法、人工智能方法或数据挖掘方法深度分析，运用于农业、金融、医疗等各个领域，以创造更大的价值。

传统的结构化数据，依据特定的应用，对事物进行了相应的抽象，每一条数据都包含该应用需要考量的信息，而大数据为了获取事物的全部细节，不对事物进行抽象、归纳等处理，直接采用原始的数据，且通常不对数据进行采样，保留了数据的原貌。由于减少了采样和抽象，这样可以分析更多的信息，但同时也引入了大量没有意义的信息，甚至是错误的信息，因此相对于特定的应用，大数据关注的非结构化数据的价值密度偏低。以当前广泛应用的监控视频为例，在连续不间断监控过程中，大量的视频数据被存储下来，许多数据可能是无用的，对于某一特定的应用，比如获取犯罪嫌疑人的体貌特征，有效的视频数据可能仅仅有一两秒。但是大数据的数据密度低是指相对于特定的应用，有效的信息相对于数据整体是偏少的，信息有效与否也是相对的，对于某些应用是无效的信息，对于另外一些应用则可能成为最关键的信息。数据的价值也是相对的，有时一条微不足道的细节数据可能造成巨大的影响，比如网络中的一条几十个字符的微博，就可能通过转发而快速扩散，导致相关的信息大量涌现，其价值不可估量。因此，为了保证对于新产生的应用有足够的有效信息，通常必须保存所有数据，这样一方面使得数据的绝对数量激增，另一方面使得数据包含有效信息量的比例不断减少，数据价值密度降低。

7.5.3 大数据处理的技术体系

随着云计算技术的出现和计算能力的不断提高，人们从数据中提取价值的能力也逐渐在提高。此外，由于越来越多的人、设备和传感器通过网络连接起来，产生、传送、分析和分享数据的能力也得到彻底变革。数据在类型、深度与广度等方面都在飞速增长着，给当前的数据管理和数据分析技术带来了重大挑战。

为了从大数据中挖掘出更多的信息，需要应对大数据在容量、数据多样性、处理速度和价值挖掘四个方面的挑战，而云计算技术是大数据技术体系的基石。大数据与云计算发展关系密切，大数据技术是计算技术的延伸和发展。大数据技术涵盖了从数据的海量存储和处理到应用的多方面技术，包括异构数据源融合、海量分布式文件系统、NoSQL 数据库、并行计算框架、实时流数据处理以及数据挖掘、商业智能和数据可视化等。

一个典型的大数据处理系统主要包括数据源、数据采集、数据存储、数据处理和分析应用等，其技术体系如图 7.9 所示。

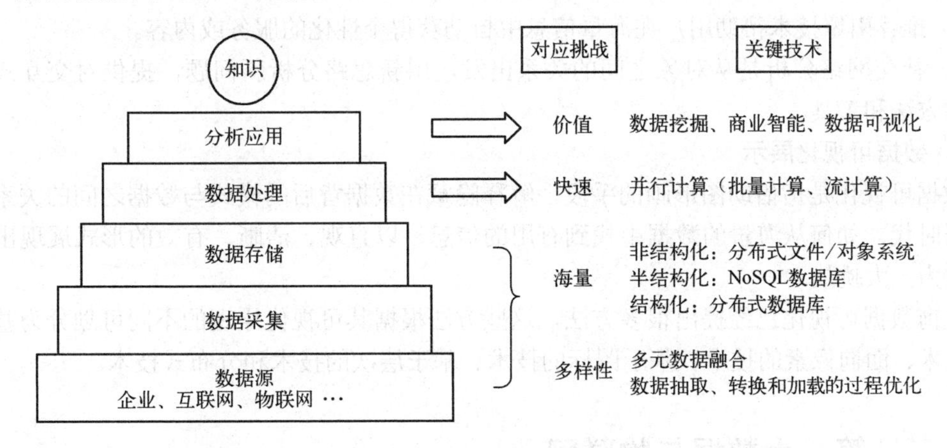

图 7.9　大数据技术体系

由于大数据的多样性和海量性与物联网数据的特点一致，数据采集并不是大数据特有的技术，大数据时代在数据存储、数据处理、数据挖掘以及数据可视化展示等方面的关键技术如下。

1. 数据存储

大数据在数据存储问题上，除了传统的结构化数据，大数据面临的更多的是非结构化数据和半结构化数据存储需求。非结构化数据主要采用分布式文件系统或对象存储系统进行存储，如开源的 HDFS（Hadhoop Distributed File System）、Lustre、GlusterFS 和 Ceph 等分布式文件系统可以扩展至 10PB 级甚至 100PB 级。半结构化数据主要使用 NoSQL 数据库存放，结构化数据仍然可以存放在关系型数据库中。

2．数据处理

数据仓库是处理传统企业结构化数据的主要手段，其在大数据时代产生了三个变化：一是数据量由 TB 级增长至 PB 级，并仍在继续增加；二是分析复杂性，由常规分析向深度分析转变，当前企业已不仅仅满足于对现有数据的静态分析和监测，更希望对未来趋势有更多的分析和预测，以此来增强企业竞争力；三是硬件平台，传统数据库大多是基于小型机等硬件构建，在数据量快速增长的情况下，成本会急剧增加，大数据时代的并行仓库更多是转向通用 X86 服务器构建。

为应对海量非结构化和半结构化处理的要求，以 MapReduce 模型为代表的开源 Hadoop 平台几乎成为非（半）结构化数据处理的事实标准。Hadoop 的本质是提供了一种针对大规模数据密集型应用的编程范式，使人们摆脱对于底层分布和并行的操作。

3．数据挖掘

大数据时代数据挖掘主要包括并行数据挖掘、搜索引擎技术、推荐引擎技术和社交网络分析等。

1）挖掘过程包括预处理、模式提取、验证和部署四个步骤，对于数据和业务目标的充分理解是做好数据挖掘的前提，需要借助 MapReduce 计算架构和 HDFS 完成算法的并行化和数据的分布式处理。

2）搜索引擎技术可以帮助用户在海量数据中迅速定位到需要的信息，需要借助 MapReduce 计算架构和 HDFS 完成文档的存储和倒排索引的生成。

3）推荐引擎技术帮助用户在海量信息中自动获得个性化的服务或内容。

4）社交网络分析是从对象之间的关系出发，用新思路分析新问题，提供对交互式数据的挖掘方法和工具。

4．数据可视化展示

数据可视化是指借助图形画的手段，解释隐藏在数据背后的模式与数据之间的关系。在大数据时代，如何从海量的数据中找到有用的信息，以直观、清晰、有效的形式展现出来，已经成为一大挑战。

目前数据可视化已经提出很多方法，这些方法根据其可视化原理的不同可划分为基于集合的技术、面向像素的技术、基于图标的技术、基于层次的技术和分布式技术。

7.6 云计算、大数据与物联网

云计算与物联网的关系可以认为是物在前端，云在后端，相辅相成的关系。一方面，物联网的发展需要云计算强大的处理和存储能力作为支撑。从量上看，物联网将使用数量惊人的传感器，采集到海量数据。这些数据需要通过无线传感网、宽带互联网向某些存储和处理设施汇聚，而使用云计算来承载这些任务具有非常显著的性价比优势；从质上看，使用云计算设施对这些数据进行处理、分析、挖掘，可以更加迅速、准确、智能地对物理世界进行管理和控制，使人类可以更加及时、精细地管理物质世界，从而达到“智慧”的状态，大幅提高资源利用率和社会生产力水平。二者的关系主要体现在以下方面：

1）云计算解决了物联网中服务器节点的不可靠问题，最大限度地降低服务器的出错率。物联网中的海量数据和信息需要巨大数目的服务器。随着服务器数目的增多，服务器节点出错的概率也会随之变大。而利用云计算，云中有成千上万、甚至上百万台服务器，即使某些服务器出错了，也可以利用冗余备份等技术迅速恢复服务，保障物联网真正实现无间断的安全服务。

2）云计算可以解决物联网中访问服务器资源受限的问题。服务器相关硬件的资源的承受能力是有限的，当访问超过服务器本身的限制时，服务器就会崩溃。物联网要求保障对服务器有很高的访问需求，来满足数据和信息的爆炸性增长。但这种访问需求是不确定的，它会随着时间而发生变化。通过云计算技术，可以动态地增加或减少云中服务器的数量，随时满足物联网中服务器的访问需求。

3）云计算让物联网在更广泛的范围内进行信息资源共享。物联网中的信息直接存放在云中，而每个云中的各个服务器就可以接收到它的信息，实现物体最新信息的共享。

4）云计算增强了物联网中的数据处理能力，并提高了智能化处理程度。物联网应用的不断扩大，产生了大量的业务数据。通过云计算技术，云中大规模的计算机集群提供了强大的计算能力，通过庞大的计算机处理程序自动将任务分解成若干个较小的子任务，快速对海量业务数据进行存储、处理、分析和挖掘，在短时间内提取出有价值的信息。

云计算凭借其强大的处理能力、存储能力和极高的性能价格比，很自然就会成为物联网的后台支撑平台；另一方面，物联网将成为云计算最大的用户，将为云计算取得更大商业成功奠定基础。对于二者的发展，目前也存在一些需要解决的问题：首先，云计算和物联网都需要达到一定规模，否则实际效果很难显现；其次，二者的标准化问题也是目前制约其发展的主要因素。

大数据来源主要有三个：物联网、互联网和移动网互联。物联网不仅仅是传感器，而是提供支撑智慧地球的一个基础架构，物联网的存在使这种基于大数据的采集以及分析变成了一种可能，同时，这面临着三项挑战。

1）物联网的边缘计算。大量的数据产生并不是所有的数据都要送到数据中心处理，这样可以减低企业对网络带宽的要求，提供更加实时的反应时间，增加系统的可靠性。如果上端的网络产生故障，人们具有边缘计算的能力，底层系统还是可以得到及时的控制和反应。在这样大规模具有边缘计算功能系统里面，人们如何管理这样的系统是非常大的挑战。

2）物联网的中间件。当大量的信息从物联网的传感器被采集之后，可能经过一个公网或者一个私网，包括经过一些所谓边缘计算处理送到数据中心。这里需要物联网中间件对这些数据进行适当的处理与管理，而这些处理与管理是在物联网的商业应用来使用这些数据之前。例如，并不是所有的应用都需要所有的数据来进行处理，这样的话需要一个中间件的支持，人们需要把正确的数据在正确的时间以合适的方式传递到正确的地点。

3）物联网的运营管理平台。物联网的基础架构是用来建立一个物联网的基础架构以管理一个物理世界，比如说用来管理一个电网或者用来管理一个医疗保险的业务服务，但物联网本身就是一个非常复杂的IT架构，所以物联网这个基础架构本身是需要被管理的。

物联网传感器感应的实时信息每时每刻都在产生大量的结构化和非结构化数据，这些数据分散在整个网络体系内，数据量极其巨大。这些数据中蕴含了对经济、科技、教育等领域非常宝贵的信息，通过数据挖掘、知识发现和深度学习等方式将这些数据整理出来，形成有价值的数据产品。大数据的使用模式是基于服务计算的模式，具体基于云计算的方式实现，包括云存储、云计算和云协同等。

本章小结

本章介绍了云计算和大数据的基本概念，论述了云计算、大数据与物联网的关系，并详细讲述了云计算的实现机制和相关技术、大数据处理的技术体系。云计算作为一种新兴的计算模型，能够提供高效、动态的可以大规模扩展的计算处理能力，在物联网中占有重要的地位。物联网的发展离不开云计算的支撑，物联网也将成为云计算最大的用户，为云计算的更广泛应用奠定基石。同时，物联网产生大数据、大数据助力物联网，大数据的使用模式是基于云计算技术的。

思考题

1. 简述云计算的基本概念。
2. 简述云计算的关键技术。
3. 简述云计算服务的三个层次。
4. 简述云存储的基本概念。
5. 简述大数据的基本概念。
6. 简述云计算、大数据和物联网的关系。

第8章 CPS

本章重点

★ 了解 CPS 的基本概念。

★ 掌握 CPS 的技术特征。

★ 了解 CPS 的应用发展趋势。

物联网技术让人类主动地全方面感知，实现智慧的感知生活，如今信息物理融合系统（Cyber-Physical System，CPS）新技术在环境感知的基础上实现人、机、物的互联互通与深度融合。CPS 与物联网的自然衔接，将彻底改变人类的生存方式，使人类真正地进入智能星球时代。因此在发展物联网的同时，还应当强调对 CPS 技术的研究。本章介绍了 CPS 的基本概念和技术特征，并分析了 CPS 的应用发展趋势。

8.1 CPS 的概念

随着嵌入式技术、通信技术、计算机技术和网络技术的飞速发展，在实际应用中，这些技术再不是彼此孤立存在，而是越来越相互交叉渗透融合。近年来新兴的物联网技术就是嵌入式技术、通信技术、计算机技术和网络技术综合发展的产物。人们的生活随着科技的飞速发展，也朝着信息化、智能化的方向不断迈进，人们对工作和生活品质的要求也随之越来越高，这又反过来刺激科技的更进一步发展。现在人们对于各种工程系统和计算设备的需求已不仅仅局限于系统功能的扩充，而是更关注系统资源的合理有效分配和系统性能效能的优化，以及服务个性化与用户满意度的提升。在这种需求的引导下，信息物理融合系统（CPS）作为一种新型智能系统应运而生，并引起了各国政府、学术界和商业界的高度重视。

CPS 的理念最早由美国自然基金委提出，该概念一经提出，便获得了国内外的广泛关注。各国科研学者从 CPS 的理论方法、相关组件、运行环境、系统设计和实现等不同层面对 CPS 进行了深入研究。但由于 CPS 具有较高的复杂性，继承并融合发展了多个学科的不同技术，很难给出一个精确而全面的定义，加上不同领域的研究者对 CPS 的理解各异，短期内还未能完全达成共识。

Lee 在《Computing foundations and practice for cyber-physical systems: A preliminary report》一文中提出，CPS 是一系列计算进程和物理进程组件的紧密集成，通过计算核心来监控物理实体的运行，而物理实体又借助于网络和计算组件实现对环境的感知和控制。

Baheti 等在《Cyber-physical systems》一文中认为 CPS 是系统中各种计算元素物理元素之间紧密结合并在动态不确定事件作用下相互协调的高可靠系统。

Sastry 在《A general framework for quantitative modeling of dependability in cyber-physical systems: a proposal for doctoral research》一文中从计算科学与信息存储处理的层面出发，认为 CPS 集成了计算、通信和存储能力，能实时、可靠、安全、稳定和高效地运行，是能监控物理世界中各实体的网络化计算机系统。

Branicky 和 Krogh 等则从嵌入式系统和设备开发的角度，指出“Cyber”是涉及物理过程与生物特性的计算、通信和控制技术的集成，CPS 的本质正是集成了可靠的计算、通信和控制能力的智能机器人系统。

马文方指出，CPS 是在环境感知的基础上，深度融合计算、通信和控制能力的可控可信可扩展的网络化物理设备系统，通过计算进程和物理进程相互影响的反馈循环实现深度融合和实时交互来增加或扩展新的功能，以安全、可靠、高效和实时的方式检测或者控制一个物理实体。

结合以上各种概念，CPS 是电子技术、自动化技术、信息处理技术、通信技术、网络技术综合发展的产物，CPS 感知物理世界，并对感知结果进行处理、计算、存储、分析，根据结果反馈控制物理世界。CPS 强调网络世界和物理世界的交互，涉及未来网络环境下海量异构数据的融合、不确定信息信号的实时可靠处理与通信、动态资源与能力的有机协调和自适应控制，是具有高度自主感知、自主判断、自主调节和自治能力，能够实现虚拟世界和实际物理世界互联与协同的下一代智能系统。

8.2 CPS 的技术特征

CPS 是多学科技术综合发展的产物，结合了计算机系统、嵌入式系统、工业控制系统、物联网、无线传感器网络、网络控制系统和混杂系统等技术的特点，如图 8.1 所示，但又和这些系统有着本质不同。在充分认识现有各种技术的基础上，将 CPS 技术与如上多种技术进行对比，从而总结出 CPS 的技术特征。

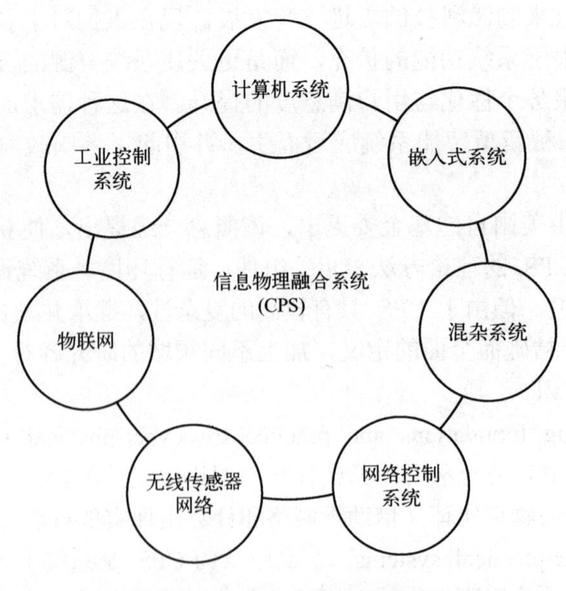

图 8.1　CPS 的相关技术

8.2.1 CPS与计算机系统

CPS 为实现对海量异构数据的存储、计算，必须具备计算机系统中的软硬件组件与功能，比如具有中央处理机、存储器和外部设备，以及操作系统、语言处理系统、数据处理系统和人机交互系统等。但在各个组件的具体设计与实现上，将会有很大的不同。这主要在于现有计算机系统的主要目的是为了高效存储、转换和处理数据。而 CPS 的最终目的是实现计算过程和物理过程的实时有效交互。因此，在传统计算机系统中不非常重要的实时性、安全性、可靠性、防御性、保密性以及自适应等特性，却是 CPS 关注的重点。此外，计算机系统中的网格技术、云计算、并行计算等技术，在一定程度上也满足 CPS 分布式分散控制和高效计算的特性。可以考虑将这些技术与 CPS 相结合，并针对不同的系统需求与问题，进行自适应的改进和优化。

8.2.2 CPS与嵌入式系统

在技术构成上，虽然嵌入式系统是依照软硬件协同理念进行开发和设计的，但 CPS 中计算单元和物理对象的结合与传统的软硬件协同技术不同。CPS 要求硬件中一定要包含 Cyber 组件。软硬件协同的目的是为了提供一个稳定的集成环境，以便通过在物理设备中嵌入一定的计算设备和相应的软件来增强嵌入式系统的功能。而 CPS 中 Cyber-Physical 集成是为了使系统更好地适应周围不确定的、动态发展和变化的环境，更注重计算资源与物理资源的深层耦合、协调同步，以及资源的有效利用等问题。在控制实现上，嵌入式系统的控制大多是基于连续动态反馈实现的，往往忽略实现过程中的细节问题，比如模式转换、错误检测、时间约束等问题。在系统实时监控上也常采用基于事件的设计方法，但该方法对于稳定性、短暂恢复和参数变化等随时间动态变化的问题无法实现有效监控。CPS 需要面对的是更为复杂的应用程序，比如大型安全系统、自治系统和多智能体系统，这些系统往往具有分布式混杂系统的特性，需要精密的数字化控制算法。因此，单纯从工程化的角度，利用现有基于测试的嵌入式平台是不够的，可考虑在 CPS 中采用基于多模型的设计结构来替代传统基于事件的结构。在产品开发应用上，首先，嵌入式软件主要面向小型计算机的设计，对应的问题也是在有限资源环境下的优化。而 CPS 要解决如何在时间和空间多维异构环境下的大范围复杂巨系统的系统一致和高效等问题。其次，嵌入式系统是封装式的，一旦和具体应用结合在一起，它的升级换代也必须和具体产品同步进行，导致了系统不够灵活，平台兼容性和适用性较差，系统更新换代的代价较大。这些问题正是 CPS 旨在避免和解决的。然而，虽然存在以上几大不同，CPS 的核心却离不开嵌入式，可以将 CPS 技术视为对现有嵌入式技术的完善与优化。

8.2.3 CPS与工业控制系统

工业控制系统强调对企业生产运行环节的控制，虽然现有工业控制系统已逐渐向信息化的方向发展，同业务系统、管理系统等其他信息系统相连接，或者接入以太网，但总体来说，工业控制系统仍是以控制为主导的系统，CPS 不仅强调控制，还强调信息管理和信息处理，是控制与信息的高度融合。工业控制系统是一种实际应用的系统，CPS 可应用于各行各业，其中也包括工业控制当中，现有工业控制系统已越来越接入外部网络中，系统的时效性得以提高，但也增加了系统受到技术攻击的可能性，为保证工业控制系统的信息安全，保证信息的可用性、完整性、机密性，可考虑将 CPS 技术应用于工业控制系统中。

8.2.4 CPS 与 WSN

无线传感器网络（WSN）是由大量的静止或移动的传感器以自组织和多跳的方式构成的无线网络，以协作地感知、采集、处理和传输网络覆盖地理区域内被感知对象的信息，并最终把这些信息发送给网络的所有者。WSN 技术的发展将有助于 CPS 的实现，现有无线网络环境的构建将为 CPS 的发展提供很好的平台。但 WSN 技术有一定的局限性，主要在于这些节点在被投放到监测地点后，在空间上基本是静态配置的，技术专有化程度高，适用性不广，而且其中的具体连接方式不明朗，属于一种开环的监控模式。此外，大多数 WSN 面临节点数量受限等问题：过多的节点和通信线路会使网络变得十分复杂而无法正常工作；传感器节点的价格目前并不低廉，但电池寿命在最好的情况下也只能维持几个月。而且 CPS 不仅由传感器节点构成，还包含执行器。CPS 在监控时需要保证闭环交互控制，但其网络结构是分布式开放的。由于节点（特别是具有执行功能的节点）具有自主性，因此，其拓扑结构是呈时空动态配置的，节点间应有明确的通信协议，以及在不同环境下可通用的解决方案。同时，CPS 也将通过网络控制策略和电池设备的改进来延长传感器节点的使用寿命。

8.2.5 CPS 与物联网

国际电信联网（ITU）发布的 ITU 互联网报告，对物联网做了如下定义：通过二维码识读设备、射频识别（RFID）装置、红外感应器、全球定位系统和激光扫描器等信息传感设备，按约定的协议，把任何物品与互联网相连接，进行信息交换和通信，以实现智能化识别、定位、跟踪、监控和管理的一种网络。

物联网的概念近年来在我国得到了高度重视和快速发展。它和 CPS 的主要差别在于以下几个方面。

1）“物联网”中的“物”要满足以下条件：要有相应信息的接收器、要有数据传输通路、要有一定的存储功能、要有 CPU、要有操作系统、要有专门的应用程序、要有数据发送器、遵循物联网的通信协议、在世界网络中有可被识别的唯一编号。而 CPS 中，所有的计算模块、通信模块、网络节点、物理实体，包括人自身，都可以被视为系统中的物理组件。

2）物联网的通信大都发生在物品与服务器或物品和人之间，物品之间并无通信，不具备 CPS 组件的自主交互和自治能力。

3）CPS 涉及的是不确定环境下的海量异构数据，而物联网主要依赖传统的小型嵌入式芯片，难以应对海量信息的提取和计算。

4）从系统性能的角度出发，CPS 具有更好的容错性、计算管理能力、协同性和适应性。

由此可见，物联网、普适计算与环境智能等未来网络技术的发展为 CPS 的实现提供了一个物物相联的网络通信环境。随着 CPS 技术在大规模实时服务系统中的应用和普及，RFID 等物联技术在完成货品跟踪与监测等基本服务的同时，也将能实现对实际货品与相关资源的实时精确调度和控制。

8.2.6 CPS与网络控制系统

网络控制系统（Networked Control System，NCS）是通过串行通信网络形成的闭环反馈控制系统，CPS 与它的问题领域具有一定的相似性，但在技术实现上的要求更高，主要体现在系统的实时自治控制上。网络控制系统在远程控制中主要面临网络诱导时延、单包/多包传输、数据包丢失、节点的驱动方式、静态/动态的网络调度、通信约束、空采样、抖动和时序错乱等多个问题。为了更好地避免这些问题，提高系统的实时性，CPS 设备主要采用分散式布控，在各节点自主感知控制的基础上，结合中枢联锁可调节反馈控制的控制模式来实现系统的调度与决策，通过赋予节点自治性，优化控制模型的精准度，实现系统的自主自适应调节，提高系统的整体响应速度和任务执行效率，实现在信息反馈到决策者的同时，利用执行器在当地实时处理和解决问题。这使得 CPS 具有更高的性能优势。

8.2.7 CPS与混杂系统

混杂系统（Hybrid Systems）是指连续变量和离散事件同时存在并且相互影响和相互作用的一类动态系统。CPS 属于混杂系统的研究范畴，混杂系统中的许多模型和技术都可以作为 CPS 研究时的借鉴，比如离散事件模型、计算智能模型、博弈法等。但 CPS 也具有混杂系统所不包含的新特征，比如信息层的软件组件将和所涉及的实际物理设备直接交互，而每个物理设备也都必须包含通信与计算的能力，而且 CPS 中的反馈是包含了人和生物在内的“Cyber-Physical”反馈过程。人将不仅作为系统的设计者、监控者和使用者，而是变成系统的一部分。人的语言、思想、行为甚至人的生物特征等因素都将参与 CPS 的运行与决策。

总体来说，相较于现有的各种智能技术，CPS 在结构和性能等方面主要有以下几个特征。

1）全局虚拟性、局部物理性：系统对物理世界局部发生的感知和操纵，可以跨越整个网络被实时、安全、可靠地监测和控制。

2）深度嵌入性：嵌入式传感器与执行器的结合使计算被深深地嵌入物理对象中，使物理对象或设备具备计算、通信、控制、远程协调和自治五大功能，使得计算成为物理世界的普通部分，从而使信息世界与物理世界可以实时交互、深度集成和协同控制。

3）事件驱动性：在物理世界中，环境和物理对象状态的变化构成 CPS 事件，触发“事件—感知—决策—控制—事件”的闭环控制过程，并最终会改变物理对象的状态，从而实现智能控制、提高服务的质量。

4）以数据为中心：CPS 每一层的组件与子系统都为上层提供服务，采集到的信息数据从物理世界到用户向上不断地提升抽象级，最终用户会得到全面精确的事件信息。

5）实时性：由于物理世界时间的不可逆转性，系统同时存在时间、空间方面的约束，在时空层次上具备高度的复杂性，所以很多应用对 CPS 的时间性提出了严格的要求，尤其是在重要基础设施领域，信息获取和数据提交的实时性会对用户的判断与决策精度产生严重影响。

6）高安全性和可信赖性：CPS 业务应提供端到端服务，所以必须保证数据端到端的安全传输，这就需要防范恶意攻击以及用户隐私被暴露等问题。同时，网络作为终端层和应用服务的数据传输中介，应对数据传输的双方进行认证和授权，实现 CPS 的全程安全管控，满足可靠性、效率、可扩展性和适应性的要求。

7）异构性：CPS 提供各异构子系统的无缝连接，各个子系统间要通过有线或无线的通信方式相互协同工作，具有开放性、动态性和多维度的异构性特点。

8）高度自主性：组件与子系统都能自主适应物理世界的动态变化，具备自组织、自配置、自维护、自优化和自保护能力，支持 CPS 完成自感知、自决策和自控制。

9）领域相关性：由于不同领域的 CPS 系统结构功能有所不同，所以其研究必须针对相关应用领域，诸如汽车、石油化工、航空航天、制造业、民用基础设施等，要着眼于这些系统的容错、安全、集中控制和社会等方面会如何对它们的设计产生影响。

8.3 CPS 的体系结构

CPS 体系结构按照功能及所属领域情况主要分为四层:物理层（Physical Layer）、网络层（Network Layer）、服务层（Service Layer）和应用层（Application Layer）。物理层是指主要由与物理环境联系紧密的感知子系统以及执行子系统组成的，它的功能是采集系统环境中的信息元素，然后根据控制系统的命令对物理世界进行塑造，是整个系统中的直接执行者，比较常见的物理层设备有传感器、探测器等；网络层是指能够满足对 CPS 中各子系统实现交互操作的大型空间网络，该层的网络也被叫作下一代网络，它也是代表了未来国际互联网通信的演化方向，CPS 中的节点设备之间通信组成强大功能的局域网，利用新一代网络通信系统，保证数据实时、准确的传送，是实现底层设备与上层控制之间的桥梁；服务层功能是响应应用层命令请求，基于事件驱动的控制单元处理传感单元事件，调整物理系统设备状态，该层有多个高性能处理器平台，根据需求差异将物理层感知数据分类处理，提取出有用的部分给应用系统，并负责智能调度、解析、调整各子系统的内部运行规则，保障系统的处理性能；应用层是 CPS 中用户层操作的接口，该层作用是根据应用环境需求供应各类 CPS 服务，方便用户不必对系统内部复杂结构了解而能够轻松享受系统提供的各类服务。CPS 体系结构图如图 8.2 所示。

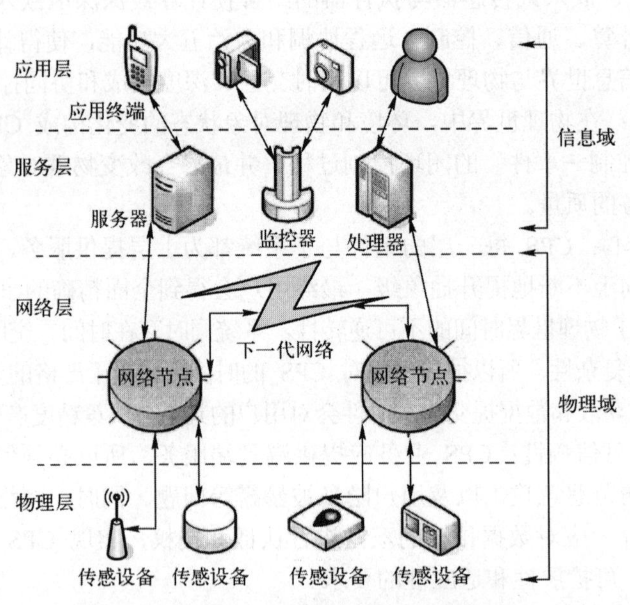

图 8.2　CPS 体系结构图

图中所述 CPS 的体系结构清晰、明确地表达出其性能特征。在该体系结构中，物理层与网络层任务侧重和物理世界交互，可以归为物理域，而服务层与应用层主要是完成信息处理，所以将它们归列为信息域。最底层的物理层中各节点布置在系统应用物理环境中，实时感知采集环境信息因素，从空间及时间层面上分别展现出计算和物理过程密切融合。系统中的安全机制从系统的可靠性、信息保密性等特征实现调控；利用系统整体时钟规范统一系统中各个子部件的时间标识，从而合理地描述系统事件执行顺序，规范任务的执行期限，真实地体现系统的适时性特性状况；通过感知、执行以及调控的过程突出了自治性特性；系统分布的各类型终端设备可以随着应用层的需求变化完成自动重配。接下来将对这四个层次功能特性进行介绍。

（1）物理层

CPS 物理层是指在 CPS 中与应用环境交互的能够感知设备的节点的抽象，这些节点能够感知环境并具备执行能力作用于环境。该层全面地表现了 CPS 的理论基础，涵盖了很多应用技术，例如新型传感器技术、智能控制、数据挖掘等。CPS 节点可以通过以下几个属性来描述：ID 标识系统网络中的设备单一性编号；Func 是抽象化节点实体功能的属性；Power 是节点能源使用情况的属性；Position 是描述节点地理位置；State 则是对节点所处状态特性描述。因此一个 CPS 节点可以通过式（7-1）形式表达：

$$CPSN := \langle ID，Func，Power，Position，State \rangle \qquad (7\text{-}1)$$

（2）网络层

网络层的功能是把物理层分布的各类 CPS 节点实现相互连通，数据信息交换共享，且能相互操作通信。网络层是 CPS 完成资源共同分享的途径，它类似于互联网功能实现各地物理单元通过局域网相连。目前计算机网络中的很多成熟技术也都有被应用于系统中，例如节点入网、数据传输以及数据共享等，同时也有许多有别于传统的新型网络技术被运用，其中就有异构节点的数据描述以及语义的解析、感知能力作用范围的问题、海量数据传输导致的网络堵塞等。CPS 网络将系统中 CPS 节点的异构性都以统一接口模式忽略了，为应用层提供便捷通用的网络服务。

由于 CPS 网络所连接的 CPS 节点是异质的缘故，要求屏蔽节点间数据格式差异和物理层无障碍的实时通信，并且许多数据采集与处理设备联系，整个 CPS 中的通信数据负载是一般的应用网络无法承载的，因此，对网络层性能的要求较高。它需要准确定位高度移动特性的节点，并快速接入 CPS 网络中，需要具备大面积覆盖的感知能力以及网络海量数据传输负荷承受能力。

CPS 网络层分布范围广阔，CPS 节点也具有自组网及入网扩展能力，实现更多的数据交互与共享。它具有全面感知、安全传递、智能调度等特性，是 CPS 的中间交互接口，也是系统核心，未来扩展功能必须得解决资源调度、动态性、异构协同，保障数据实时传输效率。它将是未来社会信息基础设施所应用的网络核心，为新媒体、电子商务等应用提供基础平台。

（3）服务层

服务层是 CPS 中处理性能的体现，它将原始感知数据整理成用户需求的形式。服务层的资源反映在信息世界的表现为能力，与物理世界子系统间交互要求保证实时性及准确性。在物理层通过网络层传送信息请求时，服务层会将请求命令解析，然后调度对应的处理器平台去执行相关任务，并最后上报执行结果。该层中主要包括的执行功能有接收命令请求、信息解析、任务调度、进程处理、进程追踪、需求描述、应用查询和服务组合等。服务层是 CPS 系统的大脑，完成了很多重要执行任务，并控制处理随时发出的进程。

（4）应用层

应用层是直接与用户交互的接口，该层很精细地将网络层和物理层的内部信息包装起来，提取出其功能呈现给用户使用，使用户不必花费精力去熟悉底层细节就能享受到各类服务办理。应用层主要完成分析任务需求，合理分配任务，然后对各子任务进程进行解析，调度资源实现功能。

通过对 CPS 体系结构中各层次、功能分析，可归纳出 CPS 的工作流程如下：CPS 的各个节点与物理环境实时交互感知环境信息，形成执行效果共享，根据感知需求规则采集相应的信息元素，且将感知结果传递至控制系统，通过网络层达到感知系统与控制系统之间通信，根据所传送的数据，参考系统规则，计算系统进行处理融合做出决策，应用层进行相应的进程处理提供服务，整个过程实时并发，结合反馈功能实现准确的执行操作。CPS 详细工作流程体系如图 8.3 所示。

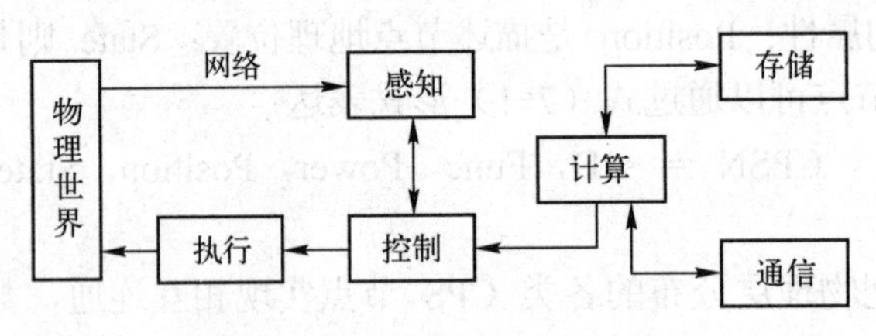

图 8.3　CPS 详细工作流程体系

8.4　CPS 的硬件要求

CPS 需要对物理世界进行感知、信息处理、计算、数据传输、反馈控制，这就要求 CPS 硬件节点一般包括如下组件，如图 8.4 所示。

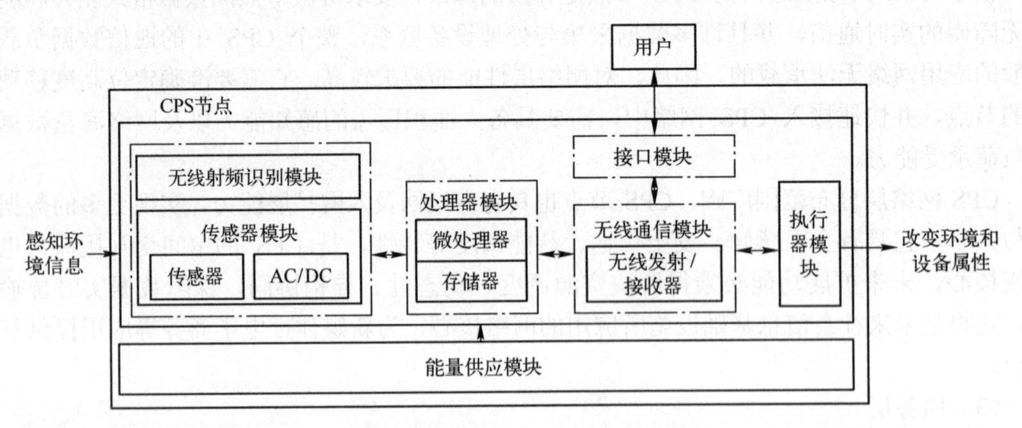

图 8.4　CPS 硬件节点一般结构

该节点是由传感器模块、无线射频识别模块、处理器模块、无线通信模块、接口模块、执行器模块与能量供应模块组成。

1）传感器模块主要完成物理环境的信息感知和采集工作。

2）无线射频识别模块的主要功能是身份识别。

3）处理器模块负责整个 CPS 节点的操作，存储和处理传感器采集的数据以及其他节点传来的数据。

4）无线通信模块负责与其他 CPS 节点进行无线通信，完成数据报的传输路由选择，协调多节点对公共通信信道的访问控制。

5）接口模块负责提供 CPS 节点与其他智能设备的直接连接。

6）执行器模块负责执行用户发来的控制命令，调整与控制仓储环境和设备的某些物理属性，达到改变仓储物理世界的目的。

7）能量供应模块为 CPS 节点提供运行所需的能量。

CPS 为实现对海量异构数据的存储、计算，还必须具备计算机系统中的硬件组件与功能，比如具有中央处理机、存储器和外围设备。

8.5 CPS 的软件环境

CPS 必须具备计算机系统中的软件组件与功能，如操作系统、中间件、语言处理系统、数据处理系统和人机交互系统等。

CPS 软件具有与传统的实时嵌入式系统、网络控制系统和监控与数据采集系统（Supervisory Control And Data Acquisition System，SCADA）等物理设备系统的软件不同的特殊性质。

1）深度嵌入（Deeply Embedded）性：嵌入式传感器与执行器使 CPS 软件被深深地嵌入每一个物理组件，甚至可能嵌入进物质里，使物理设备具备计算、通信、精确控制、远程协调和自治功能，更使计算成为物理世界的一部分。

2）事件驱动（Event Driven）性：物理环境和对象状态的变化构成 CPS 事件，触发事件→感知→决策→控制→事件的闭环过程，最终改变物理对象状态。

3）时间关键（Time-Critical）性：物理世界的时间动态是不可逆转的，CPS 软件对时间性（Timeliness）提出了严格的要求，信息获取和提交的实时性影响到了用户的判断与决策精度，尤其是在重要基础设施领域。

4）安全关键（Security/Safety-Critical）性：CPS 的系统规模与复杂性对信息系统安全提出了更高的要求，更重要的是需要防范恶意攻击、防范通过计算进程对物理进程（控制）的严重威胁，以及 CPS 用户的被动隐私暴露等问题。CPS 的安全性必须同时强调系统自身的保障性（Safety）、外部攻击下的安全性（Security）和隐私（Privacy）。

5）异构（Heterogeneous）性：CPS 软件系统包含了许多功能与结构各异的子系统软件，各个子系统之间要通过有线或无线的通信方式相互协调工作。因此 CPS 也被称为混合系统（Hybrid Systems）或者系统的系统（Systems of Systems）。

6）高可信赖（highly Dependable）性：物理世界不是完全可预测和可控的，对于意想不到的情况必须保证 CPS 软件功能的鲁棒性（Robustness）；同时系统必须满足可靠性（Reliability）、效率（Efficiency）和可扩展性（Scalability）。

7）自适应（Self-adaptation）性：CPS 的各级软件系统都具备自配置（Self-configuration）、自维护（Self-maintenance）、自优化（Self-optimization）和自保护（Self-protecting）能力，支持CPS 完成自感知（Self-sensing）、自决策（Self-determination）和自控制（Self-control）。

由于 CPS 集成了软件、硬件和网络系统，其感知、通信、计算、控制中任何一个环节发生错误都可能导致系统瘫痪，软件是 CPS 中的关键部分，负责物理世界与计算机系统的交互，由于外部环境的多变性以及物理设备活动的不确定性使得 CPS 软件的可信性显得尤为重要。软件可信性的研究是计算机科学界的一个重大挑战性问题。CPS 中的“可信软件”是指软件系统的运行行为及其结果总是符合人们的预期，能否保证强时空特性，且在受干扰（包括操作错误、环境影响、外部攻击等）时仍能提供连续的服务。

8.6 CPS 应用发展趋势

8.6.1 CPS 的国内外研究现状

自 2005 年提出至今，CPS 的发展得到了许多国家政府的大力支持和资助，已成为学术界、科技界争相研究的重要方向，获得了国内外计算机、通信、控制，以及生物、交通、军事、基础设施建设等多个领域研究单位与学者的关注和重视，具有很高的科研意义。同时，它也成为各行业优先发展的产业领域，具有广阔的应用前景和商业价值。

在美国，近年举办了多次 CPS 相关的国际性会议和研讨活动，就 CPS 的基础理论、CPS 的应用、CPS 的性能以及 CPS 的安全性等问题展开了较为深入的讨论，引发了人们对 CPS 的研究。同时，CPS 连续多年均被美国国家自然科学基金会（National Science Foundation，NSF）列为科研热点和重点，进一步促进了 CPS 及其相关技术的开发和应用。

基于对近年来获得 NSF 资助的 CPS 相关科研项目的分析，其研究热点集中在嵌入式与自动化开发、网络化与信息安全和信息基础设施建设三大方面，主要涉及节能、廉价、灵活、通用的 CPS 智能自治嵌入式设备以及相关软硬件组件及环境的设计开发；安全可靠的 CPS 有线与无线异构网络通信协议、网络服务和通信环境的构建与优化；复杂工业工程系统和智能电网等大规模基础设施的网络化精准协同控制，以及对相关资源的高效管理和智能调度决策等问题。目前已取得了较好的初步成果。

麻省理工学院设计了基于移动机器人的分布式智能机器人花园，研究了面向动态环境感知、多节点协调通信和任务自主获取与执行的 CPS 自治建模和控制，为进一步提高 CPS 的节点间的自主交互与高效实时通信构建了基础。宾夕法尼亚工程学院研究的汽车导航软件 Groove Net，在系统的协调性、稳定性和可信度上做了很多创新，能够同时支持对真实车辆与虚拟车辆的运行监控，为车辆 CPS 的构建和自治导航的协调优化提供了一个良好的建模与仿真测试平台。卡内基梅隆大学的 Marija Ilic 课题组将支持向量机预测模型和马尔科夫状态控制等方法运用于智能电网 CPS 的建模优化，实现了风力发电中能量的优化协调和配置，相关方法有望适用于未来分布式新能源 CPS 的调度管理。印第安纳大学在城市下水道网络的管理和监控上引入了 CPS 的思想和技术，正在开发完善的 CSONet 监控系统旨在实现人类需求和气候环境动态变化下的城市管道排放水网络的自治调度管理。此外，CPS 相关技术也正被广泛应用于新型智能生物医疗设备的设计与开发；在抗灾预警、金融调控、军事演练、社会行为分析、物流和供应链优化等领域需求层面上，也均有一定应用。

在欧洲，CPS 研究还处在理论创新的尝试阶段。许多学者对于 CPS 的构架与建模新方法展开了讨论和研究。Rammig 提出了将生物系统理论和智能计算方法与 CPS 技术相结合的思想，实现了系统计算性能的优化。此外，欧盟在智能电子系统以及多元件的复杂系统集成上做了很多工作，于 2008 年启动了 ARTEMIS （Advanced researchand technology for embedded intelligence and systems）等项目，将 CPS 作为智能系统的一个重要发展方向，并创办了 CPS 专刊“International Journal of Cyber-Physical Systems”。

在日韩等国，CPS 从 2008 年左右开始备受关注。韩国科技院等高等教育机构和科研院尝试开展了 CPS 的课程，从自动化研究与发展的角度，关注计算设备、通信网络与嵌入式对象的集成跨平台研究。在日本，以东京大学和东京科技大学为首，对 CPS 技术在智能医疗器件以及机器人开发等方面的应用投入了极大的科研力量。

中国于 2008 年在北京召开的 IEEE 嵌入式研讨会上，将信息物理融合系统的研究列为今后技术发展的一大重点。2009 年举办的一系列网络控制技术和网络信息技术论坛以及计算机大会中，也高度关注了 CPS 技术在工业等领域的发展状况。2010 年，国家 863 计划信息技术领域办公室和专家组在上海举办了“信息—物理融合系统（CPS）发展战略论坛”，对这项技术给予了高度关注。

国内学者也已经进行了一些相当有意义的 CPS 前沿技术研究，并取得了一些研究基础。计算机领域的学者结合物联网和云计算等技术，针对 CPS 的普适化网络环境开展了一些探索性研究，武汉大学信息资源研究中心提出了结合云计算和下一代互联网的理念，进行 CPS 语义中间件的设计，研究 CPS 网络互联和自主交互等技术。浙江大学夏锋等则从系统自动化控制的角度出发，提出了“面向复杂信息物理融合系统的实用型高可信无线通信协议”，基于节点间反馈控制技术开展了医疗应用中传感器任务调度和控制的研究。此外，清华大学、华东师范大学、天津大学、同济大学等多所研究机构也开展了 CPS 技术的相关研究。香港和台湾各大学也于近年举办了多次有关 CPS 的研讨会，并成立了名为 UCCPS（User-Centric Cyber-Physical Systems workshop）的 CPS 亚洲论坛。

8.6.2 CPS 的应用前景

依据 CPS 的发展现状，可以看出，虽然该技术还处在发展初期，但已被运用于医疗、能源、交通等多个重要发展领域，具有广阔的应用前景。

1）在社会生活方面，各种 CPS 智能感控设备和相关应用程序的开发，将便于人们更准确地感知周围的环境，及时获得所感兴趣的信息与服务的动态更新，促进信息和知识的及时有效共享，增进人与人之间的沟通和联系。

2）在分布式能源开发和建设上，CPS 的自主协调与大范围实时通信能力，能在太阳能、风能、生物能等不稳定新能源加入的情形下，实现分布式电能的合理生产与调度，提高电网的负载能力和稳定性，改善电力系统的性能。同时，通过对无线信号的传感与控制，能提高对智能家电和电动汽车等各种智能可控负载的管理和协调能力。

3）在交通运输上，目前主要存在交通网络拥堵、交通事故频发、燃油消耗与碳排放高、道路运输能力与利用效率不均衡等问题。基于 CPS 技术的未来交通系统，能通过散布于道路、交通工具以及人之间的各种智能感控设备进行实时信号的传递和处理，宏观上这将有助于交通流和交通行为的分析与预测，微观上则能进一步实现“人—车”以及“车—车”之间的自治协调与协同。

4）在生物医疗方面，CPS 旨在提高相应医疗与手术器材的灵活性和使用寿命，通过远程诊断与手术治疗，实现医疗资源的合理高效利用。基于 CPS 的廉价居民便携式医疗设备的使用和普及，将实现对人体各项生理参数和生活环境的实时远程精准监测与记录，便于医务人员更全面地了解记录病患的病历和生活习惯，更早发现并预防潜在病因，避免病情延误，对症下药，保证医治效果，提高居民整体健康水平。

5）在工业自动化领域，CPS 能依据环境中各节点信息的交互，实现生产资源、人力资源和经济资源的合理分配，并对工厂中各物理实体进行实时高效的调整和控制，提高工程监管的效率。此外，CPS 设备能被布置在一些不易人为监测和管理的环境中，实现监控与预警操作，并能在紧急情况下实现无人监控的应急处理，避免工业设备的大规模级联失效等故障。

6）在城市基础设施建设上，CPS 能提高资源的利用效率，并能有效收集和分析民众的愿望和建议，使得开发建设更加节能、环保、高效，相应的服务能切实满足人民需求。同时，该技术可被用于提高设备的可维修和可利用率、公共设施和智能建筑的安全性和智能性、以及城市整体建设和规划的灵活性和通透性等。

目前，CPS 技术已经得到了国际工商业界和许多大型国际公司的高度关注，发展速度极为迅速。主要有汽车制造领域的戴姆勒、通用、福特等公司；医疗卫生领域的美国数字卫生中心、飞利浦；制造与过程控制领域的美国联合技术（United Technologies）公司、艾默生过程控制（Emerson Process Control）等；防御与航空领域的罗克韦尔·柯林斯（Rockwell Collins）公司、洛克希德·马丁（Lockheed Martin）公司、BAE 系统公司、波音公司鬼怪工厂（Boeing Phantom Works）以及重要设施构建领域的 IBM 能源和公用事业解决方案中心、美国科学应用国际公司（SAIC）和风险投资公司 New Venture Partners 等。此外，CPS 在农业生产等领域，也将有巨大的发展潜力。

由此可见，CPS 是一种面向资源实时优化配置和高效能可持续利用的智能技术，并具有较高的兼容性和普适能力，将被应用于人类社会生活的各个领域。CPS 相关产品和技术的研发与应用，将大大促进这些领域的科技与经济发展，为人类提供更优质的生活体验和服务，创造新的社会发展机遇。

8.6.3 CPS 发展面临的挑战

虽然近年来计算机技术、感知技术、网络技术和控制技术等在创新性理论和技术方面取得了快速发展，但是利用现有的基础理论和技术设计 CPS 时将面临巨大挑战。下文将分别从计算系统、网络系统和控制系统三个方面分析和概括 CPS 设计面临的主要挑战。

（1）CPS 在计算系统方面面临的主要挑战

计算理论基于邱奇-图灵理论和冯·诺依曼体系结构，认为计算是对数据进行转化的过程，该抽象忽略了时间、温度和能量等物理属性的描述。而且现有计算系统采用离散的二进制对计算对象进行抽象描述，这与 CPS 中物理属性的连续性不一致。现有计算抽象层次中，从指令集体系结构、编程语言、操作系统到网络，都缺乏对时间和并发行为的有效表示，对物理世界中包含的与时间相关的各种属性也还没有完全了解。在工程实践计算机技术人员选择对上层抽象隐藏时间相关属性，另外，对于时间的概念也存在一些错误观点，如

“时间是一种资源”“时间是一种非功能属性”，但是资源管理的问题是最优化问题，如嵌入式系统中内存、能耗的最优化（系统中内存、能量都是有限和可保留的），而时间取决于系统执行行为的可重复性（系统执行行为的可重复性是系统行为可预测的基础，是获得准确的系统性能分析结果和保障系统实时性、安全性和可靠性的基础）。在信息世界与物理世界交互的过程中，时间总是不断流逝，时间是无限的和不可保留的，并且任务的执行不一定完成得越早越好，完成过早反而可能导致任务的不可调度。所以，与内存、能量等系统资源不同，时间不能被当作一种资源进行处理。CPS 功能的正确性不但取决于程序执行结果的正确性，还依赖于系统行为在时间上的可重复性和准确度，时间也是 CPS 的一种功能属性。现有编程语言（如 C 和 Java 等）的语义中普遍缺乏对时间属性的相关描述，仅仅将时间当作一种非功能性属性。所采用的各种抽象机制（如继承、多态、动态绑定和内存管理等）主要是为了增强语言的扩展性和功能性，却削弱了系统行为的可预测性。而且各种编程语言通常都是图灵完备的，将造成程序执行时间的不可判定。操作系统中的调度技术、线程技术等是基于“尽力而为”的思想，仅适用于静态的、不存在（或仅存在很少）并发行为的系统的设计。而 CPS 是动态的和高度并发的，现有操作系统技术在满足 CPS 实时性、安全性和可靠性方面面临巨大挑战。而且随着 CPS 复杂性的增长以及多核处理器技术等的引入，操作系统进程之间、处理器核之间的通信越来越频繁，这进一步降低了操作系统时间行为的可预测性。进程死锁、优先级反转和中断等机制破坏了操作系统本身的设计原则。对并发行为进行抽象描述的线程技术本身就存在问题：一方面多线程的执行结果不可重现，另一方面多线程之间具有时间依赖的行为特点，即使线程执行顺序上的细小改变，也将造成时间属性发生不可预测的变化。“系统中的并发问题很快就能压倒人类，对并发行为进行推理分析变得越来越困难”。其实并不是人类在并发推理方面的能力差，人类所生活的物理世界中就存在很多高度并发的物理进程，人类的生存也依赖于对并发的、动态的物理进程进行分析的能力，造成系统行为不可预测的关键原因在于软件对并发行为的抽象描述不恰当。所以，利用现有操作系统技术所设计的 CPS 将会是脆弱的，会面临严重的安全性和可靠性问题。

当前进行计算系统设计时，主要采用测试、仿真、最差情况执行时间（Worst-Case Execution Time，WCET）分析和调度分析技术来保障系统的实时性、安全性和可靠性，但是矛盾的是 WCET 和调度分析方法的有效性又以系统的实时性和可靠性为前提。仅仅依靠测试和仿真很难保证这一点，因为不能保证系统中所有执行路径的全覆盖。随着体系结构技术的发展，为了解决“存储墙”等问题而引入的流水线、多级存储结构和分支预测技术等，使得 WCET 分析变得异常困难。上述技术是以牺牲系统行为的可预测性来换取系统平均性能的提高，这对于安全关键的 CPS 来说是不可取的。嵌入式系统是 CPS 的重要组成部分，其理论基础是“确定性的假设前提”和“最差情况下（假设所有功能同时运行）的性能分析”。但是在 CPS 中任务触发是随机的、物理世界中存在很多不确定性因素，如果以最差情况作为系统设计的出发点，那么 CPS 就只能在很低的平均资源利用率水平上提供服务保障，这将造成资源的极大浪费。

通过上述分析可知，利用现有计算系统的基础理论和技术进行 CPS 设计时，将面临诸多问题，如各个计算抽象层次中都缺乏对时间等物理属性的有效描述、物理系统中广泛存在的动态、并发行为也未能得到合理抽象等，这将造成 CPS 在实时性、安全性和可靠性方面分析结果不理想、难度大等问题。计算技术中引入的各种新特征也都是为了增强其功能，未对实时性、安全性和可靠性方面可能引入的隐患进行考虑。CPS 的复杂性、异构性和动态性特点，使得依赖测试、仿真以及 WCET 和调度分析来保障实时性、安全性和可靠性的传统做法将仅能发挥非常有限的作用。尤其在子系统集成方面，现有的模型、算法和工具等仅面向特定子系统或领域，支持系统级性能分析的能力很弱，不能满足大规模 CPS 设计的要求。所以，需要在计算基础理论和技术两个层面进行深入研究，既满足实时性、安全性和可靠性保障方面的要求，又能在提高资源利用率、降低系统设计成本和缩短上市时间等方面取得进步。

（2）CPS 在网络系统方面面临的主要挑战

CPS 中的网络系统被提升到了与计算系统和控制系统同等重要的地位。WSN、因特网等无线和有线网络所构成的复杂网络系统是 CPS 实现信息系统与物理系统融合和统一的基础，各种具备信息采集、计算和决策控制能力的异构物理实体、计算实体等通过复杂网络实现交互和协作，使得整个系统处于最佳状态，故网络系统将在 CPS 中起到非常关键的作用。

与传统的嵌入式系统、WSN 不同，CPS 不是单个的封闭系统，它是一个大规模、开放、异构而且物理上分散的分布式系统。而现有网络技术是基于“尽力而为”的思想，以优化点对点连接为目标。所以，CPS 设计在网络技术方面提出了大量挑战性问题：

1）CPS 中包含大量的异构网络节点（如不同类型的计算系统、控制系统、传感器和执行器等），如何通过各种网络技术实现异构节点实时、安全和可靠的互联互通，并保证网络服务质量，以增强 CPS 的可重构和自适应能力。

2）信息系统与物理系统的交互过程中将产生大量数据，只有保证这些数据在网络中的有效传输和管理，才能实现网络节点的自治和相互之间的协调以提供智能化控制，如何在服务质量、实时消息传输、安全性、能耗管理、节点同步和协作等方面提供保障。

3）CPS 中广泛存在大量动态、不确定性因素（如各种干扰和随机行为），如何对上述因素进行建模和分析，以容忍其对实时性、安全性和可靠性造成的影响。

4）CPS 中存在多种类型的网络技术（如有线的因特网、无线的 WSN 等），如何实现不同网络技术之间的实时、安全和可靠地互联和融合，并保证网络服务质量。

（3）CPS 在控制系统方面面临的主要挑战

在工程实践中，控制系统设计与计算机系统设计是分开进行的，在这一过程中忽略了各自的许多实现细节。控制系统设计完成之后，需要经过大量的测试和仿真来进行验证，并采用一些特定的调试方法来解决因建模和随机干扰等引入的不确定性问题。在系统子模块进行集成时，需要花费大量的时间（测试和仿真验证）和高昂的成本（强大的硬件支持、超容量资源供应）才能保证系统的正常运行，系统资源的利用率非常低。另外，从理论上来说控制任务的周期性抽象与物理进程的动态性和随机性也是不相符的。随着 CPS 复杂性的增长以及大量先进技术在网络系统和计算系统中的应用，现有控制系统设计方法在 CPS 设计中将面临巨大挑战：

1）控制系统以数学理论为基础，采用微分方程对控制对象进行抽象描述，而计算机和网络中采用离散的二进制对信息进行抽象描述，如何实现控制系统与计算系统、通信系统的集成和融合，使 CPS 真正具备全局协同和自适应能力。

2）控制系统设计依赖于“诸多理想的抽象假设、超容量资源供应和长时间仿真和测试”来保障系统正常运行的方法，由于 CPS 复杂性、动态性和异构性而仅能发挥越来越有限的作用，CPS 设计需要提出新的理论和技术来支持系统级的性能分析和验证、控制系统与其他系统的集成等，才能保证满足系统健壮性、实时性、安全性和可靠性要求。

3）CPS 中的网络系统引入了网络延时、数据丢失和安全性等问题，如何在控制系统设计中实现对上述动态、不确定和不可靠因素的容忍以完成健壮、可靠的 CPS 设计。

8.6.4 CPS 设计的研究进展

（1）CPS 在计算系统方面的研究进展

在系统建模方面，现有研究在异构计算模型的组合、事件建模上进行了初步探索，但是在语义一致性、时间和并发行为描述、物理系统中的动态行为描述和复杂性优化等方面还需进一步研究。Benveniste A 等提出一种基于标签概念的模型用于系统信号事件的标记，支持时间进化、信号间协调和因果关系的描述，为异构计算模型的组合提供了一致的数学框架，但是标签不能提供任何的执行语义。加州大学伯克利分校提出的 Ptolemy 模型以及在此基础之上提出的基于离散事件系统理论的 PTIDES 模型在支持异构计算模型组合、时间和并发行为描述方面具备较好优势，但是标记的形式化描述与 Ptolemy 行为之间仍存在较大差异。法国 Verimag 实验室提出一种基于 Kahn 过程网络理论的确定性标签系统功能理论，尝试弥补上述模型的不足。

在计算系统与物理系统的交互过程中将产生不同维度的事件，如何对这些事件进行建模和描述是系统性能分析的基础。Talcott C 提出一种可对 CPS 中不同维度事件进行描述的模型，支持局部和全局系统属性的分析，但是缺少事件语义和事件组合规则的定义。Tan Ying 等提出一种时空事件模型解决不同模块对同一事件有不同抽象描述时的不一致问题，但是该文未给出具体的时延分析方法。后 Tan Ying 等文献提出一种基于格的事件模型，可描述事件发生的时间、地点和事件的观察者，并支持跨界的事件组合，为 CPS 定义了一个初步的事件描述结构。

体系结构中为解决存储墙等问题而引入的流水线、分支预测等技术降低了系统行为在时间的可预测性，所以相关学者提出了一些优化的或替代性的解决方案：如对指令集进行扩展，可在低开销的情况下获得程序的准确执行时间；高速暂存存储器（Scratchpad）可取代多级缓存技术；深度流水线的执行也可以是高效、可预测的；内存管理所带来的停顿时间可被限制在特定的范围内等。综合利用上述技术，Edwards A 等提出“精确时间计算机（Precision Timed Machine）”的概念，通过获得可重复的系统并发行为来保证程序执行时间的确定性，从而可以提高系统的安全性和可靠性。编程语言的语义中缺乏时间描述的问题可通过对语言进行扩展和对程序进行标记的方式来弥补，以提高软件在时间上的可预测性。Henzinger T A 中对语言进行时间语义扩展，提出一种时间触发类型的语言 Giotto；Ada 语言支持延时操作的描述；实时 Elucid 语言支持进程周期和绝对开始时间的描述。Munzenberger R 提出对规约和描述语言进行标记以支持对实时限制的描述；Lee I 对标记中应该加入的时间属性进行了分类。同步语言（如 Esterel、Lustre、Signal）中虽然不包含对时间进行描述的语法结构，但是采用可重复和可预测的方式对并发任务进行处理，也在一定程度上实现了系统行为的可预测性。并行编程语言能更好地描述并发行为，它摒弃了大部分容易引起时间不确定性的因素，而且对语言性能的影响不大，但是并未在语义中加入时间的描述。如 Split-C 和 Cilk 两种 C 语言中包含了支持多线程的语言结构，Guava 和 SHIM 通过对语言表达能力进行限制可获得一致的、可预测的系统行为。另外，静态分析技术也可在一定程度上减少并发行为带来的不确定性。操作系统中现有的调度算法（如 EDF、RM）仅适用于静态系统，其目的主要是追求资源利用的最优化，而在支持物理事件描述、系统行为的可预测性设计方面存在不足。现有研究尝试从功能划分（软实时和硬实时）、任务模型（时间触发和事件触发模型，多临界级模型）方面进行研究，为 CPS 实时性保障和资源优化提供了一些新的解决思路。Kremer U 等人提出将 CPS 应用划分为硬实时和软实时两类，系统设计需要在这两类应用间取得平衡，但是在处理并发事件的开销和资源模型方面的问题仍未解决。Zhang Y 等人提出在面向 CPS 的实时中间件中同时处理周期性和非周期性事件，并提出了相应的访问控制和负载均衡算法，但是未对中间件服务引起的时间开销进行分析。Faggioli D 等人提出的随机服务器概念在处理事件触发的随机任务以及满足时间可预测性的要求方面表现良好，但是在时间开销、服务器过载时采用的处理机制上存在不足。Lakshmanan K 等人提出一种基于多临界级任务模型的 CPS 资源分配方法，可优化高临界级任务对系统过载的承受能力以保障其实时性。

在 CPS 相关的安全问题方面，现有工作仅局限于前瞻性的分析，以及如何抵御系统外的恶意攻击如密钥管理、身份认证等传统安全问题方面。Cardenas A 等人对 CPS 面临的安全挑战进行了详细分析，并提出一些可用于 CPS 的安全机制如预防、检测和恢复等；Cardenas A 等人对 CPS 中的安全控制问题进行了研究，对信息安全和控制理论等领域的方法在 CPS 中的可行性问题进行了分析；Muller F 等人对 CPS 电网面临的安全问题与挑战进行了研究。另外，Tang H 等人提出 CPS 电网中存在的信息保密问题，并对电网系统的信息流安全性进行了分析；Xu Zhong 等人对 CPS 中的代码注入检测问题进行了研究，并提出了若干基于时间的代码注入检测机制；Li Lang 等人提出一种 SMS4 原子掩码算法抗功耗攻击，可用于 CPS 开放环境中抗旁路攻击如 WSN 节点的加密通信过程。系统行为的可预测性是 CPS 设计的基础，而可预测性设计主要依赖于系统的实时性分析，现有实时性分析的研究主要可划分为任务级和系统级两个层次。虽然现有研究对体系结构技术的影响、物理系统中的动态事件模型和并发行为等方面进行了初步考虑，但是在分析准确度、复杂性和实际应用中的有效性还需进一步优化，尤其在系统级的实时性分析方面还需做出更大的努力。现有 WCET 分析的研究主要采用静态程序分析、测量和仿真分析三种方法，前者的复杂性很高，不适用于大规模系统，后二者的代价非常大且不能保证覆盖系统所有的情况，从而仅能发挥有限的作用。并且，内存层次、流水线和总线等体系结构技术也造成 WCET 分析的异常困难，Wilhelm R 等人对上述问题进行了分析，并就如何降低分析的复杂度和提高分析的精确度提出了一些建议，对 WCET 分析的最新研究进展及相关的工具和原型进行了综述。在系统级实时性分析方面，主要包括三种分析方法：

1）整体分析方法将任务调度分析和消息调度分析分开，并对传统任务调度分析方法进行扩展使其适用于消息调度分析，然后通过组合任务和消息调度分析结果来得到系统级的性能分析结果。该方法忽略了计算系统和网络系统之间的依赖关系，故分析得到的性能结果不理想，后续研究在考虑任务间依赖关系、分叉和环路依赖等方面进行了扩展和优化。

2）基于事件模型的模块化分析方法利用标准的事件流模型对事件到达进行抽象描述，利用传统的单处理器调度算法对系统子模块进行分析后，借助于外部存储器接口（EMIF）和外部应用程序接口（EAIF）接口函数从局部分析结果组合得到系统级的性能分析结果。但是该方法受限于标准的事件流模型，对物理系统中动态事件的描述能力很有限。

3）基于网络演算理论的模块化分析方法利用到达曲线和服务曲线分别对输入事件的资源需求和系统可用的资源进行抽象描述，并借助于网络演算理论得到系统的性能分析结果。但是该方法复杂度较高，未对任务抢占等进行考虑。形式化方法利用数学模型对系统的属性进行推断和证明，将在 CPS 设计中发挥越来越重要的作用。但是由于 CPS 的复杂性，其有用性受限于状态空间爆炸问题：如接口理论可用于对包含时间和行为类型属性的组件间的交互和组合进行验证；时序逻辑和进程代数理论可支持时间属性的分析；自动机理论在模型建立、时间属性的分析和验证、安全性验证方面也取得了部分研究成果。

（2）CPS 在网络系统方面的研究进展

CPS 网络系统的现有研究主要集中在 WSN 方面，对于专用网络（如智能交通网络、智能电网等）也进行了初步探索，但是总地来说未充分考虑网络的异构性和开放性，在不同类型网络间的集成和协作，以及实时、安全和可靠的数据传输和管理方面还存在诸多问题亟待解决。WSN 是 CPS 网络系统的重要组成部分，近年来其在各个方面得到了广泛而深入的研究，如节点定位和同步、数据和能耗管理、中间件技术等，在 CPS 的重要应用领域如健康监测、智能建筑等方面也得到了较多的关注。但是 WSN 存在“各个系统自成一体、计算设备单一、缺乏自治和协调能力、缺乏开发性”等方面的缺点，而且 CPS 中还存在其他一些网络类型，如何实现 WSN 和其他类型网络的互联和融合是需要解决的关键问题。Kang K 等人将实时数据管理和 WSN 进行融合，提出了一种面向 CPS 的两层数据服务框架，但是该服务框架仅适用于基于 WSN 的 CPS。Hackmann G 等人利用 WSN 实现智能建筑中的破损检测和定位。Loseu V 等人对基于 WSN 的面向医疗健康监测的 CPS 应用进行研究，主要讨论了在检测数据丢失的情况下，如何完成诊断和预测等功能。Wu Fangjing 等人对 WSN 在未来 CPS 应用中的作用及面临的重要挑战进行了论述。当前对于不同网络技术集成的研究很少，Mulligan G 等人提出的 6LoWPAN 网络协议，可实现 WSN 和因特网的无缝集成，将对 CPS 的发展起到很好的促进作用，但是 6LoWPAN 在能耗管理和实时性数据保障方面还需进行优化。在数据管理方面，部分研究尝试采取动态策略以优化能耗，但是在模型建立和问题求解方面存在较大困难。Liu Ji 等人对基于因特网数据中心的 CPS 进行研究，认为数据中心不仅应该满足用户信息查询的需求，还应该考虑能源分配、系统冷却等问题，提出采取弹性的、考虑用户需求动态性的管理方式，并对相关的挑战进行了分析，接着还从上述问题入手，对数据管理中心电价花费的最小化问题进行了研究。同样，Parolini L 等人针对 CPS 中大规模数据的能耗管理问题，提出通过优化网络节点中的任务分配达到最小化能量开销的目标。另外在拥塞控制方面，Ahmadi H 等人根据 CPS 网络系统中传输的数据与物理世界中对应数据的估计精度间的关系设计了新的数据拥塞控制策略，对数据报的重要性和数据报空间聚集机制进行了考虑，可有效降低结果误差。

也有学者提出将复杂网络理论应用到 CPS 设计中。复杂网络理论是一种揭示复杂网络共性、研究网络结构与性能之间关系的理论，可用来改善已有网络的性能和提出设计新的网络的有效方法，特别在稳定性、同步和数据流通方面。Jiang Guoping 等人指出 CPS 是一个复杂的动态系统，对复杂动态网络同步控制在 CPS 中的应用和研究提出了初步的思路和方法。在智能交通网络、智能电网等专用网络方面也取得了初步研究进展。由于各个应用领域具有各自的特点，研究难度较大，现有研究基本停留在实验室阶段，许多关键问题还未得到解决。在智能交通网络方面，Blum J 等人对车间 Ad hoc 网络的相关挑战进行了论述；Qu Fengzhong 等人对智能交通空间（Intelligent Transportation Space）的概念和面对的各种挑战提出了展望，对可用于 ITS 的各种通信技术进行了分析。Peng Xin 等人提出一种最小二乘车辆位置估计算法，用于提高估计精度、保障车辆位置服务的实时性；并提出了一种基于半定规划法的车载自组网信道带宽调制算法，可优化网络频谱的利用率。在智能电网方面，Sun Y 等人对 CPS 在电网中的应用进行研究，提出可将信号处理过程中受干扰的问题转化成模型检测问题，并设计了 RT_PROMELA 电网干扰模型，利用 RT_SPIN 工具进行了验证。Faza A Z 等人对智能电网的可靠性问题进行研究，通过在交流电传输设备中进行错误注入的方式对设备的失效模式进行分析，并就其失效对设备和电网可靠性的影响进行了评估。

（3）CPS 在控制系统方面的研究进展

CPS 控制系统相关的研究还处于起步阶段，现有工作主要集中在控制和调度协同设计、控制系统微分方程模型到计算系统离散描述模型的转化等方面。在融合物理系统和计算系统方面虽然有了一些初步尝试，但是转化方式比较粗糙，在语义一致性和误差方面还需进一步优化。另外，对网络系统带来的影响如网络时延、消息丢失等考虑较少。在控制和调度协同设计方面，Goswami D 等人面向基于 FlexRay 总线的分布式 CPS，提出一种通信调度和控制器协同设计的方法，以优化当通信时延发生变化时系统的稳定性，但是该文未给出形式化的时延分析方法。Park K J 等人对控制和调度协同设计中端到端时延对控制性能的影响进行分析，并借助于基于资源访问分析的端到端时延优化来提高系统的健壮性，但是该方法仅适用于存在多次访问同一资源的情况。Zhang Fumin 等人研究了反馈控制和调度的协同设计问题，分别采用离线和在线策略在时延和控制性能之间取得平衡。Simon D 等人对控制和调度协同设计的研究现状进行了综述。在控制系统模型和计算系统模型间的转化方面，Bak S 等人提出利用混成自动机将混成系统转化成抽象的、有限的离散转换系统的方法，从而可利用适用于离散系统的模型检测技术对系统的安全性、可靠性进行验证。但是在转化过程中采用过度估计（over-approximating）方法，可能丢失系统的部分属性。Pola G 等人提出“对于描述物理系统的任何微分方程模型，当满足特定稳定性这一假设条件时，都可以构造一个与之近似等价的有限状态抽象”。这为控制领域的微分方程模型和计算领域的有限状态机模型间建立起一座桥梁，但 Pola G 等人仅考虑控制算法和软件设计方面的问题，对于 CPS 来说还有许多其他的问题需要解决。

除此之外，Ny J L 等人为解决网络化控制系统中“抽象化假设条件过多且不符合物理系统实际，而基于测试和仿真得到的控制系统不能保障健壮性和稳定性”的问题，提出一种基于输入-输出分析的健壮性控制性能分析方法。He Huang 等人对 CPS 在残疾人辅助中的应用进行研究，主要设计和实现了人机交互接口，而且引入了信任管理机制对传感器失效、信号干扰等进行了处理，实验表明该 NMI 在实时性、模式分类等方面具备有效性和便捷性。

8.6.5　CPS 设计中亟待解决的关键问题

综合上述分析可知利用现有计算、通信和控制理论和技术设计 CPS 将面临严重的实时性、安全性、健壮性和可靠性问题，CPS 相关研究仍处在起步阶段，还存在诸多科学问题亟待解决。学术界和工业界需要提出一些新的基础理论和技术架构来支持 CPS 的设计，CPS 需要通过解决如下几个问题来引导其下一步发展。

1）系统抽象层次设计。需要对现有的计算抽象层次进行扩展甚至重新设计，以集成时间、温度和能量等物理属性的描述和容忍如网络延迟、有限字长和舍入误差等不确定性因素，优化系统级的性能分析和验证，保障 CPS 的健壮性和可靠性。MARTE 语言和架构分析与设计语言（AADL）能实现时间、内存大小和能耗等物理属性的表示，支持多种计算模型的描述，以及规约描述、设计、性能分析和验证等多个阶段间的互操作等，将为 CPS 设计提供很好的借鉴。

2）系统建模。需要就现有的计算模型、任务模型进行扩展，支持物理系统中的并发和随机行为描述，并且在异构模型如时间和事件触发模型、同步和异步计算模型、离散和连续抽象模型的组合方面需要提出一些新的理论和方法。多临界级任务模型、时空分区调度和时间触发体系结构在支持不同关键级别应用的集成、异构模型组合、可预测和可靠系统设计方面将发挥较大优势。

3）体系结构设计。需要设计一种开放的体系结构框架，能充分捕获各种物理信息、支持异构对象组合和容忍系统动态变化如物理设备失效等，以实现 CPS 的协同和自适应功能。充分践行“全局虚拟、局部有形”的设计思想能为上述体系结构设计提供指引。

4）数据传输、管理和存储。需要在数据融合、传输、管理和存储方面设计新的算法，充分考虑 CPS 的动态性，降低消息传输的时变性和外界干扰，以满足实时、安全、可靠和低能耗的要求和实现 CPS 智能化控制和可重构功能。

5）子系统集成。虽然在各子系统中存在很多的模型、描述语言和工具支持其设计，但是在子系统集成，支持系统级性能分析和验证方面却面对巨大挑战。基于模型的设计方法在解决上述问题方面具备优势，将在 CPS 设计中发挥巨大作用。

上述问题对于关乎国家安全和竞争力的所有关键领域的技术基础来说都是非常关键的，仅针对特定应用所采取的单点解决方案不能解决根本问题，需要多个学科之间开展广泛而深入的合作，采取面向整个 CPS 应用领域的整体解决方案。

本章小结

本章介绍了 CPS 的基本概念，CPS 技术是多学科技术综合发展的产物，结合了计算机系统、嵌入式系统、工业控制系统、物联网、WSN、网络控制系统和混杂系统等技术的特点，本章论述了 CPS 的技术特征、体系结构、硬件要求和软件环境，并详细讲述了 CPS 应用发展的现状和趋势，以及 CPS 设计中亟待解决的关键问题。

思考题

1. 简述 CPS 的基本概念。
2. 简述 CPS 与物联网的关系。
3. 简述 CPS 的体系结构特点。

第 9 章　物联网典型应用

本章重点

★ 了解物联网的典型应用领域。

★ 了解物联网在各个领域的典型应用系统的一般架构。

伴随着物联网技术的飞速发展，其应用领域也在不断拓展。本章主要对物联网在智能电网、智能交通、智能医疗、智能环保、智能家居和智能农业六个主要领域的应用进行简要介绍。

9.1　智能电网

9.1.1　智能电网概述

智能电网（Smart Power Grids）就是电网的智能化，也被称为“电网 2.0”，它是建立在集成的、高速双向通信网络的基础上，通过先进的传感和测量技术、先进的设备技术、先进的控制方法以及先进的决策支持系统，实现电网的可靠、安全、经济、高效、环境友好以及使用安全的目标，其主要特征包括电网自愈、抵御攻击、提供满足 21 世纪用户需求的电能质量、容许各种不同发电形式的接入、启动电力市场以及资产的优化高效运行。未来的智能电网从总体上可以视为电力网与信息网相互依存而形成的复合网络，如图 9.1 所示。

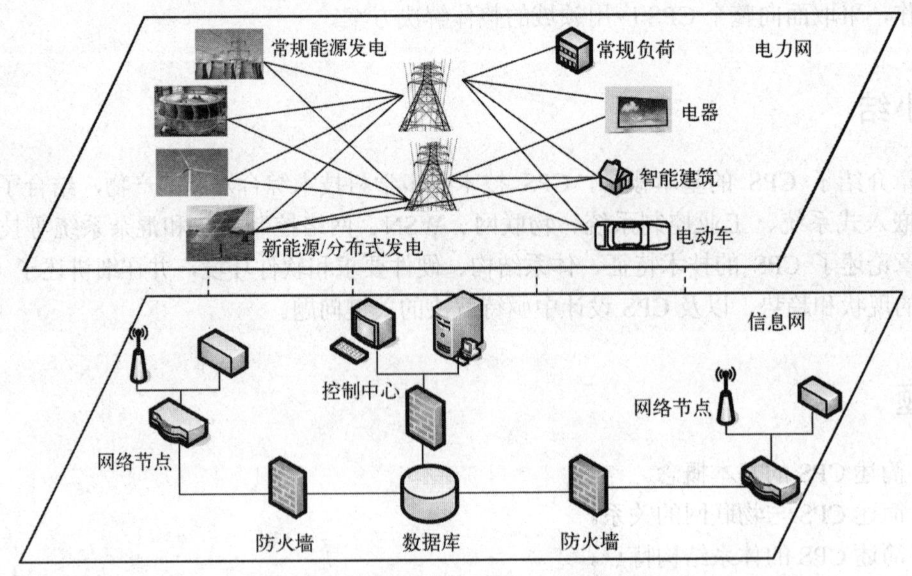

图 9.1　电力网与信息网复合而成的智能电网

电力网和信息网的相互依存主要体现在两个方面：一个方面是信息网络中节点的正常运行需要电力网中邻近的电源节点提供工作电源；另一个方面是电力网络的安全、可靠、经济运行有赖于信息网中各节点的正常工作。智能电网涵盖了发电、输电、配电、终端使用的整个过程，着重于新能源的接入以及电网的可靠性和安全性。

从网络的规模来看，电力网和信息网均属于超大规模的复杂网络。复合网络的运行安全风险在某些情况下远大于单一的复杂网络。从这个角度来看，智能电网的安全性不容忽视，而信息网络的安全性则是重中之重。智能电网的信息安全问题主要出现在信息采集、信息传输、智能控制以及用户互动等环节。

表 9.1 把当前传统电网与智能电网做了比较，从中可以看出智能电网的一个突出变化就是增强了电网与用户、管理者的实时互动，大大缩短了事件反应时间和处理时间，从而提高电网的高效性、可靠性和自愈性。

表 9.1　传统电网与智能电网的比较

项目	传统电网	智能电网
通信	没有或单向	双向
与用户交互	很少	很多
仪表形式	机电的	数字的
运行与管理	人工的设备校核	远方监视
功率的提供与支持	集中发电	集中和分布式发电并存
潮流控制	有限的	普通的
可靠性	倾向于故障和电力中断	自适应保护和孤岛化
供电恢复	人工	自愈
网络拓扑	辐射状	网状

另外，智能电网还可以解决清洁能源并入电网的“瓶颈”。由于风能、太阳能等可再生资源发电具有间歇性、不确定性、可调度性低的特点，大规模接入后对电网运行会产生较大影响，由此出现了“上网难”的问题。以风力发电为例，由于风力不稳定、风电接入电网技术等问题，导致风电机组上不了网。智能电网通过对发电、输电、变电、配电、用电和调度等环节，解决了清洁能源的接入瓶颈。

9.1.2　物联网技术在智能电网中的应用

1．RFID 技术在智能电网中的应用

智能电网中的一个关键部分就是处于网络末端的传感器。传感器是智能电网收集信息、处理信息的第一个环节。它在智能电网的发电机监控、功率预测、用电设备监控、能耗监控、光伏电站监控、风电厂监控、生物发电及其并网运行监控、储能监控、输电线路监控等方面发挥着重要作用。在传感器节点上集成相关的 RFID 功能，可以随时实现信息的存储、查询、传递、定位等功能，极大地提高对设备设施的感知能力，从而实现联合处理、数据传输、综合判断等功能，极大地提高电网的技术水平和智能化程度。

2．WSN 技术在智能电网中的应用

WSN 技术可以在设备状态检修中使用。造成电力行业资产运行维护和管理水平偏低的主要原因之一是设备检修模式滞后。目前，设备检修普遍采用的是一种定期检修策略，多年的生产实践证明，这一策略存在着严重缺陷，如检修不足和检修过剩。因此，设备检修要积极向状态检修过渡，提高资产运行维护和管理水平。通过传感器检测到的设备状态必须通过通信网络发送给远程资产监视和控制系统，然后对设备进行状态评估，判断可能出现的故障（比如通过对变压器油温、油色谱的监测，判断是否出现绝缘裂化），并提示运行维护人员设备可能存在的不安全因素，并依据设备状态，帮助运行维护人员优化设备检修和设备更换的时间，减少维修成本和停电时间。许多设备的状态传感器安装在设备内部，环境复杂。传统的有线通信载体存在安装不方便、运行不灵活等缺点。因此，WSN 可以应用到设备状态检修当中，充分发挥其不需布线、灵活多变的优点。

WSN 技术可以应用于抄表系统。基于 WSN 技术的远程抄表系统以 WSN 技术中的多跳通信、自动组网等技术实现用户电能表与区域（小区）中心之间的通信，以低射频功率实现远程大范围覆盖，具有以下优势：①低成本，分布式处理、单节点成本低、支持多块电能表、网络覆盖广、节省集中器、节省运行费用；②高可靠性，从多路径优化选择、增加删除节点，节点故障或移动位置无影响；③实用性，电能量使用实时数据、线损分析、峰谷计价、完善需求侧管理系统；④安全性，透明通道可实现电费数据在计费软件与电能表之间端到端加密，密钥由供电部门管理。

WSN 技术可以应用于电网灾变中。提高电网的安全、可靠性是智能电网的首要目标。而极端自然灾害对电网基础设备的摧毁是导致电网大面积停电事故的重要因素之一。2008 年我国南方大部分地区发生严重的冰雪灾害，对电力基础设施造成严重破坏，并导致大面积停电事故的发生。极端自然灾害导致电网大面积停电的原因主要包括：电力设施的毁坏（倒塔、断线等）导致供电中断，电网架不规则改变造成保护误动作，纵联保护通道受损致使主保护不能动作等。2008 年冰雪灾害造成电网大面积停电的一个主要原因是电力通信网络的完全毁坏，这一方面导致电力设施监测预警系统失效，未能及时采取有效的防灾减灾措施，另一方面纵联保护通道受损致使主保护不能动作，造成保护性能严重下降。现有电力通信网络主要采用有线通信方式，在极端自然灾害下容易造成网络失效，少量的无线通信网络也依靠基站转发信息，在极端自然灾害时发生的基站失电、倒塔等现象同样致使无线网络失效。因此，利用 WSN 具有的无主站、自组织、自治、自适应、多跳等优点，构建新型电力通信网络，是应对电网灾变的有效手段之一。

3．3G 技术在智能电网中的应用

3G 技术可以用于电网视频监控。在配网中有大量的检测终端、变电器监测设备，这些设备需要向调度中心传送各种信息，如遥测、遥信、遥控、主要设备状态和报警信息等。采用固定宽带与移动 3G 技术相结合，可以实时传送清晰的动态视频信息，满足电力网络利用视频进行实时监测的要求。

3G 技术可以用于线路巡检。高压架空输电线路是电力系统的重要组成部分，其传输距离长，沿线地理环境复杂。借助移动通信技术、条码扫描技术、RFID 技术，巡检人员可利用掌上电脑、手机、PC 将现场情况实时发送到巡检中心。

3G 技术可以用于应急抢险指挥。在电力应急抢修车中加装 3G 移动通信终端，通过音频和视频传输远程现场信息，使远端指挥人员及时进行正确的判断和指挥，从而提高现场的指挥调度能力，缩短抢险时间，提高应急能力。

4．云计算技术在智能电网中的应用

云计算在智能电网中具有广阔的应用空间和前景，在电网建设、运行管理、安全接入、实时监测、海量存储、智能分析等方面能够发挥巨大作用，全方位应用于智能电网的发、输、变、配、用和调度等各个环节。将云计算技术引入电网数据中心，将显著提高设备利用率，降低数据处理中心能耗，扭转服务器资源利用率偏低与信息壁垒等，全面提升智能电网环境下海量数据处理的效能、效率和效益。

在风力、太阳能发电等新能源发电领域，云计算可以为存储密集型和计算密集型应用系统提供相应解决方案，同时突破传统的负荷检测方法，引导企业自主进行绿色用电认购，合理利用能源。此外，电网调度可以通过云计算提供的统一访问服务接口，实现数据搜索、获取、计算等功能。

随着智能电网规模的扩大，输变电设备运行信息量剧增，输变电设备评估需要综合分析当前设备运行状态，并给出可靠性评价。此种形势对数据的存储和计算提出了更高的处理要求。应用云计算技术可为输变电设备评估提供分布式数据存储和计算服务，扩展数据存储空间，提升数据处理和计算性能。

配网管理涉及电网空间分布和设备运行状态变化等复杂问题，地理空间信息和电力生产信息相互集成的综合应用系统是支持智能化配网管理的基本手段。将地图信息、文字、图形、图表信息融于一体，地理信息系统（GIS）需要存储海量信息并进行大量计算，云计算技术能很好地解决海量数据存储和计算带来的技术难点及性能瓶颈。

尽管云计算技术发展迅速，已成为下一代 IT 的发展趋势，但在解决数据的安全和隐私、系统本身的可扩展性、可用性、可靠性、可管理性和云间交互等方面的问题时仍显不足，未来仍需进一步深入地探讨和研究。

9.1.3 自动抄表系统

基于 WSN 技术的自动抄表系统结构如图 9.2 所示。

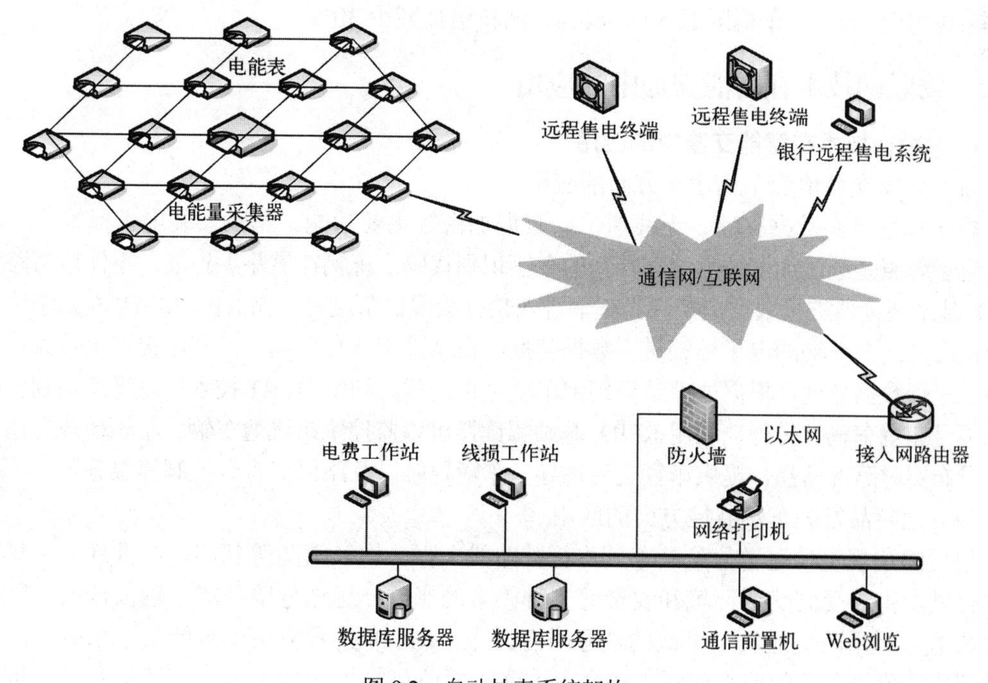

图 9.2 自动抄表系统架构

无线网可以将数百块电能表连接在一起，只使用一台采集器就可以完成与主站的通信，大大节省了价格较高的采集器的使用数量，也节省了 GPRS/CDMA 的运行费用。无线传感器网络具备自组织自愈能力，增加和删除节点、节点位置变化、节点发生故障等都对网络影响较小，无需人工干预，网络仍可正常运行。从无线传感器网络、电量采集器，到 GPRS 等公网，提供了从电能表到计费工作站的一个透明通道。电量数据及电费信息，在电能表、售电终端和计费软件之间加密传输。密钥组由供电局管理，保证了电量及电费数据的安全性。无线传感器网络自动抄表方案，既实现了用电预付费，又使供电企业能够获得电量使用的实时数据，为实施峰谷计价做好了技术准备，并为供电企业完善需求管理系统打下坚实基础。

9.2 智能交通

9.2.1 智能交通概述

智能交通系统（Intelligent Transportation System，ITS）是将先进的信息技术、数据通信技术、WSN 技术等现代技术有效地集成运用在整个交通运输管理体系，通过对路况、车辆和人流交汇信息的收集、交换、分析和利用，建立起的一种在大范围内、全方位发挥作用的实时、动态的综合交通运输管理服务系统。与传统的交通管理和交通工程相比，智能交通强调的是信息的交互性、技术集成的系统性以及服务的广泛性。

目前的智能交通系统主要包括以下几个方面：先进的交通信息服务系统、先进的交通管理系统、先进的公共交通系统、先进的车辆控制系统、先进的运载工具操作辅助系统、先进的交通基础设施技术状况感知系统、货运管理系统、电子收费系统和紧急救援系统。

据预测，应用智能交通系统后，可有效提高交通运输效益，使交通拥挤降低 20%、延误损失减少 10%~25%、车祸降低 50%~80%、油料消耗减少 30%。

9.2.2 物联网技术在智能交通中的应用

1．RFID 技术在智能交通中的应用

（1）公安交警治理车辆违章方面的应用

电子标签具有数据存储、无线通信、数据加密等主要功能。车辆安装电子标签后，即车辆的电子牌照是经过加密技术处理唯一的车辆识别代码；车辆在道路上行驶，不停地与路过的 RFID 基站阅读器进行数据交换，当车辆进入禁行或限行车道时，路旁的 RFID 基站阅读器和摄像机会通过与车辆的电子标签进行数据交换，自动采集该车辆的信息和图像，上传到后台数据中心进行数据处理，根据处理结果判定车辆是否违章。利用 RFID 技术可以迅速识别套牌车辆和限号违章车辆。另外，利用 RFID 基站阅读器可以监控肇事逃逸车辆、车辆超速等违章现象，发布实时路况信息，提供车辆交通诱导、车辆导航以及路口信号灯控制等服务。

（2）危险品行驶车辆监控方面的应用

根据国家规定，运送危险品车辆将行驶路线上报公安、消防等部门，经批准后车辆方可上路行驶。由于受到交通环境和收费等多种因素的影响，运送危险品的车辆擅自改变行驶路线造成非常严重的交通安全事故的现象时有发生。RFID 技术应用于智能交通系统，能够很好地解决危险品车辆的监控问题。在全市道路重要节点安装 RFID 基站阅读器和摄像机，在危险品车辆安装电子标签。当危险品车辆行驶时，车辆经过的路线的基站阅读器会自动将车辆电子标签发送的信息传输到数据中心，经过计算机系统分析处理可以为交警和消防部门提供 24h 实时动态监控车辆行驶轨迹数据和视频图像。

（3）不停车收费方面的应用

路桥收费站安装不停车收费系统，车辆挡风玻璃上安装 RFID 卡。当载有 RFID 卡的车辆通过收费站时，不停车收费系统读到 RFID 卡中的 ID 和车牌号，叠加上通过时间和车道号，存入不停车收费系统的内存，并通过数据传输单元和通信网络，将数据信息传到收费统计中心。可以采取类似全球移动通信系统（Global System of Mobile communications，GSM）手机缴扣费的办法，根据车辆的车型和通过次数自动扣费。车辆通过收费站，不停车收费系统读到 RFID 卡中的数据，有卡车辆被自动放行，无卡车或未缴费车辆将被拦截（栏杆放下，红灯亮，报警）。

（4）交通指示灯方面的应用

目前使用的交通指示灯为按照一定的时间来改变灯的颜色，当路口一边车辆多、而另一边车辆较少时，车辆多的一边会在路中央无车辆通过时等待交通灯的变化，如此增加车辆在交通路口的等待，而且会造成更大的交通堵塞。在交通路口引入无线射频技术，统计每一边的车辆数量来智能地改变交通灯改变的时间，即可提高道路的利用率，

2．GPS 技术在智能交通中的应用

基于 GPS 的车辆导航系统可以实现实时跟踪车辆位置，自动设计行车路线并按行车目的地自动导航，为用户提供主要物标的查询服务等功能。在基于 GPS 的车辆运营管理系统中，控制中心利用监控台可查询系统内任意目标所在的位置，在大屏幕电子地图上以数字形式显示车辆的速度、方向及其所在位置的经度、纬度以及距到达目的地剩余距离等信息。多窗口可同时监视多辆车运行，并可显示和储存车辆的运行轨迹，以供运行评估，进行指挥调度。指挥中心可以随时同跟踪目标进行通话，通过话务指挥与车辆跟踪的结合实现现代化管理。系统对车辆实行分级管理，对不同优先级分配不同时间。监控台对有险情或发生事故的车辆发出求救信号，并采用电子地图显示和声光报警，进行优先级处理。

3．通信技术在智能交通中的应用

光纤通信技术在干线通信方面已有广泛应用，用于构建高速公路或城市道路计算机广域网（WAN）与局域网（LAN），目前主要用于动态称重，道路、隧道及桥梁安全检测，高速公路收费和交通流量监测系统。

卫星通信技术广泛应用于以车辆动态位置为基础的交通监控、调度、导航等服务。我国自行开发的“北斗”卫星导航系统具有定位导航和短报文功能，不依赖任何其他通信手段就可以很容易地实现系统组网。

3G 技术可应用于信息收集系统。信息收集系统是将区域范围内的交通路况等信息利用信息收集设备进行收集，并将信息传输到信息处理中心。3G 技术可应用于信息传输网络。信息传输网络是城市交通信息系统中较为关键的一个环节，也是 3G 移动通信技术应用较多的一个部分。3G 移动通信技术可以将无线通信和互联网结合，完成对于图像、视频、音乐等多媒体文件的处理。基于 3G 移动通信技术的信息传输网络，有着信息传输速度快、成本低、扩展性好、建设周期短等优点，是建设城市交通信息系统信息传输网络

的最好选择。3G 网络与 RFID 不同之处在于其可以提供更为智能的交互方式。就像 PC 与 PC 之间的交互方式一样，3G 网络可以实现多节点的交互，例如：与不同城市 ITS 之间的交互、车与车之间的交互、与不同种类的信息平台交互等。通过这些交互，使得车辆在出行前可以选择更为合理的出行路线，在出行中能够合理规避可能遇到的交通堵塞，在遇到交通堵塞时可以主动上传相关路况信息；并可为物流运输企业提供车辆监测服务等功能。

最常用的移动通信技术主要包括 GSM、GPRS、3G 和专用短程通信（Dedicated Short-Range Communication，DSRC）。GPRS 是最常用的无线传输手段。3G 技术具有数据、音频、视频传输能力，能与 Internet 无缝对接，目前基于 3G 的视频监控系统已进行产业应用。DSRC 是一种专用于交通领域的短程通信系统，DSRC 技术已经广泛应用于我国的电子收费系统（ETC）中。

4．无线网络技术在智能交通中的应用

在 ITS 中，Wi-Fi 主要用于车辆传感器网络，Wi-Fi AP 通常用作路侧无线路由，与车载传感器节点进行无线通信从而获取并上传车辆信息。Ad Hoc 是一种无中心自组织的多跳无线网络，车辆自组织网络是 Ad hoc 网络在智能交通中的最新应用。它结合 GPS 和无线通信网络，为处于高速运动中的车辆提供一种高速率的数据接入网络。由于车辆自组织网络在车辆的安全行驶、计费管理、交通管理、数据通信和车载娱乐等方面起着很重要的作用，近年来形成了无线自组织网络的研究热点。Zigbee 网络技术主要用于交通信息传感器网络和交通信号控制系统。蓝牙技术可应用于智能公交系统、城市路边停车诱导管理系统、车载电话等。

9.2.3 不停车收费系统

不停车收费系统是智能交通的重要组成部分。随着交通车辆的不断增加，传统人工收费方式的缺陷逐渐凸显，严重影响收费站的通行能力。科技的发展使得联网收费成为可能，不停车收费的呼声越来越高。

1．不停车收费系统

不停车收费（Electronic Toll Collection，ETC）系统又称电子收费系统，是智能交通系统中的一个重要应用领域和应用环节。ETC 系统是一种能实现不停车收费的全天候智能型分布式计算机控制、信息处理系统，是电子技术、自动控制技术、传感技术、交通工程和系统工程的综合产物，是典型的物联网应用。当车辆通过拥有 ETC 系统的收费站时，ETC 系统自动完成所过车辆的登记、建档、收费的整个过程，在不停车的情况下收集、传递、处理车辆的各种信息。

2．不停车收费系统的解决方案

ETC 系统的关键是车载智能识别卡与收费站车辆自动识别系统的无线电收发系统之间，通过电磁波进行数据交换，获取车辆的类型和所属用户等相关数据，并由计算机系统控制指挥车辆通行，其费用通过计算机网络从用户所在数据库中专用账号自动缴纳。

ETC 系统主要由天线、地感线圈、自动栏杆、收费额显示牌和信号灯等组成，如图 9.3 所示。

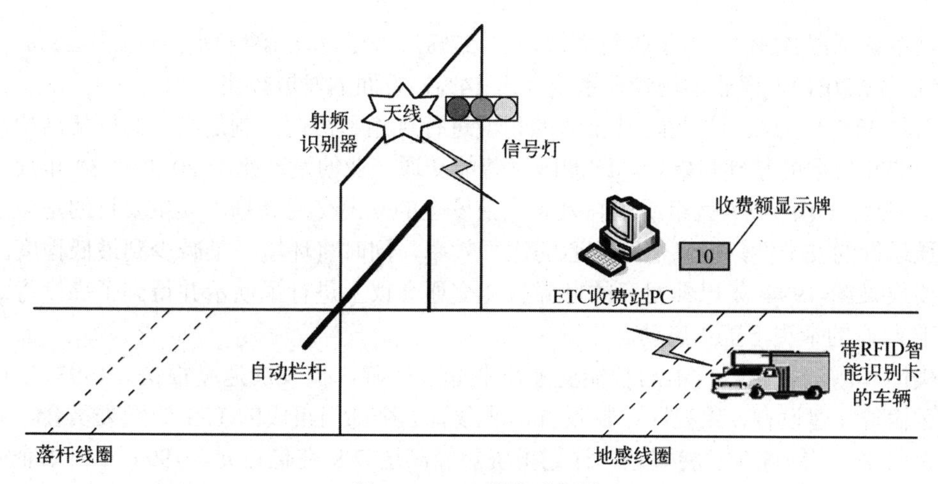

图 9.3　ETC 系统示意图

ETC 系统的工作流程如下：

1）车辆进入通信范围时，首先压到地感线圈，启动天线。

2）天线与车载单元进行通信，判别车载单元是否有效。如有效，则进行交易；如无效（无效卡、无卡、假卡、低值卡等），则报警（信号灯变红）并保持车道关闭，进行人工收费。

3）如交易成功，系统控制自动栏杆抬升，信号灯变绿，收费额显示牌显示交易信息。

4）车辆通过落杆线圈后，栏杆自动回落，信号灯变红。

5）系统记载交易记录，并把交易信息上传到收费站服务器中，等待下一辆车进入。

整个 ETC 系统分为数据采集模块、数据传输模块、后台数据处理模块三个部分。

1）数据采集模块：采用 RFID 技术，主要由 RFID 车载超高频无源射频标签和电子读头设备、高速长距离超高频阅读器组成。RFID 可以采取非接触式的射频通信方式，通过读写器与标签的无线通信实现数据的采集，识别标签载体的身份等特征。

2）数据传输模块：以高速公路光纤网作为基础、无线网络作为补充的数据传输方案。

3）后台数据处理模块：负责基础数据的管理、系统安全管理、费用计算、路径运算、通行费拆分、系统相关报表管理等，以及与车载电子标签联名卡的办理、代扣通行费等金融方面的服务。

系统的三个模块组合在一起，形成一个完整的物联网，实现 ETC 系统功能。

3．ETC 系统的作用

将先进的信息技术、数据通信传输技术、控制技术以及计算机处理技术综合，有效地运用于公路运输管理系统，构成强大的交通“物联网”将成为 21 世纪现代化运输体系的基本模式和发展方向，也是交通运输现代化的一个重要标志。通过分析收费区域交通流特性的差异，可以明确 ETC 系统的实施，能有效减少因停车收费造成的延误及拥挤，提高道路通行能力；提高行驶的安全性、舒适性、快捷性；减少能源消耗及尾气排放，提高环境质量；减少收费系统的运营管理费用及建设成本，提高运营效益。

9.2.4　智能交通的发展现状与趋势

2014 年，ITS 在美国的应用已达 80%以上，而且相关的产品也较先进。美国 ITS 应用在车辆安全系统（占 51%）、电子收费系统（占 37%）、公路及车辆管理系统（占 28%）、导航定位系统（占 20%）、商业车辆管理系统（占 14%）方面的发展较快。

欧盟将 ITS 作为欧盟项目，从全欧的角度进行规划和协调，制定统一的框架结构，作为各成员国 ITS 发展的基础和指导。欧洲国家智能交通产业的发展始于 20 世纪 80 年代。早在 1986 年，西欧汽车产业界就组织了高效和空前安全的欧洲交通计划，其主要目的是为了改善道路交通运行的安全性，提高道路交通的运行效率，同时将环境污染减少到最低程度。该计划的主要成果在 1994 年巴黎召开的世界智能交通会议上进行了演示并得到了高度肯定，于 1995 年在政府的牵头下正式启动。

与美国和欧洲相比，日本的智能交通产业起步较晚，但发展速度很快。1993 年日本成立了由运输省、建设省、警视厅、邮政省、通藏省五个部门组成的 ITS 组织委员会，并制定了一个为期 20 年的综合发展规划，计划投资预算高达 7.8 兆亿日元。1994 年日本企业和学术团体又组建了智能型道路和交通协会，即 VRTIS，并投入大量资金用于 ITS 建设。在政府、企业和相关部门的大力支持下，目前日本已经成功开发了不停车自动收费系统和电子车辆导航系统并已推广应用。总体来看，日本的智能交通系统主要包括先进车辆控制系统（AVCS）、不停车收费（ETC）系统以及汽车信息通信系统（VICS）三大部分，其中以汽车信息通信系统的应用最为广泛。

目前我国智能交通产业整体发展水平远落后于以美、日及欧洲发达国家，但随着物联网技术的推广与应用，为我国 ITS 实现跨越式发展提供了一次非常好的发展契机。经过 20 多年的发展，我国智能交通总体上取得了一定的成果。可以说，除了一些关键技术和设备尚未掌握外，我国在智能交通技术方面已日趋成熟，但产业化还处于起步阶段。交通运输部已经着手打造新一代智能交通系统发展战略研究以及应用物联网技术推进现代交通运输策略研究项目。2016 年我国城市智能交通市场规模为 414.4 亿，增长率达到 33.5%。

物联网技术在智能交通领域的应用，将全面提升智能交通的管控水平和信息服务水平。为此，我国智能交通产业应从总体规划制定、信息孤岛消除、技术标准统一、产业同盟构建、示范工程建设等多个途径着手，全面促进产业发展。

目前我国智能交通系统主要应用于三大领域。一是城市间道路信息化，包括高速公路和省级国道；二是城市道路交通管理，综合性的信息平台成为这一领域的应用热点，此外，比较有应用前景的有智能信号控制系统、电子警察、车载导航系统等；三是城市公交，通过智能公交系统显示车辆的即时位置，为车辆的运行管理提供依据，并与交通信号灯相结合，保证公交车辆行驶过程中的畅通，缩减公交车的行程时间、提高准点率。这一领域的应用还比较落后，智能交通调度系统基本处于空白。目前我国从事智能交通的企业约有 2000 家，主要集中在数据采集监控、高速公路收费、导航系统和系统集成环节。

发达地区已经在道路交通领域采用的大量现代信息技术，北京、上海、广州为代表的大型城市，都把智能交通作为解决城市拥堵的手段之一。在 2008 年北京奥运会期间，奥运路线、奥运场馆周边的约 120 处系统控制交通信号和交通综合监控系统发挥了重要作用，有效保证了奥运会 38 个比赛场馆、3000 多场重要赛事的交通。北京市交通综合监控系统是目前我国最大的智能交通管理综合系统，包含视频监控、交通流检测和交通违法检测三个子系统。2010 年为世博会服务的上海世博智能交通系统有效保证了长周期大客流的安全有效疏导。广州市建立了交通控制系统，大部分城区路口实现交通信号控制；建立了闭路监视系统、电子警察和路面车流监测系统，广州亚运会智能交通综合信息平台系统成功为 2010 年底召开的亚运会保驾护航。

为促进交通与互联网深度融合，推动交通智能化发展，国家发改委和交通运输部 2016 年 8 月发布《推进“互联网+”便捷交通促进智能交通发展的实施方案》。这是我国第一次就智能交通发布的总体框架和实施方案，体现了交通运输领域的创新驱动发展战略，为我国未来 ITS 发展指明了方向，对我国 ITS 发展具有重大意义。

9.3 智能医疗

9.3.1 智能医疗概述

智能医疗致力于构建以病人为中心的医疗服务体系，可在服务成本、服务质量和服务可及性三方面达到一个良好的平衡。智能医疗将优化医疗实践成果、创新医疗服务模式和业务市场以及提供高质量的个人医疗服务体验。

建设智能型医疗体系能够解决当前看病难、病历记录丢失、重复诊断、疾病控制滞后、医疗数据无法共享、资源浪费等问题，提供快捷、协作、经济、预防、可靠的医疗服务。物联网技术将被广泛用于外科手术设备、加护病房、医院疗养和家庭护理中。结合条码技术、RFID 技术、无线网络技术、通信技术、云计算技术和数据融合技术等的智能医疗体系，将进一步提升医疗诊疗流程的服务效率和服务质量，提升医院综合管理水平，实现监护工作无线化，实现医疗资源高度共享，降低公众医疗成本。

基于物联网技术的智能医疗使看病变得简单：患者到医院，只需在自助机上刷一下身份证就能完成挂号；到任何一家医院看病，医生输入患者身份证号码，立即能看到包括之前所有的健康信息、检查数据的电子病历；带个传感器在身上，医生就能随时掌握患者的心跳、脉搏、体温等生命体征，一旦出现异常，与之相连的智能医疗系统就会预警，提醒患者及时就医，还会向患者家属传送紧急救治办法和最近的就医地点等信息，以帮患者争取黄金救治时间。

9.3.2 物联网技术在智能医疗中的应用

1. RFID 技术在智能医疗中的应用

RFID 技术可以用于药品流通、防伪和管理中。医药企业在药品生产完成后，需在药品上贴有存储 EPC 标志的 RFID 标签，此标签可记录药品的生产日期、保质期、生产厂商、批号、单位容量、能够治疗的疾病及能够缓解的症状和禁忌人群等信息。当药品以大包装的形式出厂时，与医药企业相连接的识读器将生产出来的药品 EPC 代码通过本地计算机系统传递给中间件 Savant。Savant 将收集到的药品信息记录到本地 EPC 信息服务器 EPCIS 的同时，还通过网络将药品信息注册到对象名解析服务器（Object Name Service，ONS）中，并通过 ONS 将药品相关信息转换为实体标记语言（Physical Markup Language，PML），生成一一对应的 PML 文件存储在 PML 服务器上。PML 服务器由医药企业维护，并储存该医药企业生产的所有药品文件信息。

另外，RFID 还可应用于对血液、病人、医院消毒物品、医院资产、医疗垃圾的管理中。采用 RFID 技术进行血液管理的好处如下：

1）非接触式识别技术，可以减少对血液的污染。

2）设置血液的有效日期，库存中可以自动实现报废报警。

3）多标签识别，提高工作效率。

4）实现实时跟踪血液信息。

2．WSN 技术在智能医疗中的应用

基于 WSN 技术的智能医疗系统可以利用多种传感器设备和适合家庭使用的医疗仪器，能够更快速、实时地采集各类人体生命体征数据，可以相当精确地判断出被监测人正在进行的活动。让被监测人根据病情携带具有检测血压、呼吸、心率等功能的无线传感器节点，可在不影响被监测人活动和休息的情况下对其相应的生理指标进行监测，以便医生全面、及时地掌握病情。

3．信息处理技术在智能医疗中的应用

对于获取到的各种医疗信息，需要根据应用需求进行分析和处理，便于供医务人员进行诊断或为患者提供相应的服务。医疗信息的处理分为两类：一类是不需要复杂数据分析过程的事物型处理，如对信息进行存储、修改、删除等；一类是涉及数据库、人工智能、大规模计算的分析型处理，如对信息进行变换、融合和建模等。医疗信息具有多模特性，包括纯数据、信号、图像、文字以及语音和视频等信息。因此，医疗数据挖掘涉及图像处理技术、数据流处理技术、语音处理技术和视频处理技术等多个领域。

4．通信技术在智能医疗中的应用

通过传统通信技术、无线网络技术以及卫星通信技术等，可以实现网上挂号、网上就诊、实时付费、进行网上诊断和网上获取病理切片分析结果、远程监控等。

9.3.3 智能医疗典型应用

物联网技术在医疗领域中的应用几乎遍及该领域的各个环节，从药品领域、远程监护和家庭护理、医疗信息化、医院急救，到医疗设备和医疗垃圾的监控、血液管理、传染病控制等。这里主要从门诊系统、住院系统和远程医疗监视三个方面进行说明。

1．门诊系统的移动医疗

传统门诊流程就诊的突出特点是挂号排队时间长、交款取药时间长和医生看病时间短，从而导致就诊高峰期时滞留在门诊大厅的患者及家属过多。结合目前医院信息系统（Hospital Information System，HIS），研究人员提出了一个基于物联网技术的门诊流程优化方案，利用物联网的 RFID 电子标签可以让医护人员减少人员信息核对环节，同时以 RFID 标签为基础在检验环节可以采取自助获取化验单，增强了病患隐私的安全性。具体流程如图 9.4 所示。

2．住院系统的移动医疗

在病房，医生在查房或者移动状态下，可通过 Wi-Fi 下载获取病人的所有病历数据并传输至护士的手持移动终端上，形成完整的电子病历数据。此外，医生还可通过佩戴在病人手腕上的 RFID 腕带，在与 PC 连接的 RFID 读卡器上查询显示该患者目前的检查进度，对比患者病情的变化情况，进行会诊和制定治疗方案。在此基础上建立的医院移动诊疗系统，具体由 RFID 病患身份识别系统、医护人员手持数据终端应用系统、问卷调查与检验项目查询系统三个模块组成，真正实现了医生诊疗服务的移动化。

在临床护理方面，专家设计了一种移动医疗下的护理方案，具体架构如图 9.5 所示。护士使用手持移动终端来读取患者佩戴的 RFID 腕带信息，再根据 RFID 腕带信息通过无线网络自动调出需要执行的医嘱执行条目，接着通过移动终端记录医嘱执行的具体信息，包括由谁执行、何时执行、患者生命体征信息、用药信息和治疗信息等，实现了动态实时的护理服务，优化了临床护理流程。

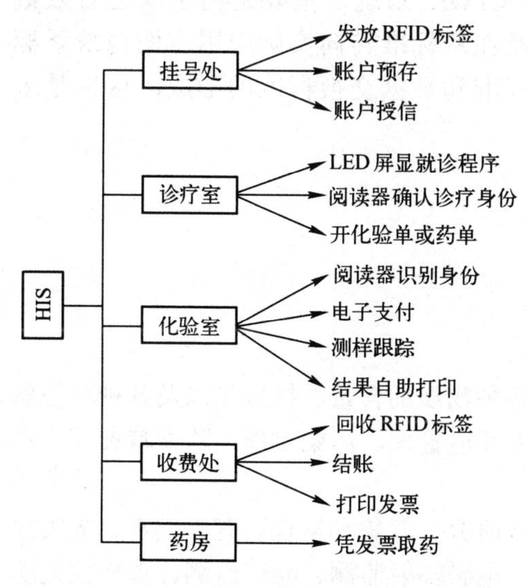

图 9.4　基于物联网技术的医院门诊流程

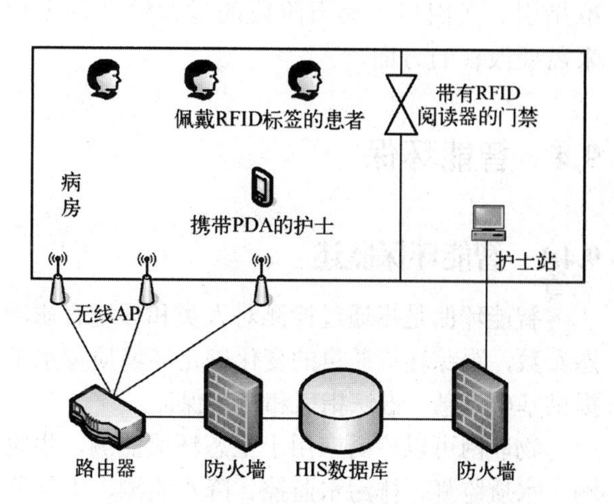

图 9.5　基于物联网技术的临床护理架构

3．远程医疗监视

研究人员可以利用无线传感器网络来实现远程医疗监视。

在一个公寓内，若干个无线传感器节点分布在各个房间，如图 9.6 所示。每个传感器节点上包括了温度、湿度、光、红外传感器及声音传感器，部分节点使用了超声节点。根据这些节点收集到信息，监控界面实时显示人员的活动情况。根据多传感器的信息融合，可以相当精确地判断出被监测人正在进行的行为，例如睡觉、看电视、淋浴等，从而可以对老年人的健康状况进行检测。由于系统不使用摄像机，可以保证用户隐私安全，比较容易得到病人及其家属的接受。

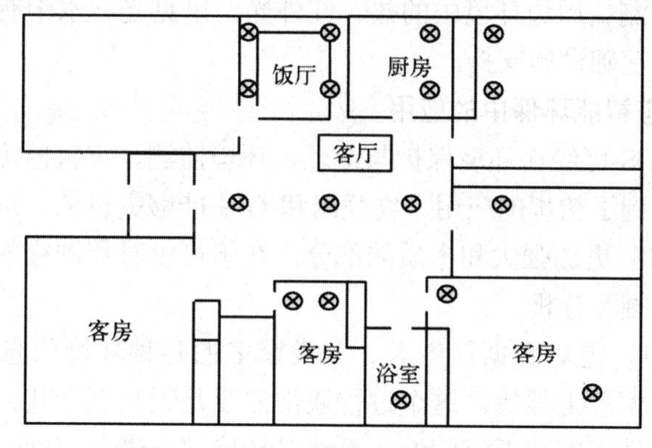

图 9.6　公寓内无线传感器节点分布图

9.3.4 智能医疗的发展

智能医疗的发展可以分为七个阶段：一是业务管理系统，包括医院收费和药品管理系统；二是电子病历系统，包括病人信息、影像信息；三是临床应用系统，包括计算机医生医嘱录入（CPOE）系统等；四是慢性疾病管理系统；五是区域医疗信息交换系统；六是临床支持决策系统；七是公共健康卫生系统。总体来说，我国处在第一、二阶段向第三阶段发展的阶段，还没有建立真正意义上的 CPOE 系统，主要是由于缺乏有效数据，数据标准不统一，供应商欠缺临床背景，以及在从标准转向实际应用方面也缺乏标准指引。我国步入第五阶段的过程涉及许多行业标准和数据交换标准的形成，这也是未来需要改善的方面。

9.4 智能环保

9.4.1 智能环保概述

智能环保是指通过检测对人类和环境有影响的各种物质的含量、排放量以及各种环境状态参数，跟踪环境质量的变化确定环境质量水平，为环境管理、污染治理、防灾减灾等工作提供基础信息、方法指引和质量保证。

物联网可以广泛应用于生态环境监测、生物种群研究、气象和地理研究、洪水、火灾检测、水质监测、排污水监控、降水监测、大气监测、电磁辐射监测、噪声监测、森林植被防护、土壤监测、生物种群监测、地质灾害监测等。

9.4.2 物联网技术在智能环保中的应用

1．WSN 技术在智能环保中的应用

智能环保系统是 WSN 技术的典型应用。WSN 技术可以应用于大气监测、水资源监测和地质监测。通过 WSN，可以对大范围内的大气状况进行实时监测；利用不同的传感器探头，可以监测大气中有关气体的含量；根据每一个数据节点采集的风向、风速、气体浓度等参数，可以及时、有效地监测有毒气体的泄漏状况。WSN 技术用于水资源监测具有独特的优势。集成有传感器、计算单元和通信模块的节点能够通过自组织方式构成网络，借助于节点中内置的多种传感器测量周边环境中的热、红外光、可见光、水中有毒物质含量等信号，部署方便，无需电缆等基础设施支持。

2．GIS 技术在生态智能环保中的应用

目前，物联网和 GIS 已经在环境保护与治理、环境监测、灾害监测和防治、生态资源保护与利用等诸多领域得到了初步的应用。物联网和 GIS 能够提供的，远远不止地图可视化和简单的查询和定位。GIS 更加强大和本质的部分，在于可以对相同空间范围内各种不同因素之间的内在关系进行发掘和分析。

在环境监测过程中，需对数据量庞大、分类繁多的各种环境信息进行采集、记录、处理、统计分析、绘图与汇总上报等。这个过程通常需要几天甚至十几天，难以保证数据的及时性，况且传统的环境数据库缺乏空间性，无法对环境问题进行空间管理和空间分析。利用物联网和 GIS 技术可实现对数据的实时采集、存储、传输、处理、分析、显示。

立足于物联网和 GIS 的智能环保系统，在数据采集过程设立异常情况报警系统，建立重大环境污染事故区域预警系统，对事故风险源的地理位置、人口集中居住区、饮用水源地等环境敏感区域进行监控，并对事故敏感区域的位置和属性进行管理，提供污染扩散的模拟过程和应急方案。

将 GIS 应用于智能环保，实现信息实时动态采集、处理、分析，能够大大提高环境监测领域的现代化、自动化程度，促进了智能环保向信息时代的迈进。

9.4.3 基于物联网技术的生态环境监测模型

基于物联网技术的生态环境监测模型主要由四部分组成：数据采集传感器节点、簇头节点、移动代理（Agent）节点和控制中心。

物联网的分簇区域的自组织多传感器网络中，采用的传感器节点包括各种水文传感器、空气质量传感器、光照度传感器、温度传感器、湿度传感器等。此外，在所有传感器上安装无线短距离通信数据传输功能模块。分簇区域内的多传感器采集到各种类型的环境监测数据后，将数据发送给该分簇的簇头节点，或者可以检测到的移动 Agent 节点，簇头节点或移动 Agent 节点将搜集到的数据汇聚后转发至控制中心。

传感器节点数据采集模块经过一跳将数据发给簇头节点，而且该节点装有污染源实时监控功能模块，可以监测该节点圆形监测区域内是否出现排污现象，并及时发送监控数据，且该操作优先级高于一般环境监测数据的发送，要求簇头节点优先转发，这样就可以充分满足监测数据采集和环境污染源监测的实际需求。监测传感器节点采用嵌入式技术设计，该节点功能模块包括数据采集类型模块、数据无线发射模块、高效电源模块、污染源实时监控模块以及移动 Agent 监测模块等部件。

生态环境监测传感器节点根据监测需求自适应启动相应类型数据监测模块、采用集中数据采集方式，其工作流程如下：

1）根据来自控制中心的监测需求启动相应数据类型模块，包括各种水文数据采集模块、空气质量数据采集模块、光照强度数据采集模块、温度数据采集模块和湿度数据采集模块等。

2）周期性地启动移动 Agent 发现模块，若发现，则将待发送的数据发给移动 Agent 节点。

3）周期性地启动数据无线发射模块，将采集到的数据发送给簇头节点。

4）根据控制中心反馈的控制信息，周期性地启动污染源实时监控模块，若发现污染现象，则转 3）。

5）若该节点所处的分簇内的簇头节点失效，则转 2）。

图 9.7 给出了基于物联网技术的生态环境监测网络部署情况。从图 9.7 可以看出：监测网络中，监测区域分为了若干个分簇区域，每个分簇区域内拥有一个簇头节点；此外整个网络中设置了若干个移动 Agent 节点，一方面实时收集各分簇簇头节点汇聚的数据，另一方面，避免某分簇簇头节点失效，导致监测区域出现盲点，致使网络瘫痪，无法实时监测。

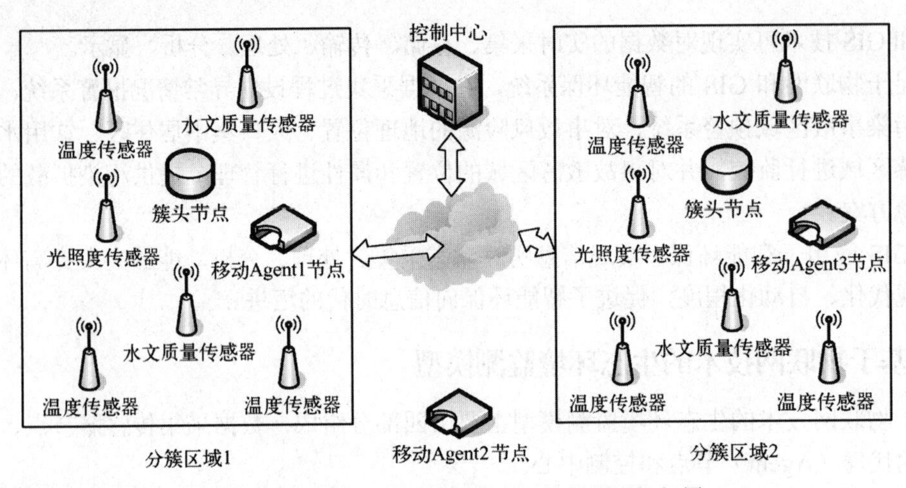

图 9.7 基于物联网技术的生态环境监测网络部署

9.4.4 智能环保的发展现状与趋势

截至“十二五”末，我国单位国内生产总值能耗降低 18.4%，化学需氧量、二氧化硫、氨氮、氮氧化物等主要污染物排放总量分别减少 12.9%、18%、13%和 18.6%。全国已建成各级污染源监控中心，并已全部与环境保护部污染源监控中心联网，共对 2016 年国家重点监控的 14312 家企业进行监控，其中包括废水排放企业 2660 家、废气排放企业 3281 家、污水处理厂 3812 家、规模化畜禽养殖场（小区）21 家、重金属企业 2901 家、危险废物企业 1637 家。大部分企业与环境保护部污染源监控中心联网，并可以实时查询在线监测数据。环境卫星遥感方面，通过中国环境一号 A、B 卫星实现，环境一号卫星拥有 CCD 相机、热红外相机、超光谱成像仪等多种遥感探测设备，能够在大型水体蓝藻水华监测、沙尘暴监测、秸秆焚烧监测、区域生态环境动态变化监测、环境风险排查等方面发挥重要作用。

对照物联网感知层、网络层和应用层三个层面，分析环境监测的三个层面如下：环境监测的感知层包括各种环境传感器、在线监测仪器、传感器网络等，是制约物联网在该领域应用的主要因素。目前，各种环境传感器功能仍比较单一，可以监测的污染物不多，可靠性不高；各种在线监测仪器主要以化学分析类为主，大部分依靠进口，价格和维护成本较高。环境监测的网络层主要依靠现有通信系统实现，需要与电信运营商充分合作才能发挥优势效果。环境监测对现有信息通信的大量成熟先进的技术没有充分应用，并且对下一代网络、云计算等技术参与程度不高。在环境监测的应用层，由于以前缺乏的整体规划和顶层设计，致使“信息烟囱”林立，信息整合难度大，无法综合应用，实际作用有限。

在技术层面，需要针对各个层面的问题进行解决：感知层需要加快研发，生产出多功能、可适应各种环境条件、可靠性高、成本低廉的传感器；网络层需要积极探索现有信息通信的成熟先进技术与环境监测的结合点，积极参与新兴技术的研发；应用层需要加大原有系统的整合力度，并注重未来系统的一体化建设，按照整体规划、顶层设计的思想进行建设。

9.5 智能家居

9.5.1 智能家居概述

智能家居（Smart Home）又称智能住宅，是以家庭住宅为平台，利用计算机技术、数字技术、安全防范技术、自动控制技术、音频视频技术、网络通信技术和综合布线技术，将与家庭生活密切相关的防盗报警系统、家电控制系统、网络信息服务系统等各子系统有机地结合在一起，通过中央管理平台，构建高效的住宅设施和家庭日程事物的管理，提升家居安全性、便利性、舒适性、艺术性，并实现环保节能的家居环境。

9.5.2 物联网技术在智能家居中的应用

1．RFID 技术在智能家居中的应用

RFID 技术在国内起步较晚，最初主要应用于物流等行业。目前，RFID 已经在其他领域有了很大发展。但是，RFID 技术在智能家居中的应用不是很多，主要集中在以下系统中。

1）门禁系统是 RFID 技术在智能建筑中最早，也是技术最成熟的应用之一。该系统的目的是识别人员身份、安全管理。

2）自动抄表系统由用户控制终端（多个用户可以共用一个终端）通过智能仪表接口或其他总线直接连接多户居民的水电气表，自动读取每家的水电气表的数据，并通过终端上的 RFID 卡按时自动把各表数据传送到小区物管中心的计算机上。

智能监控安全防范系统通过 RFID 标签与烟雾探测器等传感器结合，按照一定的时间间隔发送传感器采集的火灾报警信息、位置信息和时间信息等数据。读写器通过有线或无线方式接入因特网，将接收到的 RFID 标签信号传送给远端指挥中心的服务器，由服务器完成对数据的分析和处理，实现指挥中心的火灾报警联动。该系统具有实时性强、误报率低、可全天候监控等特点。

2．WSN 技术在智能家居中的应用

由于 WSN 具有灵活性、移动性和可扩展性，因此可以在建筑物内灵活、方便地布置各种无线传感器，依靠分布式传感器组成无线网络，获取室内诸多的环境参数，进而实施控制，协调并优化各家居子系统。

将 WSN 技术应用到智能家电子系统中，在不同空间安装检测环境信息的传感器，并与空调控制系统合理联通，构成具有无线传感功能的无线控制网络，分别按照需求调节环境参数，不但节约能源、降低安装成本，更加体现了家居的智能化和人性化。采用 WSN 技术，将安全防范和智能监控子系统中的各种报警与探测传感器组合，构建一个具有 WSN 功能的新型安全防范系统，将大大促进智能家居安全防范系统的的网络化、数字化、智能化。WSN 技术也可用于灯光照明控制子系统与智能监控子系统中的各种参数的测量与控制。

另外，WSN 技术在智能家居中有着广阔的前景。智能家居系统的设计目标是将住宅中的各种家居设备联系起来，使它们能够自动运行、相互协作，为居住者提供尽可能多的便利和舒适。

9.5.3 智能家居系统解决方案

在智能建筑有各种家用电器、家用机器人等，采用多种传感器对室内环境进行监测；布有以太网、电线，使得各种家庭设备接入智能家居网关，同时可以通过 Wi-Fi、ZigBee 等无线传输信号，使用遥控器控制相应的设备。在室外，可以通过 PC 或移动 PDA 进行远程访问控制。

该智能家居系统可以具有如下功能：

1）对照明设备进行智能化控制。

2）对空调器、电冰箱、电热水器、电视机、洗衣机等家用电器进行智能化控制。

3）通过各种传感器、探测器对厨房、卫生间等容易发生安全隐患的区域进行自动监控和报警。

4）通过这种视频监控设备对家庭进行监控。

5）通过因特网利用 PC 或者各种移动终端对家庭环境下的各种设备进行远程访问和控制。

为了实现上述功能，可以将系统划分为智能灯光照明控制子系统、智能家用电器子系统、智能安全防范子系统、智能监控子系统、访问控制子系统和智能家居网关六个子系统。如图 9.8 所示。

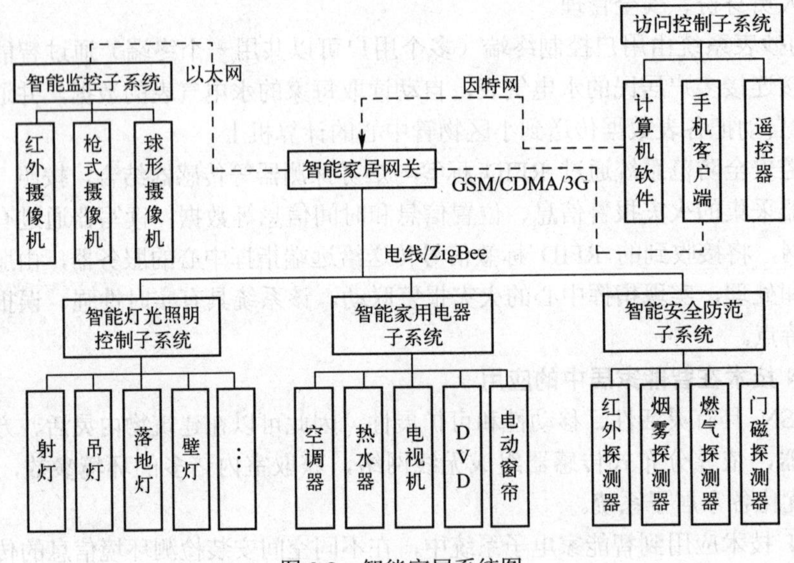

图 9.8 智能家居系统图

1．智能灯光照明控制子系统

家庭内照明设备主要包括荧光灯、吊灯、壁灯、射灯、落地灯和台灯等，除荧光灯外，其他所有灯均可进行亮度调节，以满足不同的需要。智能灯光照明控制子系统由智能灯光控制面板组成。智能灯光控制面板与房间内照明设备对接后即可实现强大的灯光场景效果，例如可以根据需要调节灯光发光强度或对照明设备进行开关等。

2．智能家用电器子系统

家用电器主要包括空调器、热水器、电视机、电动窗帘等。智能家用电器子系统由智能电器控制面板组成。智能电器控制面板与房间内相应的设备对接后即可实现相应的控制功能，例如设定热水器或者空调器的温度、窗帘遮挡的范围等。

3．智能安全防范子系统

智能安全防范子系统由各种智能探测器和智能网关组成，构建房间内的主动防御系统。智能红外探测器可以探测人体的红外热量变化从而发出报警；智能烟雾探测器可以探测烟雾浓度并在浓度超标后发出报警；智能门禁探测器可以根据门的开关状态异常发出报警；智能燃气探测器可以探测燃气浓度并在浓度超标后发出报警。通过该子系统可以使用手机、电话、遥控器、计算机软件等方式接收报警信息，并能实现布防、撤防的设置。

4．智能监控子系统

智能监控可以有效地了解家中的情况，如老人、小孩的状况。另外，实时录像功能对住宅起到了保护作用。

智能监控分为以下几种：

1）室外监控，监控住宅附近的状况。

2）室内监控，监控住宅内的状况。

3）远程监控，通过手机、网络可随时查看监控区域内的情况。

智能监控子系统可实现实时察看、录像、录像调用、云台控制（即通过控制系统在远程控制摄像机等设备的转动或移动）等功能，主要设备包括摄像机、视频服务器等。

5．访问控制子系统

访问控制子系统包括智能遥控器、计算机综合管理软件、手机客户端软件等部分，实现对房间设备的综合访问管理和控制。

6．智能家居网关

智能家居网关在智能家居系统中有着举足轻重的作用。一方面，智能家居网关将家庭网络与外部网络连接，实现二者之间的信息交换；另一方面，智能家居网关自动收集各种在线设备的相关信息，生成设备描述文件，对各种设备进行集中控制和管理，是智能家居的核心。

智能家居依靠高科技促进了人文环境的发展，依托先进的科学技术实现了家居管理的高效化、节能化和环保化，提高了人们的生活质量，是人类社会住宅发展的必然趋势。

9.5.4 智能家居的发展现状与趋势

智能家居最早兴起于国外，进入我国也只有十几年的历史，目前智能家居市场在我国已初具规模，有一定数量的消费人群。物联网技术的应用赋予了智能家居更新的内涵，现在的智能家居主要指物联网技术下的智能家居。

随着大数据、人工智能等技术突飞猛进，智能家居在生活中扮演越来越重要的角色。前瞻产业研究院日前发布的《中国智能家居设备行业市场前瞻与投资策略规划报告》数据显示，2016 年，我国智能家居市场规模达 605.7 亿元，同比增长率 50.15%。预计未来几年内智能家居将迎来爆发，到 2018 年，智能家居市场规模将达 1396 亿元。

随着智能家居典型建筑在我国快速发展，我国各地先后建起了许多规模很大的智能家居房屋和智能建筑体验中心。随着物联网理念的发展，新的进展开始反映在窗帘自动化、空调器开始用手机控制，灯可以自动开启或者变成柔光，大的电器控制盘也已经开始变成了手动键盘、移动键盘控制。

当然，智能家居充分发展的前提是智能家居设备的批量生产以及智能家居系统的广泛应用。目前我国智能家居的主要生产厂商及产品见表 9.2。由于自身和市场等多种原因，智能家居还处于一个概念性阶段，企业所宣传的一些概念和热点，还不能在实际中完全实现；一旦出现问题，维修往往也不能及时和到位。

表 9.2　我国智能家居的主要生产厂商及产品

商家类型		产品服务
产品提供商	以传统的楼宇对讲厂商	罗格朗、冠林、立林、柔乐、佳乐冠林、安居宝、视得安：提供一个智能化的综合控制平台
	以传统的家电厂商为主	海尔、长虹、海信、TCL、美的：提供信息化、网络化的家电为主
	专注于灯光控制、窗帘控制等模块和接口的厂商	索博、波创、瑞朗、奇胜等：主要配合前两类厂商提供各类智能开关和接口模块
方案运营商	中国移动	宜居通：从安防预警、家电远程控制、无线路由等方面，全方位优化生活方式和居住环境，开启物联网智能生活
	中国电信	“天翼 e 家”：基于云技术的电视机、手机、计算机等多屏互动，手机遥控家电、全球眼视频监控等“智慧家庭”的丰富应用
	中国联通	联合 GKB 数码屋：全球唯一可以用普通手机、智能手机，通过 GPRS 及 3G 网络，实现远程控制的智能家居品牌
	中国电网	子公司国信通主推 5 类智能业务：宽带上网、智能用电、家庭安防、高清视频点播及体感游戏
	地方有线电视公司	江苏有线：依托广电对电视网进行改造，进军智能家居

智能家居要想获得实质性的发展，必须优化各种技术，真正实现“智能”化管理。比如通过技术实现手机和电视机对全部家具、家电的控制，减少当前智能家电中专配的智能控制终端，这样既可以降低总成本，又实现了随身随时控制；通过以 Zigbee 为代表的先进的无线网络技术实现对家庭的无线智能连接；通过云计算技术与家庭的结合，弥补当前很多智能家居系统本身没有数据处理能力的欠缺；通过各种操作系统终端的应用取代现在的浏览器访问方式。一定要真正地把物联网应用在智能家居上，让用户买到的是物有所值的智能家居产品才行。

9.6　智能农业

9.6.1　智能农业概述

智能农业是现代信息化技术与人的经验与智慧的结合及应用所产生的新的农业形态。智能农业是现代农业的重要内容和标志，也是对现代农业的继承和发展，其基本特征是高效、集约，其核心是信息、知识和技术在农业各个环节的广泛应用。在智能农业环境下，信息和知识成为重要投入主体，并能大幅度提高物质流与能量流的投入效率。智能农业是现代农业发展的必然趋势和高级阶段。而物联网在农业领域的广泛应用，既是智能农业的重要内容，也是现代农业的强大技术支撑。

9.6.2 物联网技术在智能农业中的应用

1．RFID 技术在智能农业中的应用

（1）在农畜产品安全生产监控中的应用

RFID 技术在畜牧业中得到了应用，通过射频信号自动识别目标对象，获取相关数据和 RFID 单元中载有关于目标物的各类相关信息，可以记录动物的个体信息、免疫疾患信息、养殖信息和交易流转信息等。通过这些信息可在任何监控点上还原该动物体的生命过程，一旦发现传染病，可以直接追溯到源头，及时采取控制措施，同时也可对违规养殖和交易者及时处理。此外，RFID 技术提高了信息采集的准确性和及时性，减少了失误和人员的大量重复劳动，降低人员的劳动强度，提高信息质量和处理效率，为畜牧业集约化养殖提供有力的技术支持。

（2）在动物识别与跟踪中的应用

动物识别与跟踪一般利用特定的标签，以某种技术手段与拟识别的动物相对应，并能随时对动物的相关属性进行跟踪与管理。在动物识别中使用 RFID，代表了当前动物识别技术的最高水平。在动物身上安装电子标签，并写入代表该动物的 ID。当动物进入 RFID 固定式阅读器的识别范围，或者工作人员拿着手持式阅读器靠近动物时，阅读器就会自动将动物的数据信息识别出来。如果将阅读器的数据传输到动物管理信息系统，便可以实现对动物的跟踪。

（3）在农畜精细生产系统应用

1）使用 RFID 技术的田间伺服系统。田间伺服系统主要通过使用 RFID 等无线技术的田间管理监测设备自动记录田间影像与土壤酸碱度、温度、湿度、日照量乃至风速、雨量等微气象，详细记录农产品的生产成长记录。

2）使用 RFID 技术的畜产品精细养殖数字化系统。在精细养殖数字化系统中，利用 RFID 和其他传感器技术跟踪圈养牲畜的生理、生产活动，通过有线或者无线通信连接，以计算机数据控制中心构成分布式计算机管理网络。系统功能采用模块化设计，支持在仓储物流配送、经营管理等业务领域的扩展和融合，是对畜牧业现代化发展的有益尝试。

（4）在农产品流通中的应用

RFID 技术具有自动、快速、多目标识别等特点，这样如果在农产品上粘贴 RFID 标签，将会大大提高产品信息在“产地→道口→批发市场→零售卖场”这一流通过程中的采集速率，提高农产品供应链中信息集成和共享程度，从而提高了整个供应链的效益和顾客满意度。

2．WSN 技术在智能农业中的应用

在进行农业信息采集时，有线传输方式仅适用于测量点位置固定、需长期连续监测的场合，而对于移动测量或距离很远的野外测量则需要采用无线方式。WSN 具有易部署、低功耗、节能、成本低、无线、自组织等特征，非常适用于农业信息采集。目前，通过 WSN 可以把分布在远距离不同位置上的通信设备连在一起，实现相互通信和农业信息的资源共享。此外，无线网络的优点还包括较高的传输带宽、抗干扰能力强、安全保密性好、功率谱密度低。利用无线网络的上述特点，可组建针对农业信息采集和管理的本地无线局域网络，实现农业信息的无线、实时传输。同时，可以给用户提供更多的决策信息和技术支持，实现整个系统的远程管理。

3．GPS/GIS 技术在智能农业中的应用

近年来，我国将 GPS 定位技术与传感器技术相结合，实现了农业资源信息的定位与采集；利用 WSN 和移动通信技术，实现了农业资源信息的传输；利用 GIS 技术实现了农业资源的规划管理等。目前 GPS 技术已开始应用于农业资源调查、土壤养分监测和施肥、病虫害监测和防治等农田信息采集和管理、农业环境变化和农业污染监测等方面。卫星定位技术与农田信息采集技术相结合，可以实现定点采集、分析农田状态信息，生成农田信息空间分布图，指导生产者做出相应的决策并付诸实施。

9.6.3 温室大棚环境监测系统

温室大棚环境监测系统主要由监测中心、GPRS 移动网和 ZigBee 无线传感器网络三部分组成，系统结构如图 9.9 所示。

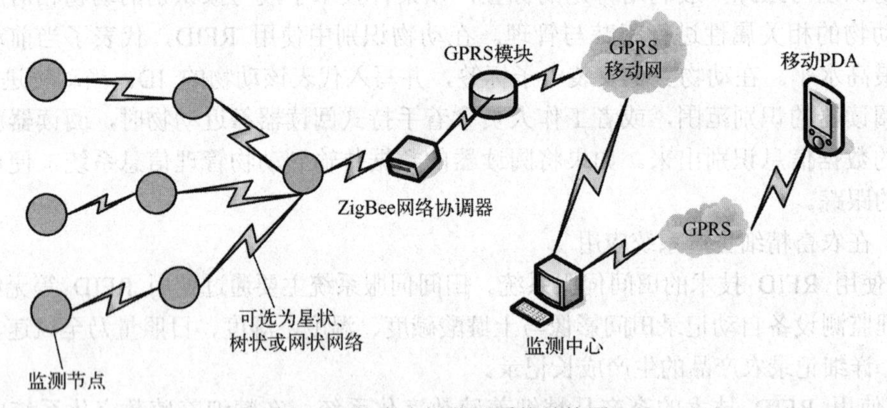

图 9.9 温室大棚监测系统结构图

图 9.9 是一个层次形网络结构，最底部为传感器监测节点，向上依次是 ZigBee 网络协调器和监控中心。监测中心由计算机与监测软件组成，负责接收从系统中的各监测节点采集的数据且显示数据的变化趋势，并根据用户的需求，利用计算机的高速处理能力和大容量存储能力对数据进行处理并建立数据库，以便随时查询与分析。用户可直观、清晰地观察到监测节点的状态信息，从而及时了解环境变化，做出正确的反应。监测中心可设定各监测点的温度、湿度等参数的报警限值，当出现被监测点数据异常时，可自动发出手机短信息报警信号，通知用户。

ZigBee 网络与监测中心的连接方式有两种，通常可将协调器与监测中心通过串口连接；当监测中心不便于在现场长期使用时，可通过 GPRS 移动网将数据发送至具有 GPRS 接收装置的监测中心。这种方法有效地将监测控制设备与 GPRS 移动网连接起来，实现了 ZigBee 传感器网络与 GPRS 网络的双向通信，提供了一个更加广阔的远程监测平台，并保证了传输数据的可靠性和安全性。

终端监测节点主要完成对环境的湿度、温度及光强度等参数的采集、处理和发送。上电后，监测节点自动组建 ZigBee 无线传感器网络，将定时采集的温室环境数据以多跳形式汇聚到网络协调器，再上传到监测中心。ZigBee 网络协调器负责选择工作信道和发送网络信标、组建网络、管理网络节点与存储网络节点信息，且与监测中心交互数据。在终端节点与协调器之间的路由器可提供信息的双向传输，允许其他设备与自己建立连接，支持多跳的数据传输，以增大网络的覆盖范围。

9.6.4 智能农业的发展趋势

近十年来，美国和欧洲的一些发达国家相继开展了农业领域的物联网应用示范研究，实现了物联网在农业生产、资源利用、农产品流通领域，物—人—物之间的信息交互与精细农业的实践与推广，形成了一批良好的产业化应用模式，推动了相关新兴产业的发展，同时还促进了农业物联网与其他物联网的互联，为建立无处不在的物联网奠定了基础。我国在农业行业的物联网应用主要实现农业资源、环境、生产过程、流通过程等环节信息的实时获取和数据共享，以保证产前正确规划以提高资源利用效率、产中精细管理以提高生产效率，实现节本增效、产后高效流通，实现安全溯源等多个方面，但多数应用还处于试验示范阶段。

智能农业的发展具有一些严重的制约因素：较高的 RFID 成本限制低附加值的农业的智能化；农作物生产周期较长的特点限制 WSN 在智能农业中的普遍应用；由于农业物联网具有感知数据量大、无线通信带宽低、时效性强的特征，网络节点在能量、计算、存储及通信能力方面存在局限性等。

要实现真正的智能农业，就必须解决如下问题：一是农业传感设备必须向低成本、自适应、高可靠、微功耗的方向发展；二是农业传感器网络必须具备分布式、多协议兼容、自组织和高通量等功能特征；三是信息处理必须达到实时、准确、自动和智能化等要求。物联网技术的发展，将是实现传统农业向现代农业转变的助推器和加速器，也将为培育物联网农业应用相关新兴技术和服务产业发展提供无限商机。

本章小结

物联网的应用创新已成为国家战略级别的经济科技制高点。物联网将把高端技术、日常生活和产业发展三者紧密结合起来，把人与所有物品通过物联网技术连接起来，实现智能化识别和管理。本章详细介绍了物联网在智能电网、智能交通、智能医疗、智能环保、智能家居和智能农业中的典型应用，展现了物联网的独特魅力。

伴随着物联网技术的飞速发展，其应用领域也在不断发展。要将物联网真正应用到实际中，必然需要社会各行各业的参与，同时也需要政府发挥主导作用并在相关法规上给予支持。物联网技术是一项综合性的技术，理论上的研究已经在各行各业展开，然而，其实际应用还仅局限于行业内部，因此，现在正是大力推进物联网应用的好时机。

思考题

1. 应用在智能电网中的物联网技术主要有哪些，具体是如何运用的？
2. 简述不停车收费系统的工作原理。
3. 物联网在智能医疗中的典型应用主要有哪些？
4. 应用在环境保护中的物联网技术主要有哪些？
5. 详细描述智能家居系统的构成和功能。
6. 举例说明物联网技术在智能农业中的某一应用。

第10章　基于物联网的物流信息管理

本章重点

★ 了解供应链中的物流管理。

★ 掌握物流信息技术与管理的基本概念。

★ 了解基于物联网的物流信息系统的一般架构。

★ 通过两个系统进一步了解物联网技术在物流信息化中的应用。

物流作为现代服务业的支柱产业，在国民经济中扮演着越来越重要的角色，在生产性服务业中尤为突出。以信息技术为支撑的现代物流业的发展，必将对优化产业结构、增强企业发展后劲、提高经济运行质量起到巨大的促进作用。现代物流的发展已经受到政府的高度重视。近年来，密集性地出台的一系列政策措施，使我国的现代物流业取得了很大进步。本章主要对供应链管理、物流信息技术、物流信息系统等基本概念进行阐述，介绍基于物联网的现代物流业的相关信息技术和典型系统，结合“一种农资物流监控系统”专利及其应用实践，介绍物联网技术在物流管理和工程领域应用的过程和方案，并对物联网在物流领域的应用前景进行分析。

10.1　物流与供应链概述

10.1.1　物流管理

1．物流的概念与分类

根据国家标准定义，物流是物品从供应地向接受地的实体流动过程。物流根据实际需要，将存储、装卸、搬运、包装、流通加工、配送和信息处理等基本功能实施有机结合。

社会经济领域中的物流活动无处不在，许多有本身特点的领域都有自己特定的物流活动。虽然物流的基本要素共同存在，但是由于物流的对象、目的、范围、范畴不同，形成了不同类型的物流。目前还没有统一的物流分类标准。按照物流系统的作用、属性及作用的空间范围，可以从不同角度对物流进行分类。按照实用价值，物流可分为宏观物流和微观物流；按照作用，物流可分为供应物流、销售物流、生产物流、回收物流和废弃物物流；按照物流系统的性质，物流可分为社会物流、行业物流和企业物流；除上述分类外，还有绿色物流、军事物流和第三方物流等。

2．物流管理的目标与内容

根据国家标准，物流管理定义为：“为了以最低的物流成本达到客户满意的服务水平，对物流活动进行的计划、组织、协调和控制。”物流管理的特征主要表现在：以提高客户满意度为第一目标，着重整个流通渠道的物流运动；以整体最优为目的，重视效率，更重视效益；以信息为中心的实时对应型的商品供应体系，对商品运动的一元化管理。在企业运作中，物流被看成是企业与其供应商和客户相联系的能力。物流可分为三个领域：采购、制造和配送。这三个领域的结合使在特定位置和地点、供应源和客户之间进行材料、半成品和成品等运输的综合管理成为可能。物流管理的目标主要包括快速反应、最小变异、最低库存、整合运输、对产品质量及生命周期的支持等。

物流管理主要包括对物流成本和物流质量的管理。物流成本管理就是要通过对上述支出的控制和合理使用，在保证物流服务质量的基础上降低物流费用，提高经济效益；物流质量管理既包含物流对象的质量状况，也包括物流工作、物流方法的质量状况，体现出了一种全面的质量观。物流管理的具体内容有：对物流活动诸要素的管理，包括对运输、储存、装卸和加工等环节的管理；对物流系统诸要素的管理，即对其中的人、财、物、设备、方法和信息六大要素的管理；对物流活动中具体职能的管理，包括对物流计划、质量控制、技术手段和经济核算等职能的管理。

10.1.2 供应链管理

1. 供应链的概念

对于供应链术语的表述种类很多，国家标准 GB/T 18354-2006《物流术语》中定义供应链为：生产及流通过程中，涉及将产品或服务提供给最终用户所形成的网链结构。在此，我们给出一个普遍认可的定义：供应链是围绕核心企业，通过对信息流、物流、资金流的控制，从采购原材料开始，制成中间产品以及最终产品，最后由销售网络把产品送到消费者手中的，将供应商、制造商、分销商、零售商和最终用户连成一个整体的功能网链结构。它不仅是一条连接供应商到用户的物料链、信息链、资金链，而且是一条增值链。物料在供应链上因加工、包装、运输等过程增加价值，给相关企业带来收益。

根据以上供应链的定义，其结构可以简单地归纳为如图 10.1 所示的模型。从图中可以看出，供应链由所有加盟的节点企业组成。其中，一般有一个核心企业（可以是大型零售企业，如美国的沃尔玛）。节点企业在需求信息的驱动下，通过供应链的智能分工与合作（生产、分销、零售等），以资金流、物流或服务流为媒介实现整个供应链的不断增值。

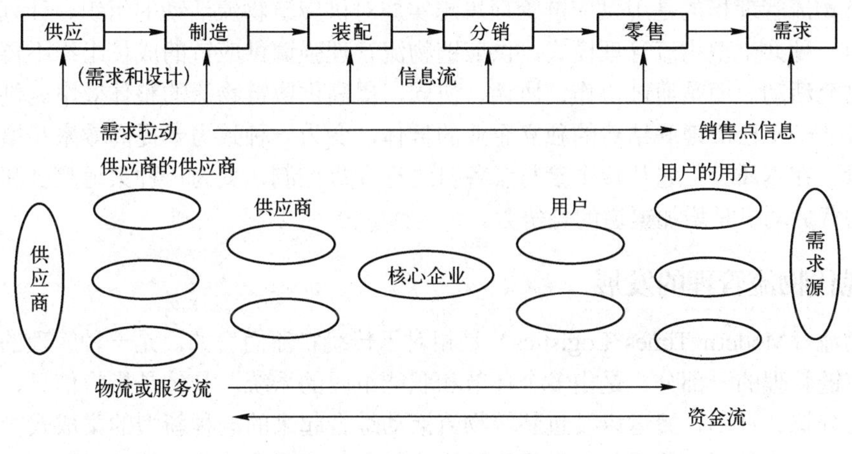

图 10.1 供应链的结构模型

由供应链的结构模型可以看出，供应链是一个网链结构，由围绕核心企业的供应商、供应商的供应商、用户、用户的用户组成。一个企业是一个节点，节点企业和节点企业之间是一种需求与供应关系。供应链主要具有协调性和整合性、选择性和动态性、复杂性和虚拟性、面向用户需求、交叉性等特征。每一条供应链的目标都是使整体价值最大化。一条供应链所创造的价值，是指最终产品对于顾客的价值与供应链为满足顾客的需求所付出的成本之间的差额。

2．供应链管理概述

供应链管理（Supply Chain Management）是指对于供应链中的物流、商流、资金流和信息流进行的计划、组织、协调及控制。目的是将顾客所需的正确的产品（Right Product）能够在正确的时间（Right Time）、按照正确的数量（Right Quantity）、正确的质量（Right Quality）和正确的状态（Right Status）送到正确的地点（Right Place），并使总成本最小。因此，企业间的竞争已不再仅仅是单个企业的竞争，而是整个供应链的竞争，企业所关注的也不再仅仅是自身利益的最大化，而是供应链上所有伙伴利益的最大化。与传统管理模式相比较，供应链管理不是仅仅完成一定的市场目标，而是把供应链中的所有节点企业看作一个整体，并且强调和依赖战略管理，采用集成的思想和方法达到更高的目标。按照历史阶段看，供应链管理大致经历了原料供应管理、货物配送管理、物流管理、供应链管理和价值网络的发展历程。

在供应链管理中，供应链中的成员广泛应用现代信息技术来改善供应链上的薄弱环节，提高运作效率，降低运营成本，建立快速反应策略，从而能更好地面对竞争激烈、变幻莫测的市场环境，获得竞争优势。

10.1.3　供应链物流管理

物流管理的主要对象一般是采购/销售物流和生产物流，追求局部利润最大化；而供应链管理的范围不仅包括采购/销售物流和生产物流，还包括回收物流、退货物流、废弃物物流等逆向物流。供应链管理的本质是操作、策略和战略的整合规划，而物流则是供应链流程的一部分。供应链管理的导入，可以说是现代经营理念对传统经营理念的挑战。

供应链物流管理指的是用供应链管理思想实施对供应链物流活动的组织、计划、协调和控制。作为一种共生型物流管理模式，供应链物流管理强调供应链的成员组织不再孤立地优化自身的物流活动，而是通过协作、协调、协同，提高供应链物流的整体效率。供应链管理使渠道安排从一个松散地联结着的独立企业的群体，变为一种致力于提高效率和增加竞争力的合作力量。在本质上，它从每个参与者各自进行存货控制，变为一种渠道整合和管理。供应链管理的背后动机是增加渠道的竞争力。

10.1.4　现代物流管理的发展

现代物流（Modern Times Logistics）是相对于传统物流而言的，是一种管理的理念和方法，是供应链管理的一部分，是由多个环节和职能组成的系统。具体是指将信息、运输、仓储、库存、分拣、打码、搬运以及包装等物流活动综合起来的一种新型的集成式管理过程。其任务是为客户提供最好的服务，尽量降低物流成本。由于现代物流是发展的、动态的，因此现代物流的特征也是不断变化的。现代物流的特征主要是信息化、系统化、网络化、柔性化、标准化和专业化。

从发达国家物流管理发展的历史来观察，物流管理经历了以下五个阶段，如图 10.2 所示。

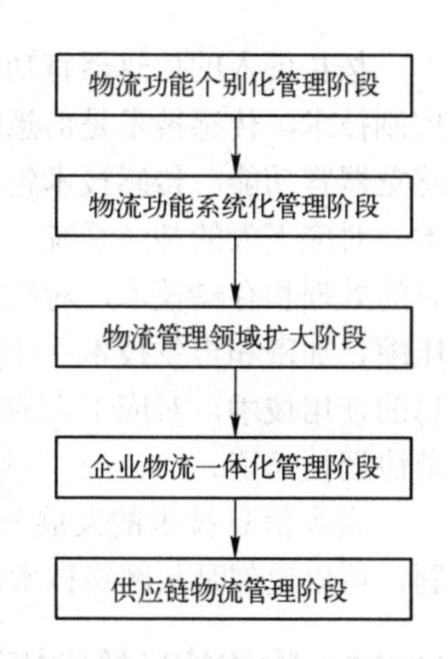

图 10.2　物流管理的发展阶段

（1）物流功能个别化管理阶段

在这个阶段，真正意义上的物流管理意识还没有出现，此时的降低成本不是以降低物流总成本为目标，而是分别停留在降低运输成本和保管成本等个别环节上。此时的降低运输成本也是局限于要求降低运价或者寻找价格低的运输者上。物流在企业中的位置以及企业内对物流的认识程度均很低。

（2）物流功能系统化管理阶段

物流功能系统化管理阶段的主要特征表现为：通过设立物流管理部门，使得其管理对象已不仅是现场的作业活动。另外，它是站在企业整体的立场上的整合，各种物流合理化对策也开始出现并付诸实施。

（3）物流管理领域扩大阶段

进入物流管理领域扩大阶段后，物流管理部门可以出于物流合理化的目的向生产和销售部门提出自己的建议。但是物流管理部门对于生产和销售部门提出的建议在具体实现上有一定局限性，特别是在销售竞争非常激烈的情况下。一旦物流服务被当作竞争手段，则仅仅以物流合理化的观点来要求销售部门提供协助往往不被对方所接受，因为这时候考虑问题的先后次序首先是销售，然后才是物流。

（4）企业物流一体化管理阶段

企业物流一体化管理是指根据商品的市场销售动向决定商品的生产和采购，从而保证生产、采购和销售的一致性。企业内物流一体化管理受到关注的原因来自于市场的不透明化。

（5）供应链物流管理阶段

供应链物流管理是一个将与交易关联的企业整合进来的系统，即将供应商、制造商、批发商、零售商和顾客等所有供应链上的关联企业和消费者作为一个整体来看待的系统结构。基于供应链的顺利运行的物流管理是物流业为产品的实物空间位移提供了时间和服务质量保证，从而使物流管理进入了更为高级的阶段。

10.2　物流信息技术

10.2.1　信息技术

信息技术（Information Technology，IT）是在信息科学的基本原理和方法的指导下扩展人类信息功能的技术，是关于信息的产生、识别、提取、变换、储存、传递、处理、检索、分析、决策、控制和利用的技术。一般来说，信息技术是以电子计算机和现代通信为主要手段实现信息的获取、加工、传递和利用等功能的技术总和。人的信息功能包括：感觉器官承担的信息获取功能，神经网络承担的信息传递功能，思维器官承担的信息认知功能和信息再生功能，效应器官承担的信息执行功能。

按扩展人的信息器官功能分类，信息技术可以分为传感技术、通信技术、计算机技术和控制技术。传感技术是信息的采集技术，对应于人的感觉器官，作用是扩展人类获取信息的感觉器官功能。传感技术包括遥感、遥测及各种高性能的传感器。通信技术是信息的传递技术，对应于人的神经系统，主要功能是实现信息迅速、准确、安全的传递。计算机技术是信息的处理和存储技术，对应于人的思维器官。计算机信息处理技术主要包括对信息的编码、压缩、加密和再生技术；计算机存储技术主要包括内存储技术和外存储技术。控制技术是信息的使用技术，对应于人的效应器官。控制技术是信息过程的最后环节，包括跟踪监视、调节协调技术等。

当今信息技术的发展与网络技术发展紧密相联。现在，不论哪一个信息技术的热点问题，可以说都是从网络技术发展中应运而生同时又以网络技术作为支撑的。

10.2.2　物流信息技术概述

随着 20 世纪 80 年代初微型计算机的引入，物流业发展迅速，信息技术被视为影响物流增长与发展的关键因素。通过使用计算机、通信、网络等技术手段，大大加快了物流信息的处理和传递速度，具体表现在物流信息的商业化、信息数据的计算机化、信息传递的标准化和实时化、信息存储的数字化等。物流信息技术主要包括电子数据交换、计算机网络技术、智能标签技术、信息交换技术、数据库技术、数据库仓库技术、数据挖掘技术、Web 技术、条形码与射频识别技术、地理信息技术和 GPS 定位技术等。在这些信息技术的支撑下，形成了集移动通信、资源管理、监控调度管理、自动化仓储管理、业务管理、客户服务管理和财务管理等多种业务于一体的现代物流信息系统。

现代物流信息技术是信息技术在物流领域应用的一个具体方式，是物流技术领域发展速度最快的技术。随着现代物流信息技术的应用，产生了一系列新的物流服务理念和物流经营方式。从数据采集的条码技术、物流作业的自动引导小车系统，到办公室自动化系统及货物跟踪系统，物流业务的各个环节都在积极推进信息技术的应用。物流信息技术的快速发展为物流信息系统及物流共用信息平台的构建提供了有力的信息支撑。

10.2.3　现代物流信息技术

现代物流信息技术主要包括物流信息采集与识别技术、物流信息空间技术、物流信息共享技术、物流信息处理技术以及物流信息服务技术等方面。

1．物流信息采集与识别技术

在物流信息化系统的实施中，及时、准确地掌握货物在物流链中的相关信息是实现物流信息化的核心之一。物流数据信息能否实时、方便、准确地采集并且及时有效地进行传递，将直接影响整个物流系统的效率及物流信息化的发展。因此，数据即时采集和传递是物流信息化过程中的重要组成部分。物流信息采集与识别技术主要包括条形码技术和 RFID 技术。

条形码技术是由美国的 N.T Woodland 于 1949 年首先提出的，它是在计算机的应用实践中产生和发展起来的一种自动识别技术。条形码按照维数可以分为普通的一维条形码、二维条形码及多维条形码。与一维条形码相比，二维条形码除了具有普通条形码的优点外，还具有信息容量大、可靠性高、保密防伪性强、易于制作和成本低等优点。20 世纪 80 年代以来，人们围绕如何提高条形码符号的信息密度进行了许多研究工作。多维条形码和集装箱条形码成为研究、发展与应用的方向。条形码技术实现了物流信息的自动扫描，为供应链管理提供了有力的技术支持，方便了企业物流信息系统的管理。

RFID 技术是 20 世纪 90 年代兴起的一种基于射频原理实现的非接触式自动识别技术。与条形码技术相比，RFID 技术具有非接触式、高速读取、数据容量大、使用寿命长、标签数据可动态更改、安全动态实时通信的优点。自 2004 年起，全球范围内包括沃尔玛、宝洁、麦德龙在内的商业巨头无不积极推动 RFID 在制造、物流、零售、交通等行业的运用。目前 RFID 技术及其应用正处于迅速上升的时期，被业界认为是 21 世纪最有潜力的技术之一。它的发展和推广应用将是自动识别行业的一场技术革命。同时，它在物流领域的运用将会给物流行业的发展带来巨大变化。

2．物流信息空间技术

物流信息空间技术主要包括全球定位系统（GPS）、地理信息系统（GIS）等，它作为一门处理与物流空间信息相关的多源信息的技术，已成为现代物流信息技术的重要组成部分。

GPS 通过与各种现代物流技术相结合，能为现代物流带来崭新的运营方式。GPS 对运输设备及货物进行实时定位、跟踪、监测、运输调度和辅助管理等，对现代物流系统有着重要的影响。目前，GPS 在现代物流中的主要用途为配送车辆的自定位、跟踪调度、陆地救援等。将 GPS 应用于车辆管理中，可对运输的车辆和货物进行实时定位、跟踪，同时还能对车辆进行调度和监控。

GIS 主要应用于物流分析，即利用 GIS 强大的地理数据功能来完善物流分析技术。GIS 在现代物流中主要应用于运输路线的选择、仓库位置的选择、仓库的容量设置、运输车辆的调度及投递路线的选择。随着 GPS 与 GIS 技术的发展、成熟，使得物流配送可以依托 GPS 与 GIS 技术进行空间的网络分析及配送跟踪。通过物流配送监控系统，使物流公司能够实时掌握货物在途信息，根据变化及时调整运输计划，有效利用车辆资源，降低物流成本。

3．物流信息共享技术

电子数据交换（EDI）是 20 世纪 80 年代发展起来的融现代计算机技术和远程通信技术为一体的产物，是信息共享技术的关键技术。国际标准化组织（ISO）对 EDI 的定义为：根据商定的交易或电文数据的结构标准，实施商业或行政交易，实现数据从计算机到计算机的电子传输。EDI 利用计算机代替人工处理交易信息，大大提高了数据的处理速度和准确性。EDI 技术是企业为提高经营活动效率，在标准化的基础上通过计算机网络进行数据传输和交换的方法。其功能主要表现在传输电子数据、传输数据的存证、转换数据标准格式，以及提供物流信息的增值服务等。

EDI 技术将传统的通过邮件、快递或传真的方法来进行两个组织之间的信息交流，转化为用电子数据来实现两个组织之间的信息交换。通过电子数据交换，信息传递速度大大高于传统的方法，实现了不同企业之间信息的实时传递。企业能够从电子数据交换中提高企业内部生产率、改善渠道关系、提高企业外部生产率、提高企业的竞争力、降低作业成本。

EDI 最初由美国企业应用在企业间的订货业务活动中，其后 EDI 的应用范围从订货业务向其他业务扩展，如销售点信息传送业务、库存管理业务、发货送货信息和支付信息的传送业务等。近年来 EDI 在物流中广泛应用，被称为物流 EDI。所谓物流 EDI 是指货主、承运业主以及其他相关的单位之间，通过 EDI 系统进行物流数据交换，并以此为基础实施物流作业活动的方法。图 10.3 为基于 EDI 的物流信息流程图。

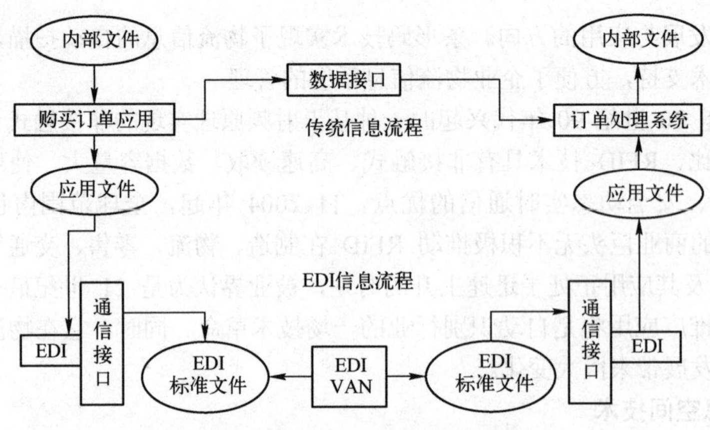

图 10.3　基于 EDI 的物流信息流程图

除了 EDI 技术，信息共享技术还包括 XML 技术、计算机网络技术、信息安全技术、移动通信技术、MPLS VAN 技术、数据库技术和消息分发技术等。

4. 物流信息处理技术

（1）信息存储和分析技术

传统上信息存储技术主要包括磁存储、光存储、半导体存储、网络存储以及各种新型存储器及其相应的存储设备。目前流行的主要产品，磁存储类有磁带、软磁盘、硬磁盘、磁卡以及相应的读写设备；光存储有各种光盘（CD 系列、DVD 系列等）、磁光盘及相应的光盘机（驱动器）；半导体存储器有随机存储器（SRAM、DRAM）、只读存储器（掩膜 ROM、E2PROM、闪存等）、基于闪存的便携式移动闪存盘及各种闪存卡等；新型固体存储器如磁性随机存储器（MRAM）、铁电存储器（FRAM）等已有应用。信息存储技术的另一个重要构成是存储系统，由于网络的普及应用，使得传统的单机存储演变为多机、多存储介质形式的集中系统管理，构建安全的网络存储系统，使存储网络化，从而使信息存储的“量”和“质”都发生了革命性的变化。存储系统主要有便携式海量存储系统、档案存储系统和网络存储系统等。当前存储系统的成熟技术主要有以下几种：

1）直接连接存储（Direct-Attached Storage，DAS），存储设备直接连接在各种服务器和主机上，完全以服务器为中心，通常与服务器的物理位置比较接近。目前，以服务器为中心的数据存储模式逐渐向以数据为中心的数据存储模式转化。

2）网络存储技术（Network Storage Technologies，NAS）是指把集成的存储系统使用公共通信协议（如 TCP/ IP）接入信息网络的一种技术。NAS 的操作系统是专用的，管理磁盘 IPC（Instruction Per Clock）和网络传输效率较高。其优点是技术成熟，安装和管理简单，弱点主要是对网络资源的争用和系统规模的扩展受限。

3）存储区域网（Storage Area Network，SAN），它将数据存储设备从服务器中分离出来，用区域网连接，进行集中管理，使网络中的任何主机可以访问网络中的任何一个存储设备，从而实现了数据共享。目前的 SAN 主要基于光纤通道（Fibre Channel），即 FC SAN，现在又推出了以 IP 为基础的 IPSAN。但无论 FC SAN 还是 IPSAN，其本质均是以块设备（如磁盘阵列、磁盘驱动器、磁带库、光盘库等）为基础，构成集中管理的存储区域网。SAN 具有结构灵活、性能高、可扩展性好等特点。在银行数据存储、电视台的专业视频信息存储等领域得到了良好的应用。此外，近年来新发展起来的 iSCSI 存储（IP 存储）技术在一些行业已经兴起。

数据库技术已成为信息社会中对大量数据进行组织与管理的重要技术手段及软件技术，是网络信息化管理系统的基础。常用的数据库主要有 Oracle、SQL Sever、Access、IBM DB2、Informix、MySQL、PostgreSQL、Sybase 等。数据库的应用是物流信息系统的核心技术。物流数据库的应用基本程序包含六个方面：数据收集、数据存储、数据传输、数据加工、信息解释和信息输出。物流信息系统的服务对象是物流管理者，因此它必须具备向物流管理者提供信息的手段和机制，其所含信息必须具有可解释性。

数据挖掘就是从大量数据中获取有效的、新颖的、潜在有用的、最终可理解的模式的非平凡过程，简单地说，数据挖掘就是从大量数据中提取或“挖掘知识”。数据挖掘技术是以大规模数据采集、功能强大的计算机和数据挖掘算法三种技术作为支撑的。数据挖掘的基本模型主要包含决策树、关联规则、聚类、神经网络、粗糙集、概念格、遗传算法、序列模式、贝叶斯分类、支持向量机、模糊集、基于案例的推理等。数据挖掘技术在解决选址、仓储、配送等基础物流问题上可以发挥重大作用，将成为深化物流信息管理的最有效方法。例如，在选址问题中，运用分类树的方法，不仅可以确定中心点的位置，同时可以确定每年各个地址间物品的运输量，使整个企业必要的销售量得到保证；在配送问题中运用贝叶斯分类、聚类等方法，可以对顾客的需求和运输路径综合起来进行分类，对整个配送策略中车辆的合理选择分派会有很好的作用；在仓储问题中，利用关联模式可以分析存储货物、中转运输、顾客服务中的成本问题，提高拣货效率。

（2）信息可视化技术

可视化是将数据信息和知识转化为一种视觉形式，充分利用人们对可视模式快速识别的自然能力。有效的可视界面使得人们能够观察、操纵、研究、浏览、探索、过滤、发现、理解大规模数据，并与之方便交互，从而可以极其有效地发现隐藏在信息内部的特征和规律。随着商业数据的大量计算、电子商务的全面展开以及数据仓库的大规模应用，对可视化的需求越来越广泛。

信息可视化（Information Visualization）结合了科学可视化、人机交互、数据挖掘、图像技术、图形学、认知科学等诸多学科的理论和方法，逐步发展起来。信息可视化实际上是人和信息之间的一种可视化界面，因此交互技术显得尤为重要，传统的人机交互技术几乎都可以得到应用。

信息可视化主要是指利用计算机支撑的、交互的对非空间的、非数值型的和高维信息的可视化表示，以增强使用者对其背后抽象信息的认知。信息可视化技术已经在信息管理的大部分环节中得以应用，如信息提供的可视化技术、信息组织与描述以及结构描述的可视化方法、信息检索和利用的可视化等。

信息可视化的框架技术可以分为三种：映射技术、显示技术和交互控制技术。映射技术主要是降维技术，如因素分析、自组织特征图、寻径网（Pathfinder）、潜在语义分析和多维测量等。显示技术把经过映射的数据信息以图形的形式显示出来，主要技术有 Focus+Context、Tree-map、Cone Tree 和 Hyperbolic Tree 等。交互控制技术通过改变视图的各种参数，以适当的空间排列方式和图形界面展示合理的需求数据，从而达到将尽可能多的信息以可理解的方式传递给使用者，主要技术有变形、变焦距、扩展轮廓、三维设计和 Brushing。信息可视化的典型工具有 Prefuse、CiteSpace、VitaPad 和 IVT。

结合信息可视化技术建立起来的物流信息系统，可以实现存货、运况、订单等全程物流信息的可视化，进而实现全方位的物流跟踪、实时的信息交互、业务管理和决策的信息化。

（3）信息融合技术

信息融合技术是智能信息处理的一个重要研究领域。对于信息融合的概念，目前没有统一的定义，从各种出版文献总结，信息融合的概念趋于以下定义：多源信息融合技术是一种利用计算机技术，对来自多种信息源的多个传感器观测的信息，在一定规则下进行自动分析、综合，以获得单个或单类信息源所无法获得的有价值的综合信息，并最终完成其任务目标的信息处理技术。

信息的数据融合是对多源数据进行多级处理，每一级处理都代表了对原始数据的不同程度的抽象化，它包括对数据的检测、关联、估计和组合等处理。信息融合按其在传感器信息处理层次中的抽象程度，可以分为数据层融合（低级或像素级）、特征层融合（中级或特征级）和决策层融合（高级或决策级）三个层次。数据层融合是将全部传感器的观测数据融合，然后从融合的数据中提取特征向量，并进行判断识别。数据层融合要求传感器同质（观测同一物理现象）。异质传感器的数据只能在特征层或决策层进行融合。数据层融合能保持尽可能多的现场数据，但处理时间较长，实时性较差，同时要求对传感器的原始数据有较高的纠错能力。数据层融合通常用于多源图像复合、图像分析与理解、同类（同质）雷达波形的直接合成等。特征层融合属于中间层次，它先对来自传感器的原始信息进行特征提取（特征可以是目标的边缘、方向、速度等），然后对特征信息进行综合分析和处理。特征层融合实现了可观的信息压缩，有利于实时处理，融合结果能够最大限度地给出决策分析所需要的特征信息。特征层融合对带宽的要求较低，但准确性也有所降低。决策层融合通过不同类型的传感器观测同一个目标，每个传感器在本地完成基本的处理，其中包括预处理、特征抽取、识别或判决，以建立对所观察目标的初步结论，然后通过关联处理进行决策层融合判决，最终获得联合推断结果。决策层融合对带宽的要求较低，具有较强的容错性和抗干扰能力。

信息融合的典型方法主要分为四类：估计理论方法，如卡尔曼滤波法、小波分析法等；基于概率论的方法，如经典概率推理、经典贝叶斯（Bayes）推理、贝叶斯（Bayes）凸集理论和信息论等；非概率的方法，如 D-S 证据推理法、条件事件代数、随机集理论、粗集等；智能化方法，如模糊理论、人工神经网络、支持向量机、进化算法等。

随着科学技术的发展，交叉学科的交流与研究将进一步促进信息融合技术的发展，新型第三材料和传感器不断涌现，传感器种类的增多、性能的提高以及精巧的结构设计，信息融合技术必将在各领域发挥越来越重要的作用。

上述关键技术以及电子商务技术、信息标准技术、系统仿真技术、人工智能技术、系统集成技术等共同构成了信息处理技术体系。

物流信息处理技术是基于现代计算机信息系统和物流信息业务发展起来的，是现代物流信息技术中重要的组成部分。它主要用于存储来自不同企业的生产、销售和库存信息，为物流服务提供灵活的采集手段，自动传输和加载数据，根据客户资料了解其物流需求，从而为物流服务提供一个良好的数据支持。物流信息处理技术在物流中主要应用于物流货物的订单处理、采购、补货、拣货及库存管理等方面，它的应用将会使物流信息系统中的信息数据得到有效的处理。

5．物流信息服务技术

物流信息服务技术主要为物流信息集成、物流信息共享和物流信息平台的构建提供服务。基于集成技术的物流管理信息系统的集成过程如图 10.4 所示。由于物流行业的信息集成涉及许多异构的数据源，并在信息查询方面有较高的要求，因此对面向物流的信息集成也提出了更高的需求。

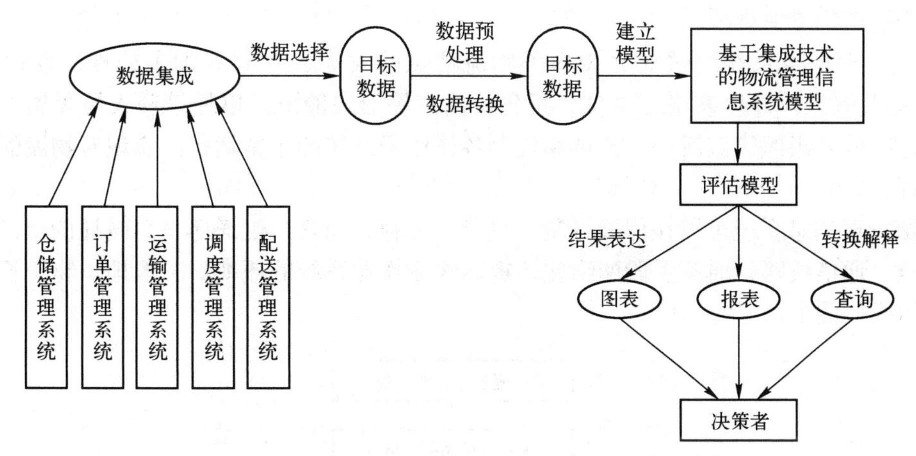

图 10.4 基于集成技术的物流管理信息系统的集成过程

10.2.4 物流信息技术的发展趋势

（1）RFID 将成为未来物流领域的关键技术

从全球发展趋势来看，随着 RFID 相关技术的不断完善和成熟，RFID 产业将成为一个新兴的高技术产业群，成为国民经济新的增长点。RFID 技术有望成为推动现代物流加速发展的新品润滑剂。

（2）公共物流信息平台的建设将成为物流发展的突破点

公共物流信息平台（Public Logistic Information Platform，PLIP）是指为物流企业、物流需求企业和政府及其他相关部门提供物流信息服务的公共平台。其本质是为物流生产提供信息化手段的支持和保障。公共物流信息平台的建立，能实现对客户的快速反应。现代社会是一个服务经济的社会，建立客户快速反应系统，是物流企业更好地服务客户的基础。公共物流信息平台的建立，能加强同合作单位的协作。

（3）物流信息安全技术将日益被重视

借助网络技术发展起来的物流信息技术，在享受网络飞速发展带来巨大好处的同时，也时刻饱受可能遭受的安全危机，例如，网络黑客无孔不入地恶意攻击、病毒的肆虐、信息的泄密等。应用安全防范技术，保障企业的物流信息系统或平台安全、稳定地运行，是企业将长期面临的一项重大挑战。

10.3 物流信息管理系统

10.3.1 物流管理信息系统概述

物流管理信息系统（Logistic Management Information Systems，LMIS）是计算机管理信息系统在物流领域的应用，是企业管理信息系统中一个重要的子系统。广义的物流管理信息系统应包括物流过程涉及的各个领域的信息系统，如运输、仓储、海关等领域，是一个由计算机、应用软件及其他高科技设备通过各种类型的通信网络连接起来的纵横交错的立体动态互动系统。狭义的物流管理信息系统只是管理信息系统在某涉及物流的企业中的应用，即某企业用于管理物流的系统。

物流管理信息系统通过对系统内外物流信息的收集、存储、加工处理，获得物流管理中的有用信息，并以表格、文件、报告、图形等形式输出，以便管理人员和领导者有效地利用这些信息组织物流活动，协调和控制各作业子系统的正常运行，实现对物流的有效控制和管理。

物流管理信息系统可以在保证订货、进货、库存、出货、配送等信息畅通的基础上，使通信节点、通信线路、通信手段网络化，提高物流作业系统的效率。一般地，物流管理信息系统的组成如图 10.5 所示。

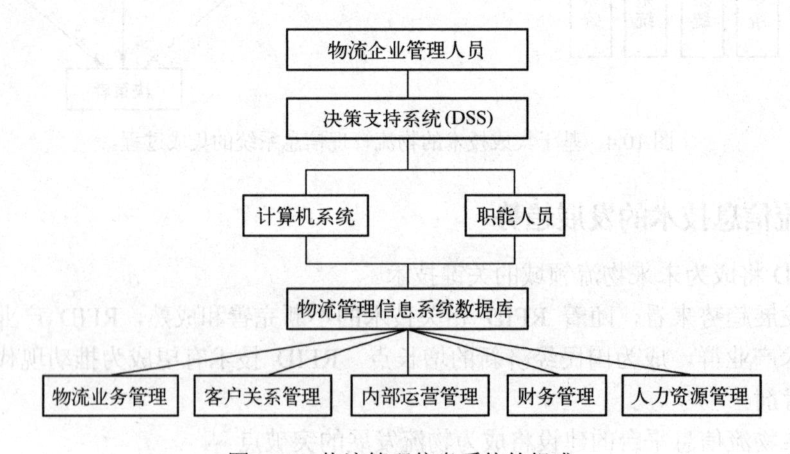

图 10.5　物流管理信息系统的组成

10.3.2　物流管理信息系统分类

物流管理信息系统的分类方式多种多样，本节主要从系统应用的业务领域和演变历程分类。

1．按系统应用的业务领域分类

从物流管理信息系统所应用的不同业务领域，可以将物流管理信息系统划分为仓储管理信息系统、运输管理信息系统、配送中心管理信息系统和供应链管理信息系统。

（1）仓储管理信息系统

仓储管理信息系统（Warehouse Management System，WMS）是用来管理仓库内部的人员、库存、工作时间、订单和设备的应用软件。这里所称的“仓库”，包括生产和供应领域中各种类型的储存仓库。仓储管理信息系统主要包含以下功能模块：基本信息管理、入库管理、库存管理、出库管理和查询管理。仓储管理信息系统按照常规和用户自行确定的优先原则来优化仓库的空间利用和全部仓储作业。对上，它通过 EDI 等电子媒介，与企业的计算机主机联网，由主机下达收获和订单的原始数据；对下，它通过无线网络、手提终端、条形码系统和射频数据通信（BFDC）等信息技术与仓库员工联系。上下相互作用，传达指令，反馈信息，更新数据库并生成所需要的条形码标签和单据文件。仓储管理信息系统除了具备物流信息系统的特征外，还具有支持零库存管理、支持物流信息采集设备及自动化设备、支持仓储作业管理等自身的特点。

（2）运输管理信息系统

运输管理信息系统（Transportation Management System，TMS）是基于运输作业流程的管理系统，它利用计算机网络等现代信息技术，对运输计划、运输工具、运送人员及运输过程进行跟踪、调度和指挥。运输管理信息系统从查询便利化、服务及时化、竞争优势化和信息共享化四个方面提高了物流运输的服务水平。运输管理信息系统主要功能模块包括以下几个方面：客户管理、车辆管理、驾驶员管理、运输管理、财务管理、绩效管理、海关/铁路/航空系统对接管理、保险公司和银行对接管理。

（3）配送中心管理信息系统

配送中心管理信息系统是直接面向具体的物流配送指挥和操作层面的智能化系统。它在利用调度优化模型生成智能配送计划的基础上，采用多种先进技术对物流配送过程进行智能化管理，有效地降低物流配送的管理成本、提高配送过程中的服务质量、保障车辆和货物的安全。该系统可以提供配载订单的明细列表、装货顺序、车型、送货顺序、上下货时间窗、任务完成时间表等，为城市物流配送业务提供有力的支持。配送中心管理信息系统的基本功能模块包含以下几个方面：订单处理作业、采购作业、进货入库作业、库内管理作业、补货及拣货作业、流通加工作业、出货作业和配送作业。

（4）供应链管理信息系统

供应链管理信息系统围绕核心企业，通过对信息流、物流、资金流的控制，实现对从采购原材料开始，制成中间产品及最终产品，最后由销售网络把产品送到消费者手中的全过程物流的集成与控制。供应链管理软件按照过程来实施供应链计划，安排进度表，以及执行和控制供应链计划。它着重于整个供应链和供应网络的优化，贯穿供应链的全过程。一般的供应链管理系统由五个主要的模块组成：需求计划、生产计划和排序、分销计划、运输计划、企业和供应链分析等。

2．按演变历程分类

按照物流管理信息系统的演变历程，可以将物流管理信息系统分为简单系统和复杂系统两大类，如图 10.6 所示。简单系统包括：小型专业化物流管理信息系统，如独立的车辆调度系统、仓储管理系统等；单一综合化物流管理信息系统，如单个企业使用的综合物流信息系统。复杂系统包括：多元综合化物流管理信息系统，如基于供应链集成化物流信息系统；复杂综合化物流管理信息系统，如行业/区域的共用物流信息平台等。

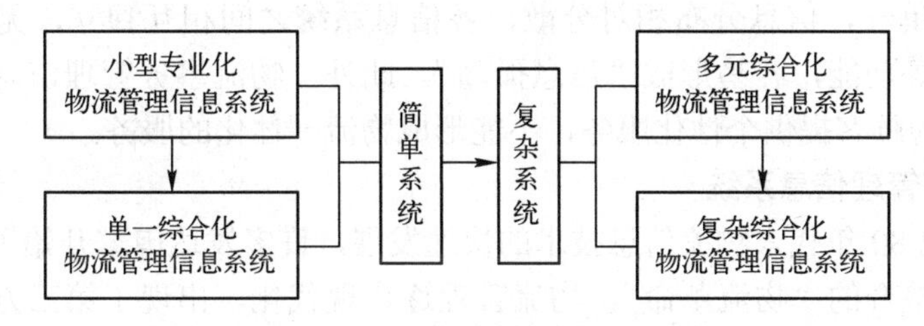

图 10.6　物流管理信息系统分类

物流管理信息系统其他的分类还包括：按管理决策的层次可分为物流作业管理系统、物流协调控制系统、物流决策分析系统；按系统的应用对象可分为面向制造企业的物流信息系统，面向零售商、中间商、供应商的物流管理信息系统，以及面向物流企业的物流管理信息系统；按系统采用的技术可分为单机系统、内部网络系统、与合作伙伴和客户互联的系统。

10.3.3 基于物流管理的信息系统的发展阶段

物流管理信息系统是物流信息系统的神经系统，它既是一个独立的子系统，也是物流总系统的一个辅助系统。物流管理信息系统的发展是伴随着物流业务、管理需求的变革，计算机应用、网络通信的发展而发展的，其功能贯穿于物流各子系统的业务活动中。通过计算机网络及时、准确、高效地处理和加工物流信息，把运输、储存、包装、装卸搬运、流通加工等业务活动联系起来，以提高物流效率，取得最佳经济效益。

从物流管理方面可将物流管理信息系统的发展阶段分为物流事务管理信息系统、综合物流管理信息系统、集成供应链物流管理信息系统三个阶段，如图 10.7 所示。

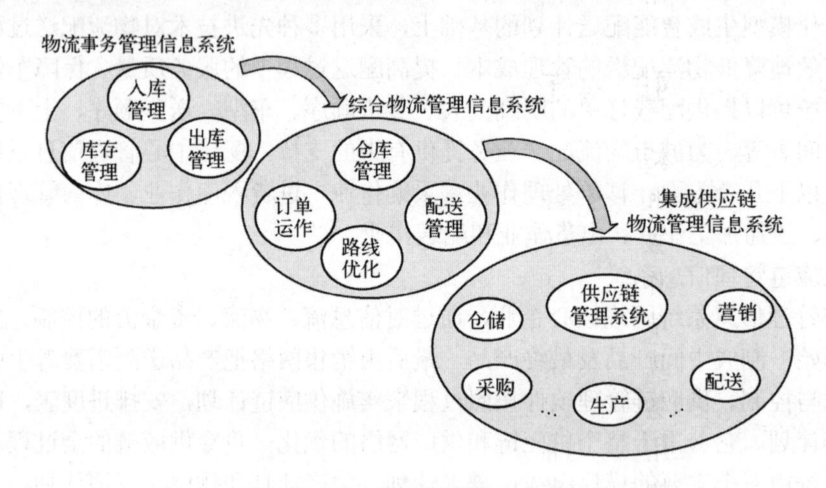

图 10.7 基于物流管理的物流管理信息系统发展阶段

1．物流事务管理信息系统

20 世纪 70 年代，人们提出利用计算机技术在短时间内对大量的物流信息数据进行计算和处理，形成了物流需求计划（MRP）的概念，设计与开发了用于解决采购、库存、生产、销售的信息管理系统——物流事务管理信息系统。物流事务管理信息系统是随着管理信息系统的发展而产生的早期的物流管理信息系统。其主要功能是进行简单的物流作业管理，实现简单的信息采集、存储和传递，如货物的出入库管理、库存管理及生产管理等。物流事务管理信息系统功能单一，信息分布相对分散，各信息系统之间相互独立，无法实现信息的加工、分析及处理等功能，容易形成“信息孤岛”。此外，物流事务管理信息系统不能控制整个物流链，无法为顾客提供个性化服务，不能形成物流一体化的服务。

2．综合物流管理信息系统

随着 20 世纪 80 年代末物流信息技术的快速发展，许多发达国家开始了一场对各种物流功能、要素进行整合的“物流革命”，物流管理逐步现代化，出现了第三方物流，综合物流管理信息系统也应运而生。综合物流管理信息系统能够使单一的信息实现整合化，并与现代物流信息技术相结合，加入条形码、EDI 等技术作为信息的支撑，实现了物流管理信息系统的综合化，提高了物流管理信息系统的效率与管理水平，完成了系统内部各环节的顺畅连接。综合物流管理信息系统能实现对物流整体活动的统筹、优化管理，能在进行日常物流生产活动的同时为企业提供优化方案，而不只是单一的服务过程。

3．集成供应链物流管理信息系统

随着物流领域不断扩大、信息化技术不断提高，人们将重心更多地转移至整个供应链的物流活动，形成了集成供应链物流管理信息系统。集成供应链物流的核心概念是将整个物流供应链上的各个物流节点的信息进行整合，实现对信息加工、分析、管理、决策，实现与客户物流信息的对接交换，以及与资源（运输与仓储）供应商数据的对接交换。集成供应链物流管理信息系统是物流服务信息技术现代化与综合化的体现。它采用现代化的管理理念，通过建立第四方物流信息平台，对企业客户所处的供应链的整个系统或行业物流的整个系统进行详细的分析，为企业提供相对于行业或供应链的全局的最优解决方案，实现物流信息的增值服务，完成物流信息系统与服务方信息系统的融合，以期达到使物流供应链的服务最优化和利润最大化。

10.4 基于物联网的物流信息技术体系

1．物流信息技术体系

物流领域是物联网相关技术最有现实意义的应用领域之一。将物联网技术应用到现代物流的全过程，使物联网技术与现代物流技术有机结合，从而形成基于物联网的物流信息技术体系，可有效提高物流作业效率和管理水平。基于物联网的物流信息技术体系将带来物流产业的一次全新的技术变革。

物联网技术可覆盖现代物流的全过程：从物流“末梢神经”的信息感知实现对物流作业的控制，到提高物流业务的管理水平，再到支持物流企业进行有效的智能决策，最终上升至整个物流行业的普遍应用。通过前文的分析，本节将物联网技术应用到现代物流作业过程和业务管理中，形成基于物联网的物流管理信息技术体系，如图 10.8 所示。

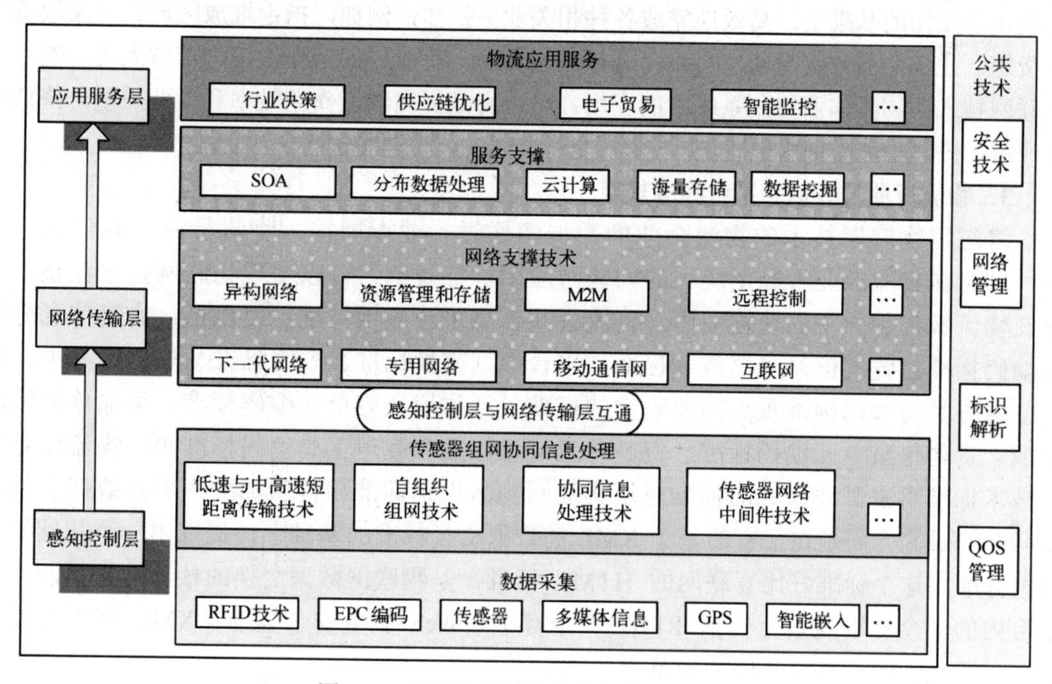

图 10.8　基于物联网的物流信息技术体系

其中，物流感知控制技术是该技术体系的末梢神经，也是物联网技术在现代物流中应用的基础层面，它为上层的作业控制和业务管理等提供高效的信息交互技术手段；物联网基础上的物流网络传输技术是物联网技术在信息感知的基础上实现对物流业务的远程控制和智能管理；物联网基础上的物流应用技术是物流网技术应用的高级层面，主要通过对各种物流信息进行处理和分析，为企业提供智能决策的依据。每个应用物联网技术的物流企业的数据资源都将接入物流行业公共信息平台，通过统一的数据标准形成物联网在物流行业的应用规范，最终实现物联网技术在整个物流行业中的应用。

2．应用物联网技术的主要设备及运作

（1）RFID 标签、传感器

在物流感知层面中，运用 EPC 编码技术将托运货物的运单信息和物流企业的作业工具信息等存入编码中并进行统一的标识，将符合行业标准的物流 RFID 标签嵌入托运物品和物流工具，装卸时可自动收集货物属性的信息，从而缩短作业时间，并能够实时掌握货物的位置，实现物联网技术在物流过程末梢神经的智能感知。

能够反映物流环境信息的各种传感器，如温度传感器、湿度传感器、气敏传感器等及时将信息传递给监控中心，使监控中心能够实时了解货物状态并进行智能化调控。

（2）智能托盘、数字货柜、自动导引车

通过应用感知层提供的实时数据资源，在各个环节运用相关的自动控制技术，实现自动仓储、动态配送、智能运输、信息控制和设备管理等。例如，通过自动托运货物的 RFID 标签信息，不仅能够实现对货物的自动追踪，还可以根据货物性质和托运要求在作业区内对其进行自动分拣、自动导引，并在仓库中自动识别数字货柜。这样就能够在实现自动化地存货与取货等操作的基础上，高效地完成各种相关业务操作，例如，指定堆放区域、上架取货与补货等。此外，通过实时监控对库存进行动态管理，可以提高运作效率，节省人力、物力。物联网技术在物流作业控制系统中的应用，可以有效提高物流作业效率和作业质量，降低物流成本，提升物流服务水平。

3．物流行业公共信息平台标准规范

将应用物联网技术的物流企业的数据源通过行业专网接入物流行业公共信息平台中，同时在物流行业中制定统一的物联网应用标准规范，可以实现物联网技术在整个物流及物流服务行业中的普遍应用。物流公共信息平台应用标准主要包括：物流信息分类与编码标准、物流信息采集技术标准、平台数据交换标准、安全标准与规范。其中，物流信息分类与编码标准重点需要研究的标准包括物流仓储单元编码标准、运输单元编码标准、货物包装单元编码标准、贸易单元编码标准和载运工具编码标准等；物流信息采集技术标准重点需要研究的标准包括物联网物品识别标准和传感标准；平台数据交换技术标准的研究方向是在已有的基于 XML 的数据交换标准的基础上，提炼出一个基础的元数据标准，这个标准好比互联网的 HTML 标准，是物联网数据交换的核心；必须制定的平台内的安全标准及规范包括 RFID 安全标准、Web 服务安全标准、XML 密钥管理规范，以及相关的信息隐私保护规范等。

10.5 农资物流监控系统

10.5.1 现代农资物流管理

农资物流是指从农业生产资料的采购、农业生产的组织到农产品加工、储运、分销等，从生产地到消费地、生产者到消费者过程中所形成的物质产品流动。

现代农资物流包括信息传递在内的一系列计划、执行、管理控制的过程。发展现代农资物流，就是加强对农资物流的管理，从而提高农资产品生产市场的反应速度，降低库存数量，缩短生产周期，提高服务水平，节约物流成本，增加产品销售利润，促进农村经济发展，最大限度地满足社会的需要。

现代农资物流管理是对农资产业产前、产中、产后过程的科学管理。它分为农资供应物流、农资生产物流、农资销售物流和废弃物物流四种。农资供应物流以组织农业生产资料的物流为主要内容，主要是指农业生产资料的采购，包括种子、肥料、农药、地膜、农机具以及农资生产需要消费的其他原料、材料、燃料、电力和水利资源等；农资生产物流是指从农作物耕种、管理、收获整个过程所形成的物流；农资销售物流以组织农业产品的物流为主要内容，是指由农产品的销售、加工行为而产生的一系列物流活动，由经销商的收购、储存、加工、包装、运输、分销等环节组成；废弃物物流指将经济活动中失去原有使用价值的物品，根据实际需要进行收集、分类、加工、包装、搬运、储存等，并分送到专门处理场所的物流活动。

信息化管理是新农资流通业的重要标志，是现代化企业与传统企业之间最大的差别所在。近年来，我国农资流通企业的信息化意识有了相当大的提高，部分企业已经应用局域网和互联网进行企业经营与管理。企业信息化的本质应在于用信息技术优化企业业务流程和经营管理流程。

农资物流不同于工业或商业领域的物流。农用物资的运输受自然条件和运输条件的影响加大，例如，种子遇水后易发芽，化肥具有一定的腐蚀性，燃料具有易燃易爆性，食用物品高温下易变质等。农资种类繁多，各类农资对运输条件要求各不相同。同时，农资配送物流量大，成本也相对较高。农资配送网点分布具有广泛和分散的特点，因此，选择最优的行驶路径是能否降低农资物流成本、提高配送效率的决定性因素之一。由上述分析可知，在不同农资配送过程中，建立相应类型的监控系统不仅能够实现农资的安全配送，而且能够通过监控系统对路线的最优设计实现物流成本的降低。下面将以农资物流监控系统为例，介绍农资物流监控系统的运作方式。

10.5.2 物联网在农资物流领域的应用实例——农资物流监控黑箱系统

1．农资物流监控黑箱系统概述

农资物流监控黑箱系统（Agricultural Logistics Monitoring Black box System，ALMBS）是一个基于计算机技术、无线通信技术、GPS 定位技术和传感器技术的农资产品运输在途信息获取、处理、记录、传输的监控系统。ALMBS 对运输过程中农资产品的注册信息、运输环境监测信息、位置信息、用户操作等进行连续的黑箱记录，为农资产品的有效配送提供全程监控和信息追溯。整个信息的采集、传输、分析处理和记录过程是对用户透明的。在途运输过程中，运输工作人员可以查看农资产品运输环境分析结果、当前位置等信息，但不能修改。该系统由微型计算机系统和相关软件构成，可以广泛用于多种农资产品运输过程监控，是物联网技术的典型应用。

2．系统结构和功能

ALMBS 是一个无线智能监控管理系统，主要面向无线网络传输（GSM/GPRS/Wi-Fi）的农资物流监控管理，在农资产品运输过程中对温度、湿度、含氧量等环境参数变化情况、车辆位置等进行全程的信息采集、分析、传输与记录，为农资产品的有效配送提供全程监控和信息追溯的手段。

（1）ALMBS 网络结构

ALMBS 主要包括物流监控中心、车载可视化本地监控端（简称本地监控端）、车载监控节点（简称监控节点）和短信报警模块，网络结构如图 10.9 所示。

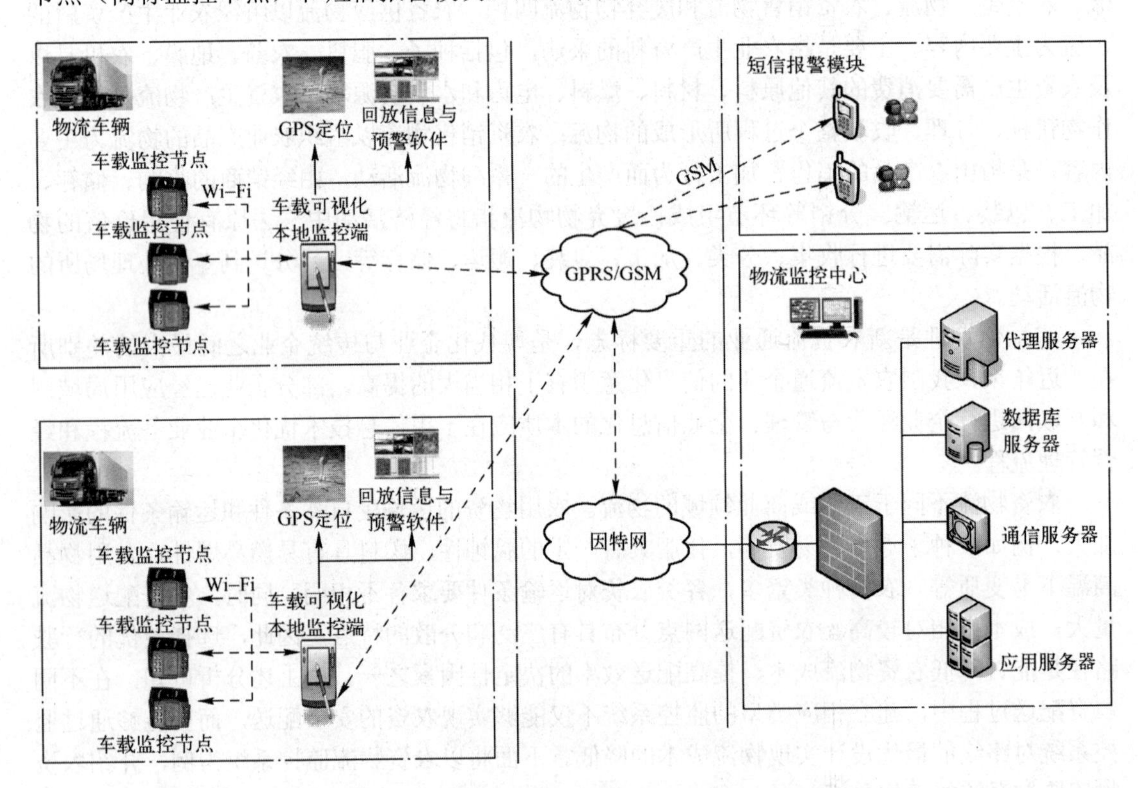

图 10.9　农资物流监控黑箱系统（ALMBS）网络结构

每辆农资物流运输车辆可配备一个本地监控端和多个监控节点。本地监控端具有 GPS 定位功能，农资运输车辆的位置信息通过本地监控端的 GPS 模块提供并记录到本地监控端，该车的位置信息和在途状态就是这一批货物的共同状态信息。本地监控端软件负责通过 GPRS 发送数据给物流监控中心，或通过 GSM 发送信息给农资产品供应商和物流企业相关负责人。

每辆农资物流货运车辆所配备的多个监控节点适用于农资物流运输环境信息的采集、传输、记录和超限报警。各个监控节点通过无线 Wi-Fi 通信方式与本地监控端进行通信和数据传输。

正常情况下，本地监控端可以通过 GPRS 向物流监控中心上传环境参数信息（如温度、湿度和含氧量等）和位置信息（如运输车辆的经纬度等），通过设定的环境参数限值（如温度、湿度、含氧量上下限）以及运输路线进行动态判断是否出现异常。本地监控端和监控节点一旦监测到环境参数超出设定范围，就自动进行系统报警，并可同时通过短信方式向设定的用户或物流监控中心发送报警信息。短信功能对于没有监控中心的中小型物流企业是一个理想的选择。物流监控中心根据本地监控端上传的位置信息判断运输路线的正确性，如果路线错误或者需要临时根据道路交通状况调整运输路线，物流监控中心可通过 GPRS/GSM 向本地监控端和农资物流运输人员发送路线调整指令。这样就实现了农资产品运输过程的全程监控。

（2）本地组网结构

ALMBS 中本地监控端和各监控节点应用了组网技术中的星形网络拓扑结构（见图 10.10），使多个监控节点和单个本地监控端进行双向无线通信，保证了数据信息的实时传输。

将多个监控节点放置在农资运输车辆的不同位置，监控节点周期性采集数据，并通过 Wi-Fi 方式将环境参数（如温度、湿度、含氧量等）数据信息传输至本地监控端，由本地监控端软件提取接收到的环境信息，进行处理后实时地显示在监控界面上，并进行历史数据记录。

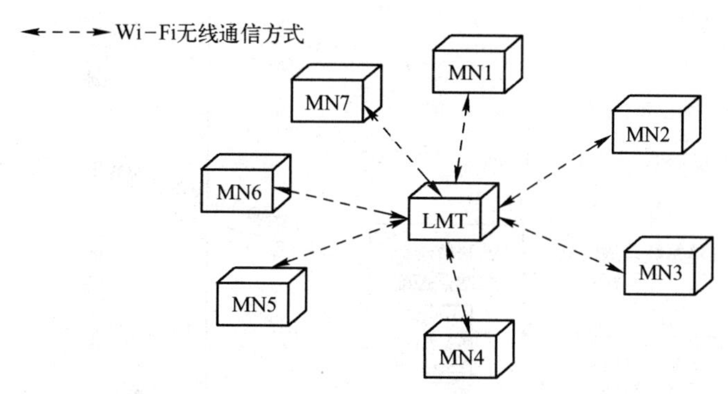

图 10.10　农资物流监控黑箱系统的星形网络拓扑结构

在星形网络中，本地监控端须同时能够与多个监控节点的任意一个或多个进行双向通信；系统采用了以 1 个 char（8 位）类型的字节来编制网络中各设备的地址：由于多个监控节点同时工作，故用位 0～位 7 分别对应监控节点 MN1～MN256，其中本地监控端自带的 GPS 占用一个地址。

（3）系统功能结构

ALMBS 的本地监控端和监控节点部署在农资产品运输的车辆中，本地监控端可通过 GPRS 与物流监控中心互联，也可通过 GSM 短信的方式将农资产品的物流信息发送给农资产品供应商和物流企业相关负责人。系统框架如图 10.11 所示。

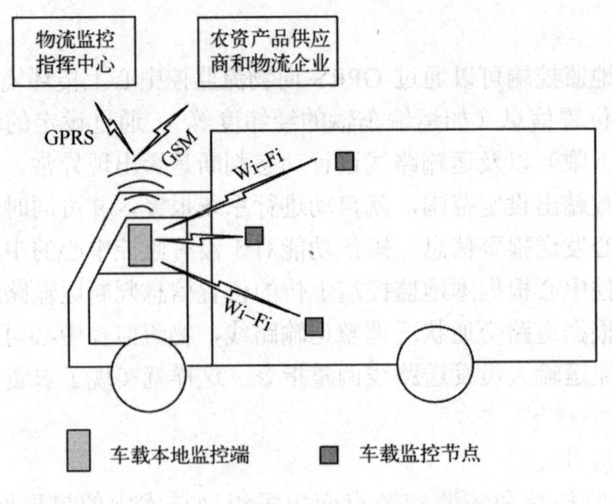

图 10.11　农资物流监控黑箱系统框架

为了实现环境监控与定位的功能，系统网络中的各类设备需要相互通信、协调合作。监控节点利用自带的传感器周期性地监测运输环境参数，并向本地监控端发送环境监测数据，在屏幕上实时显示环境监测信息以供现场操作；本地监控端接收来自监控节点的数据，通过本地监控端软件或物流监控中心，集中对农资运输在途信息进行监控。ALMBS 信息交互如图 10.12 所示。

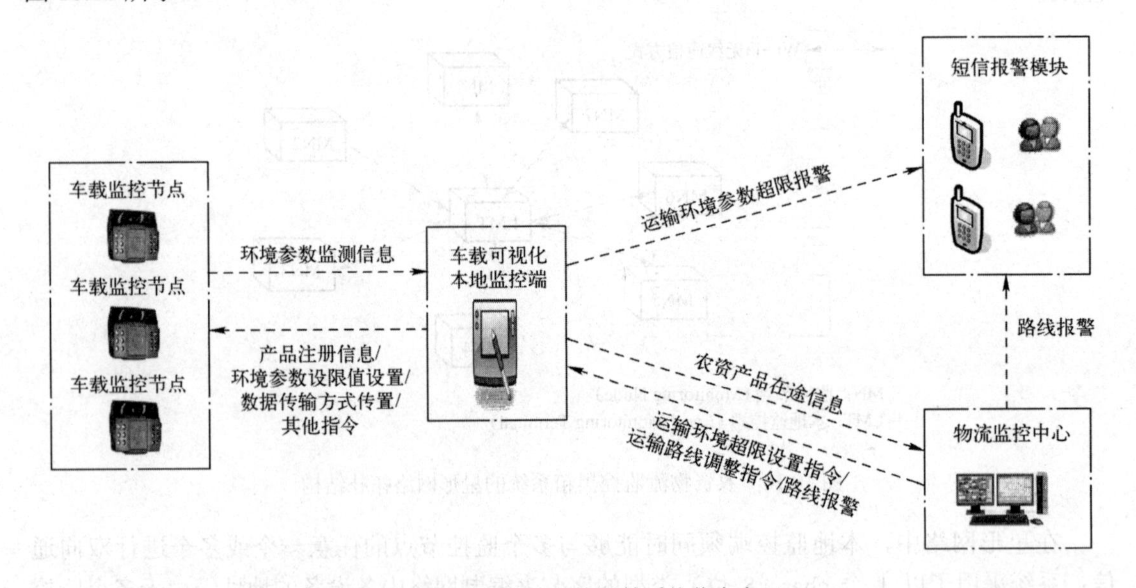

图 10.12　农资物流监控黑箱系统信息交互

1）监控节点。监控节点为低功耗的无线传感器节点，具有数据采集、数据处理和数据存储的能力。该节点可以从本地监控端获取农资产品的注册信息（如农资产品的种类、数量等）和车辆位置信息，并实时采集运输环境参数（如温度、湿度、含氧量等）。所有这些信息都可设定存储在监控节点。

由于不同的农资产品对运输环境的要求各不相同，物流监管人员可以实现运输环境报警限值的设置。运输环境报警限值设置的方式有两种：一是通过本地监控端的监控软件自主设定环境报警限值等系统参数，并向各监控节点发送报警设置指令；二是由物流监控中心发送报警限值设置给本地监控端，再由本地监控端向各个监控节点发送报警限值设置指令。一旦运输环境的报警限值设定完毕，运输人员在运输过程中只能查看而无权做任何修改。如在运输过程中运输环境出现异常，监控节点将自动蜂鸣报警。

根据监控节点的应用需求，监控节点包括可两种应用模式：单点模式和互联模式。

① 单点模式。当处于单点模式时，监控节点部署在物流运输车辆车厢中，各监控节点独立工作，实现农资产品的注册信息和运输环境信息的本地存储，并不与本地监控端配合使用。

在进行农资产品运输前，物流监管人员启动监控节点，根据产品的需求通过本地监控端对监控节点设置环境参数报警限值。在设置完毕后，物流监管人员将监控节点部署在物流车辆中，监控节点开始周期性采集存储运输环境的参数，一旦出现异常情况则蜂鸣报警。车辆运输人员可以根据报警提示，使用监控节点自带键盘查询异常的环境参数，并对运输环境做出调整（如调整运输车辆的温度等）。在运输结束时，关闭监控节点。

单点模式下监控节点的工作流程如图 10.13 所示。

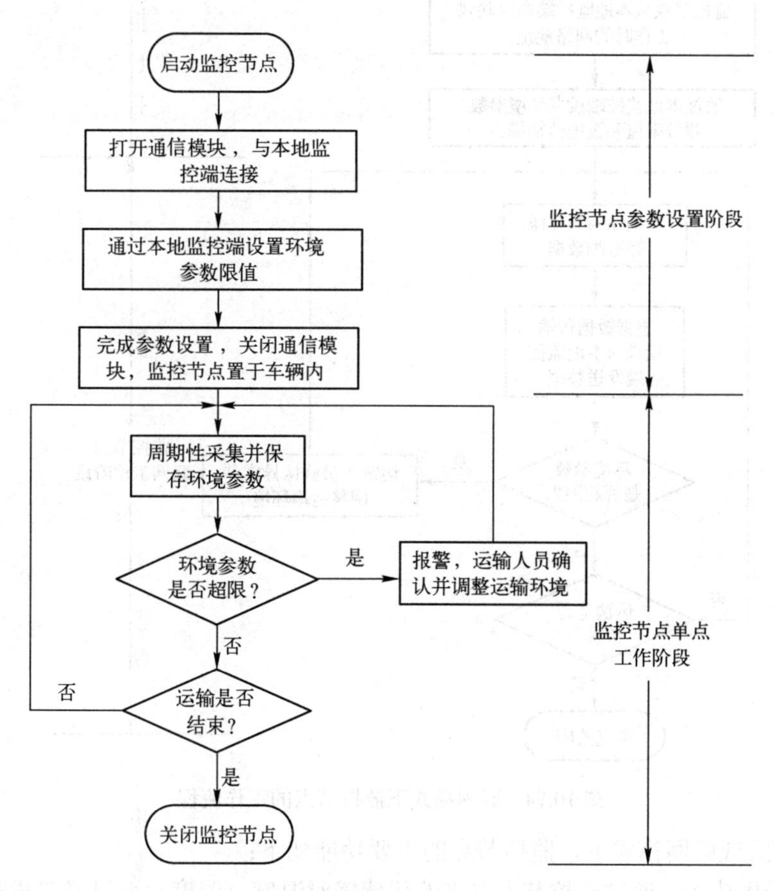

图 10.13　单点模式下监控节点的工作流程

② 联网模式。当处于联网模式时，监控节点不仅可以实现农资产品运输环境信息的本地存储，还将通过 Wi-Fi 的无线通信方式将信息传输给本地监控端。本地监控端的用户（运

输人员）可以根据自身的需要实时查询运输环境的信息。

在开始农资产品运输前，物流监管人员启动监控节点，根据产品需求通过本地监控端进行环境参数报警限值的设置、监控节点从本地监控端获取联网工作时的网络地址并设置数据传输模式。在设置完毕后，物流监管人员将本地监控端和监控节点部署在物流车辆中，监控节点开始周期性采集并存储运输环境的参数，并根据数据传输模式周期性地将数据发送给本地监控端。一旦监测到异常情况，本地监控端将自动报警。运输人员可以根据本地监控端的报警提示，通过本地监控端查询异常的环境参数，并对运输环境做出调整（如调整运输车辆的温度等）。在运输结束时，关闭监控节点。

联网模式下监控节点的工作流程如图 10.14 所示。

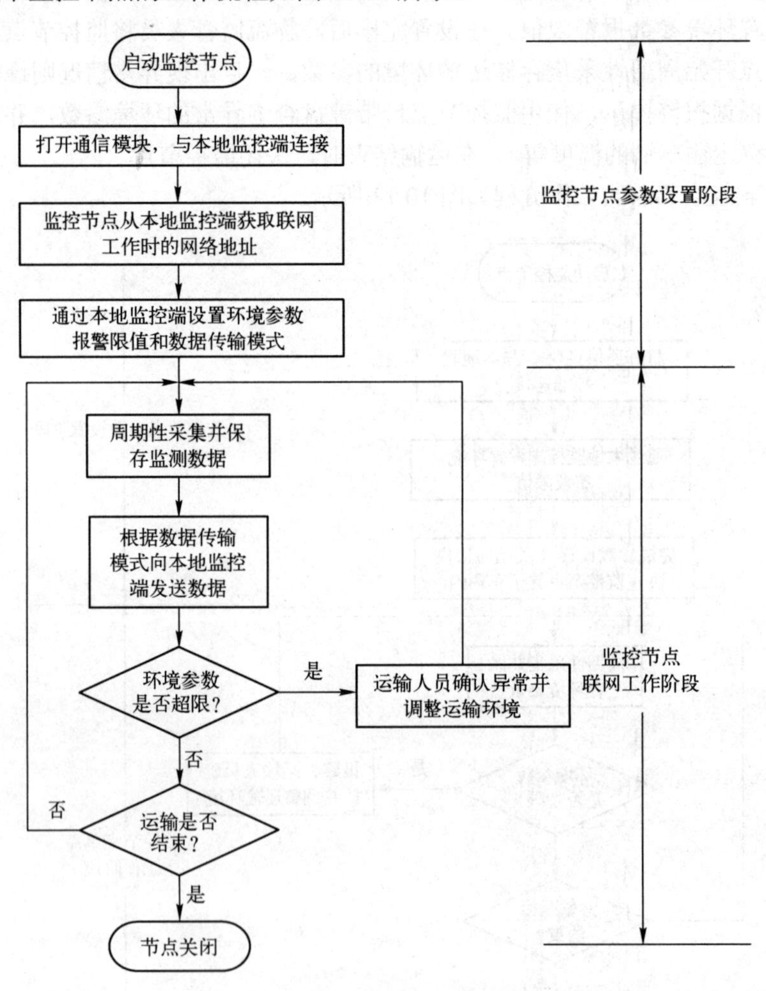

图 10.14　联网模式下监控节点的工作流程

在单点模式或联网模式下，监控节点的主要功能如下：

- 数据采集功能：通过监控节点自带的传感器对温度、湿度、含氧量等进行监测。
- 数据处理功能：对传感器监测的环境数据进行分析，可进行超限报警；可接收本地监控端下发的指令，如量程与限值设置指令等。
- 数据存储功能：对监测到的运输环境数据进行本地存储。

- 黑箱日志功能：所有对监控节点的用户设置和操作行为、监控节点监测到的运输环境数据、监控节点从本地监控端接收到的指令信息等都可以被记录在本地，并不能被任何人员修改，可实现农资产品在途信息的可追溯管理。
- 无线通信功能：支持 Wi-Fi 无线通信，通过 Wi-Fi 将运输环境数据传送给本地监控端，接收来自本地监控端的信息。
- 参数查看功能：运输人员可以通过监控节点自带的键盘和屏幕查看运输环境参数。

2）本地监控端。本地监控端是可视化的车载终端。一方面，它可以通过 Wi-Fi 无线通信方式从监控节点获取农资产品的环境参数信息，将自带的 GPS 获取的位置信息传输给监控节点；另一方面，它也可以通过 GPRS/GSM 将其所获取的信息传输至物流监控中心、农资产品供应商和物流企业。

本地监控端的主要功能如下：

- 运输监控功能：接收监控节点的农资产品环境信息（如温度、湿度、含氧量等），实时显示并进行存储（可根据需求设置农资产品在途信息的存储时间）；通过 GPRS 接收物流监控中心发出的运输环境报警限值设置指令、路线调整等指令。
- 用户权限管理：本地监控端作为 ALMBS 中的黑匣子，其用户根据其权限可分为系统用户（物流监管人员）和普通用户（运输人员）。系统用户作为系统的管理人员，可以通过本地监控软件实现时间同步或自主设定起始运行时间、写入农资产品的注册信息，设置运输环境报警限值和数据传输模式。普通用户仅具有查看权限，此类用户可以通过本地监控端实时查看农资产品的各类信息，并实时接收物流监控中心发送过来的指令，但无权对本地监控端的信息做任何修改。
- 参数设置功能：仅由物流监管人员通过本地监控端软件自主设定环境参数的报警限值（如农资产品运输的温度范围等），并传输给监控节点。一旦设置完成，在运输过程中不可修改。本地监控端报警信息的传输方式有两种：GSM 方式，本地监控端软件自动将报警信息通过短信的方式发送给农资产品供应商和物流企业；GPRS 方式，本地监控端采用 GPRS 方式连接至因特网，通过因特网将报警信息发送给物流监控中心。
- 报警功能：如果农资产品出现运输环境及位置的异常，本地监控端软件将自动报警，并通过 GPRS 向物流监控中心，或通过 GSM 向农资产品供应商和物流企业相关责任人发出警告。同时本地监控端软件具有预警功能，即当环境参数监测结果与报警限值接近时，本地监控端软件将向运输人员发出预警信息。
- 黑箱日志功能：所有对本地监控端的用户设置、操作行为（如环境参数限值设置）和农资产品在途信息（如农资产品的注册信息、运输环境参数信息、位置信息等）都可以被记录在本地监控端，并且不能被任何人员修改，可实现农资产品在途信息的可追溯管理。
- 时间同步功能：在本地监控端软件上，可通过网络与物流监控中心进行时间同步，也可自主设定起始运行时间，以便记录事件发生的实时时间。
- GPS 地图定位功能：本地监控端带有 GPS 芯片，可实现实时经纬度定位，以便物流监控中心监测农资运输车辆的行驶路线并进行路线调整。
- 网络通信功能：本地监控端与监控节点通过 Wi-Fi 通信，本地监控端与物流监控中心通过 GPRS/GSM 方式通信。

● 用户界面：实现与用户的交互，包括数据显示，用户指令的接收等。

3）物流监控中心。物流监控中心作为整个 ALMBS 的监控者，负责对接收到的数据进行处理、分析、统计、显示、存储，并根据用户的需要对运输网络中所有农资物流产品的运输状态进行查询、监控等。物流监控中心可采用专用的服务器，配备相关的操作系统和相关的应用软件。

物流监控中心系统的相关功能如下：

● 数据处理功能：接收本地监控端的信息，包括农资产品的在途信息（如温度、含氧量、经纬度等）；对接收到的数据进行分析、统计、显示等处理。
● 控制指令下发处理功能：如路线调整指令，环境参数报警限值设置指令等。
● 数据存储功能：用于存储数据（如农资物品物流的相关信息），提供历史数据查询统计，存储系统农资物流状态动态数据等。
● 网络通信：支持 GPRS/GSM 等无线通信方式。
● 用户界面：负责与用户的交互，包括数据显示，用户指令的下发等。

3．系统设计

（1）监控节点

基于 Wi-Fi 技术的低功耗监控节点是以低功耗嵌入式模块为核心的多通道数据采集与信息传输系统，硬件选用微功耗器件，要求具有数据采集、存储和无线网络通信等功能。

监控节点由主板（包含 SoC、传感器扩展板）和外围扩展（包括 LCD、键盘等）构成。系统框架如图 10.15 所示。

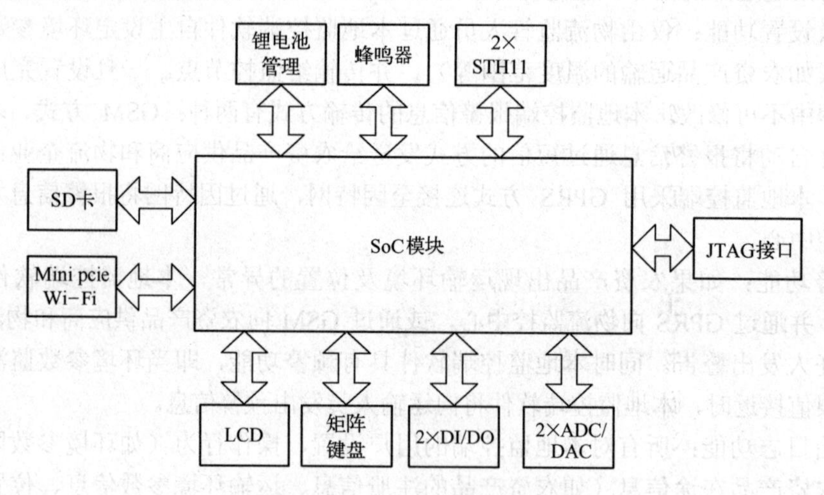

图 10.15　监控节点系统框架

（2）本地监控端

本地监控端可以与监控节点和物流监控中心进行数据通信。

（3）物流监控中心

物流监控中心可配备服务器来实现，应具有以下（硬件）模块：

1）通信网关：负责接收 GPRS 无线通信数据，如温湿度、含氧量、位置信息数据，并接收并转发来自代理的指令，如车辆定位、参数设置等。

2）代理服务器：负责分析处理前端数据，如报警分析、农资物品产品注册、控制指令下发处理。

3）数据库服务器：存储业务系统动态数据等。

4）Web 服务器：负责 B/S 模式的业务管理功能实现。

5）应用服务器：负责对数据库数据的操作访问控制。

10.6 物品标签系统

10.6.1 电子标签概述

电子标签是 20 世纪末迅速发展起来的射频识别技术。电子标签可以说是 IC 卡技术的延伸，是微电子技术与新型芯片封装技术相结合的产物。它通过采用一些先进的技术手段，实现人们对各类物体或设备在不同状态（运动、静止或恶劣环境）下的自动识别和管理。近几年电子标签发展迅速，被认为是 21 世纪最有发展前途的信息技术。

电子标签技术具有非接触、无需光学可视、完成识别工作时无需人工干预、适于实现自动化且不易损坏、可识别高速运动物体、可同时识别多个射频卡、操作快捷方便等诸多优点，可以轻松满足现代物流信息流量不断增大和信息处理速度不断提高的需求。电子标签技术以其特有的优势，克服了条码识别需要光学可视、识别距离短、信息不可更改等缺点，在飞速发展的现代物流中得到了越来越广泛的应用。

物品标签系统是一个应用 RFID 标签技术，进行信息传输与信息管理的智能系统，可广泛用于物品物流各作业环节的信息标记、标识和信息使用。物品标签系统的核心是一个物品存储与运输、环境信息实时监测和物品信息追溯系统。物品标签系统可广泛应用于现代物流供应链的各个环节，是物联网技术的典型应用。下面将以高档艺术品智能物流系统为例，介绍物品标签系统的运作方式。RFID 技术能够提高贵重物品在物流过程中的跟踪和追溯能力，及时地获取货物的有关信息，提高贵重物品物流过程中的安全，在贵重物品物流中的应用具有重要的意义。

10.6.2 物品标签系统的应用实例——高档艺术品智能物流系统

1. 高档艺术品智能物流系统概述

高档艺术品智能物流系统（Intelligent Logistics System for Artwork，ILSA）是基于物联网技术来构建的高档艺术品智能物流追溯系统，它将具有 RFID 模块的智能标签与高档艺术品绑定。在运输过程中，物流运输人员可以通过手持设备（RFID 读写器）扫描或者通过标签自带的 USB 接口获取该艺术品的身份信息（包括其名称、年代、特征和作者以及过往的交易记录等）和物流环境信息（包括其运输和保存过程的环境信息，如温度、湿度、加速度等，和相应的时间信息），并可将信息上传给物流信息管理中心。艺术品所有者可以通过在物流信息管理中心的查询系统中直接输入智能标签编号或者通过直接连接标签，从而查询追溯该件高档艺术品的身份信息和物流环境信息。

高档艺术品智能物流系统为收藏者在艺术品的运输和保存过程中更加准确地掌握艺术品的状态提供了有效、可靠的手段。

2. 系统结构与功能

高档艺术品智能物流系统是一个基于计算机技术、无线通信技术、RFID 技术和传感器技术的艺术品运输在途信息获取、处理、记录、传输的追溯系统，在艺术品运输和保存过程中对温度、湿度、加速度等环境参数变化情况等信息进行全程的记录，提供一个可信、可靠的艺术品追溯方式。

高档艺术品智能物流系统结构如图 10.16 所示，主要分为智能标签模块和物流信息管理中心。

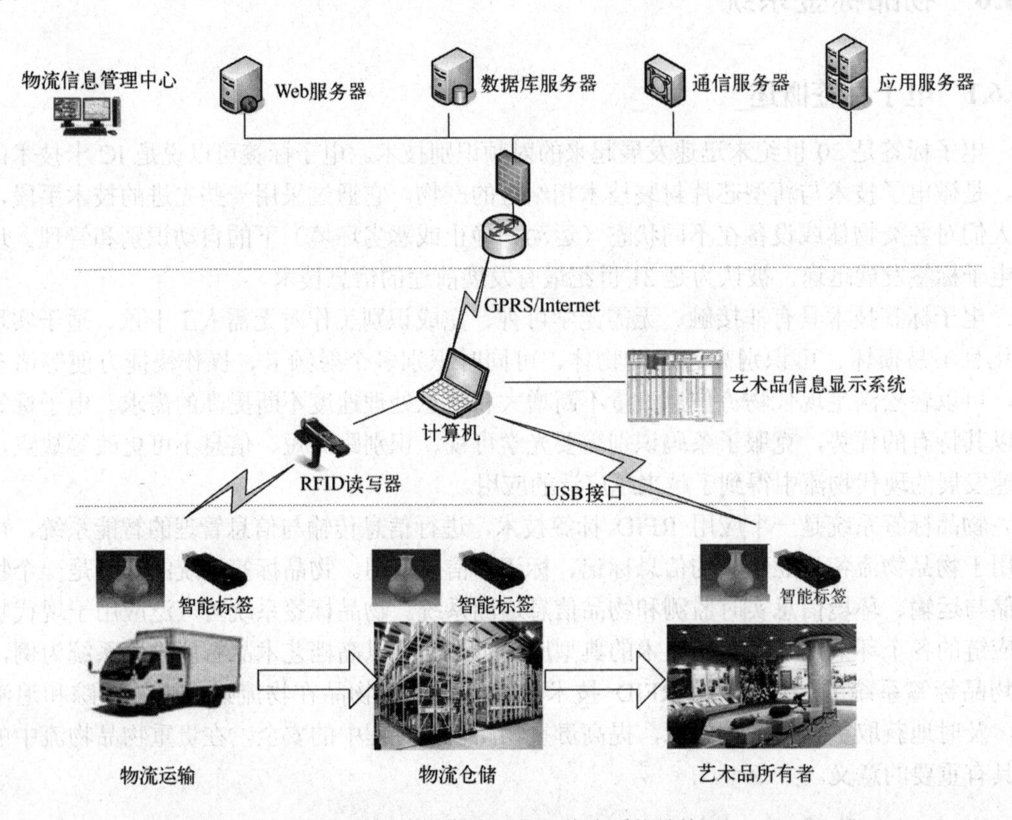

图 10.16 高档艺术品智能物流系统结构

每件艺术品都配备一个唯一的智能物流标签，该标签包含低功耗微处理模块、RFID 模块、传感器模块和 USB 模块，可进行物流运输和存放过程温度、湿度、加速度等数据的采集记录和传输。艺术品的温度、湿度、加速度等数据等参数变化既可以选择保存在 RFID 模块中，也可以选择保存在低功耗微处理模块中。

在物流运输和仓储过程中，运输人员可以通过手持设备（RFID 读写器）扫描或者 USB 接口获取该艺术品的身份信息（包括其名称、年代、特征、作者、过往的交易记录等）和物流环境信息（包括其运输保存的环境信息，如温度、湿度、加速度等，和相应的时间信息），并可通过 GPRS 或因特网将信息传输至物流信息管理中心。在物流运输和仓储过程中，艺术品所有者可在物流信息管理中心的查询系统中直接输入智能标签编号查询到该件高档艺术品的身份信息和物流环境信息；在艺术品的收藏过程中，艺术品所有者可以通过 USB 接口查询显示该艺术品的身份信息和物流环境信息。

3．系统设计

（1）智能标签

基于物联网技术的智能标签是以低功耗嵌入式模块为核心的多通道数据采集与信息传输系统，硬件选用微功耗器件，要求具有数据采集、存储和射频通信等功能。

智能标签由微控制模块（MCU）、传感器模块、RFID 模块、USB 模块、实时芯片模块和电源模块构成。智能标签模块如图 10.17 所示，外观如图 10.18 所示。

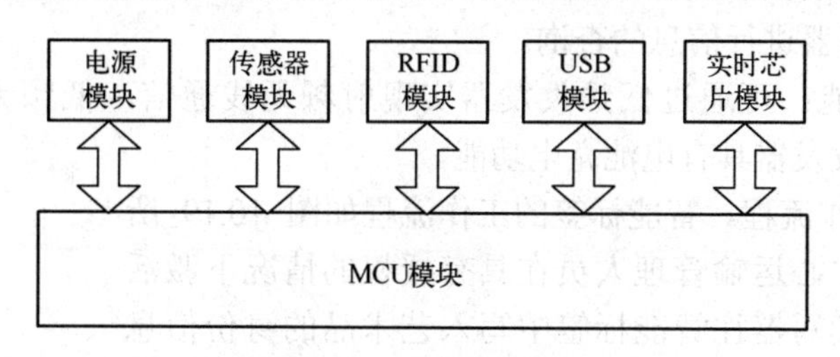

图 10.17 智能标签模块

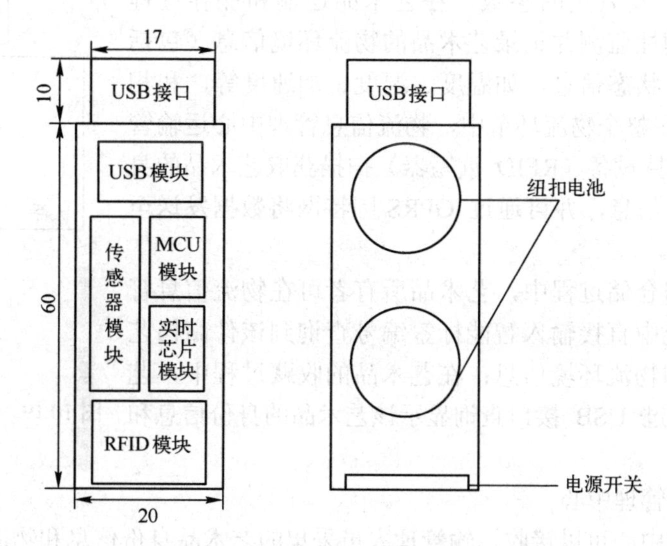

图 10.18 智能标签外观（尺寸单位：mm）

1）智能标签结构如下：

- RFID 模块：智能标签具备 RFID 射频通信模块，可通过低频收发器实现射频无线通信，低频无线收发器内存可读写，同时该收发器具有电池充电功能。
- 传感器模块：标签自带温度、湿度传感器和加速度传感器，可实现温度、湿度和加速度信号的采集，用户也可以根据需要适当增加传感器。
- MCU 模块：标签在 MCU 模块的控制下，可将采集的信息进行存储。
- 实时芯片模块：标签可以通过该模块记录下采集信息的具体时间。
- 电源模块：标签使用自身所带的纽扣电池供电，并带有一个电源开关，该模块可保证标签能连续工作 2000h。
- USB 接口：标签包含 USB 接口一个，用户可以通过 USB 接口与 PC 通信，实现 FAT 文件传输。

● 节点封装：整个标签封装外观如图 10.18 所示。

2）智能标签程序功能如下：

● 数据采集功能：通过标签自带的传感器模块采集温度、湿度和加速度等信息。
● 数据存储功能：对监测到的运输环境信息以及采集的时间进行适量的本地存储。该标签可保存 6000 个采样点的信息，并将信息以 TXT 文件的格式保存在 MCU 的存储器中。同时该标签可将最近的 100 个采样点的数据写入 RFID 模块中，以方便用户通过 RFID 读写器进行信息的查询。
● 射频通信功能：可通过低频收发器实现射频无线通信，低频无线收发器内存可读写，同时该收发器具有电池充电功能。

3）智能标签工作流程。智能标签的工作流程如图 10.19 所示。物流信息管理中心运输管理人员在具有授权的情况下激活标签，并通过射频读写器往智能标签中写入艺术品的身份信息（包括其名称、年代、特征和作者、目前的收藏者等），并设置标签采集的周期以及采集的参数。在艺术品运输和保存过程中，智能标签周期性监测并记录艺术品的物流环境信息（包括其运输保存的环境状态信息，如温度、湿度、加速度等，和相应的时间信息）。在整个物流环节中，物流信息管理中心运输管理人员可以通过手持设备（RFID 读写器）扫描获取艺术品的身份信息和物流环境信息，并可通过 GPRS/因特网将数据发送至物流信息管理中心。

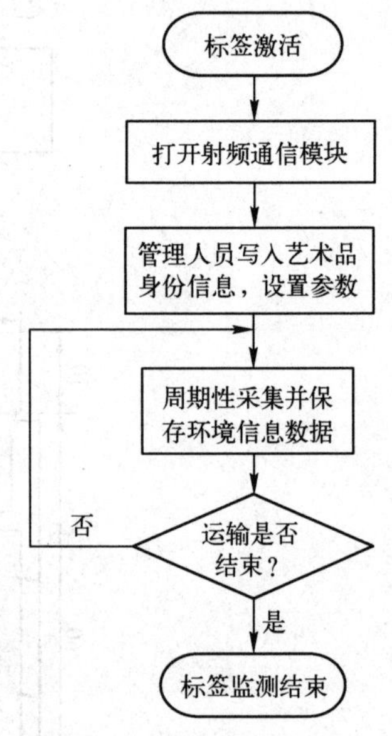

图 10.19 智能标签工作流程图

在物流运输和仓储过程中，艺术品所有者可在物流信息管理中心的查询系统中直接输入智能标签编号查询到该件高档艺术品的身份信息和物流环境信息；在艺术品的收藏过程中，艺术品所有者可以通过 USB 接口查询显示该艺术品的身份信息和物流环境信息。

（2）物流信息管理中心

物流信息管理中心可以接收运输管理人员采集的艺术品身份信息和物流环境信息，并提供查询平台供艺术品所有者进行追溯查询。

物流信息管理中心可配备服务器来实现，应具有以下（硬件）模块：

1）通信网关：负责接收运输管理人员在运输环节中采集的数据。

2）数据库服务器：存储业务系统动态数据等。

3）Web 服务器：负责 B/S 模式的业务管理功能实现，并为用户提供实时查询功能。

4）应用服务器：负责对数据库数据的操作访问控制。

10.7 CPS 实验教学系统

10.7.1 CPS 实验教学系统架构

在宏观上，CPS 是由运行在不同物理空间范围的分布式的异构系统组成的动态混合系统，包括感知、决策和控制等各种不同类型的资源和可编程组件。CPS 通过嵌入式计算机与网络，实现对各种物件和工程系统的实时感知、远程协调、精确与动态控制和信息服务。各个子系统之间通过有线或无线通信技术，依托网络基础设施相互协调工作，未来 CPS 将广泛应用于重要基础设施的监测与控制、国防武器系统、环境监控、智能家居与生活辅助、航天与空间系统、智能物流系统、医疗保健和智能高速公路等诸多领域。

针对 CPS 在智能物流系统中的应用，CPS 实验教学系统包括用户层、CPS 节点层和物件层。CPS 节点层由若干 CPS 节点构成，提供了一种通过互联网与各种物件和服务进行数据交换的方法。用户层，用户可以通过互联网，利用各种终端设备与 CPS 节点层通讯，也可以直接与 CPS 节点交互。物件层，包括各种生产加工机器、仪器仪表、仓储设备等。如图 10.20 所示。

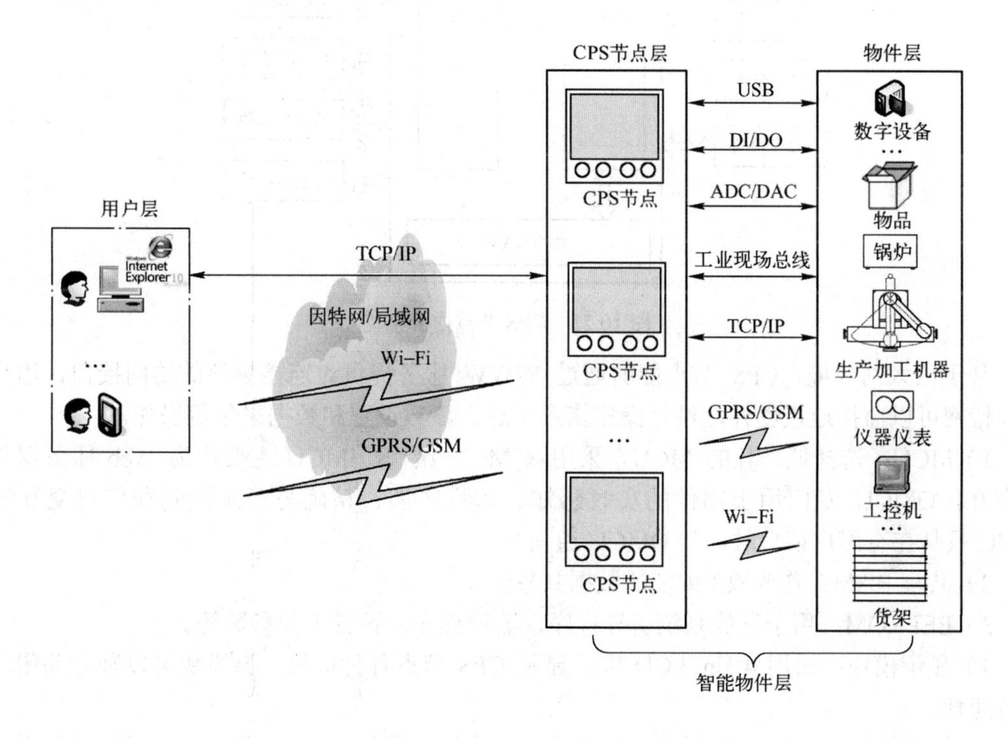

图 10.20 CPS 实验系统架构

各种物件可以通过有线（TCP/IP）、无线（Wi-Fi、GPRS/GSM）、A-D 接口、D-A 接口、USB 接口连接 CPS 节点。用户可以利用浏览器通过因特网或直接本地访问 CPS 节点，通过控制页面传递控制命令，访问控制连接物件。

10.7.2 CPS 节点功能与内部结构

在物流领域中，现有基础或专用设施、包括各种生产加工机器、仪器仪表、仓储设备等物件，要实现基于因特网的过程监控、数据交换、自动报警等功能十分困难。不仅需要在各种不同的物件中实现因特网通信协议及服务，同时还要实现物件本身的控制，实施复杂度高。为此，提出一种双 MCU 结构的 CPS 节点。其中一个 MCU 作为因特网服务器与用户交互，称为 IMCU（Internet MCU），支持 TCP/IP 协议栈并运行因特网服务程序，形成一个用户可以通过浏览器进行交互的服务器；另一个 MCU 专门用于接入物件，称为 OMCU（Object MCU），处理数字和模拟信号的输入/输出，并且负责和物件的有线或无线通信。通过连接 CPS 节点，使得物件可访问、可监控，具有一定的智能性，成为智能物件。

CPS 节点功能与内部结构如图 10.21 所示。

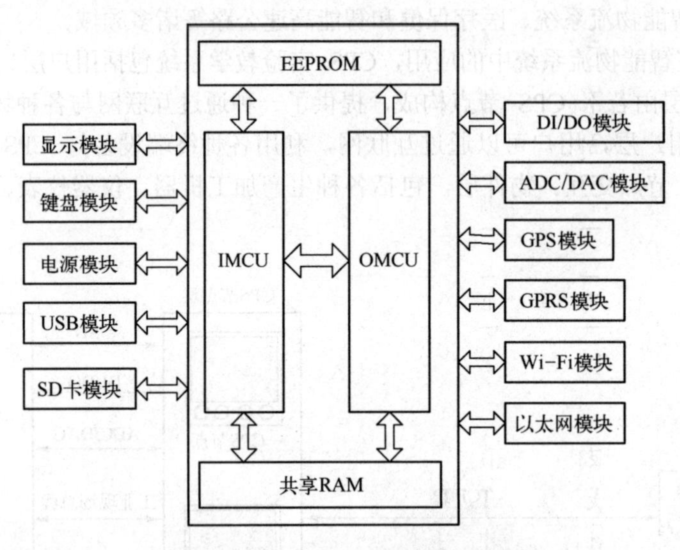

图 10.21 CPS 节点内部结构

基于以太网环境，CPS 节点能够通过 WWW 服务提供对连接物件的访问接口，用户通过因特网可以监控连接物件，进行操作指令下达、参数设置和数据采集等操作。

1）MCU：选择低功耗的 MCU。采用双 MCU 结构，IMCU 主要作为 Web 服务器与用户交互，OMCU 专门用于物件的实时感知、远程协调、精确与动态控制和信息交互等。IMCU 只是在有用户请求时，与 OMCU 通信。

2）共享 RAM：作为双 MCU 的数据共享区。

3）EEPROM：用于存放系统引导程序、监控程序、预置工作参数等。

4）显示模块：采用 4.3in LCD 屏，显示 CPS 节点各种信息。该模块可以独立关闭，以节省能耗。

5）键盘模块：采用 4 键模式（包含上下方向键、确认键和取消键），可通过键盘完成向 CPS 节点输入命令和参数。

6）电源模块：包括电源开关和电源接口单元，支持便携式高容量电池供电。

7）USB 模块：可以使用 USB 接口连接 CPS 节点，或通过 USB 接口实现与物件的串口通信。

8）SD 卡模块：可用于存放联机程序和需要长期存储的数据。

9）DI/DO 模块：可以提供多路数字信号的输入/输出，用于连接各种数字设备，提供 2 路 DI 和 2 路 DO。

10）ADC/DAC 模块：可以提供多路模拟/数字信号的输入/输出，用于连接各种传感器、仪器仪表等物件，提供 2 路 A-D 采集接口，2 路 D-A 输出接口，精度为 10 位以上。

11）GPS 模块：提供 CPS 节点的位置信息。

12）GPRS 模块：具有 1 个 GSM 接口，可插入 SIM 卡。

13）Wi-Fi 模块：支持 802.11a/b/g 协议。

14）以太网模块：支持 TCP/IP，支持 IPv4、IPv6 通信，具有 2 个 RJ45 网络接口，提供以太网通信功能。

10.7.3 CPS 实验教学系统软件体系结构

CPS 实验教学系统软件体系结构如图 10.22 所示，包括因特网服务器、物件服务引擎、操作系统、存储管理、电源管理、I/O 管理、设备管理和网络管理模块。

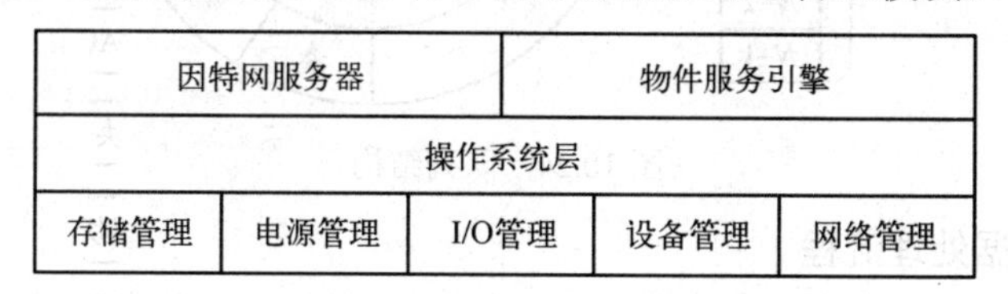

图 10.22　CPS 实验教学系统软件体系结构

1．操作系统

由于系统的资源有限，CPS 节点基于多任务操作系统 Contiki。Contiki 支持 IPv4/IPv6 通信，提供了 uIPv6 协议栈，支持 TCP/UDP，还提供了线程、定时器、文件系统、I/O 管理、网络驱动等功能。Contiki 同时提供完整的 IP 网络和低功率无线电通信机制。

2．因特网服务器

在操作系统 Contiki 之上构建因特网服务器，管理并存储不同的控制页面，通过访问控制页面可以实现远程用户与 CPS 节点的交互。

3．物件服务引擎

在操作系统 Contiki 之上构建物件服务引擎，提供对接入物件的访问控制和数据交换服务的开放式 API，基于这些 API 开发不同的物件服务应用程序，具有可扩展性。服务引擎可以接收来自因特网服务器对物件的控制命令、参数设置和数据交换请求，处理和物件的有线/无线连接控制、数据传输等功能。

如图 10.23 所示，物件服务引擎将用户请求派发给相应的物件服务应用程序。

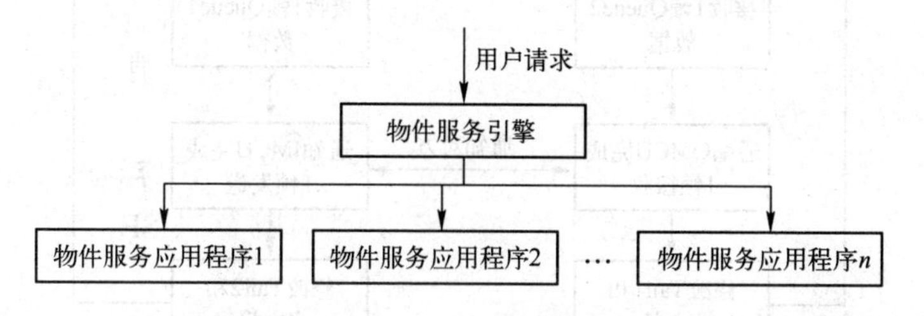

图 10.23　物件服务引擎请求处理示意图

4．队列结构

为了实现高效率的数据处理和数据交换，在共享 RAM 中创建两个环形队列，一个队列用于存放用户请求，另一个队列用于存放与物件交换的数据。每一个环形队列的结构如图 10.24 所示（图中阴影部分为存有数据的区域，非阴影部分为空闲区域）。

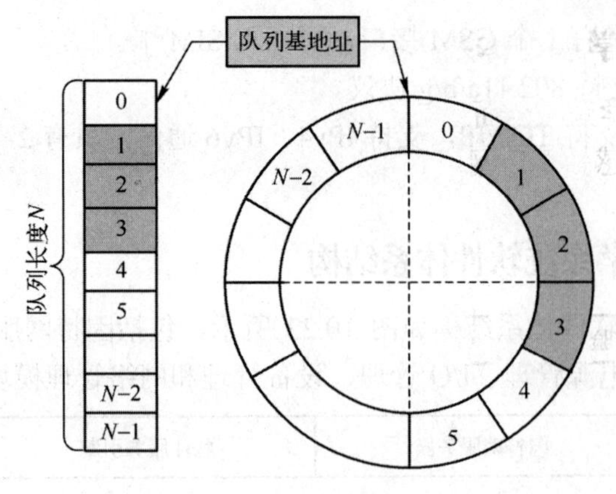

图 10.24　队列结构

5．双 MCU 数据处理流程

图 10.25 说明了用户通过浏览器发送 HTTP 请求给 CPS 节点，请求数据交换的处理流程，比如，用户要读取传感器数据、生产加工设备状态等。相反地，用户可以下达控制命令和任务参数给物件，数据处理流程是类似的。

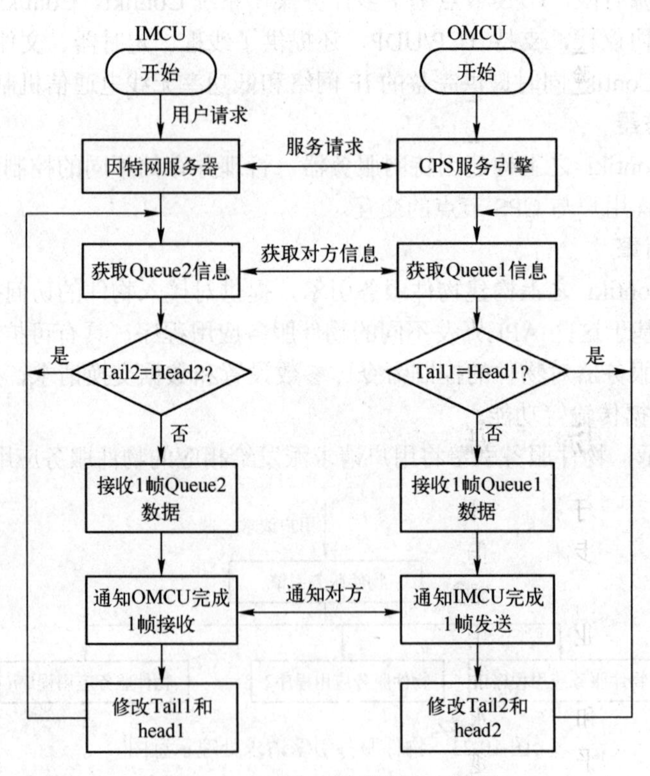

图 10.25　用户请求数据处理流程

6．用户访问权限管理

为了 CPS 的安全性，允许合法的用户访问 CPS 节点，进而访问所连接物件。可以在 CPS 节点中存储授权的用户名、密码，甚至存储其固定的 IP 地址及 MAC 地址。远程用户访问 CPS 节点时，要比较用户、密码，只有合法用户才可以通过因特网访问 CPS 节点。

10.7.4 CPS 实验教学系统体系结构

通过 CPS 实验教学系统全面地展现 CPS 技术，将各个技术点分解到不同的软硬件实验模块中，完成 CPS 在感知层、网络层和应用层的应用实践教学。CPS 实验教学体系结构如图 10.26 所示。

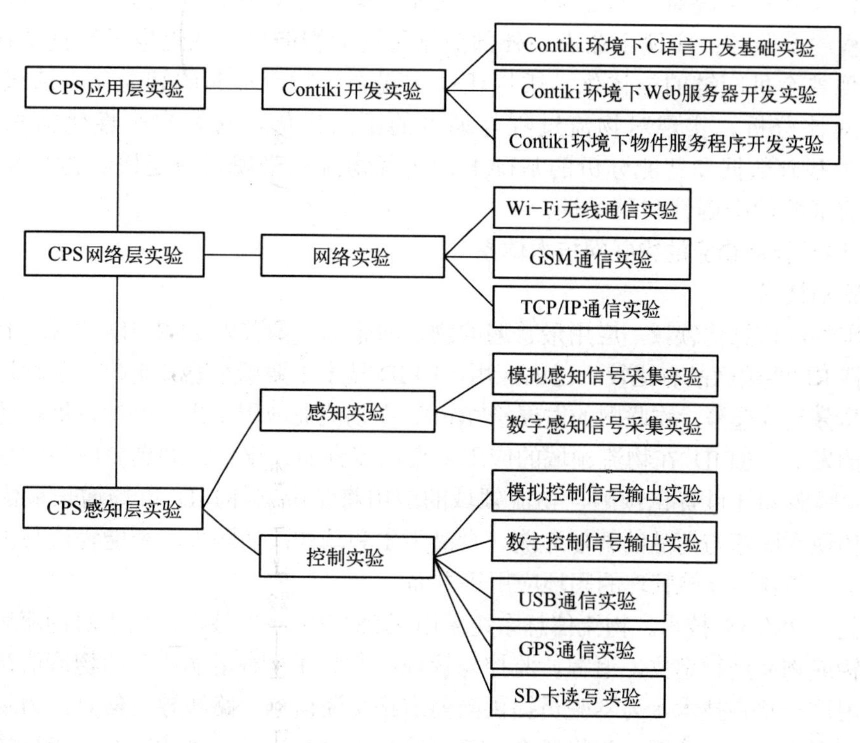

图 10.26　CPS 实验教学系统体系结构

10.8 物联网在物流领域的应用展望

目前，物联网尚处于概念、论证、试验与初级应用阶段，很多关键技术尚需进一步研究，标准规范仍需进一步制定。但是，物联网引发了继计算机、互联网与通信网络之后世界信息产业的第三次浪潮，具有广阔的应用前景。物联网技术为全球发展提供了动力，一些源于物联网的技术在各行业中的应用有助于产业发展，促进经济增长。同时，物联网的应用可以改善人们的生活质量，使人们能以更精细和动态的方式管理生产和生活，达到“智慧”的状态，提高资源利用率和生产力水平。物流业是物联网技术应用的重要领域。随着经济的发展，物流业对信息化水平的要求越来越高，传统的物流服务已经不能满足市场需求，物联网在物流业的应用势在必行。

10.8.1 物联网时代的智能物流

1. 智能物流

智能物流（Intelligent Logistics）是基于互联网、物联网技术的深化应用，利用先进的信息采集、信息处理、信息流通、信息管理、智能分析技术，智能化地完成运输、仓储、配送、包装、装卸等多项环节，并能实时反馈流动状态，强化流动监控，快速、高效地将货物从供应方送达需求方，从而为供应方提供最大化利润，为需求方提供快捷的服务，大大降低自然资源和社会资源的消耗，最大限度地保护自然生态环境。智能物流的智能性体现在：实现监控的智能化，主动监控车辆与货物，主动分析、获取信息，实现物流过程的全监控；实现企业内、外部数据传递的智能化，通过电子数据交换（EDI）等技术实现整个供应链的一体化、柔性化；实现企业物流决策的智能化，通过实时的数据监控、对比分析，实现对物流过程与调度的不断优化，对客户个性化需求的及时响应；在大量基础数据和智能分析的基础上，实现物流战略规划的建模、仿真和预测，确保未来物流战略的准确性和科学性。

2．应用于智能物流的物联网技术体系

（1）感知技术

在中国物流信息化领域，应用最普遍的物联网感知技术首先是 RFID 技术。RFID 标签及智能手持 RF 终端产品有比较广泛的应用，RFID 技术主要用来感知定位、过程追溯、信息采集、物品分类拣选等。物联网的发展给 RFID 在物流业应用带来良好的发展机遇。随着物联网技术的发展，RFID 在物流领域的应用将会由点到面，逐步拓展到更广的领域。据中国 RFID 产业联盟和计世资讯预测，物流领域的应用将是中国 RFID 市场增长最快的领域之一，主要体现在医疗与药品的智能追溯、食品卫生和动物疾病防疫、智能物流与供应链的市场需求、资产与物品仓储管理的闭环应用等方面。

其次是 GPS/GIS 技术。物流信息系统采用 GPS/GIS 感知技术，用于对物流运输与配送环节的车辆或物品进行定位、追踪、监控与管理；尤其在具有运输环节的物流信息系统，大部分均采用这一感知技术，为驾驶员提供当前道路交通信息、路线导航信息，为物流企业的优化运输方案提供决策依据，为物流企业甚至客户提供车辆预计到达时间，指导物流中心配送计划、仓储存货战略的制定。随着中国物流产业的振兴，基于 GPS/GIS 的移动物联网技术将获得巨大发展。预计未来几年，中国物流领域对 GPS 具有巨大的市场潜力和不可估量的发展前景，对 GPS 的需求量将以每年 30%以上的速度递增。

视频与图像感知技术居于第三位。该技术目前还停留在监控阶段，需要人来对图像分析，不具备自动感知与识别的功能，在物流系统中主要作为其他感知的辅助手段，也常用来对物流系统进行安防监控，用于物流运输中的安全防盗等，这一系统往往会与 RFID、GPS 等技术结合应用。

传感器的感知技术居于第四位。传感器感知技术及传感器网络技术是近几年才在物流领域得到重视与应用的技术。目前，传感器感知技术也是与 GPS、RFID 等技术的结合应用，主要用于对危险物流系统、粮食物流系统、冷链物流系统的物品状况及环境进行感知。传感技术丰富了物联网系统中的感知技术手段，在食品、冷链物流和危险品物流具有广泛的应用前景。

扫描、红外、激光、蓝牙等其他感知技术在物流领域也有少量应用，主要用在自动化物流中心自动输送分拣系统。

（2）网络与通信技术

现代物流的特点是系统化和网络化。目前，物流系统全部是网络化的运作，很少有物流系统是点对点的单线管理与优化。一般地，物流企业内部的信息管理系统多采用互联网和局域网技术。在物流中心，物流网络往往基于局域网技术，同时采用无线网络技术，组建物流信息网络系统。在货物运输方面，在车辆上配置便携式计算机或专门开发的信息处理和无线发射接收装置，将移动车辆信息纳入物流运作的信息链中，使移动信息系统与物流中心系统构成统一整体，对确定的合同数据、运输路线数据、车辆数据和行驶数据进行收集、存储、交换和处理。在数据通信方面，往往采用无线通信与有线通信相结合。新的物流信息系统还大量采用了 3G 等先进的技术手段。WSN 技术在物流中具有巨大的应用潜力，但是大规模的应用还有待时日。

（3）智能应用技术

目前，能够实现对物流过程智能控制与管理的物流信息系统还不多，物联网及物流信息化还仅仅停留在对物品自动识别、自动感知、自动定位、过程追溯、在线追踪和在线调度等一般的应用，专家系统、数据挖掘、网络融合与信息共享优化、智能调度与线路自动化调整管理等智能管理技术应用还有很大差距。只是在企业物流系统中，部分物流系统可以做到与生产管理系统无缝结合、智能运作，部分全智能化和自动化的物流中心的物流信息系统可以做到全自动化与智能化物流作业。

3．物联网关键技术在智能物流中的具体应用

（1）RFID 技术

在物流领域，RFID 电子标签可以应用于自动仓储库存管理、产品物流跟踪、供应链自动管理、产品装配和生产管理、产品防伪等多个方面。将 RFID 技术应用于商品零售环节，可以改进零售商的库存管理，实现适时补货，有效跟踪运输与库存，提高效率，减少差错。同时，智能标签能对某些时效性强的商品的有效期限进行监控。商店还能利用 RFID 系统在付款台实现自动扫描和计费，从而取代人工收款。在库存管理中，RFID 技术广泛应用于存取货物与库存盘点。将 RFID 技术应用于生产制造环节，可以实现生产线上对原材料、零部件、半成品和成品的自动识别与跟踪，降低人工识别成本和出错率，从而提高生产效率和经济效益。将 RFID 技术应用于配送和运输环节，不仅可以准确、高效地对配送中的货物进行分拣、中转、及时送达，还可以方便、快捷地记载货物配送信息，提高物流业的管理和服务水平，降低配送成本。

（2）GPS/GIS 技术

GPS 应用于车辆运行管理中，不仅可以对运输的车辆和货物进行实时定位、跟踪和监控，还可以对车辆进行调度，同时提供车辆报警等功能。在基于 GPS 的物流配送监控系统中，GPS 主要辅助实现车辆跟踪、路线的规划导航、话务指挥、信息查询、紧急救援与应急物流等物流配送监控功能。在基于网络的 GPS 中，通过在互联网上构建公共 GPS 监控平台，可以免除物流运输公司自身设置监控中心所导致的大量费用。网络 GPS 使降低投资费用和获取无地域性限制的信息成为可能，提高了 GPS 的普及率，从而增加了物流业的利润。

GIS 具有强大的数据分析功能，将 GIS 运用于处理订单信息、处理查询信息、优化配送路线、数据维护管理、统计分析中，能在很大程度上解决物流配送服务存在的问题，从而降低物流配送成本、提高工作效率、提高服务质量。

（3）WSN 技术

WSN 技术在物流的许多领域都有应用价值，包括生产物流中的设备监测、仓库环境监测、运输车辆及在运物资的跟踪与监测、危险品物流管理、冷链物流管理等。WSN 技术在物流中具有巨大的应用潜力，但是大规模的应用还有待时日。目前，WSN 在物流业中的应用十分有限，大部分还停留在学术研究或是开发实验阶段。

10.8.2 物联网在物流领域的应用展望

1. 物联网在物流业中应用的发展历程

物联网的发展是一个从信息自动提取、信息整合、物品局域联网、局部系统的智能服务与管控等向全网融合的逐步深化的过程。在我国，物流行业物联网技术的应用经历了三个阶段。

（1）启蒙阶段（2003—2004 年）

在启蒙阶段，物流行业物联网的应用是从两个独立的技术路线开始探索的，一是基于 RFID/EPC 的技术路线，二是基于 GPS/GIS 的技术路线。

1999 年，国际上在 RFID/EPC 的基础上提出了物联网概念。2003 年 1 月，EPCglobal 成立。同年，基于 RFID/EPC 的物联网概念引入我国，在我国成立了 EPCglobal 的分支机构。2004 年 4 月，我国举办了第一届 EPC 与物联网高层论坛，10 月，举办了第二届 EPC 与物联网高层论坛。同年，关于物联网的图书首次在我国出版。在这一时期，我国物流领域掀起了第一轮物联网概念宣传与应用的小高潮，组织了一系列关于 RFID/EPC 的会议，一些关于 RFID 技术与应用的杂志与网站开始创办，人们对 RFID 技术在物流行业应用也寄予厚望。在物流领域，基于 RFID 技术的解决方案、应用案例不断涌现，智能物流系统开始出现。

GPS/GIS 技术与物流可视化管理系统的理念，从 1999 年前后在国内物流领域开始探讨和报道，自 2001 年开始探索 GPS 在物流货运监控与联网管理上的应用，2003 年开始出现一些成功的应用案例。这一阶段是应用 GPS/GIS 感知与定位技术结合互联网技术，对移动中的物流运输车辆与货物实现联网、跟踪、定位、调度、配货等智能管理与运作，初步具备了物联网的特征。但是，当时这一技术路线及其应用案例并未纳入物联网的理念范畴。

（2）起步发展与探索阶段（2005—2009 年）

虽然物联网在物流行业的发展一开始就遇到了很多问题，但是人们并没有停止物联网在物流行业应用的探索。例如，针对 RFID 芯片成本问题，一方面通过加快技术创新，不断降低 RFID 芯片成本；另一方面，物流行业也结合实际探索 RFID 技术应用模式，消除成本带来的影响。

其中最为典型的应用是“集装箱电子标签系统”在航运物联网项目中的应用。“集装箱电子标签系统”通过 RFID 技术与互联网的有机结合，可为货主、港口、船公司、海关、商检等相关单位提供集装箱实时状态信息，对提高集装箱运输的安全水平和运输效率具有重要意义。

除了以集装箱为单元的物联网应用，很多企业还在探索以更小的物流单元——托盘物流单元为终端节点的物流行业物联网系统。例如，烟草行业对全行业使用的托盘均要求嵌入 RFID 标签，实现烟草物联网应用。

在 GPS/GIS 方面，为了实现智能调度、可视化运输管理，很多企业建立了基于互联网的物流运输 GPS 追踪系统，从而实现对全公司所有车辆在全国各地移动过程中的感知、定位、追踪与智能调度管理。社会的物流信息平台也借助这一技术，对在途车辆提供在线配货信息服务，实现回程空车可就近配货、在线监控与管理，从而实现货运物联网应用。

（3）理念提升阶段（2009 年至今）

2005 年 11 月 17 日，国际电信联盟（ITU）借用了原来基于 RFID/EPC 技术提出的“物联网”概念，从更广泛的角度提升了物联网理念，发布了《ITU 互联网报告 2005：物联网》，宣布了无所不在的“物联网”通信时代来临。得益于 ITU 在 2005 年发布的以物联网为标题的年度报告，物联网理念得到了全面提升，形成目前以感知技术、网络通信技术和智能应用技术为核心的三大物联网本质特征。

围绕三大本质特征，物联网感知技术体系更加丰富，除 RFID 技术以外，面向所有感知技术开放。凡是能够起到自动感知的技术体系都可以纳入物联网感知技术体系。目前常用的传感技术、RFID 技术、GPS 卫星定位与识别技术、视频识别或机器视觉技术等都可纳入物联网终端感知技术体系；网络方面，互联网、传感网、局域网、电视网、电信网也在走向融合，可纳入物联网网络技术体系；智能应用则更加广泛，打开了智能物流发展创新的空间，一个智能物流的时代正向我们走来。

2．物联网技术在我国物流业的应用现状

目前，从概括来讲，相对成熟的物联网在物流业的应用主要体现在以下四个方面：

（1）产品的智能可追溯网络系统

运用物联网技术可以实现对多种产品的追溯。产品的智能可追溯系统有食品的可追溯系统、药品的可追溯系统等。这些智能的产品可追溯系统为保障食品、药品等的质量与安全提供了坚实的物流保障。

（2）物流过程的可视化智能管理网络系统

可视化智能管理网络系统是基于 GPS 卫星导航定位技术、RFID 技术、传感技术等多种技术，在物流过程中实现实时车辆定位、运输物品监控、在线调度与配送可视化与管理的系统。目前还没有全网络化与智能化的可视管理网络，但初级的应用比较普遍，如有的物流公司或企业建立了 GPS 智能物流管理系统，有的公司建立了食品冷链的车辆定位与食品温度实时监控系统等，初步实现了物流作业的透明化和可视化管理。

（3）智能化的企业物流配送中心

智能化的企业物流配送中心是基于传感、RFID、声、光、机、电、移动计算等各项先进技术，建立全自动化物流配送中心，建立物流作业的智能控制、自动化操作的网络，可实现物流与生产联动，实现商流、物流、信息流、资金流的全面协同。例如，一些先进的自动化物流中心就实现了利用机器人进行码垛与装卸，利用无人搬运车进行物料搬运，在自动输送分拣线上开展分拣作业，出入库操作由堆垛机自动完成，物流中心信息与 ERP 系统无缝对接，整个物流作业与生产制造实现了自动化、智能化。这也是物联网的初级应用。

（4）企业的智能供应链

在竞争日益激烈的今天，面对着大量的个性化需求与订单，怎样能使供应链更加智能，怎样才能做出准确的客户需求预测？这些是企业经常遇到的现实问题。这就需要智能物流和智能供应链的后勤保障网络系统支持。

此外，基于智能配货的物流网络化公共信息平台建设，物流作业中手持终端产品的网络化应用等，也是目前很多地区推动的物联网在物流领域应用的模式。物联网虽然在我国物流领域得到一定的应用，但它仍然是一个新生事物，物联网在国内物流业的发展还处于起步阶段，还只是局部的应用，形成实质性全局的运用还有很长一段路要走。

3．物联网在物流业中的发展趋势

与历史上任何一次技术浪潮一样，物联网的发展之路也是渐进的、曲折的，未来的物联网在物流业中的应用将经历以下几个阶段：

1）2015—2020 年，物体实现互联，物流业逐渐实现全球管理，物流企业之间实现开放式互通。传感技术、RFID 技术、GPS 技术、纳米技术、视频监控技术、移动计算技术、无线网络传输技术、基础通信网络技术和互联网技术得以发展应用；各企业都将建立并配备这一网络系统，实现物流作业的透明化、可视化管理。

2）2020—2025 年，物体进入半智能化，物联网在全球范围内得以广泛应用。执行标签、智能标签、自制标签、合作标签、低耗能与可再生的新材料在物流业中得以推广应用；声、光、机、电、移动计算等各项先进技术得到应用；实现物流作业的智能控制和自动化操作；实现整个物流作业系统与环境的全自动与智能化。

3）2025 年以后，物体进入全智能化时期，完全开放的物联网时代形成。物流业将实现统一标准的人、物及物流服务网络的产业整合；周边的环境高度智能，虚拟世界与物理世界相互交错；全球物品都将处于物联网的覆盖范围之内，所有物品都能远端感知和控制，并与现有网络连接，形成一个完全智能的物流运作体系，实现人与自然的和谐发展。

4．物流业应用物联网技术的制约因素

虽然物联网会给物流业带来很多积极的影响，但总体上我国物联网的应用还是处于初级阶段，运用过程中存在许多问题，其中主要的制约要素有以下几个方面。

（1）技术不成熟或者存在缺陷

物联网在物流业中运用的关键技术是射频识别技术。而射频识别技术的支持技术十分复杂。仅以简单的自动销售为例，所涉及的技术就包括射频识别系统制造、自动数据收集与数据挖掘、无线数据通信、网络和数据加密等。为了能够使用信用卡进行结算，还必须安装 POS 收费系统和发卡结算系统。将销售系统与 ERP 和仓库管理系统（WMS）结合起来实现整个供应链的无缝连接和自动化管理，则需要一套全新的、功能强大的软件系统的支持，这对系统集成是个极大的挑战。值得注意的是：由于液体和金属箔片对无线电信号的影响，射频识别标签的准确率只有 80%左右，离“放心使用”的要求相距甚远。虽然射频识别技术的应用环境得到了极大的改善，但离大规模实际应用所要求的成熟程度尚有一定的差距。如何解决识别的精确性，也是个非常重要的问题。

我国不具备 RFID UHF 频段产品的生产能力，有源 RFID 产品领域还没有形成整体的生产能力，RFID 中间件产品与国外相比有较大差距，ZigBee 等短距离通信产品芯片主要依靠国外。目前市场上超高频电子芯片大都以国外公司（如德州仪器、NXP、日立、英特尔等）为主，此频段的标签天线受工艺、标签面积以及基底材料的限制和影响较大，存在天线和芯片不能很好适配的问题。此外，标识物体本身的形状、物理特性以及包装介质都会对标签在使用过程的识别率产生影响，尤其是在金属和液体物品运输中，会产生干扰问题。物联网属于通用技术，而物流业是个性需求最多、最复杂的行业之一，甚至在一些领域，应用要求比技术开发难度还大。因此，要充分考虑物联网通用技术如何满足物流产业的个性需求。此外，信息如何及时、准确地采集，如何使信息实现互联互通，如何及时处理海量感知信息并把原始感知数据提升到信息，进而把信息提升到知识等，都是物联网运用到物流行业需要重点研究的问题。

目前物流信息系统能够实现对物流过程智能控制与管理的还不多，物流信息化的应用还仅仅停留在对物品自动识别、自动感知、自动定位、过程追溯、在线追踪、在线调度等一般应用，专家系统、数据挖掘、网络融合与信息共享优化、智能调度与线路自动化调整管理技术应用还有很大差距。

（2）应用成本高的问题

当前制约物联网技术在物流产业中应用的一大障碍就是成本价格高，包括电子标签，接收设备、系统集成、计算机通信、数据处理平台等综合系统的建设等。沃尔玛2004年强行推行电子标签，普通消费品供应商每年要花费（130～250）万美元，这是众多中小企业无法承受的，直到2007年才有少数大型供应商陆续完成，这给低利润率的物流企业带来沉重的负担。所以若没有急迫需求，企业很少会主动应用电子标签。目前物联网标签技术的应用主要分布在身份证件和门禁控制、供应链和库存跟踪、汽车收费、防盗、生产控制、资产管理等。

（3）物流信息的安全问题

虽然物联网为物流智能化发展提供了很多帮助，但还存在着很多技术上不成熟和设计缺陷，带来一些安全问题，主要是信息或隐私泄露问题。由于 RFID 的基本功能要保证任意一个标签的标识（ID）或识别码都能在远程被任意地扫描，但标签自动地、不加区别地回应阅读器的指令并将其所存储的信息传输给阅读器。RFID 的安全保护主要依赖于标签信息的加密，因为成本问题，大多数芯片内部没有加载安全防护模块，如果信息安全措施不到位或者数据管理存在漏洞，嵌入射频识别标签的物品可能不受控制地被跟踪、被定位和被识读，势必带来对物品持有者个人隐私的侵犯或企业机密泄露等问题。

即使是进行安全加密也并非绝对安全。传统的网络层加密机制是逐跳加密，需要不断地在每个经过的节点上解密和加密，由于每个节点上都是明文的，而物联网各个节点又无人看守，所以各节点都有可能被解读，信息有泄露的可能。业务层加密机制则是端到端的，即信息只在发送端和接收端才是明文，而在传输的过程和转发节点上都是密文。这种端到端的加密方式可以根据业务类型选择不同的安全策略，从而为高安全要求的业务提供较高安全等级的保护。但其弊端则是加密不能对消息的目的地址进行保护。这就导致端到端的加密方式不能掩盖被传输消息的源点与终点，可能威胁到网络与业务平台之间的信任关系，并容易受到对通信业务进行分析而发起恶意攻击。

（4）缺乏可持续的商业模式

物联网的产业链构成复杂，涉及终端制造商、应用开发商、网络运营商和最终用户等诸多环节，各环节利益分配困难，难以实现共赢，进而导致商业模式的不可持续。以 RFID 为例，目前不论是交通、出入控制、电子支付还是公路、铁路等物流领域，都是在行业系统内部和企业内部的闭环应用，开环的应用还涉及不同行业间的利益纠葛以及隐私问题。绝大部分应用业务仍然是数据采集应用的扩展，很难实现“物与物对话”。行业融合不够，缺少有利于整个产业化推进的组织方案，这些迫切需要进行商业模式的创新和多元化。

除上述问题外，还有其他如物联网的管理及技术标准的统一问题、国际合作协调问题、公众的普及问题等也都制约着物联网在物流领域的应用。

5. 加快物流业应用物联网的措施

在物流业中运用物联网是一个长期的复杂的过程，牵涉的层面很多，但应重点抓好以下几方面的工作。

（1）加强物联网技术创新

首先在 RFID 技术应用开发上，要针对物流行业应用 RFID 技术进展缓慢的现状，大力开发适用于各种物流环境的特种电子标签，包括各种材质的托盘、周转箱标签、集装箱标识标签、堆场定位标签、车辆标签等；研究 RFID 技术与现有物流装备的整合，开发支持多协议读写器，同时能与现有的物流仓储、运输等管理系统无缝对接的 RFID 中间件系统；实现跨区域、跨行业的 RFID 信息的识别、采集、传输与信息应用服务，与现有物流信息公共平台互联互通；开展应用标准的研究和制定，包括 RFID 物流技术操作规范和数据规范，RFID 技术与物流装备的整合标准、RFID 中间件与物流系统、数据平台的数据交换标准等。

WSN 在物流的许多领域都有应用价值，包括生产物流中的设备检测、仓库环境监测、运输车辆及在运物资的跟踪与监测、危险品物流管理、冷链物流管理等。要使其在物流业获得广泛应用，有很多关键技术还需加强研究，如能量管理、节点定位、拓扑控制、MAC 协议和路由协议等技术。

基于网络的 GPS 中，要进一步研究如何通过在互联网上构建公共 GPS 监控平台，既免除或降低物流企业自身设置监控中心所导致的大量费用，又无地域性限制地获取所需信息，从而增加物流业的效益。

（2）创新商业模式——构建大型物流数据中心

建立一个多方共赢的商业模式是推动物联网长远有效发展的核心。大型物流数据中心是物流智能化的关键。中心的功能主要是基于 RFID、WSN、移动通信、互联网、云计算等技术，进行物品的数据采集、数据加密模块设计、数据传输、数据应用等；中心的组织基础是全国现有分散的物流信息机构；数据中心的运营主体是以专业化从事物联网的龙头企业为主，政府予以支持和监督。

（3）多渠道降低成本

1）构建 M2M 业务平台，通过资源共享节约成本。随着物联网业务的推广，针对中小企业客户自建物联网业务应用系统存在初期投资较大、后期维护需要持续投入大量资源的情况，可以基于物联网的总体规划，建立 M2M 业务共享平台，平台由运营管理模块和用户业务应用模块集合两大部分构成。各中小企业采取平台租用的方式，无需自己建立应用系统。

2）采取组合识别策略降低成本。将 UHF-RFID、HF 和条形码等区别用于物流管理系统中。对车辆、集装箱等需要快速识别的物体采用 UHF 电子标签，对于酒箱、仪器箱等只需近距离识别的物体采用 HF 电子标签，对于服装、日用品等一般商品采用廉价的条形码即可。采用组合识别系统，其读写装置也应具有读取 UHF、HF 和一般条形码数据信息的能力。这种“组合识别”既能完成对各目标物的识别，又降低了系统的成本，有利于 RFID 技术的推广应用。

另外，政府或行业协会要积极组织企业加入物联网的运用。物流企业在建设、设计及购买专业信息化管理技术和硬件设施时，应当预留兼容物联网技术的接口，减少后续发展的启动成本和时间。

（4）建立和完善安全机制

建立和完善安全机制可以采取以下四项措施。

1）加强认证和访问控制。对用户访问网络资源的权限进行严格的多等级认证和访问控制，例如，对用户进行身份认证，对口令加密、更新和鉴别，控制网络设备配置的权限等。

2）完善数据加密。加密可保障信息不能被破译和窃听，但需要一个灵活、强健的密钥交换和管理方案。密钥必须具有容易部署及适合感知节点资源有限的特点。不同物联网业务对安全级别的要求不同，可使用不同的加密方式。

3）进行技术改进。在运用物联网的过程中，为防止相关信息的泄露，RFID 读写器读取标签可以采用授权读取模式，可以根据需要终止 EPC 标签服务。

4）完善信息安全监管体系。制定有关规范物联网发展的法律、政策，通过法律、行政、经济等手段，有效调节物联网技术引发的各种新型社会关系，规范物联网技术的合法应用。

（5）加快培育高层次专业人才

由于物联网还是新兴技术，这方面的成熟人才奇缺，要采取引进、合作和内部培育等多种方式，培养物流网技术与物流技术兼通的复合型人才。

我国物流业应借助物联网的东风，搭乘新一轮技术革新的高速列车，形成物畅其流、快捷准时、经济合理、用户满意的智能物流服务体系。物联网的发展将促使我国物流业进行技术变革，为我国物流业的发展提供新的市场机遇。相信，随着物联网的深入发展，一个智能物流的美好前景会很快出现。

本章小结

本章简要叙述了供应链与物流、物流信息技术和物流信息管理系统的概念、特点，主要介绍了现代物流信息技术，分析了物流信息技术的发展历程，同时对物流管理信息系统进行了相关描述与分类，给出了基于物联网的信息技术体系，详细叙述了农资物流监控黑箱系统以及高档艺术品智能物流系统两个物联网系统在物流领域的典型应用，最后对物联网在物流领域的应用前景进行了展望。

对于未来的物联网时代，物流领域的物联网应用必将进入快速发展通道，同时，物联网的应用也必将成为现代物流的第一要素，物联网技术也将成为物流信息化的核心技术。任何一个新物流业务的开展，离不开物联网技术的支撑。发展物联网技术是未来信息科技的大势所趋，是未来国际新一轮科技竞争的前沿。

思考题

1．什么是供应链？它具有什么样的结构？

2．简述现代物流管理的概念及特征。

3．现代物流信息技术有哪些？

4．简述物流信息技术的发展趋势。

5．物流信息管理系统有哪些分类？

6．简述物流信息系统的演化过程。

7．基于物联网的物流信息技术体系的构成有哪些？

8．农资物流监控黑箱系统有什么样的结构和功能？

9．高档艺术品智能物流系统有什么样的结构和功能？

10．CPS 实验教学系统软件体系结构有什么样的结构和功能？

11．简述物联网在物流领域应用的制约因素及解决方式。